绿色建筑节能工程技术丛书

绿色建筑节能工程监理

LÜSE JIANZHU JIENENG
GONGCHENG JIANLI

李继业　郗忠梅　刘 燕　主编

U0271005

化学工业出版社
·北京·

本书以新的国家或行业标准《夏热冬暖地区居住建筑节能设计标准》（JGJ 75—2012）、《公共建筑节能设计标准》（GB 50189—2015）、《既有居住建筑节能改造技术规范》（JGJ/T 129—2012）、《严寒和寒冷地区居住建筑节能设计标准》（JGJ 26—2010）、《夏热冬冷地区居住建筑节能设计标准》（JGJ 134—2010）、《居住建筑节能检测标准》（JGJ/T 132—2009）和《建筑节能工程施工质量验收规范》（GB 50411—2007）为依据，比较系统地介绍了建筑节能工程监理质量控制的工作内容、工作流程、主要分项工程监理控制要点、常见质量问题及预防措施、各分项节能工程质量标准与验收等。

本书重点突出、内容丰富、结构严谨、针对性强，可供从事建筑节能工程的设计、监理、施工、检测、质检等领域的技术人员和管理人员参考，也可供高等学校建筑工程及相关专业师生参阅。

图书在版编目（CIP）数据

绿色建筑节能工程监理/李继业，郗忠梅，刘燕主编.
北京：化学工业出版社，2018.3
（绿色建筑节能工程技术丛书）
ISBN 978-7-122-31086-6

Ⅰ．①绿…　Ⅱ．①李…②郗…③刘…　Ⅲ．①绿色建筑-建筑热工-节能-工程施工-监督管理　Ⅳ．①TU761.1②TU111.4

中国版本图书馆 CIP 数据核字（2017）第 292303 号

责任编辑：刘兴春　卢萌萌　　　　　　　文字编辑：汲永臻
责任校对：李　爽　　　　　　　　　　　装帧设计：王晓宇

出版发行：化学工业出版社（北京市东城区青年湖南街 13 号　邮政编码 100011）
印　　刷：北京京华铭诚工贸有限公司
装　　订：三河市骏发装订厂
787mm×1092mm　1/16　印张 24½　字数 601 千字　2018 年 6 月北京第 1 版第 1 次印刷

购书咨询：010-64518888（传真：010-64519686）　售后服务：010-64518899
网　　址：http://www.cip.com.cn
凡购买本书，如有缺损质量问题，本社销售中心负责调换。

定　　价：98.00 元　　　　　　　　　　　　　　　　　　版权所有　违者必究

　　建筑节能是全社会节约能源的重要组成部分，是关系到国计民生的大事和我国国民经济可持续发展的重大战略举措，是建设资源节约型、环境友好型社会的重要组成部分，也是国民经济发展和建筑技术进步的重要标志。我国现代化建设的历程充分表明，节能建筑是我国建筑发展的必由之路和我国建筑业造福子孙的千秋大业。

　　《中华人民共和国节约能源法》第三十五条指出："建筑工程的建设、设计、施工和监理单位应当遵守建筑节能标准。不符合建筑节能标准的建筑工程，建设主管部门不得批准开工建设；已经开工建设的，应当责令停止施工、限期改正；已经建成的，不得销售或者使用。"由此可见，建筑节能已经成为全社会关注的焦点。

　　建筑节能贯穿整个建筑实体的建设过程，从建筑的规划立项、设计、施工到监理过程都在严格控制范围之内，缺少任何一个环节的监控都有可能造成能耗的损失、资源的浪费，工程监理作为建筑节能工程的建设管理方，必然也是建筑节能监控中不可缺少的重要环节。工程建设监理的主要作用是代表建设单位，对工程建设项目，用严密的监理制度、特殊的管理方式，按国家的有关标准和合同规范要求，进行全过程跟踪和全面监督与管理，促使工程建设项目的投资规模、建设工期、工程质量按计划实现，最终实现工程建设项目合法、合理、科学、经济的目标。工程实践充分证明，建设工程监理制度的建立，对控制投资、保证工期、确保质量都发挥了积极作用，已成为工程建设中不可缺少的重要环节。

　　建筑节能的实施是一项必须强制执行的基本国策，是建筑节能工程质量控制面临的新问题。当前，我国建筑节能工作正进入蓬勃发展的新阶段，特别是《民用建筑节能条例》和《建筑节能工程施工质量验收规范》（GB 50411—2007）的颁布实施，不仅为建筑节能工程的施工质量验收提供了统一技术标准，而且也为建筑节能工程的监理提供了重要依据。

　　本书根据《建筑节能工程施工质量验收规范》，详细介绍了建筑节能工程的监理工作流程、主要建筑节能分项工程监控的要点、常见的质量问题及预防措施、建筑节能分项工程的质量标准与验收，是一本指导性较强的建筑节能工程监理用书。

　　本书由李继业、郗忠梅、刘燕担任主编，李继业统稿。郭春华、魏娟、李海豹参加了编写。编写的具体分工：郗忠梅撰写第三章、第九章、第十章；刘燕撰写第一章、第十一章、第十二章；郭春华撰写第二章、第四章、第十三章；魏娟撰写第六章、第七章；李海豹撰写

第五章、第八章。

在本书编写的过程中，引用了一些专家和学者的精辟论述和研究成果，在此深表谢意。

由于建筑节能技术的发展非常迅速，限于编者掌握的资料不全和水平有限，不当之处在所难免，敬请广大专家和读者提出宝贵的意见。

编　者
2018 年 1 月于泰山

目 录
CONTENTS

第三章　墙体节能监理质量控制 / 042

第八章　采暖节能监理质量控制 / 187

第九章　通风与空调节能监理质量控制 / 221

第十章　配电与照明节能监理质量控制 / 262

第十一章　监测与控制节能监理质量控制／297

第十二章　建筑节能工程现场检验监理控制／321

第十三章　建筑节能工程质量验收和评估／358

第一章

建筑节能工程质量控制概述

目前，我国正处于工业化和城镇化快速发展的阶段，能源消耗强度比较高，浪费规模不断扩大，特别是高投入、高消耗、高污染的粗放型经济方式，加剧了能源供求矛盾和环境污染状况。尤其是近几年，我国建筑业发展迅速，除工业建筑外，城乡既有建筑面积达到450多亿平方米。据有关专家预测，到2020年，我国城乡还将新增建筑面积300亿平方米，建筑能耗已经占到全社会总能耗的40%左右，而能源效率目前仅为30%，能耗强度大大高于发达国家及世界平均水平，能耗问题已成为我国未来经济可持续发展的瓶颈。

第一节　建筑节能的目的和意义

建筑节能是指建筑在选址、规划、设计、建造和使用过程中，通过采用节能型的建筑材料、产品和设备，执行国家现行建筑节能标准，加强对建筑物所使用的节能设备的运行管理，合理设计建筑围护结构的热工性能，提高采暖、制冷、照明、通风、给排水和管道系统的运行效率，以及利用可再生能源，在保证建筑物使用功能和室内热环境质量的前提下，降低建筑能源消耗，合理、有效地利用能源。

随着我国经济的快速发展，人民居住条件的改善，新建建筑快速扩展，建筑能耗随之迅速增长，相比发达国家，我国建筑能耗大、效率低，造成这种现象的主要原因是建筑物节能水平较低。国内外的经验表明，在倡导低碳消费的时代，建筑节能对于拉动经济发展及内需具有重要的作用。

一、建筑节能的目的

据有关部门统计，近10年来，我国城乡建筑建造和使用中的能耗在全社会终端能源消耗中所占的比例逐步提高。随着我国国民经济的快速发展，人民生活水平的大幅度提高，建筑能耗比例还将呈现稳步上升的趋势。特别是采暖、空调的能耗巨大，占建筑使用总能耗的

60％～70％，已经成为建筑能耗的重要组成部分。我国的采暖和空调能耗之所以较高，主要原因包括：围护结构的保温和隔热性能不良；空调设备的运行能效比较低；输配环节中末端设备的热交换效率不高；建筑物运行管理不完善。

近 5 年来，随着我国经济的发展，能源消费总量不断增加，单位 GDP 能耗增速不断降低。我国的能源消费结构趋向优化，煤炭所占比重呈减少趋势，天然气和水电、核电、风电所占比重呈增加趋势。但是，与欧美发达国家相比，我国的能源消费结构仍不合理，单位GDP 的能耗仍然比较高，经济增长方式粗放，经济效益较低。尽管我国的能源消费速度放缓，但 2015 年中国能源消费增幅为 1.5％，而美国只有 0.9％，我国仍是世界上连续 15 年能源消费增量最大的国家。2016 年我国 GDP 占全球的 15.5％，却消耗了世界 23.0％的能源。我国人口占世界总人口的 20％，已成为世界上第三大能源生产国和第二大能源消费国。由此可见，我国的能源形势是相当严峻的。

中国是一个发展中国家，人口众多，人均能源资源相对匮乏。人均耕地只有世界人均耕地的 1/3，淡水资源只有世界人均占有量的 1/4，已探明的煤炭储量只占世界储量的 11％、原油占 2.4％、天然气仅占 1.2％。我国每年新建使用的实心黏土砖，将要毁掉 12 万亩（1亩＝666.667m²）良田。建筑施工中物耗水平较发达国家，钢材高出 10％～25％，每立方米混凝土多用水泥 80kg，污水利用率不足 25％。国家经济要实现可持续发展，大力推行建筑节能势在必行、迫在眉睫。

目前，我国建筑用能浪费极其严重，而且建筑能耗增长的速度远远超过能源生产可能增长的速度，如果放任这种高能耗建筑持续发展下去，国家的能源生产势必难以长期支撑此种浪费型的需求，从而被迫组织大规模的旧房节能改造，这将需要耗费更多的人力、物力。在建筑中积极提高能源使用效率，就能够大大缓解国家能源紧缺的状况，促进我国国民经济建设的发展。因此，建筑节能是贯彻可持续发展战略、实现国家节能规划目标的重要措施。

二、建筑节能的意义

在世界建筑发展的大潮流中，建筑节能是大家共同关注的热点问题，是建筑技术进步的一个重大标志，也是建筑界实施可持续发展战略的一个关键环节。发达国家的实践经验证明，建筑节能有利于从根本上促进能源资源的节约和合理利用，缓解我国能源资源供应与经济社会发展的矛盾；有利于加快发展循环经济，实现经济社会的可持续发展；有利于长远地保障国家能源安全、保护环境、提高人民群众生活质量。具体分析，建筑节能具有以下意义。

1. 经济发展的需要

发达国家建筑用能一般占到全国总能耗的 30％～40％，所占比重很大。建筑用能的状况如此，浪费还是节约是个牵动国家经济全局的大问题。以我国来说，我国采暖区城镇人口只占全国人口的 13.6％，而采暖用能却占到全国总能耗的 9.6％。由于经济的发展，采暖范围日益扩大，空调建筑迅速增加，建筑能耗增长的速度将远高于能源生产增长的速度，从而成为国民经济的一个重要制约因素。由此可见，如果建筑这个用能大户的能耗降不下来，势必会限制国家经济的发展。

2. 减轻大气污染的需要

近年来，世界上许多国家越来越关心矿物燃料燃烧所产生的污染问题，各发达国家节能的政策也是以减少燃料燃烧的排放物为明确目标。其原因是，人们已经认识到，所排放的硫和氮的氧化物会危害人体健康，造成环境酸化，而产生的二氧化碳的积累，将导致地球发生重大的气候变化，危及人类生存。建筑采暖用能无疑是造成大气污染的一个主要因素。

3. 改善建筑热环境的需要

随着现代化建设的发展，人民生活水平的提高，舒适的建筑热环境已成为人们生活的需要。在发达国家，适宜的室温已成为一种基本需要，他们通过越来越有效地利用好能源，满足了这种需要。在我国，这种需要也日益迫切。这和我国大部分地区冬寒夏热的气候特点关系很大。与世界同纬度地区的 1 月平均气温相比，我国东北低 14～18℃，黄河中下游低 10～14℃，长江以南低 8～10℃，东南沿海低 5℃左右；而 7 月平均气温，我国绝大部分地区却要比世界同纬度地区高出 1.3～2.5℃。加之夏天整个东部地区相对湿度均高，冬天东南地区仍保持高相对湿度，因此，夏天闷热，冬天潮冷，时间漫长，使人难以忍受。冬天需要采暖，夏天想用空调，这都需要消耗大量能源。

4. 建筑节能有利于拉动国民经济发展

实践证明，建筑节能所带动的产业，可涉及节能型建筑材料、节能相关的设备、建筑的节能改造等方面。由于我国的建筑节能技术还比较落后，而城市化建设正在蓬勃发展，人们的节能观念逐渐提高，因此使得建筑节能具有巨大的市场。在各级政府的合理引导下，建筑节能能够形成一个带动面广泛的产业，必将有力地促进国民经济的健康发展。

第二节　建筑节能工程法规体系

能源紧缺和环境污染已经成为威胁全球可持续性发展的两大障碍。为了改善生存环境和保证经济的可持续发展，世界各国均将节约能源作为一项重要战略措施。在我国，随着社会经济的快速发展、城镇化进程的加快，建设总量逐年扩大，建筑用能占全社会能耗的比重也不断增大，但建筑用能利用效率低和污染严重的问题却一直未能解决，建筑节能与发达国家的差距还很大。究其原因，除了起步晚、资金投入少、认识不足、技术落后等因素外，相关法律、法规不完善也是重要的原因。

很多发达国家对于建筑节能都建立了完整的法律体系，这对建筑节能工作的开展起到了积极的推动作用。日本是能源匮乏的国家，早在 1979 年便颁布实施了《合理用能法》，对能源消耗标准做了严格的规定，并对建设方的节能义务做了规定；1998 年制定《2010 年能源供应和需求的长期展望》，强调通过采用稳定的节能措施来控制能源需求。美国是人均能源占有量最多、能源相对丰富的国家，同样重视节约能源方面的立法，相继出台《资源节约与恢复法》《联邦能源管理改进法》《国家能源政策法》等多部法律，对建筑节能的相关问题进行了规定；在 1991～1998 年期间，共发布了 10 部行政令和 2 份总统备忘录来推动建筑节能；2003 年出台的《能源部战略计划》，更是把"提高能源利用率"上升到能源安全战略的高度。

我国建筑节能存在的主要问题之一就是新建建筑贯彻节能设计标准的比例过低，建设部 2000 年曾对北方采暖地区贯彻建筑节能设计标准的情况组织检查，发现达到建筑节能设计标准的节能建筑只占同期建筑总量的 5.7%。同时社会和公众缺乏建筑节能意识，致使建筑节能工作缺乏积极性和自觉性。这就需要政府制定相应的强制性法律、法规来推动建筑节能工作顺利进行。因此，现阶段完善我国建筑节能领域的法规体系是一项迫切的任务。

我国自 1997 年 11 月相继出台了《中华人民共和国建筑法》《中华人民共和国节约能源法》《建筑节能"九五"计划和 2010 年规划》《民用建筑节能设计标准管理规定》《建筑节能"十五"计划纲要》等规关法律、法规，为我国建筑节能工作的健康发展打下了良好基础。据不完全统计，我国近年来发布的节能法规主要如下。

（1）为了贯彻国家颁布的节约能源的政策，扭转我国严寒和寒冷地区居住建筑采暖能耗大、热环境质量差的状况，1987 年 9 月 25 日，城乡建设环境保护部、国家计划委员会、国家经济贸易委员会、国家建筑材料工业局以（87）城设字第 514 号文，下达了"关于实施《民用建筑节能设计标准（采暖居住建筑部分)》的通知"，使民用建筑节能工作受到各地主管部门的重视。正式提出了要在 1995 年以前达到新建采暖居住建筑在 1980～1981 年当地通用设计能耗水平的基础上节能 30％的目标，这也是我国"八五"期间已经全面实现的建筑节能第一步工作目标。

（2）1996 年 9 月，建设部颁布了《建筑节能技术政策》，提出了节约建筑能耗、合理利用能源的综合系统工程措施。明确指出："今后我国建筑节能的任务是：在保证使用功能、建筑质量和室内环境符合小康目标的前提下，采取各种有效的节能技术与管理措施，降低新建房屋单位建筑面积的能耗，同时，对既有的建筑物进行有计划的节能改造，达到提高居住热舒适性、节约能源和改善环境的目的。"同时要"采取经济鼓励政策，推动按照用户用热量收取采暖费的改革，要配合有关部门研究热价政策。按照气候情况及建筑类型，规定建筑采暖用热能定额，对达到标准的建筑物，应享受减免固定资产投资方向调节税等税收优惠和经济上给予贷款、贴息等倾斜政策。对于节能产品应给予税收优惠和贷款支持。"

（3）1997 年，建设部、国家计划委员会、国家经济贸易委员会、国家税务总局以〔1997〕第 37 号文，下达了"关于实施《民用建筑节能设计标准（采暖居住建筑部分)》的通知"，正式提出要在"九五"（1996～2000 年）期间实现建筑节能 50％的第二步工作目标；同年 11 月 1 日我国颁布了新中国第一部《中华人民共和国节约能源法》，倡导推动全社会节约能源，提高能源利用效率，保护和改善环境，促进经济社会全面协调可持续发展。其中第 35 条明确规定："建筑工程的建设、设计、施工和监理单位应当遵守建筑节能标准"，使我国的建筑节能工作走上法制化轨道。随后，国家针对不同气候的地区，制定出相应的居民建筑节能设计标准。

（4）为了加强民用建筑节能管理，提高能源利用效率，改善室内热环境，依据《中华人民共和国节约能源法》《中华人民共和国建筑法》和有关行政法规，1999 年 10 月，建设部发布了《民用建筑节能管理规定》，严格规定了工程建设单位、设计单位、施工单位未执行节能设计标准和设计规范的经济处罚办法；同年 11 月在北京召开的第二次全国节能工作会议上，提出了"十五"期间实现节能的第三步工作目标，进一步明确了建筑节能是一项长期的技术政策。

（5）2004 年 11 月 25 日，国家发展和改革委员会又颁发了《节能中长期专项规划》，在规划中指出节能的重点领域包括建筑节能工程。在"十一五"期间，新建建筑严格实施节能 50％的设计标准，其中北京、天津等少数大城市率先实施节能 65％的标准。供热体制改革全面展开，居住及公共建筑集中采暖按热表计量收费在各大、中城市普遍推行，在小城市试点。结合城市改建，开展既有居住和公共建筑节能改造，大城市完成改造面积 25％，中等城市达到 15％，小城市达到 10％。鼓励采用蓄冷、蓄热空调及冷热电联供技术，中央空调系统采用风机水泵变频调速技术，建筑采用节能门窗、新型墙体材料等。加快太阳能、地热等可再生能源在建筑中的利用。

（6）2005 年 4 月，建设部颁发了《关于新建居住建筑严格执行节能设计标准的通知》，《通知》中要求："建筑节能设计标准是建设节能建筑的基本技术依据，是实现建筑节能目标的基本要求，其中强制性条文规定了主要节能措施、热工性能指标、能耗指标限值，考虑了经济和社会效益等方面的要求，必须严格执行。"《通知》中还要求："城市新建建筑均应严格执行建筑节能设计标准的有关强制性规定；有条件的大城市和严寒、寒冷地区可率先按照节能率 65％的地方标准执行；凡属财政补贴或拨款的建筑应全部率先执行建筑节能设计标准。开展建筑节能工作，需要兼顾近期重点和远期目标、城镇和农村、新建和既有建筑、居住和公共建筑。"

（7）为了加强建筑节能管理，降低建筑物使用能耗，提高能源利用效率，改善室内热环境质量，保护环境，2005 年 7 月 1 日，建设部发布了《建筑节能管理条例》（以下简称《条例》），《条例》中对节能建筑提出了明确的指标和规范，并制定了对新开发建筑项目的节能验收标准。2006 年 2 月 7 日，建设部在发布的《建筑节能管理条例（征求意见稿）》中指出："节能信息需在商品房买卖合同的住宅使用说明书中予以载明，否则将追究其相关责任。"条例奖罚分明地指出："建筑节能可享受三大优惠政策，同样，违反本条例的也会有相应的处罚，违反相关规定的责任单位最高罚款 20 万元。"

（8）2006 年 3 月，我国在发布的"十一五"规划中提出："我国土地、淡水、能源、矿产资源和环境状况已严重制约经济发展。要把节约资源作为基本国策，发展循环经济，保护生态环境，加快建设资源节约型、环境友好型社会，促进经济发展与人口、资源、环境相协调""在优化结构、提高效益和降低消耗的基础上，单位国内生产总值能源消耗比'十五'期末降低 20％左右，主要污染物排放总量减少 10％的约束性指标"。根据"十一五"规划中的要求，建筑节能已成为我国建设节约型社会和循环经济试点的重要内容。

（9）2006 年 7 月，国家发展和改革委员会等 8 个有关部门，制定并下发了《"十一五"十大重点节能工程实施意见》，明确了燃煤工业锅炉（窑炉）改造工程、区域热电联产工程、余热余压利用工程、节约和替代石油工程、电机系统节能工程、能量系统优化（系统节能）工程、建筑节能工程、绿色照明工程、政府机构节能工程、节能监测和技术服务体系建设工程等的主要任务、政策措施和责任主体。

对于建筑节能工程提出了"采用新技术、节能建材、节能设施，建设低能耗、超低能耗及绿色建筑。新建建筑的节能要实行从规划、设计、施工图审查及施工、监理、验收和销售等全过程的严格监管，使节能设计标准得以切实实施"等具体要求。

（10）2007 年 5 月，国务院发布的《关于印发节能减排综合性工作方案的通知》（以下简称《通知》）中规定："严格建筑节能管理。大力推广节能省地环保型建筑。强化新建建筑执行能耗限额标准全过程监督管理，实施建筑能效专项测评，对达不到标准的建筑，不得办理开工和竣工验收备案手续，不准销售使用；从 2008 年起，所有新建商品房销售时在买卖合同等文件中要载明耗能量、节能措施等信息。建立并完善大型公共建筑节能运行监管体系。"

在《通知》中还强调指出："落实节能、节水技术政策大纲，在钢铁、有色、煤炭、电力、石油石化、化工、建材、纺织、造纸、建筑等重点行业，推广一批潜力大、应用面广的重大节能减排技术。"

（11）2007 年 10 月，国家对《中华人民共和国节约能源法》重新进行修订，以法律的形式确定了我国节约能源的基本原则、制度和行为规范，其最直接的目的是推动全社会节约能源。第十五条中明确提出："国家实行固定资产投资项目节能评估和审查制度。不符合强制性节能标准的项目，依法负责项目审批或者核准的机关不得批准或者核准建设；建设单位不得开工建设；已经建成的，不得投入生产、使用。"

第三十五条中指出："建筑工程的建设、设计、施工和监理单位应当遵守建筑节能标准。建设主管部门应当加强对在建建筑工程执行建筑节能标准情况的监督检查。"这些都表现出我国在建筑节能方面的决心和信心。

（12）我国"十二五"节能工作的总体思路是：以科学发展观为指导，紧紧围绕加快转变经济发展方式，把降低能源消耗强度与控制能源消费总量相结合，形成推动科学发展的倒逼机制；把落实责任、加强法制、完善政策有机结合，形成有效的激励和约束机制；把调整优化产业结构、推动节能技术进步、加强节能管理相结合，大幅度提高能源利用效率；加快构建以企业为主体、政府为主导、市场有效驱动、全社会共同参与，适应社会主义市场经济要求的节能长效机制。

"十二五"时期，是我国加快转变经济发展方式的攻坚时期。中共中央关于"十二五"规划建议指出，"把大幅降低能源消耗强度和二氧化碳排放强度作为约束性指标，有效控制温室气体排放。合理控制能源消费总量，抑制高耗能产业过快增长，提高能源利用效率。强化节能目标责任考核，完善节能法规和标准，健全节能市场化机制和对企业的激励与约束，实施重点节能工程，推广先进节能技术和产品，加快推行合同能源管理，抓好工业、建筑、交通运输等重点领域节能。"

（13）国务院印发《"十三五"节能减排综合工作方案》（以下简称《方案》），明确了"十三五"节能减排工作的主要目标和重点任务，对全国节能减排工作进行全面部署。《方案》指出，要落实节约资源和保护环境的基本国策，以提高能源利用效率和改善生态环境质量为目标，以推进供给侧结构性改革和实施创新驱动发展战略为动力，坚持政府主导、企业主体、市场驱动、社会参与，加快建设资源节约型、环境友好型社会。

《方案》中提出以下主要奋斗目标："到 2020 年，全国万元国内生产总值能耗比 2015 年下降 15%，能源消费总量控制在 50 亿吨标准煤以内。全国化学需氧量、氨氮、二氧化硫、氮氧化物排放总量分别控制在 2001 万吨、207 万吨、1580 万吨、1574 万吨以内，比 2015 年分别下降 10%、10%、15% 和 15%。全国挥发性有机物排放总量比 2015 年下降 10% 以上。"

从以上内容可以清楚地看出：党中央、国务院高度重视建筑节能工作，各地区、各部门也加大了开展建筑节能工作的力度，已经取得较大的发展和进步。我国广大人民也认识到节约能源是我国的基本国策。建设节能型社会，需要动员全社会的力量，发挥各方面的积极作用，这既是提高能源利用效率、保护和改善环境的需要，也是促进经济社会全面协调可持续发展的要求。现行的国家有效法律、法规见表 1-1。

表 1-1 现行国家有效法律、法规

序号	法律法规名称	文号	性质	颁布日期
1	《中华人民共和国可再生能源法》	国家主席令第 33 号	人大法律	2005-02-28
2	《中华人民共和国节约能源法(修订)》	国家主席令第 77 号	人大法律	2007-10-28

续表

序号	法律法规名称	文号	性质	颁布日期
3	《关于进一步推进墙体材料革新和推广节能建筑的通知》	国办发[2005]33号	国务院文件	2005-06-06
4	《国务院关于加强节能工作的决定》	国发[2006]28号	国务院文件	2006-08-06
5	《关于严格执行公共建筑空调温度控制标准的通知》	国办发[2007]42号	国务院文件	2007-06-01
6	《关于公布〈民用建筑节能条例(草案)〉广泛征求意见的通知》	—	国务院文件	2007-07-02
7	《民用建筑节能管理规定》	建设部令第143号	建设部文件	2005-11-10
8	《关于加强民用建筑工程项目建筑节能审查工作的通知》	建科[2004]174号	建设部文件	2004-10-12
9	《关于新建居住建筑严格执行节能设计标准的通知》	建科[2005]55号	建设部文件	2005-04-15
10	《关于发展节能省地型住宅和公共建筑的指导意见》	建科[2005]78号	建设部文件	2005-05-31
11	关于认真做好《公共建筑节能设计标准》宣贯、实施及监督工作的通知	建标函[2005]121号	建设部文件	2005-04-21
12	《关于印发〈"采用不符合工程建设强制性标准的新技术、新工艺、新材料核准"行政许可实施细则〉的通知》	建标[2005]124号	建设部文件	2005-07-20
13	《关于进一步加强建筑节能标准实施监管工作的通知》	建办市[2005]68号	建设部文件	2005-08-18
14	《关于印发〈绿色建筑技术导则〉的通知》	建科[2005]199号	建设部文件	2005-10-27
15	《关于公开征求对〈建筑节能管理条例(征求意见稿)〉意见的通知》	—	建设部文件	2006-02-16
16	《关于印发〈民用建筑工程节能质量监督管理办法〉的通知》	建质[2006]192号	建设部文件	2006-07-31
17	《关于贯彻〈国务院关于加强节能工作的决定〉的实施意见》	建科[2006]231号	建设部文件	2006-09-15
18	《关于加强大型公共建筑工程建设管理的若干意见》	建质[2007]1号	建设部文件	2007-01-05
19	《关于加强国家机关办公建筑和大型公共建筑节能管理工作的实施意见》	建科[2007]245号	建设部文件	2007-10-23
20	关于印发《民用建筑节能工程质量监督工作导则》的通知	建质[2008]19号	建设部文件	2008-01-29
21	关于印发"十三五"节能减排综合工作方案的通知	国发[2016]74号	国务院	2017-01-05

第三节　建筑节能技术标准体系

建筑节能是全社会节约能源的重要组成部分，是关系到国计民生的大事，也是国民经济发展和建筑技术进步的重要标志。我国现代化建设的历程充分表明，节能建筑是我国建筑发展的必由之路，节能建筑是我国建筑业造福子孙的千秋大业，从节能政策和节能技术两方面着手，是建筑节能工作成功与否的关键因素。

有关专家指出，如果从现在开始全面强制实施建筑节能设计标准，到2020年全国建筑能耗每年可减少3.35亿吨标准煤，空调高峰负荷值每年可减少约8000万千瓦时。由此可见，我国建筑节能工作既面临繁重的压力和挑战，同时又蕴涵着巨大的机遇和潜力，需要全社会方方面面的共同努力方能达到上述目标。

一、我国建筑节能技术标准体系的发展

我国的建筑节能工作起步于20世纪80年代，是以1986年颁布的北方地区居住建筑节

能设计标准为标志启动的。当时标准要求在 80 年代初期的基础上降耗 30%。1992 年批准发布第一项公共建筑节能设计标准。1995 年根据国家当时的节能规划目标，颁布了《民用建筑节能设计标准（采暖居住建筑部分）》（JGJ 26—1995），标准中明确规定：新设计的建筑节能标准要在 1980～1981 年的基础上节能 50%。

各省市依据这个新的设计标准，相继颁布了相应的标准实施细则和相关标准。如北京市于 1997 年 12 月颁布了《民用建筑节能设计标准（采暖居住建筑部分）北京地区实施细则》，在《实施细则》中要求：建设（开发）、监理单位，必须认真贯彻国家的节能政策，严格按《实施细则》的要求委托设计、施工和监理。不得在施工时擅自要求取消或削弱节能设计，如有违反，限期纠正，所造成的损失由建设（开发）单位负责。此外，北京市还陆续颁布了《关于我市道路两侧新建筑采用隔声窗的通知》《提高建筑门窗使用功能的若干技术要求》等多项技术法规。

经过近十年的努力，通过加强建筑节能技术、产品的研究开发和推广应用，强制执行建筑节能设计标准，我国的建筑节能工作得到迅速发展。特别是 2005 年 7 月，由建设部组织编制、审查、批准，并与国家质量技术监督检验检疫总局联合发布的《公共建筑节能设计标准》（GB 50189—2005）正式实施，这是我国批准发布的第一部有关公共建筑节能设计的综合性国家标准。《公共建筑节能设计标准》的发布实施，标志着我国的建筑节能工作在建筑领域全面铺开，是建筑行业大力发展节能省地型住宅和公共建筑，制定并强制推行更加严格的节能标准的一项重大举措，也是迈出我国建设节约型社会的一大步。严格遵循与执行《公共建筑节能设计标准》进行建筑设计，是确保数据中心建设实现公共建筑节能要求的基本途径与措施。另外，上海、广州等省市，分别围绕节能设计标准编制该地区的相应节能规范。

2005 年以来，我国将建筑节能工作提到重要议事日程，有关建筑节能及相关标准的制定、修订工作得到深入发展，大量的标准规范相继发布实施，填补了多项建筑节能标准的空白。2006 年 3 月开始实施的《住宅建筑规范》（GB 50368—2005）作为国家强制性标准，是实现我国住宅建筑节能降耗省地目标的基础；《住宅性能评定技术标准》（GB/T 50362—2005）和《绿色建筑评价标准》（GB/T 50378—2006），也是在《住宅建筑规范》的基础上，通过评定来引导住宅和公共建筑向更加注重以人为本、更加注重科学、更加注重节约资源的方向发展。以上 3 个标准的制定为我国建立健全完善的技术体系打下了扎实的基础。

据不完全统计，到目前为止经过建设部批准发布的标准，主要包括《公共建筑节能设计标准》（GB 50189—2015）、《严寒和寒冷地区居住建筑节能设计标准》（JGJ 26—2010）、《夏热冬暖地区居住建筑节能设计标准》（JGJ 75—2012）、《夏热冬冷地区居住建筑节能设计标准》（JGJ 134—2010）、《既有采暖居住建筑节能改造技术规程》（JGJ 129—2000）、《公共建筑节能改造技术规范》（JGJ 176—2009）、《农村居住建筑节能设计标准》（GB/T 50824—2013）、《绿色建筑评价标准》（GB/T 50378—2014）、《民用建筑太阳能热水系统应用技术规范》（GB 50364—2005）、《建筑节能工程施工质量验收规范》（GB 50411—2007）等国家标准和行业标准。

我国制定的《住宅建筑规范》（GB 50368—2005）充分体现了建筑节能和资源节约的要求，这些标准的制定与先后颁布实施，不仅解决了建筑节能、可再生能源在建筑中应用急需标准支撑的局面，解决了建筑建设过程中一些环节没有节能标准可依的问题，而且使民用建筑节能标准从《北方地区居住建筑节能设计标准》起步扩展到覆盖全国各个气候区的居住和公共建筑节能设计；从采暖地区既有居住建筑节能改造，全面扩展到所有既有居住和公共建筑节能改造；从建筑外墙外保温工程施工，已经扩展到建筑节能工程质量验收、检测、评价、能耗统计、使用维护和运行管理；从传统的能源节约，逐步扩展到太阳能、地热能、风能和生物质能等可再生能源的利用，基本实现对民用建筑领域的全面覆盖，促进许多先进节能技术的推广应用。

除了建设部发布的一系列建筑节能标准外，各省、直辖市、自治区建设主管部门，也根据国家有关规定和当地的实际情况，批准发布了有关建筑节能的地方标准和实施细则。与此同时，在吸收国内外先进的建筑节能技术、材料设备和管理经验的基础上，各地根据本地区的实际，编制地区性的节能技术设计通用图、节点详图、节能标准材料、施工技术规程、节能培训教材等，组织力量编制有普遍推广价值的建筑节能设计手册、资料集和全国通用设计图集，从而使我国的建筑节能技术水平不断提高。如今，北京、上海、天津、山东等省、市推行了更高水平的建筑节能标准，民用建筑节能标准体系基本形成，为我国全面开展建筑节能工作提供了有效的技术支撑。

建筑节能工作的顺利开展，除了政府和各地加快建筑节能政策法规体系的建设外，还要加强建筑节能技术的推广工作和建筑工程执行节能强制性技术标准的监管工作。尤其是在实施节能建筑的过程中，要强化建筑节能工程全过程的监督和管理。

作为建筑节能工程的施工单位和监理单位，应当按照国家现行标准《建筑节能工程施工质量验收规范》（GB 50411—2007）和有关的建设施工验收规范开展监理工作，并适时地结合工程实际情况，将成熟的节能技术进行系统整理，编制适合当地需要的节能技术和验收标准，以此推进建筑节能工作的开展。

二、《建筑节能工程施工质量验收规范》的特征

《建筑节能工程施工质量验收规范》依据国家现行法律、法规和相关标准，总结了近年来我国建筑工程中节能工程的设计、施工、验收和运行管理方面的实践经验和研究成果，借鉴了国际上先进的经验和做法，充分考虑了我国现阶段建筑节能工程的实际情况，突出了验收中的基本要求和重点，这是我国第一次把节能工程明确规定为建筑工程的一项分部工程，是实现全方位闭合管理的规范性文件，是我国建筑装饰节能减排的指导性文件，是我国第一部涉及多专业、以达到建筑节能设计要求为目标的施工验收规范。

（1）《建筑节能工程施工质量验收规范》中共有20个强制性条文。作为工程建设标准的强制性条文，必须严格执行，这些强制性条文既涉及过程控制，又有建筑设备专业的调试和检测，是建筑节能工程验收的重点。

（2）《建筑节能工程施工质量验收规范》中规定对进场材料和设备的质量证明文件进行核查，并对各专业的主要节能材料和设备在施工现场抽样复验，复验为见证取样送检。

（3）《建筑节能工程施工质量验收规范》中规定推出工程验收前对外墙节能构造现场实体检验，严寒、寒冷和夏热冬冷地区的外窗气密性现场实体检验和建筑设备工程系统节能性能检测。

（4）《建筑节能工程施工质量验收规范》中将建筑节能工程作为一个完整的分部工程纳入建筑工程验收体系，使涉及建筑工程中节能的设计、施工、验收和管理等多个方面的技术要求有法可依，形成从设计到施工和验收的闭合循环，使建筑节能工程的施工质量得到控制。

（5）《建筑节能工程施工质量验收规范》中突出了以实现功能和性能要求为基础、以过

程控制为主导、以现场检验为辅助的原则，结构完整，内容充实，具有较强的科学性、完整性、协调性和可操作性，总体上达到了国际先进水平，起到了对建筑节能工程施工质量控制和验收的作用，对推进建筑节能目标的实现将发挥重要作用。

第四节　建筑节能质量控制特点

住建部相关负责人最近提出：中国将全面推广节能与绿色建筑工作。此项工作的目标是争取到 2020 年，大部分既有建筑实现节能改造，新建建筑完全实现建筑节能 65％的总目标。东部地区要实现更高的节能水平，基本实现新增建筑占地与整体节约用地的动态平衡；实现建筑建造和使用过程中的节水率在现有基础上提高 30％以上；新建建筑对不可再生资源的总消耗比现在下降 30％以上。到 2020 年，我国建筑的资源节约水平接近或达到现阶段中等发达国家的水平。

但是，目前我国的建筑节能工作还存在许多问题：①全社会没有充分认识到建筑节能工作的重要意义，缺乏建筑节能的基本知识和意识；②对建筑节能缺乏有效的激励政策进行引导和扶植；③缺乏可操作的强制各方利益主体必须积极参与节能、节地和保护环境的法律、法规；④建筑节能、节地和环境保护的综合性标准体系还没有建立；⑤缺乏有效的行政监管体系。

针对目前存在的问题，要实现我国提出的建筑节能的宏伟目标，建筑节能工作必须从源头抓起，在建筑物的规划、设计、建造和使用过程中执行现行的建筑节能标准和施工验收规范，合理设计建筑围护结构的隔热保温措施，采用低能耗建筑材料，提高采暖、制冷、照明、给排水和通风系统的运行效率，加强建筑物用能设备的运行管理，充分利用可再生能源，在保证建筑物使用功能和室内环境质量的前提下降低建筑能源的消耗，合理、有效地利用能源。根据近些年的建筑节能工程实践，建筑节能工程的质量控制特点主要表现在强制性、系统性、相关性和差异性等方面。

1. 建筑节能质量控制的强制性

十八届五中全会通过的《中共中央关于制定国民经济和社会发展第十三个五年规划的建议》中指出："实现'十三五'时期发展目标，破解发展难题，厚植发展优势，必须牢固树立创新、协调、绿色、开放、共享的发展理念。""绿色是永续发展的必要条件和人民对美好生活追求的重要体现。必须坚持节约资源和保护环境的基本国策，坚持可持续发展，坚定走生产发展、生活富裕、生态良好的文明发展道路，加快建设资源节约型、环境友好型社会，形成人与自然和谐发展的现代化建设新格局，推进美丽中国建设，为全球生态安全做出新贡献。"

中央和各地都高度重视建筑节能工作，先后出台了一系列关于加强节能工作的管理规定，同时国家以《建筑节能工程施工质量验收规范》（GB 50411—2007）等一批重要标准的批准发布为契机，广泛开展建筑节能方面的培训，加大强制性标准实施的监管力度，并且将建筑节能作为工程评优的重要内容，未执行节能强制性标准的工程项目，一律不得参加优秀设计、鲁班奖等的评选。因此，建筑节能的质量控制具有鲜明的强制性。

2. 建筑节能质量控制的系统性

建筑节能工程虽然是建筑工程的一个分部工程，实际上也是一个庞大的系统工程，从规划到设计、再到施工和管理使用，每个环节都要有节能的思想意识。对于建筑工程本身来讲，从屋面、墙体到基础，从材料选择到方案实施，从工程规划到工程设计，从工程施工到使用过程，都涉及节能技术措施的应用。

由此可知，建筑节能工程的系统性主要表现在：实现了规划设计建造节能与检测验收节能的相一致，检测验收节能与实际运行节能的相一致，使节能建筑工程的规划、设计、建造、使用、管理与节能要求相统一。

3. 建筑节能质量控制的相关性

为确保建筑节能工程的质量符合现行标准要求，在整个建设和使用的过程中，必然涉及建设单位、设计单位、施工单位、监理单位、工程质量检测单位、工程管理单位等，这些单位都应当遵守国家有关建筑节能的法律、法规和技术标准，履行合同约定的各项义务，并依法对建筑节能工程的质量负责。

在建筑节能工程的建造过程中，各参建和管理单位对建筑节能的重视程度都将影响建筑本身节能的效果，因此各单位都应严格执行现行的建筑节能的政策、法规和规范，互相配合、共同努力，使建筑节能工程的质量符合国家有关标准的要求。

4. 建筑节能质量控制的差异性

建筑节能工程与其他工程一样，不仅受结构类型、质量要求、施工方法等因素的影响，而且还受自然条件即项目所在地域分布的差异，以及当地资源、环境等实际情况的影响，因此在建筑节能质量的控制上存在着一定的差异性。

建筑节能质量控制的差异性主要表现在：节能建筑物的墙体、幕墙、门窗、屋面和地面的工程质量上，围护结构外墙的质量以及供热采暖和空气调节、配电与照明、监测与控制工程等方面，在设计、施工质量控制上的差异性。因此，在建筑节能工程进行设计和施工时，要根据工程所在地、体形特征、构件类型等设计参数，选择相应的节能设计方案和施工方案，从而实现节能建筑质量的控制目标。

第五节　建筑节能存在问题和面临任务

党的十八届五中全会提出："坚持创新发展、协调发展、绿色发展、开放发展、共享发展，是关系我国发展全局的一场深刻变革。全党同志要充分认识这场变革的重大现实意义和深远历史意义，统一思想，协调行动，深化改革，开拓前进，推动我国发展迈上新台阶。""到 2020 年全面建成小康社会，是我们党确定的'两个一百年'奋斗目标的第一个百年奋斗目标。'十三五'（2016～2020 年）时期是全面建成小康社会的决胜阶段，'十三五'规划必须紧紧围绕实现这个奋斗目标来制定。"这是全党、全国各民族人民的奋斗目标。

但是，随着人口的迅速增加，工业化和城镇化进程的加快，特别是重化工业和交通运输的快速发展，能源需求量将大幅度上升，经济发展面临的能源约束矛盾和能源使用带来的环境污染问题更加突出。

（1）能源约束矛盾突出　实现 GDP 到 2020 年比 2000 年翻两番的目标，我国钢铁、有色金属、石化、化工、水泥等高耗能重化工业将加速发展；随着生活水平的提高，消费结构升级，汽车和家用电器大量进入家庭；城镇化进程加快，建筑和生活用能大幅度上升。如按近三年的能源消费增长趋势发展，到 2020 年能源需求量将高达 40 多亿吨标准煤。如此巨大的需求，在煤炭、石油和电力供应以及能源安全等方面都会带来严重的问题。按照能源中、长期发展规划，在充分考虑节能因素的情况下，到 2020 年能源消费总量需要 30 亿吨标准煤。要满足这一需求，无论是增加国内能源供应还是利用国外资源，都面临着巨大的压力。能源基础设施建设投资大、周期长，还面临水资源和交通运输制约等一系列问题。能源需求的快速增长对能源资源的可供量、承载能力，以及国家能源安全提出严峻挑战。

（2）环境问题加剧　我国是少数以煤为主要能源的国家，也是世界上最大的煤炭消费国，煤烟型污染已相当严重。随着机动车的快速增长，大城市的大气污染已由煤烟型污染向煤烟、机动车尾气混合型污染发展。粗放型使用能源对环境造成了严重破坏。目前，我国年排放二氧化硫 2000 多万吨，酸雨面积已占国土面积的 30%，大大超过环境容量。虽然到 2020 年我国能源结构将继续改善，煤炭消费比重将有所下降，但煤炭消费总量仍将大幅度增加，经济发展面临巨大的环境压力。

能源是战略资源，是全面建设小康社会的重要物质基础。解决能源约束问题，一方面要开源，加大国内勘探开发力度，加快工程建设，充分利用国外资源。另一方面，必须坚持节约优先，走一条跨越式节能的道路。节能是缓解能源约束矛盾的现实选择，是解决能源环境问题的根本措施，是提高经济增长质量和效益的重要途径，是增强企业竞争力的必然要求。不下大力节约能源，难以支持国民经济持续、快速、协调、健康发展；不走跨越式节能的道路，新型工业化难以实现。

今后的建筑节能工程的规划、设计、施工和监理工作，必须从战略高度充分认识建筑节能的重要性，树立忧患意识，增强危机感和责任感，大力节能降耗，提高能源利用效率，加快建设节能型社会，为保障到 2020 年实现全面建设小康社会的目标做贡献。

第二章

建筑节能监理质量控制策划

中国现代化建设的历程告诉我们：建设节约型社会是科学发展观的内在要求，是构建社会主义和谐社会的重要组成部分，是全面建设小康社会的基本保证，是我国目前的重要国策，只有通过建设节约型社会才会有国家的长足发展。创建节约型社会在工程建设活动中的重要体现之一就是工程建设的建筑节能。

随着《建筑节能工程施工质量验收规范》（GB 50411—2007）的正式实施，建筑节能监理作为工程建设的一个重要环节，就是严格把关好建筑节能工程的质量。近年来，我国的建筑节能工作已进入全面实施阶段，更多的设计标准、规范、技术规程和国家条文不断完善，使建筑节能工作在设计、施工、应用等各个方面都有章可循、有法可依，逐步走上规范化、法制化轨道，从而保证了节能建筑的工程建设质量。

第一节　建筑节能监理工作内容

《建筑节能工程施工质量验收规范》（GB 50411—2007）是我国第一部以达到建筑节能设计要求为目标的施工质量验收规范。《建筑节能工程施工质量验收规范》使用的对象是全方位的，涉及建筑节能工程的各个主体，是参与建筑节能工程施工活动各方主体必须遵守的，是管理者对建筑节能工程设计、施工及质量验收依法履行监督和管理职能的基本依据，同时也是建筑物的使用者判定建筑是否合格和正确使用建筑的基本要求。

《建筑节能工程施工质量验收规范》中规定，建筑节能工程作为单位建筑工程的一个分部工程，包含了墙体节能工程、幕墙节能工程、门窗节能工程、屋面节能工程、地面节能工程、采暖节能工程、通风与空调节能工程、空调与采暖系统冷热源及管网节能工程、配电与照明节能工程和监测与控制节能工程 10 个分项工程。

建筑节能监理是工程监理的重要组成部分，是建筑节能与工程建设监理相结合的专业监理工作，既有工程建设监理共性的方面，又有建筑节能专业特性的方面。因此，建筑节能监理应遵循计划、实施、检查、调整（简称 PDCA）的原则进行，从事前、事中和事后 3 个方面进行质量控制。因此，建筑节能工程监理质量控制是动态控制过程，这样就可以把建筑节能监理工作内容分为以下 3 个阶段来实施。

一、建筑节能工程施工准备阶段的监理工作

工程实践充分证明，建筑节能分部工程具有涉及专业多、工程范围广、建设周期长、质量要求高等特点，这样对监理工程不仅增加了难度，而且提出了更高的要求。监理人员在施工准备阶段，应掌握本工程的建筑节能目标，制订切实可行的监理工作计划，做好节能工程监理的一切准备工作。从工程建设监理和国家法律法规、标准规范等方面理解，施工准备阶段的监理工作主要包括以下几个方面。

（1）从事建筑节能工程监理的工作人员（包括总监理工程师、专业监理工程师和监理员），应进行建筑节能方面的专业培训，掌握国家和地方的有关建筑节能法规文件及与本工程相关的建筑节能强制性标准。

（2）建筑节能工程开工前，总监理工程师应审查建筑节能工程施工企业相应的资质，以及质量管理体系、施工质量控制和检验制度，具有相应的施工技术标准。专业监理工程师应审查承担建筑节能工程检测试验的检测机构资质。

（3）进行施工图会审。主要应审查建筑节能工程设计图纸是否经过施工图设计审查单位审查合格。未经审查或审查不符合强制性建筑节能标准的施工图不得使用。

（4）进行建筑节能设计交底。项目监理人员应参加由建设单位组织的建筑节能设计技术交底工作，总监理工程师应对建筑节能设计技术交底会议纪要进行签认，并对设计图纸中存在的问题通过建设单位向设计单位提出书面意见和建议。

（5）工程项目开工前，总监理工程师应组织专业监理工程师审查承包单位报送的施工组织设计（施工组织设计应包括建筑节能工程施工内容），提出审查意见，并经总监理工程师审核、签认后报建设单位。建筑节能工程开工前，专业监理工程师应审查承包单位报送的专项施工技术方案，提出书面审查意见，并经总监理工程师审核、签认后报建设单位。

（6）在建筑节能工程施工前，总监理工程师应组织有关人员编制建筑节能监理实施细则。按照建筑节能强制性标准和设计文件，编制符合本工程建筑节能特点的、具有针对性的监理实施细则，为顺利开展监理工程打下良好的基础。

（7）建筑节能工程的质量检测，除严寒、寒冷、夏热冬冷地区的外窗现场实体检测应按照国家现行有关标准的规定执行的情况外，应由具备资质的检测机构承担。

（8）建筑节能工程使用的材料、设备，必须符合设计要求及国家有关标准的规定。严禁使用国家明令禁止使用与淘汰的材料和设备。建筑节能工程所用材料和设备的进场验收应遵守下列规定。①对材料和设备的品种、规格、包装、外观和尺寸等进行检查验收，并应经监理工程师核准，形成相应的验收记录。②对建筑节能工程所用材料和设备的质量合格证明文件进行核查，并应经监理工程师确认。所有进入施工现场用于节能工程的材料和设备均应具有出厂合格证、中文说明书及相关性能检测报告；定型产品和成套技术应有型式检验报告，进口材料和设备应按规定进行出入境商品检验。③建筑节能工程中所用材料和设备，应按照有关规定在施工现场抽样复验。复验应为见证取样送检。

（9）建筑节能工程所使用材料的燃烧性能等级和阻燃处理，应符合设计要求和国家现行标

准《建筑设计防火规范》（GB 50016—2014）、《建筑内部装修设计防火规范》（GB 50222—1995）和《建筑设计防火规范》（GB 50016—2014）等的规定。

（10）建筑节能工程使用的材料应符合国家现行标准《室内装饰装修材料有害物质限量标准》10项的规定，不得对室内、外的环境造成污染。

（11）现场配制的材料（如保温浆料、聚合物砂浆等），应按设计要求或试验室给出的配合比配制。当未给出要求时，应按照施工方案和产品说明书配制。

（12）节能保温材料在施工使用时的含水率应符合设计要求、工艺要求及施工技术方案要求。当无上述要求时，节能保温材料在施工使用时的含水率，不应大于正常施工环境湿度下的自然含水率，否则应采取降低含水率的措施。

（13）在建筑节能分部工程正式施工前，应根据《建筑节能工程施工质量验收规范》（GB 50411—2007）中的规定，督促施工单位进行建筑节能工程检验批划分，具体划分方法和主要验收内容见表2-1。

表 2-1　建筑节能分项工程划分和主要验收内容

序号	分项工程名称	主要验收内容
1	墙体节能工程	主体结构基层、保温材料、饰面层等
2	幕墙节能工程	主体结构基层、隔热材料、保温材料、隔汽层、幕墙玻璃、单元式幕墙板块、通风换气系统、遮阳设施、冷凝水收集排放系统等
3	门窗节能工程	门、窗、玻璃、遮阳设施等
4	屋面节能工程	基层、保温隔热层、保护层、防水层、面层等
5	地面节能工程	基层、保温隔热层、隔离层、保护层、防水层、面层等
6	采暖节能工程	系统制式、散热器、阀门与仪表、保温材料、热力入口装置、调试等
7	通风与空调节能工程	系统制式、通风与空调设备、阀门与仪表、绝热材料、调试等
8	空调与采暖系统的冷热源及管网节能工程	系统制式；冷热源设备；辅助设备；管网；阀门与仪表；绝热、保温材料；调试等
9	配电与照明节能工程	低压配电电源；照明光源、灯具；附属装置；控制功能；调试等
10	监测与控制节能工程	冷、热源、空调水系统的监测控制系统；通风与空调系统的监测控制系统；监测与计量装置；供配电的监测控制系统；照明自动控制系统；综合控制系统等

二、建筑节能工程施工阶段的监理工作

建筑节能工程施工阶段是其建筑建造的过程，施工阶段的监理工作是整个监理工作的核心和重点，它对于工程进度、工程质量和工程造价等方面均有非常重要的影响。根据建筑节能工程施工的实践，在其施工阶段的监理工作主要包括以下几个方面。

（1）监理工程师对进场材料和设备的验收应按下列规定进行。

① 对材料和设备品种、规格、包装、外观和尺寸应进行检查验收，并在材料（设备）报审表中形成相应的验收记录。

② 核查材料和设备质量证明文件、出厂合格证、中文说明书及相关性能的检测报告；定型产品和成套技术，应当有型式检验报告和复验报告；进口材料和设备应当按规定检查出（入）境商品检验报告。

③ 对现场配制的材料（如混凝土、砂浆、保温浆料、聚合物砂浆等），应提供其配合比

通知单，检查是否合格、齐全、有效，是否与设计和产品标准的要求相符。

④ 检查是否使用国家明令禁止和淘汰的材料、构配件、设备，不符合国家规定的不得用于建筑节能工程。

⑤ 检查有无本行政区域的节能材料科技推广证明及相应验证要求资料。

⑥ 按照委托监理合同约定及《建筑节能工程施工质量验收规范》（GB 50411—2007）有关规定的比例，在施工现场进行检验或者见证取样、送样检测。

⑦ 核查建筑节能使用材料的燃烧性能等级、使用时含水率是否符合设计和现行有关标准的要求。

⑧ 对未经监理人员验收或验收不合格的建筑节能工程材料、构配件、设备，不得在工程中使用或安装；对国家明令禁止和淘汰的材料、构配件、设备，监理人员不得签认，并签发监理工程师通知单，书面通知承包单位限期将不合格的建筑节能材料、构配件、设备撤出施工现场。

（2）当建筑节能工程采用建筑节能新材料、新工艺、新技术、新设备时，承包单位应按照有关规定进行评审、鉴定及备案，施工前对新的或首次采用的施工工艺进行评价，并制订专门的施工技术方案，经专业监理工程师审定后予以签认。

（3）督促、检查承包单位按照经审查合格的建筑节能设计文件和经审查批准的施工技术方案进行施工。项目监理机构应严格控制设计变更，当设计变更涉及材料变更、厚度减少等影响建筑节能效果时，应督促建设单位将设计变更文件报送原施工图审查机构审查，在实施前监理工程师应审查设计变更手续，符合要求后予以确认。

（4）建筑节能工程施工前，对于采用相同建筑节能设计的房间和构造做法，监理工程师应要求施工单位在现场采用相同材料和工艺制作样板间或样板件，经设计、建设、施工、监理、质量监督、材料供应单位等各方确认后方可进行施工。

（5）建筑节能施工过程应采取旁站、巡视和平行检验等形式实施监理。对于易产生热桥和热工缺陷部位的施工，以及墙体、幕墙、地面、屋面、采暖、通风与空调、空调与采暖系统设备及管网等保温绝热工程隐蔽前的施工，专业监理工程师应安排监理员采取旁站形式实施监理。

（6）专业监理工程师应根据对承包单位报送的建筑节能隐蔽工程报验申请表、自检结果和必要的图像资料进行现场检查，符合要求予以签认。对于未经监理人员验收或验收不合格的工序，监理人员不得签认，承包单位不得进行下一道工序的施工。

（7）专业监理工程师应根据对承包单位报送的检验批和分项工程报验申请表和质量检查、验收记录进行现场检查和资料核查，符合要求后予以签认。其验收的程序和组织应符合《建筑工程施工质量验收统一标准》（GB 50300—2013）和《建筑节能工程施工质量验收规范》（GB 50411—2007）的规定。

（8）对建筑节能施工过程中出现的质量问题，应及时下达监理工程师通知单，要求承包单位整改，并检查整改结果。

三、建筑节能工程竣工验收阶段的监理工作

工程竣工验收指建设工程项目竣工后开发建设单位会同设计、施工、设备供应单位及工程质量监督部门，对该项目是否符合规划设计要求以及建筑施工和设备安装质量进行全面检验，取得竣工合格资料、数据和凭证。

建筑节能工程在竣工验收阶段的监理工作，是规范节能工程质量的检查验收监督行为，明确建设单位、设计、监理、施工、质量监督管理等各方面的工作职责和工作程序，提高建筑节能工程施工质量。建筑节能是系统工程，也是建筑单位工程竣工验收的先决条件，它具有"一票否决权"，必须在建筑节能分部工程验收合格后方可进行，由此可以看出建筑节能工程在竣工验收阶段的监理工作极其重要。

根据建筑节能工程竣工验收的实践，在此阶段应当做好的监理工作包括以下几个方面。

（1）参加建设单位委托建筑节能测评单位进行的建筑节能能效测评。监理组织对包括建筑节能工程在内的预验收，对预验收中存在的问题，督促承包单位进行整改，整改完毕后签署建筑节能工程竣工报验单。

（2）核查建筑节能工程质量控制资料和现场检验报告，主要有：设计文件、图纸会审记录、设计变更和洽商记录；主要材料、设备和构件的质量证明文件、进场检验记录、进场核查记录、进场复验报告、见证试验报告；隐蔽工程验收记录和相关图像资料；检验批、分项工程验收记录；建筑围护结构节能构造现场实体检验记录；严寒、寒冷和夏热冬冷地区外窗气密性现场检测报告；风管及系统严密性检验报告；现场组装的组合式空调机组的漏风量测试记录；设备单机试运转及调试记录；系统联合试运转及调试记录；系统节能性能检验报告；其他对工程质量有影响的重要技术资料。

（3）节能分部工程验收由建设单位组织，总监理工程师主持，施工单位项目经理、项目技术负责人和相关专业的质量检查员、施工员参加；施工单位的质量或技术负责人参加；设计单位节能设计人员参加。

（4）总监理工程师组织监理人员对施工单位报送的建筑节能分部工程进行现场检查，符合要求后予以批准节能分部工程验收。同时编制节能分部工程监理质量评估报告，质量评估报告应明确执行建筑节能标准和设计要求的情况及节能工程质量评估结论。建筑节能专项质量评估报告的内容包括以下几方面。

① 建筑节能工程概况。即本项目建筑节能工程的基本情况，包括工程名称、工程特点、具体部位、工程规模、质量要求等。

② 节能工程评估依据。本工程执行的建筑节能标准和设计要求：国家及地方建筑节能设计、施工质量验收规范；设计文件及施工图的要求。

③ 节能工程质量评价。本工程在建筑节能工程的施工过程中，对保证工程质量采取的措施；以及对出现的建筑节能施工质量缺陷或事故，采取的整改措施等。一般可以从以下方面对建筑节能工程质量进行评价：a. 对进场的建筑节能工程材料、构配件、设备（包括墙体材料、保温隔热材料、门窗、采暖与空调系统、照明设备等）及其质量证明资料审核情况；b. 对建筑节能工程施工关键节点旁站、日常巡视检查、隐藏工程验收和施工现场检查的情况进行审核；c. 对工程承包单位报送的建筑节能检验批、分项工程、分部工程质量验收资料和现场检查的情况进行审核；d. 对建筑节能工程质量缺陷或事故的处理意见，以及与建筑节能工程质量评估有关的技术资料。

（5）签署建筑节能实施情况意见。工程监理单位在工程质量检查验收和评估后，应在建筑节能审查备案登记表上签署建筑节能实施情况意见，并加盖监理单位印章。

（6）以上工作完成后，监理工程师应帮助建设单位和督促承包单位完成建筑节能专项工程的验收备案。

第二节　建筑节能监理工作流程

建筑节能工程监理工作流程是指建筑节能监理工作事项的活动流向顺序，主要包括建筑节能实际工作过程中的工作环节、步骤和程序。工程实践证明，建筑节能监理工作流程中各项工作之间的逻辑关系是一种动态关系。在建设工程项目的实施过程中，其管理工作、信息处理，以及设计工作、材料采购和施工都属于监理工作流程的一部分。

一、建筑节能监理工作总流程

能源是发展国民经济的重要物质基础，是人类赖以生存的必要条件，常规能源的合理利用和新能源的开发是当今社会人类面临的严峻课题。能源开发与利用程度是反映人类进步、文明的一个重要标志。能源的生产、建设与消费又将直接制约着国民经济的向前发展和人民物质文化生活水平的提高。因此，能源问题已成为当今世界普遍关注的重大问题，也是人类生存面临的四大问题之一。

我国的建筑事业发展历程表明，建筑节能是建设领域的一个重要热点，也是建筑业技术进步的一个重要标志。建筑节能关系到中华民族生存和发展的长远大计，也关系到人类生存环境、充分利用有限资源的重大问题，它不仅能带来良好的社会效益和经济效益，还能有效提高建筑技术水平，带动整个建筑业的发展。

建筑节能监理工作总流程如图 2-1 所示。

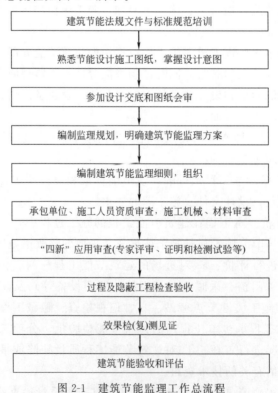

图 2-1　建筑节能监理工作总流程

二、建筑节能设计交底和图纸会审工作流程

设计交底是指在施工图完成并经审查合格后，设计单位在设计文件交付施工时，按法律

规定的义务，就施工图设计文件向施工单位和监理单位做出详细的说明。其目的是使施工单位和监理单位正确贯彻设计意图，加深对设计文件特点、难点、疑点的理解，掌握关键工程部位的质量要求，确保工程质量。

在施工图设计交底的同时，监理单位、设计单位、建设单位、施工单位及其他有关单位需对设计图纸在自审的基础上进行会审。图纸会审是指工程各参建单位（建设单位、监理单位、施工单位、质检单位等）在收到设计院施工图设计文件后，对图纸进行全面细致的熟悉，审查出施工图中存在的问题及不合理情况，并提交设计单位进行处理的一项重要活动。通过图纸会审可以使各参建单位，特别是施工单位，熟悉设计图纸、领会设计意图、掌握工程特点及难点，找出需要解决的技术难题并拟定解决方案，从而将因设计缺陷而存在的问题消灭在施工之前。

设计交底与图纸会审是保证工程质量的重要环节，也是保证工程质量的前提，更是保证工程顺利施工的主要步骤。建筑节能分部工程的设计内容如果较为复杂，设计交底与图纸会审可以单独进行；如果设计内容没有新技术等复杂内容，也可以与建筑、结构、水电安装等设计图纸共同进行。建筑节能工程设计交底和图纸会审的工作流程如图 2-2 所示。

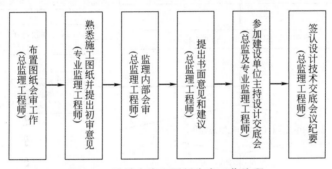

图 2-2　设计交底和图纸会审工作流程

在设计交底和图纸会审工作中应掌握以下几个实施要点。

（1）总监理工程师应及时组织专业监理工程师认真学习设计图纸，领会建筑节能工程的设计意图和技术要求，特别应了解和掌握工程质量的控制重点，以便监理工作顺利开展。

（2）专业监理工程师应审核设计图纸标识和节能设计标准是否符合现行规范的要求，对于不符合之处应提出修改意见。

（3）专业监理工程师应审核施工图设计深度能否满足施工的要求，施工图要符合有关建筑节能工程设计标准的要求，要与国家规范及现场实际情况符合。

（4）在进行图纸会审的过程中，各专业监理工程师应注意各专业图纸之间是否存在矛盾，具体布置是否合理。对于发现的专业图纸存在的矛盾应在图纸会审中提出并解决。

（5）施工图纸中所需材料来源有无标识保证，材料不能满足时能否代换，图中所要求的条件能否满足，新材料、新技术的应用有无问题，施工安全与环境保护有无保证。

三、建筑节能施工组织设计（方案）审核工作流程

施工组织设计是对施工活动实行科学管理的重要手段，它具有战略部署和战术安排的双重作用。它体现了实现基本建设计划和设计的要求，提供了各阶段的施工准备工作内容，协调施工过程中各施工单位、各施工工种、各项资源之间的相互关系；同时也包括施工技术和施工质量的要求。

施工组织设计是用来指导施工项目全过程各项活动的技术、经济和组织的综合性文件，是施工技术与施工项目管理有机结合的产物，它是工程开工后施工活动能有序、高效、科学合理地进行的保证。监理单位必须对承包单位报送的施工组织设计进行认真审核，并对重大施工方案组织有关单位共同审定。

施工组织设计的内容要结合工程对象的实际特点、施工条件和技术水平进行综合考虑。施工组织设计一般包括工程概况、施工部署及施工方案、施工进度计划、施工平面图和技术经济指标 5 项基本内容。施工组织设计的繁简，一般要根据工程规模大小、结构特点、技术复杂程度和施工条件的不同而定，以满足不同工程的实际需要。复杂和特殊工程的施工组织设计需较为详尽，小型建设项目或具有较丰富施工经验的工程则可较为简略。

施工组织设计（方案）审核的工作流程如图 2-3 所示。

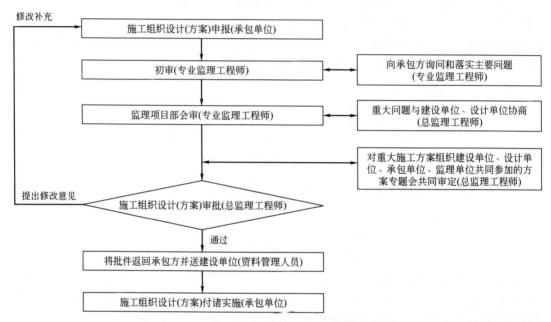

图 2-3　施工组织设计（方案）审核工作流程

在施工组织设计（方案）的审核工作中应掌握以下几个实施要点。

（1）建筑节能工程是单位工程中的重要组成部分，在单位工程的施工组织设计中，必须包括建筑节能工程的施工内容。

（2）施工组织设计或施工方案编制后，是否经承包单位上级技术、安全管理部门审批。

（3）编制的施工方案内容是否齐全，是否符合工程实际并切实可行，是否结合工程特点和工地环境。

（4）施工组织设计中主要的技术、安全和环保措施等，是否符合我国现行规范的要求。

（5）施工组织设计的审核工作由总监理工程师组织，专业监理工程师参加，一般要求在一周的时间内完成。

四、承包单位现场管理体系审核工作流程

质量管理体系是建立质量方针和质量目标并实现这些目标的体系。建立完善的质量体系并使之有效地运行，是企业质量管理的核心，也是贯彻质量管理和质量保证标准的关键。工

程实践充分证明，建筑工程承包单位的现场质量管理体系，对于取得良好的施工效果具有重要作用，因此，监理工程师做好承包单位现场质量管理体系的审查，是搞好监理工作的重要环节，也是取得好的工程质量的重要条件。

承包单位的现场质量管理体系审核工作流程如图 2-4 所示。

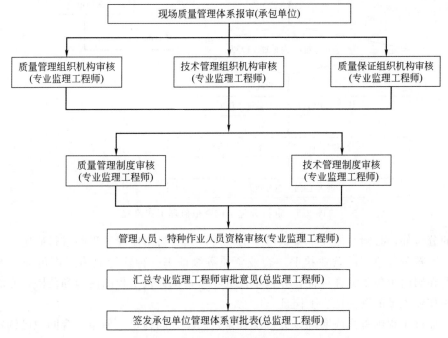

图 2-4　承包单位的现场质量管理体系审核工作流程

在承包单位的现场质量管理体系审核工作中应掌握以下几个实施要点。

（1）承包单位向监理工程师报送项目经理部质量管理体系的有关资料，包括组织机构、各项制度、管理人员、专职质检员、特种作业人员的资格证、上岗证、工地试验室。实施"贯标"的承包单位，应提交质量计划。

（2）承包单位的现场质量管理体系要贯彻"横向到边、纵向到底"的原则。监理工程师对报送的相关资料进行审核，并进行实地检查和落实。

（3）经审核，承包单位的质量管理体系满足工程质量管理的需要，总监理工程师予以确认；对于不合格的施工人员，总监理工程师有权要求承包单位予以撤换，不健全、不完善之处要求承包单位尽快整改。

五、分包单位资格审核监理工作流程

审核分包单位的资格，保证分包单位的质量，是保证工程施工质量的一个重要环节和前提。因此，监理工程师应对分包单位的资质进行严格控制。如何科学、有效、高效率地完成对分包单位的资格审核确认，是项目监理机构一项非常重要的工作。

审核分包单位资格监理的工作流程如图 2-5 所示。

在审核分包单位的资格监理工作中应掌握以下几个实施要点。

（1）工程分包必须符合《中华人民共和国建筑法》第二十九条"建筑工程总承包单位可以将承包工程中的部分工程发包给具有相应资质条件的分包单位；但是，除总承包单位合同

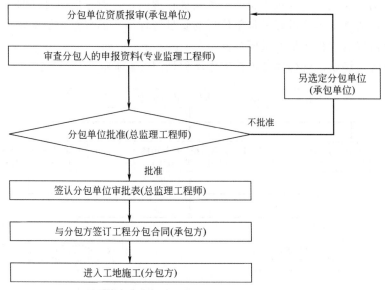

图 2-5 审核分包单位资格监理工作流程

中约定的分包外，必须经建设单位认可"的规定，其资格由监理工程师进行确定。

（2）审核分包单位的营业执照、企业资质等级证书、特殊行业施工许可证、国外（境外）企业在国内承包工程许可证，分包单位的业绩，拟分包工程的内容和范围，专职管理人员和特种作业人员的资格证、上岗证。

（3）监理工程师首先应明确该分包工程是否属于合同约定。如施工合同中已约定，其资质在招标时已经过审核，承包单位可不报审，但其管理人员、特种作业人员的资格证、上岗证应报审。

六、材料和设备供应单位资质审核工作流程

建筑材料和设备是建筑工程必不可少的物资。它涉及面广、品种多、数量大。材料和设备的费用在工程总投资（或工程承包合同价）中占很大比例，一般都在40％以上。

建筑材料和设备按时、按质、按量供应是工程施工顺利地按计划进行的前提。材料和设备的供应必须经过订货、生产（加工）、运输、储存、使用（安装）等各个环节，经历一个非常复杂的过程。建筑材料和设备供应单位是连接生产、流通和使用的纽带，是建筑节能工程施工不可缺少的部分。

材料和设备供应单位资质审核的工作流程如图 2-6 所示。

材料和设备供应单位的资质审核工作应掌握以下几个实施要点。

（1）材料和设备供应商的资质、营业范围，应当符合政府有关规定和当地建筑材料市场准入制度。

（2）专业监理工程师负责对材料和设备供应单位的资质审核，并提出审核意见。

（3）对于材料和设备供应单位，由总监理工程师负责审批，并向建设单位报告。

七、建筑节能原材料审核工作流程

在建筑节能工程的施工过程中，对建筑节能原材料的控制是一项非常重要的技术工作，也是保证建筑节能工程施工质量的前提。因此，在建筑节能原材料进场时，必须按照工程原

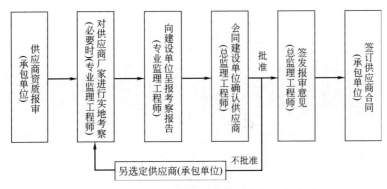

图 2-6 材料和设备供应单位资质审核工作流程

材料审核工作流程对原材料进行严格的审核。所用原材料必须提供出厂合格证或质量合格证明，原材料、中间产品使用前必须经质量监督部门检验，确认合格后才能使用，检验不合格或未经检验的材料，不得用于建筑节能工程中。

建筑节能原材料的审核工作流程如图 2-7 所示。

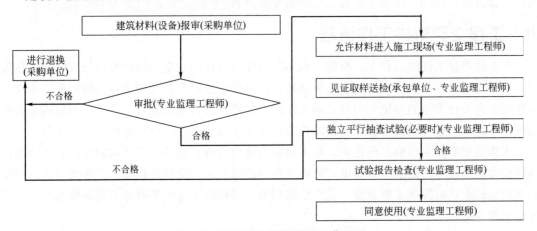

图 2-7 建筑节能原材料审核工作流程

建筑节能原材料的审核工作应掌握以下几个实施要点。

（1）采购单位进行建筑材料（设备）报审时，应提供生产许可证、质量保证书、相应性能测试报告，以上材料由专业监理工程师进行复核。

（2）为确保原材料的质量，专业监理工程师要参与送检材料的见证取样，保证样品具有代表性。

（3）专业监理工程师对材料质量或检验数据有疑问的，可以提出补充检测要求。

八、隐蔽工程验收监理工作流程

所谓"隐蔽工程"，就是在施工过程中被隐蔽起来，表面上再无法看到的施工项目。根据施工工序，这些"隐蔽工程"都会被后一道工序所覆盖，如果不按规定及时对隐蔽工程进行验收，就很难检查其材料是否符合质量要求、施工质量是否符合规范规定。监理工程师进行隐蔽工程验收监理，也是一项确保工程整体质量、消除质量隐患的重要工作。

隐蔽工程的验收监理工作流程如图 2-8 所示。

隐蔽工程的验收监理工作应掌握以下几个实施要点。

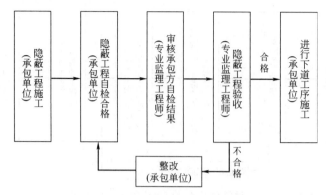

图 2-8　隐蔽工程验收监理工作流程

（1）在工程施工的过程中，经后道工序遮盖后不宜或不能再检查的工程内容，均属于隐蔽工程验收范围。

（2）专业监理工程师应参与隐蔽工程的验收，应在承包商的隐蔽工程验收单上签署意见，并备份进行存档，作为工程竣工验收的重要资料。

九、工程变更审核工作流程

在工程项目实施的过程中，根据工程实际情况按照合同约定的程序对部分或全部工程做出必要的改变。工程变更是指承包人根据监理签发设计文件及监理变更指令进行的、在合同工作范围内各种类型的变更，包括合同工作内容的增减、合同工程量的变化、因地质原因引起的设计更改、根据实际情况引起的结构物尺寸和标高的更改、合同外的任何工作等。

工程变更必然会影响工程进度、施工组织和建设投资，这是一项严肃的事情，必须坚持高度负责的精神与严格的科学态度，监理工程师必须对工程变更严格掌握。在确保工程质量标准的前提下，对降低工程造价、节约建筑用地、加快施工进度等方面有显著效益时，可以考虑工程变更。

工程变更审核的工作流程如图 2-9 所示。

在进行工程变更审核的工作中应掌握以下几个实施要点。

（1）当工程变更涉及工程进度安排及工程造价控制时，审批过程应由相关专业监理工程师共同参与确定。

（2）工程费用变更及施工工期变更情况，应由总监理工程师与承包单位、建设单位协调。

（3）专业监理工程师应根据工程变更，督促承包单位按规定实施。

（4）当工程变更涉及建筑节能效果时，必须经原施工图设计审查机构进行审查，在实施前应办理工程变更手续，并获得监理单位或建设单位的确认。

十、施工工序检查工作流程

工程项目的施工过程，是由一系列相互关联、相互制约的工序所构成的。工序质量是工程质量的基础，直接影响工程项目的整体质量。要控制工程项目施工过程的质量，首先必须控制工序的质量。

工序质量包含 2 个方面的内容：①工序活动条件的质量；②工序活动效果的质量。对施

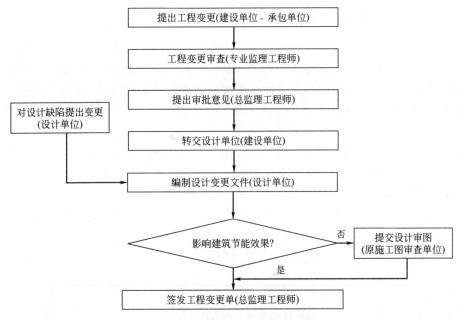

图 2-9　工程变更审核工作流程

工工序质量的控制，就是对施工工序活动条件的质量控制和施工工序活动效果的质量控制。因此，施工工序检查工作是监理工程师非常重要、不可缺少的工作。

施工工序检查的工作流程如图 2-10 所示。

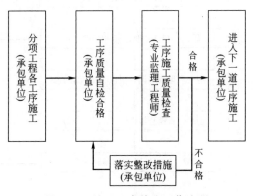

图 2-10　施工工序检查工作流程

施工工序的检查工作应掌握以下几个实施要点。

（1）为确保施工过程中每个工序的质量，专业监理工程师必须按照监理细则要求对施工现场进行旁站监理，总监理工程师应根据监理规划要求对现场进行巡视检查。

（2）需进行旁站监理的工序，检查的主要内容应包括：①承包商是否按经批准的施工组织设计进行施工；②关键部位的操作是否符合规范的要求，工程质量是否合格；③是否按规定进行各项报审、检查和验收。

（3）专业监理工程师在旁站监理和巡视检查中，要对工程实物的质量按规定进行抽查，并留下记录。

（4）总监理工程师对夜间施工、节假日值班作出具体安排，确保施工现场有监理人员正常工作，避免出现监理脱节现象。

十一、工程质量事故处理流程

建筑工程质量事故的发生，往往是由多种因素构成的，其中最基本的因素有人、物、自然环境和社会条件 4 种。人的最基本问题之一是人与人之间存在的差异，这是工程质量优劣最基本的因素。物的因素对工程质量的影响更加复杂和繁多，它们存在着千差万别，这些都是影响工程质量的因素。建筑工程一般是在露天环境中施工，质量事故的发生总与某种自然环境、施工条件以及各种社会因素紧密相关。

施工中发生的质量事故，必须在后续工程施工前，对事故原因、危害、是否处理和怎样处理等问题做出必要的结论，并应使有关方面达成共识，避免到工程交工验收时，发生不必要的争议从而延误工程的使用。

工程质量事故的处理流程如图 2-11 所示。

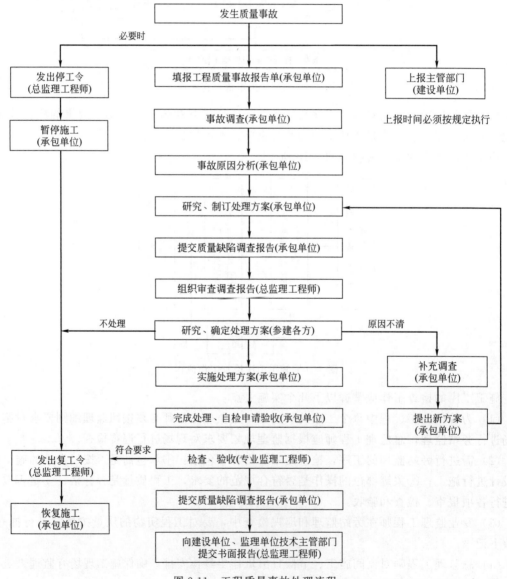

图 2-11　工程质量事故处理流程

工程质量事故的处理工作应掌握以下几个实施要点。

（1）工程质量事故处理方案凡涉及改变结构、改变使用功能等重要问题时，必须经过设计单位及建设单位同意，并签署书面意见。

（2）总监理工程师应对方案提出的措施、验收方法（包括必要的检测）提出审核意见。

（3）总监理工程师下达工程暂停令和签署工程复工报审表，应当事先向建设单位报告，并取得建设单位的同意。

十二、工程暂停及复工处理流程

工程暂停令是指在工程施工的监理实施中，工程项目发生了必须暂停施工的紧急事件，总监理工程师根据停工原因的影响范围和程度，确定工程项目停工的范围，按照委托监理合同所授予的权限，向承包单位下达工程暂时停止施工的指令。工程暂停令是项目监理机构运用指令控制权的具体形式之一，是对承包单位提出指示或命令的书面文件，属于强制执行的指令性文件。

承包单位经过整改具备恢复施工的条件时，应当向项目监理机构报送复工申请及有关材料，证明造成停工的原因已经消失。经监理工程师现场复查，认为已符合继续施工的条件，造成停工的原因确实已经消失，总监理工程师应及时签署工程复工暂停报审表，指令承包单位继续施工。

工程暂停及复工的处理流程如图 2-12 所示。

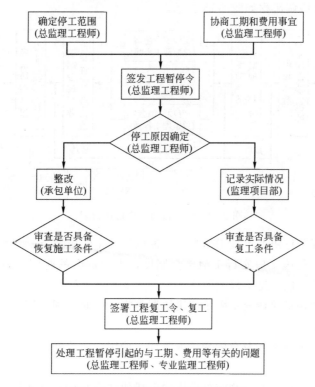

图 2-12　工程暂停及复工处理流程

工程暂停及复工的处理工作应掌握以下几个实施要点。

（1）在工程暂停令签发前，总监理工程师应首先征求建设单位现场代表的意见，并就工程暂停后引起的施工工期和费用等问题，向建设单位提供初步处理意见。

（2）下达工程暂停令必须明确停工原因和范围，避免承包单位提出不必要的工程索赔。

（3）工程暂停期间，总监理工程师应安排专业监理工程师记录现场发生的各类情况，便于日后处理合同争议。

（4）工程暂停令和复工令必须由总监理工程师签发，不得授权其他监理人员完成。

（5）审核承包单位申报的复工审批表时，必须按工程承包合同和监理合同规定的程序和时间完成，不得随意拖延。

十三、施工过程工作协调流程

在建筑节能工程的施工过程中，监理工程师协调、处理好建设各方和人与人之间的关系显得尤为重要，也是监理工程师在监理工作中感到最棘手、最困难的方面。工程实践充分证明，一项成功的、进展顺利的建设工程项目，与监理工程师的协调工作好坏有着直接的关系。

从工程技术、施工管理和施工质量的角度来看，各工种、各部门、各单位之间的协调与配合是不容忽视的。即使是一个普通的工程，在施工过程中各工种之间相互配合和协调的好坏，也同样关系到该工程的质量与品质。作为工程监理，如何在工程施工过程中做好这项管理工作，对保证本工程的工程质量是至关重要的。

施工过程的工作协调流程如图 2-13 所示。

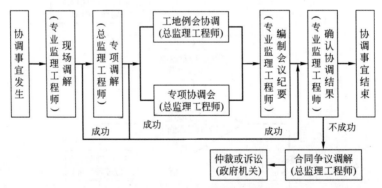

图 2-13　施工过程工作协调流程

在进行施工过程工作协调审核工作中应掌握以下几个实施要点。

（1）建筑节能工程施工应实行工地例会制度，工地例会的时间、地点、参加人员、程序、内容等，应在第一次工地会议上明确。

（2）工地例会和现场协调会不限于解决协调事宜，同时处理工程质量、费用、进度、安全和文明施工等各项事项。

（3）协调事宜处理如果涉及合同变更或工期、费用索赔等问题，应按照规定的有关工作程序进行。

（4）总监理工程师应在合同规定的期限内完成协调事宜调查和取证工作，并将处理决定书面通知建设单位和承包单位。

（5）在工作协调期间内，合同只要未放弃或结束，监理工程师有权要求承包单位继续履行合同。

第三节　建筑节能监理质量关键控制点

建筑节能监理质量控制关键点的设置，要根据设计文件要求、建筑节能技术规范和施工质量控制计划要求进行，通过建筑节能监理质量控制关键点的设置，确保建造出符合设计和现行规范要求的建筑节能工程。工程实践证明，建筑节能工程的质量管理必须以预防为主，加强影响因素的控制，确定特定、特殊工序的建筑节能监理质量关键控制点，实施节能工程施工的动态管理。

建筑节能监理质量控制关键点与施工过程的其他质量控制点不应混淆。尽管这两种控制点有时会出现重叠，但是它们所监控的对象是不同的。对于建筑节能监理质量控制关键点，一般应遵循"突出重点"的原则，避免设点过多，否则就会失去质量控制的重点。

一、建筑节能监理质量控制关键点的设置原则

建筑节能监理质量控制关键点的设置，应当根据不同管理层次和职能，按以下原则分级进行设置。

（1）建筑节能工程施工过程中的重要项目、薄弱环节和关键部位，这是建筑节能工程监理的控制重点。

（2）影响工期、质量、成本、安全、材料消耗等重要因素的环节，这是确保建筑节能工程符合设计和现行标准要求的关键。

（3）建筑节能工程采用新材料、新技术、新工艺、新设备的施工环节，这是建筑节能工程施工成败的重要影响因素。

（4）已建建筑节能工程质量信息反馈中缺陷频数较多的项目，这是避免建筑节能工程再出现质量通病的重要措施。

随着施工进度和影响因素的变化，管理点的设置要不断推移和调整，以适应工程监理工作的顺利开展。

二、建筑节能监理质量控制关键点的控制措施

建筑节能监理质量控制关键点的控制措施，主要包括以下几个方面。

（1）在建筑节能工程正式施工前，监理工程师应根据工程实际情况，制订建筑节能监理质量控制关键点的管理办法。

（2）落实建筑节能监理质量控制关键点的质量责任，加强所有建筑节能工程施工者的质量意识、责任意识和担当意识。

（3）开展建筑节能监理质量控制关键点 QC 小组活动。QC 小组是企业中群众性质量管理活动的一种有效组织形式，是职工参加企业民主管理的经验同现代科学管理方法相结合的产物。

（4）在建筑节能监理质量控制关键点上开展抽检一次合格管理和检查上道工序、保证本道工序、服务下道工序的"三工序"活动。

（5）认真填写建筑节能监理质量控制关键点的质量记录，这是考核和评价工程质量的有力依据，也是对施工人员工作情况的记录。

（6）落实与经济责任相结合的检查考核制度。经济责任制指企业内部的经济责任制，它是一种责、权、利相结合，以提高企业经济效益为目的的企业经营管理制度。

三、建筑节能监理质量控制关键点的主要文件

建筑节能监理质量控制关键点的文件很多，根据已建建筑节能工程的实践经验，主要包括以下方面：①质量控制关键点作业流程图；②质量控制关键点明细表；③质量控制关键点（岗位）质量因素分析表；④质量控制关键点作业指导书；⑤自检、交接检、专业检查记录以及控制图表；⑥工序质量统计与分析；⑦质量保证与质量改进的措施与实施记录；⑧工序质量信息。

四、建筑节能监理质量控制关键点的主要内容

建筑节能分部工程包括 10 个分项工程，内容基本涵盖了整个建筑工程的施工过程，根据国家现行规范《建筑节能工程施工质量验收规范》（GB 50411—2007）中的有关规定，建筑节能监理质量控制关键点所包括的内容如表 2-2 所列。

表 2-2　建筑节能监理质量控制关键点

序号	分项工程	质量控制关键点
1	墙体节能工程	(1)墙体节能工程的材料或构件检查、见证送检、平行检测等； (2)保温基层的处理质量检查； (3)保温层施工质量的检查、现场试验； (4)特殊部位如不采暖墙体、凸窗等节能保温构造措施检查； (5)隔断热桥措施检查
2	幕墙节能工程	(1)幕墙节能工程的材料或构件检查、见证送检、平行检测等； (2)幕墙气密性能和密封条检查； (3)保温材料厚度和遮阳设施安装检查； (4)幕墙工程热桥部位措施检查； (5)冷凝水的收集和排放做法检查； (6)幕墙与周边墙体间的接缝检查； (7)伸缩缝、沉降缝、防震缝等保温或密封做法检查
3	门窗节能工程	(1)建筑外门窗品种和规格的符合性检查； (2)建筑外窗气密性、保温性能、中空玻璃露点、玻璃遮阳系数和可见光透射率等符合性核查、见证送检、平行检测等； (3)金属外门窗、金属副框隔断热桥措施符合性检查； (4)外门窗框、副框和洞口间隙处理符合性检查； (5)外门安装、采窗遮阳设施性能与安装质量检查； (6)特种门性能与安装、天窗安装等质量检查
4	屋面节能工程	(1)屋面保温隔热材料品种和规格的符合性检查； (2)屋面保温隔热材料的热导率、密度、抗压强度或抗拉强度、燃烧性能等符合性核查、见证送检、平行检测； (3)屋面保温隔热层施工质量检查、热桥部位处理措施检查； (4)屋面通风隔热架空层、隔汽层符合性检查； (5)采光屋面传热系数、遮阳系数、可见光透射率、气密性等符合性核查
5	地面节能工程	(1)地面保温材料品种和规格的符合性检查； (2)地面保温材料的热导率、密度、抗压强度或抗拉强度、燃烧性能等符合性核查、见证送检、平行检测； (3)保温基层处理质量检查； (4)地面保温层、隔离层、保护层等施工质量检查，以及金属管道隔断热桥措施检查； (5)防水层、防潮层和保护层等施工质量检查

序号	分项工程	质量控制关键点
6	采暖节能工程	(1)散热设备、阀门、仪表、管材、保温材料等类型、材质、规格和外观等符合性核查； (2)散热器的单位散热量、金属热强度等技术性能复验核查，以及保温材料的热导率、密度和吸水性的复验核查； (3)采暖系统制式、散热设备、阀门、过滤器、温度计和仪表符合性和安装质量检查； (4)温度调控装置、热计量装置、水力平衡装置以及热力入(出)口装置安装符合性检查； (5)低温热水地面辐射供暖系统安装质量检查； (6)采暖管道保温层和防潮层施工质量检查； (7)采暖系统联合试运转和调试
7	通风与空调节能工程	(1)通风与空调系统使用设备、管道、阀门、仪表、绝热材料等产品的类型、材质、规格及外观检查验收； (2)风机盘管机组供热量、供冷量、风量、出口静压、噪声及功率复验核查； (3)绝热材料的热导率、密度、吸水性等技术指标复验核查； (4)通风与空调节能工程的送、排风系统及空调风系统、空调水系统符合性和安装质量检查； (5)风管制作与安装符合性检查； (6)组合式空调机组、柜式空调机组、新风机组、单元式空调机组安装质量检查； (7)风机盘管机组、风机、双向换气装置、排风热回收装置等安装质量检查； (8)空调机组回水管和风机盘管机组回水管的电动两通调节阀、空调冷热水系统的水力平衡阀、冷热量计量装置等自控阀门与仪表的安装质量检查； (9)空调风管系统及部件、空调水系统管道及配件等绝热层、防潮层施工质量检查； (10)空调水系统的冷热水管道与支吊架的绝热衬垫符合性和施工质量检查； (11)通风机与空调机组等设备的单机试运转和调试以及系统风量平衡调试
8	空调与采暖系统冷、热源及管网节能工程	(1)空调与采暖系统冷(热)源设备及其辅助设备、阀门、仪表、绝热材料等类型、规格及外观检查验收； (2)绝热管道、绝热材料进场时，材料的热导率、密度、吸水率等技术指标复验检查； (3)冷热源设备和辅助设备及其管网系统的安装质量检查与验收； (4)冷热源侧的电动两通调节器、水力平衡阀及冷(热)量计量装置等自控阀门与仪表的安装质量检查； (5)锅炉、热交换器、电动驱动压缩机的蒸汽压缩循环冷水(热泵)机组、蒸汽或热水型溴化锂吸收冷水机组及直燃型溴化锂吸收冷(温)水机组等设备的安装检查； (6)冷却塔、水泵等辅助设备的安装检查； (7)空调冷(热)源水系统管道及配件绝热层和防潮层施工质量检查； (8)输送介质温度低于周围空气露点温度管道，采用非闭孔绝热材料作绝热层，其防潮层和保护层完整性、封闭性检查； (9)冷(热)源机房、换热站内部空调冷热水管道与支、吊架之间绝热衬垫的施工质量检查； (10)冷(热)源和辅助设备的单机试运转及调试，以及同建筑物室内空调或采暖系统的联合试运转和调试
9	配电与照明节能工程	(1)照明光源、灯具及其附属装置进场检查验收； (2)低压配电系统选择的电缆截面和每芯导体电阻值见证取样送检； (3)低压配电系统调试以及低压配电电源质量检测； (4)照明系统通电试运行，测试照度和功率密度值
10	监测与控制节能工程	(1)监测与控制系统的设备、材料及附属产品进场检查验收； (2)监测与控制系统安装质量检查； (3)经过试运行项目的投入情况、监控功能、故障报警连锁控制及数据采集功能等记录检查； (4)空调与采暖的冷(热)源、空调水系统的监控系统、通风与空调监控系统等控制及故障报警功能检测； (5)监测与计量装置的对比检测； (6)供配电监测与数据采集系统检测； (7)照明自动控制系统检查与检测； (8)综合控制系统的功能检测； (9)建筑能源管理系统软件检测

续表

序号	分项工程	质量控制关键点
11	可再生能源节能工程	(1) 可再生能源节能系统装置规格及外观进场检查验收； (2) 集热设备、储热水箱、阀门仪表、光伏组件、地埋管件及管件、隔热材料等技术指标复验检查； (3) 可再生能源节能系统隐蔽验收检查； (4) 可再生能源节能系统整体运转、调试和检测

注：可再生能源节能工程包括太阳能光热系统、太阳能光伏系统、地源热泵换热系统。

第四节 建筑节能监理工作方法和措施

建设监理制作为科学的建设项目管理方法，主要是以国家政策、技术规范、定额、合同等为依据，跟踪工程建设全过程。作为监理工程师，既要重视"质量、进度、投资"三大控制及合同管理、信息管理，又要作为工程建设中最主要的协调者和管理者，协调好与业主、施工单位之间的关系，以确保工程建设预定的"质量、投资、进度"目标的实现。

建筑节能工程的监理是一项技术性很强、思想素质要求高的工作，监理工程师在工程施工监理的过程中，应本着"严格监理、热情服务、秉公办事、一丝不苟、廉洁自律"的监理原则，以人为核心、预防为主，坚持科学、公正、守法的职业道德规范。

工程质量控制管理是监理工程师的重要任务和职责，在工程质量控制管理方面，监理要组织参加施工的各承包单位按合同和标准进行建设，并对形成质量的诸因素进行检测、核验，对出现的差异提出调整，并对纠正措施进行监督管理。

在建筑节能工程施工过程中，通常质量控制的监理方法包括：审查、复核、旁站、见证、平行检测、巡视、工程验收、指令文件、支付控制、监理通知、会议、影像记录等方式，同时也可以通过样板施工示范，推动节能工程施工顺利进行。

一、建筑节能工程监理的审查

为了加强对建筑节能工程质量的管理，保证建筑节能工程质量，保护人民生命和财产安全，根据《建设工程质量管理条例》（国务院令第279号）、《民用建筑节能条例》（国务院令第530号）、《民用建筑工程节能质量监督管理办法》（建设部建质〔2006〕192号）中的有关规定，监理工程师应对建筑节能工程进行综合审查。审查是工程监理进行质量控制的主要方法之一，其主要包括以下内容。

1. 审核和熟悉节能工程设计施工图纸

施工单位所用的建筑节能工程施工图纸，必须是经施工图设计审查机构审查符合建筑节能设计标准的施工图纸，审查施工图有关部门签发的审图合格证书应在监理单位备案。施工和监理单位的有关人员要充分了解设计意图、设计标准和具体要求，对工程重点、技术难点、技术指标等提出要求，形成会议纪要，并经与会各方签字、盖章后生效、执行。

2. 审查施工单位企业资格和人员资格

在工程招标、投标中，对参与建筑节能工程投标的施工企业和人员的资格，都有比较详细具体的规定。监理工程师要审核承包单位的营业执照、企业资质证书、安全生产许可证等，是否符合招标文件和工程规模要求的相应资质；施工单位是否有健全的质量保证体系、安全保证体系及各项管理制度；审查项目负责人、管理人员及特种工的资质与条件是否符合工程任务的要求，确保施工队伍具有承担所建工程任务的资质，以及施工的技术能力和管理水平满足工程建设的需要，经监理工程师审查认可后方可进场施工。

承包施工单位在进场后，应按照《建筑工程施工质量验收统一标准》（GB 50300—2013）中"施工现场质量管理检查记录"（附录 A.0.1）的要求进行逐项检查，并督促施工单位对从事建筑节能工程施工作业的人员进行技术交底和必要的实际操作培训。

3. 审批、审定施工组织设计或施工方案

施工组织设计是对施工活动实行科学管理的重要手段，它具有战略部署和战术安排的双重作用。它体现了实现基本建设计划和设计的要求，提供了各阶段的施工准备工作内容，协调施工过程中各施工单位、各施工工种、各项资源之间的相互关系。因此，监理工程师对建筑节能工程施工组织设计（施工方案）的审批、审定，是一项非常重要的监理工作内容。

在建筑节能工程正式开工前，要求施工单位结合工程实际情况，报送详细的施工技术质量、进度、安全等方案。建筑节能工程的施工组织设计（施工方案），一般要根据工程规模大小、结构特点、技术复杂程度和施工条件的不同而定，以满足不同的实际需要。复杂和特殊节能工程的施工组织设计需较为详尽，小型建设项目或具有较丰富施工经验的工程则可较为简略。

监理工程师对于报送的施工组织设计（施工方案）应着重审查：专项节能工程施工方案是否具有针对性，施工程序安排是否合理，材料的质量控制措施、施工工艺是否能够科学地指导施工；对特殊部位（如门窗口、变形缝等）是否明确专项措施、要求和质量验收标准，是否确定节能工程施工中的安全生产措施、环境保护措施和季节性施工措施。

施工技术方案应由经验丰富的技术人员编制，并经施工单位技术负责人审批后报送监理工程师，经专业监理工程师和总监理工程师审查批准后方可施工，监理工程师应按照审批后的施工方案进行检查和验收。

4. 检查备案建筑节能"四新"专家论证

建筑工程中的新技术、新材料、新工艺、新方法，简称"四新"。随着对建筑节能工程的重视，在这个领域的"四新"成果不断涌现。工程实践证明，在建设工程中应用节能、环保、可循环的"四新"技术具有巨大的社会效益和经济效益。

对于建筑节能工程中采用的"四新"技术，监理工程师应做好以下工作。

（1）采用的"四新"技术建筑节能工程，应按照有关规定进行鉴定或备案，审查施工单位对"四新"技术的掌握程度和成功把握。

（2）采用的"四新"技术建筑节能工程，应认真审查所制订的专门施工技术方案，使用施工方案具有可行性和可靠性。

（3）采用的"四新"技术建筑节能工程，应对建筑节能"四新"和有关订货厂家等资料进行严格审核。

（4）采用的"四新"技术建筑节能工程，应对产品质量标准进行双控，即按照设计标准

及国家现行的有关产品质量标准进行控制，严禁使用国家明令禁止和淘汰的产品。

二、建筑节能工程监理的复核

建筑节能工程最突出明显的一个特点，就是贯穿于建筑工程施工的全过程、要求比较高、交接工序繁多。除了在质量控制前需要制订相关工序交接中的控制内容外，在节能工程施工过程中，监理还必须要做好复核工作。

需要监理工程师进行复核的项目很多，建筑节能工程包括的主要内容有：墙体主体结构基层的坐标、尺寸和位置复核，保温层、饰面层的组成和厚度复核，墙体节能构造和所用材料的复核等；幕墙结构基层结构和尺寸的复核，隔汽层安装位置和尺寸的复核，幕墙玻璃、通风换气系统、遮阳设施等安装尺寸的复核等；门窗位置和玻璃安装尺寸的复核，热桥薄弱部位构造措施的复核等；屋面结构基层、保温隔热层、保护层、防水层和面层等尺寸的复核；地面结构基层、保温隔热层、保护层、防水层和面层等尺寸的复核；采暖节能工程、通风与空气调节节能工程、空调与采暖系统的冷（热）源及管网节能工程、配电与照明节能工程等安装尺寸的复核等。

对于建筑工程的关键部位，监理工程师进行复核后，应组织相关单位共同进行阶段性验收，或者进行实地检查验收，并办理交接验收手续。

三、建筑节能工程的旁站监督

建筑节能工程的施工旁站监督，在实际工程上一般称为旁站监理，是指监理人员在建筑节能工程施工阶段的监理中，对关键部位、关键工序的施工质量实施全过程现场跟班的监督活动。旁站监督是监理在工程质量控制过程中的重要手段之一，它不是监理工作和质量控制的全部内容，它的作用是监理必须进行旁站的关键部位、关键工序，施工单位的主要质量和技术管理现场就位管理情况，及时制止和纠正不恰当的施工操作，并与监理工作的其他监控手段结合使用，是监理质量控制过程中相当重要和必不可少的一项措施。

监理企业在编制监理规划时，应当制订旁站监督方案，明确旁站监理人员、监理的范围、内容、程序和旁站监督人员职责等，并在节能工程专项监理细则中规定具体的旁站要求、方法、措施和记录要求。监理人员对在涉及结构和使用安全的重点施工部位和隐蔽工程，以及影响工程质量的特殊过程和关键工序进行旁站监督。

施工企业根据监理企业制订的旁站监督方案，在需要实施旁站监督的关键部位、关键工序进行施工前 24 小时，应当书面通知监理企业派驻工地的项目监理机构，项目监理机构应当安排旁站监督人员按照旁站监督方案实施旁站监督。

监理工程师应按质量计划目标要求，督促施工单位加强工序质量控制，对于关键部位切实进行旁站监理，杜绝出现工程质量隐患。在旁站监理的过程中，如发现有未按照规范和设计要求施工从而影响工程质量的情况时，监理工程师应及时向施工单位提出口头或书面整改通知，要求限期按要求整改，并及时检查整改的结果；对于无法及时整改的事项，应在事后进行专项检测或设计复核以满足要求，否则施工单位采取修复或返工并达到要求，并将最终结果报告相关单位。

建筑节能工程旁站监理的部位，应根据工程实际情况进行确定，一般主要包括墙体保温层施工、热桥部位施工、变形缝隔热施工、隔热层施工、防水工程施工、关键部位安装施工和现场检验等。

四、建筑节能工程的平行检验

现行国家标准《建筑工程施工质量验收统一标准》（GB 50300—2013）中规定：检验是对检验项目中的性能进行量测、检查、试验等，并将结果与标准、规范和设计文件的要求进行比较，以确认每项性能是否合格从而进行的活动。

所谓"平行检验"是指一方是承包单位对自己负责施工的工程项目进行检查验收，而另一方是工程监理机构，其受建设单位的委托，在施工单位自检的基础上，按照一定的比例，对工程项目进行独立检查和验收的活动。对同一被检验项目的性能在规定的时间里进行的两次检查验收，其最终目的是一致的，都是对工程项目进行检查验收，这样工程质量的可靠性有了保证。平行检验是建筑节能工程在质量控制中的重要手段，是建筑节能监理工作的主要内容之一，同时也是进行质量评定的重要方法。

监理工程师对承包报验的节能隐蔽工程、检验批、分部工程、分项工程的质量评定，不能完全依据承包商报的数据来签认。监理工程师要特别杜绝个别承包商的管理人员在施工过程中对建筑节能工程实体质量不进行检查验收，在填报验收记录表时凭印象、凭经验、凭主观认为得出数据，不负责地乱下结论。建筑节能工程的质量如何，应是在监理工程师经过"平行检验"复核后，在验证数据正确的基础上得出结论。这样的工程质量结论才具有真实性、可靠性，才是真正对节能工程质量负责，对国家和人民的生命财产负责。因此，监理机构建筑节能"平行检验"是施工阶段三大控制中最重要的工作之一，也是节能工程质量预验收和工程竣工验收的重要依据之一。

五、建筑节能工程的巡视监理

巡视监理是指监理人员对施工过程中的某些重要工序和环节进行现场巡回检查。为确保建筑节能工程的施工质量，监理人员应经常地、有目的地对施工单位的施工过程进行巡视检查和检测，并对巡视监理情况进行专项记录。

建筑节能工程巡视检查的内容主要包括：①是否按照设计文件、现行施工规范和批准的施工方案施工；②是否使用节能的合格材料、构配件和设备；③施工现场管理人员和质检人员是否到岗尽职；④施工操作人员的技术水平、操作条件是否满足工艺操作要求，特种操作人员是否持证上岗；⑤施工环境是否会对工程质量产生不利影响；⑥已施工部位是否存在质量缺陷；⑦其他需要检查的项目。

建筑节能工程巡视检查的范围主要包括：①已完成的检验批、分项工程、分部工程的质量；②正在施工的作业面操作情况；③施工现场的工程材料或构配件的制作、加工、使用情况；④进场工程材料的质量检测、报验的动态控制；⑤施工现场的机械设备、安全设施使用、保养情况；⑥施工现场各作业面的安全操作、文明施工情况；⑦工程基准点、控制点及环境检测点等的保护、使用情况。

六、建筑节能工程的见证取样送检

建设部发布的《房屋建筑工程和市政基础设施工程实行见证取样和送检的规定》中规定："见证取样和送检是指在建设单位或工程监理单位人员的见证下，由施工单位的现场试验人员对工程中涉及结构安全的试块、试件和材料在现场取样，并送至经过省级以上建设行政主管部门对其资质认可和质量技术监督部门对其计量认证的质量检测单位进行检测。"建筑节能工程见证取样送检的主要对象包括重要建筑节能材料设备、建筑节能工程现场检验等。

1. 建筑节能材料和设备

建筑节能工程见证取样送检的进场材料和设备项目，可参见表 2-3。

表 2-3　建筑节能工程材料和设备见证取样送检项目

序号	分项内容		具体项目
1	墙体节能工程		保温材料的热导率、密度、抗压强度或压缩强度、燃烧性能；黏结材料的拉伸黏结强度；增强网的力学性能、抗腐蚀性能；抹面材料的拉伸黏结强度、抗冲击强度
2	幕墙节能工程		主体结构基层；隔热材料；保温材料；隔汽层；幕墙玻璃；单元式幕墙板块；通风换气系统；遮阳设施；冷凝水收集排放系统
3	门窗节能工程		窗；玻璃；遮阳设施
4	屋面节能工程		保温隔热层；保护层；防水层；面层等
5	地面节能工程		保温层；保护层；面层等
6	采暖节能工程		系统制式；散热器；阀门与仪表；热力入口装置；保温材料；调试等
7	通风与空调节能工程		系统制式；通风与空调设备；阀门与仪表；绝热材料；调试等
8	空调与采暖系统冷、热源及管网节能工程		系统制式；冷、热源设备；辅助设备；管网；阀门与仪表；绝热、保温材料；调试等
9	配电与照明节能工程		低压配电源；照明光源；灯具；附属装置；控制功能；调试
10	监测与控制节能工程		冷、热源系统监测控制系统；空调水系统监测控制系统；通风与空调系统的监测控制系统；监测与计量装置；供配电的监测控制系统；照明自动控制系统；综合控制系统等
11	可再生能源节能工程	太阳能光热系统节能工程	集热设备；储热水箱；辅助热源设备；阀门与仪表；保温材料；调试等
12		太阳能光伏系统节能工程	光伏组件
13		地源热泵换热系统节能工程	地埋管材及管件热导率、公称压力及使用温度等参数；绝热材料的热导率、密度、吸水率

2. 建筑节能工程现场检验

建筑节能工程现场检验，是监理工程师对质量管理的一项重要工作，也是及时纠正施工中出现质量偏差的重要措施。随着对建筑节能的重视，有些省市制定了这方面的规程，如山东省于 2008 年发布了《建筑节能工程现场检测与实体检测操作规程》。

建筑节能工程现场检验项目主要包括：围护结构现场实体检验项目（如外墙节能构造钻芯检验、外窗气密性与传热系数检测）与系统节能性能检测［如室内温度、供热系统室外管网的水力平衡度、供热系统的补水率、室外管网的热输送效率、各风口的风量、通风与空调系统的总风量、空调机组的水流量、空调系统冷（热）水、冷却水总流量、平均照明与照明功率密度等］。

（1）外墙节能构造检测　每个单位工程的外墙至少抽查 3 处，每处 1 个检查点；当 1 个单位工程外墙有 2 种以上节能保温做法时，每种节能做法的外墙应抽查不少于 3 处。

（2）建筑节能工程的建筑外门、窗气密性检测　每个单位工程的外窗至少抽查 3 樘，当一个单位工程外窗有 2 种以上品种、型号和开启方式时，每种品种、型号和开启方式的外窗应抽查不少于 3 樘。

（3）系统节能性能检测　系统节能性能的检测主要包括以下几个方面。①采暖、通风与空调、配电与照明工程安装完成后，应进行系统节能性能的检测，且应由建设单位委托具有相应检测资质的检测机构检测并出具报告。受季节影响未进行的节能性能检测项目，应在保修期内补做。②采暖、通风与空调、配电与照明系统节能性能检测的主要项目及要求见表2-4，其检测方法应按国家现行有关标准的规定执行。

表 2-4　系统节能性能检测的主要项目及要求

序号	检测项目	抽样数量	允许偏差或规定值
1	室内温度	居住建筑每户抽测卧室或起居室1间，其他建筑按房间总数抽10%	冬季不得低于设计计算温度2℃，且不应高于1℃；夏季不得高于设计计算温度2℃，且不应低于1℃
2	供热系统室外管网的水力平衡度	每个热源与换热站均不少于1个独立的供热系统	0.9～1.2
3	供热系统的补水率	每个热源与换热站均不少于1个独立的供热系统	0.5%～1.0%
4	室外管网的热输送效率	每个热源与换热站均不少于1个独立的供热系统	≥0.02
5	各风口的风量	按风管系统数量抽查10%，且不得少于1个系统	≤15%
6	通风与空调系统的总风量	按风管系统数量抽查10%，且不得少于1个系统	≤10%
7	空调机组的水流量	按系统数量抽查10%，且不得少于1个系统	≤20%
8	空调系统冷（热）水、冷却水总流量	全数	≤10%
9	平均照度与照明功率密度	按同一功能区不少于2处	≤10%

七、建筑节能工程的样板引路

样板引路是指建筑节能工程施工前，对于采用相同建筑节能设计的房间和构造做法，应在现场采用相同材料和工艺制作样板间或样板件，经有关各方确认后方可进行施工。实行样板引路制度，实际上是一种建设工程质量创优激励机制，也是在鼓励建筑施工企业采用先进科学技术和管理方法。

工程实践证明，制作样板间或样板件可以直接检查节能工程施工的做法和效果，不仅能为后续施工提供实物标准，直观地评判完成的工程质量与工艺状况，而且也可提高整体工程的施工进度。在建筑节能工程施工中监理应实行严格的样板引路制度。

八、建筑节能工程的工程验收

工程验收是确保工程质量的关键环节，是监理工程师最重要的监理工作。监理工程师应当以检验批验收和分项工程验收为控制重点把好验收关。建筑节能工程验收，主要包括材料与设备进场验收、隐蔽工程验收和分部、分项工程验收。

1. 材料与设备进场验收

进场验收是对进入施工现场的材料与设备等进行外观质量检查和规格、型号、技术参数及质量证明文件核查并形成相应验收记录的活动。其质量必须符合有关标准的规定，且经监理工程师和建设单位代表确认。

定型产品和成套技术应有型式检验报告，进口材料和设备应按规定进行出、入境商品检验。所有的材料与设备必须经复试合格且质量保证资料齐全方可使用，由专业监理工程师签署工程材料、构配件、设备报审表。

2. 隐蔽工程验收

隐蔽工程验收是指在房屋或构筑物的施工过程中，对将被下一道工序所封闭的分部、分项工程进行检查验收。隐蔽工程验收是工程验收的重要组成部分，是确保工程整体质量的关键环节，也是监理工程师监理工作的重点和难点。

监理工程师应按质量计划的目标要求，督促施工单位加强施工工艺管理，认真执行工艺标准和操作规程，以便提高项目的质量稳定性；施工单位在做好自检工作，监理工程师在接到隐蔽工程报验单后，应及时到场做好验收工作。

在隐蔽工程的验收过程中，如果发现施工质量不符合设计要求，应以整改通知书的形式通知施工单位，待其整改后重新进行验收，并经监理工程师签认隐蔽工程申请表。未经验收合格，施工单位不得进行下一道工序的施工。

3. 分部、分项工程验收

建筑工程以分部、分项工程为单元，在分项工程评定的基础上，逐级评定各相应的单位工程和建设项目，因此分部分项工程验收是单位工程质量评定的基本依据。建筑节能分部、分项工程验收，是由施工单位提出申请，由建设单位或监理单位组织主持，会同设计、监理、施工、勘察、质监站、建设单位共同验收。

建筑节能分部、分项工程验收，其验收程序和组织应符合《建筑工程施工质量验收统一标准》（GB 50300—2013）中的规定。建筑节能分部工程中的各分项工程施工完毕后，由总监理工程师组织专业监理工程师编制该分部工程的质量评估报告。

九、建筑节能工程的指令文件

指令文件是监理工程师运用指令控制权的具体形式。所谓指令文件是表达监理工程师对施工承包单位提出指示或命令的书面文件，属要求强制性执行的文件。一般情况下是监理工程师从全局利益和目标出发，在对某项施工作业或管理问题经过充分调研、沟通和决策之后，必须要求承包人严格按监理工程师的意图和主张实施的工作。对此，承包人负有全面正确执行指令的责任，监理工程师负有监督指令实施效果的责任，因此，它是一种非常慎用且严肃的管理手段。

监理指令文件主要是指监理工程师通知单，是监理工程师对施工单位的施工过程存在安全、质量、进度等问题时，要求施工单位按照设计文件、相关标准规范的规定进行整改的文件。监理指令文件是一个非常严肃的工程文件，带有强制性和指令性，并且要求实行闭环管理。施工单位在收到监理通知后，必须按监理通知的要求进行整改，且整改完毕后填写监理通知回复单，经监理工程师复查合格后才能进行下一道工序的施工。

监理通知可根据工程实际和当时情况采用口头通知、监理工程师联系单、监理工程师通知单、工程暂停令和工程备忘录等形式。

（1）口头通知　对于施工过程中的一般工程质量问题或工程事项，可以采用口头通知的形式让承包商整改或执行，并用监理工程师通知单的形式予以确认。

（2）监理工程师联系单　有丰富工作经验的监理工程师，可以采用监理工程师联系单的形式提醒承包商注意事项。

（3）监理工程师通知单　监理工程师在巡视、旁站等各种检查时发现的问题，可以采用监理工程师通知单的形式书面通知承包商，并要求承包商整改后再报监理工程师复查。

（4）工程暂停令　对于承包商违规施工、监理工程师预见可能会发生重大事故时，应及时下达全部或局部工程暂停。确实需要工程暂停时，在一般情况下监理工程师应事先与业主进行沟通。

（5）工程备忘录　工程备忘录是指项目监理机构就有关建议未被建设单位采纳，或监理工程师通知单的应执行事项承包单位未执行的最终书面说明，可抄报有关上级主管部门。

十、建筑节能工程的现场会议

为确保建筑节能工程的施工质量，监理工程师应根据工程实际组织现场质量协调会，如监理例会、专题会议，及时交流、分析、通报工程质量状况，并协调解决有关单位之间对施工质量有交叉影响的界面问题，明确各自的职责，使项目建设的整体质量达到规范、设计和合同要求的质量要求。

十一、建筑节能工程的支付控制

建筑节能工程监理工作的主要内容就是进行三控制（工程质量、工程投资、工程进度）、二管理（合同、信息）、一协调。工程实践证明，工程投资控制是建筑节能工程监理工作的一个中心环节，同时也是有效控制工程质量与进度的有力手段。

在支付控制中，计量资料是否有效、齐全是计量支付的基础。作为建筑节能工程的监理单位，在对承包单位进行工程计量的过程中，首先要检查现场提交的计量资料即形象进度、验收报告、单价分析、工程变更、签证等是否齐全、有效，工程质量是否合格，是否达到计量要求，即先从根本上杜绝不合理计量的可能性。

十二、建筑节能工程的影像资料

做好有关监理资料的原始记录和整理工作，并对监理工作的影像资料加强收集和管理，保证影像资料的正确性、完整性和说明性，这是监理工程师非常重要的一项技术工作，也是证实工程质量和解决质量矛盾的有力证据。

建筑节能工程的影像资料一般应以照片和录像为主，所反映的具体内容应包括：①设置监理旁站点的部位；②隐蔽工程验收；③"四新"的试验、首件样板及重要施工过程；④施工中出现的严重质量问题及质量事故处理过程；⑤每周或每月的施工进度情况等。

项目监理机构应按工程项目档案管理的规定，对工程监理影像资料集中统一管理，以节能分部工程为单元，按分项工程及专题内容、拍摄时间进行排序和归档。监理影像资料应附有文字说明，具体内容包括影像编号、影像题名、拍摄内容、拍摄时间、地点和拍摄者等。

第五节 建筑节能监理实施细则的编制

在现行国家标准《建设工程监理规范》（GB/T 50319—2013）第 4.3.1 条和第 4.3.2 中规定："对专业性较强、危险性较大的分部、分项工程，项目监理机构应编制监理实施细则。""监理实施细则应在相应工程施工开始前由专业监理工程师编制，并应报总监理工程师审批。"《民用建筑工程节能质量监督管理办法》第八条第 1 点规定："监理单位应当严格按照审查合格的设计文件和建筑节能标准的要求实施监理，针对工程的特点制订符合建筑节能要求的监理规划及监理实施细则。"

工程实践充分证明，建筑节能工程的施工是技术复杂的过程，其施工监理是一个动态过程，为搞好建筑节能工程的监理工作，应随着相关分部工程的进展作相应的调整，并在装饰装修工程施工前必须编制监理实施细则。工程监理实践证明，建筑节能工程监理实施细则应包括下列主要内容：建筑节能专业工程的特点；建筑节能监理工作的流程；建筑节能监理工作的控制要点；建筑节能监理工作的方法及措施等。

1. 建筑节能专业工程的特点

主要说明建筑节能专业工程的特点，如设计或施工方案的节能工程做法、建筑节能施工采取的工艺特点及施工环境、监理工作目标及要求等。

2. 建筑节能监理工作的流程

由于节能工程具有复杂性，所以监理工作没有固定的模式。监理工作流程因监理机构形式、人员配备、工作职责等不同而不尽相同。建筑节能在监理过程中，需要编写的监理工作流程主要有：①开工报告审批程序；②施工组织设计或施工方案审批程序；③检验批质量验收工作程序；④分项工程质量验收工作程序；⑤分部工程质量验收工作程序；⑥单位工程竣工验收工作流程；⑦旁站监理工作流程；⑧工程质量事故处理程序，⑨安全事故报告程序等。

3. 建筑节能监理工作的控制要点

建筑节能监理工作的控制要点主要包括：①核查分包单位质量管理体系、资质和人员资格等；②审核建筑节能专项施工方案；③节能原材料、半成品、构配件检验；④机具设备检查；⑤作业条件（环境）检查；⑥施工操作过程控制；⑦检验与验收；⑧建筑节能工程资料检查；⑨成品保护等。

4. 建筑节能监理工作的方法及措施

建筑节能监理工作的方法及措施主要包括核查核验、监理见证、巡视检查、平行检验、旁站检查、监理通知、工程例会等。

（1）核查核验　核查核验主要是由监理人员对施工人员、第三方检测单位按规定报审或检查的有关资料进行审核，以及对照有关资料进行实地检查的活动。

（2）监理见证　见证是由监理人员现场监督某工作的全过程情况的监理活动。其工作范围主要包括：现场专项检测工作见证；现场取样、送样工作见证等。

（3）巡视检查　巡视检查是监理人员对节能工程施工准备工作，以及正在施工的部位或工序在现场进行的定期或不定期的监督活动。巡视检查主要包括施工准备阶段、施工过程、施工完成后成品保护等。

（4）平行检验　平行检验是监理人员利用一定的检查或检测手段，在承包单位自检的基础上，按照一定的比例独立进行检查或检测的活动。

（5）旁站检查　旁站检查是在工程的关键部位或关键工序（工作）施工过程中，由监理人员在施工现场进行的跟踪监督活动。根据现行的有关规定，建筑节能旁站检查的范围包括：热桥及易产生热工缺陷的部位施工，以及墙体、屋面等保温工程隐蔽前的施工等。

（6）监理通知　在工程项目的施工阶段，《监理通知》是建设监理工作中不可缺少的重要文件，项目监理部适时向工程承包商发出《监理通知》，提出工程施工中存在的问题，责成承包商提出纠偏措施，或者执行监理工程师提出的监理意见，是监理工程师对受监工程实施有效管理，确保三大控制目标实现常用的方法之一。监理通知主要包括口头通知、监理工程师联系单、监理工程师通知单、暂停施工指令等。

（7）工程例会　工程例会是监理工作的重要环节，是施工现场管理的一个重要组成部分，也是对整个施工现场进行有效管理的一个重要工具。

03
Chapter

第三章

墙体节能监理质量控制

能源作为人类赖以生存的五大要素之一，是国民经济和社会发展的重要战略物资。经济、能源与环境的协调发展，是实现中国现代化目标的重要前提。无论是从我国的资源形势还是从经济发展的需求来看，能源供需矛盾已十分突出，节能工作显得尤为迫切。

建筑节能工程实践证明，建筑节能是我国构建资源节约型社会、实现可持续发展战略的重要环节，墙体节能技术是建筑节能的重要组成部分，墙体节能工程质量是确保建筑物节能效果的基础。

第一节　墙体节能监理质量控制概述

随着我国经济的快速发展和人民生活水平的不断提高，建筑能耗在我国能源消耗中占的比例逐年攀升，做好建筑节能是大势所趋。近年来，我国墙体节能的实践证明，通过对建筑物外围护结构墙体进行保温隔热，使其达到我国提出的建筑节能目标是完全能够实现的。随着我国建筑节能达到 65% 标准的全面实施，如何做好建筑物墙体的保温节能工作是摆在建筑节能工作者面前的一件大事。

在我国《"十三五"建筑节能专项规划》中提出了如下总体节能目标：到"十三五"期末，建筑节能形成 1.16 亿吨标准煤的节能能力。其中包括：发展绿色建筑，加强新建建筑节能工作，形成 4500 万吨标准煤节能能力；深化供热体制改革，全面推行供热计量收费，推进北方采暖地区既有建筑供热计量及节能改造，形成 2700 万吨标准煤节能能力；加强公共建筑节能监管体系建设，推动节能改造与运行管理，形成 1400 万吨标准煤节能能力。推动可再生能源与建筑一体化应用，形成常规能源替代能力 3000 万吨标准煤。要实现这一总体节能目标，加强建筑墙体节能具有非常重要的现实意义。

一、我国墙体节能技术的发展趋势

建筑节能专家指出：建筑墙体保温节能技术主要包括保温技术的研发、工程应用技术和技术标准化工作 3 个方面，三者是相辅相成的。节能建筑墙体保温应向有中国特色的多品种、高质量、专业化方向发展。

（1）努力开创中国特色建筑节能发展道路。我国的建筑节能开展比发达国家晚，但我们有充分的条件做得更为合理、更加节省，使节能技术和管理早日进入世界高水平的行列。

（2）不断创新开发保温墙体新体系和新产品，推动墙体保温行业规模化生产，以适应我国城市化快速发展和建筑节能的需要。

（3）与墙体改革有机结合起来，推动建筑保温工程工业化、预制装配化水平，缩短墙体施工工期，提高墙体工程质量，减少对环境、生活的干扰，适应既有建筑快速改造的要求。

（4）扩大节能墙体建筑数量的同时，重视保温工程质量的提高，必须严格把好各道质量关，尽量避免低质量、耐久性差的工程出现，其中重点是要提高保温工程专业化施工的进程，只有专业化水平提高了，保温工程的质量才有保证。

二、建筑节能墙体保温系统的分类

墙体节能的技术措施很多，目前在建筑物外墙体上设置保温系统是广泛应用的主要节能措施。外墙保温指采用一定的固定方式，把保温隔热效果较好的绝热材料与建筑物墙体固定成一体，增加墙体的平均热阻值，从而达到保温或隔热效果的一种工程做法。根据《国家建筑标准设计图集：墙体节能建筑构造》（06J123），外墙保温系统主要有外墙外保温、外墙内保温和外墙自保温 3 种类型。外墙保温系统的分类如表 3-1 所列。

表 3-1　外墙保温系统的分类

类别	保温系统名称	主要保温材料
外墙外保温	模塑聚苯乙烯泡沫塑料板薄抹灰外墙外保温系统	聚苯板
	胶粉聚苯颗粒保温浆料外墙外保温系统	保温浆料,涂料
		保温浆料,面砖
	模板内置聚苯板现浇混凝土外墙外保温系统	无网现浇
		有网现浇
	喷涂硬质聚氨酯泡沫塑料外墙外保温系统	喷涂聚氨酯,涂料
		喷涂聚氨酯,面砖
	复合装饰板外墙外保温系统	复合板,金属面板
		复合板,树脂面板或水泥加压板
外墙内保温	增强粉刷石膏聚苯板外墙内保温系统	聚苯板(EPS)
	增强石膏聚苯复合保温板外墙内保温系统	增强石膏聚苯复合保温板
	胶粉聚苯颗粒保温浆料外墙内保温系统	保温浆料
	增强水泥聚苯复合保温板外墙内保温系统	增强水泥聚苯复合保温板
外墙自保温	蒸压加气混凝土砌块墙系统	加气块
	多孔砖、空心砖墙体系统	多孔砖、空心砖

注：模塑聚苯乙烯泡沫塑料板简称聚苯板（EPS）。

1. 节能墙体外墙外保温系统

《外墙外保温工程技术规程》（JGJ 144—2008）中指出，外墙外保温工程是指将外墙外保温系统通过组合、组装、施工或安装，固定在外墙外表面上所形成的建筑物实体。外墙外保温系统是将保温材料、黏结材料、装饰材料和增强材料等，按照一定的方式复合在一起形成的对外墙起隔热保温、装饰和保护作用的一种新体系。由于外墙外保温系统可以减轻冷桥的不良影响，同时还可保护主体墙材不受较大的温度变形应力，所以是目前应用最广泛的一种墙体保温做法，也是目前建设部大力提倡的建筑节能措施之一。

2. 节能墙体外墙内保温系统

外墙内保温是在墙体结构内侧覆盖一层保温材料，通过黏结剂（或锚固件）固定在墙体结构内侧，之后在保温材料外侧做保护层及饰面。与外保温系统相比，由于这种保温系统主要在室内使用，技术性能要求没有外墙外侧应用那么严格，造价较低，升温（降温）比较快，适合于间歇性采暖的房间使用。外墙内保温体系也是一种传统的墙体保温方式，具有做法简单、造价较低等优点，但是在热桥的处理上容易出现问题。近年来，由于外保温的飞速发展和国家的政策导向，内保温在我国的应用有所减少。但在我国的夏热冬冷和夏热冬暖地区，还是有很大的应用空间和潜力的。

3. 节能墙体外墙自保温系统

墙体自保温系统是指按照一定的建筑构造，采用节能型墙体材料及配套专用砂浆使墙体热工性能等物理性能指标符合相应标准的建筑墙体保温系统。外墙自保温系统既可以解决外保温系统的安全性问题，也可以解决耐久性问题。特别是我国提出实现建筑节能 65％目标后，对夏热冬冷的地区来说，单一外墙内保温或外墙外保温措施均不是经济合理的方法，而采用自保温体系与其他保温体系有机复合将是技术可行、经济合理的有效方法。

三、节能墙体保温系统的性能要求

1. 外墙保温系统基本要求

外墙保温系统指采用一定的固定方式（黏结、机械锚固、粘贴＋机械锚固、喷涂、浇注等），把热导率较低（保温隔热效果较好）的绝热材料与建筑物墙体固定为一体，增加墙体的平均热阻值，从而达到保温或隔热效果的一种工程做法。工程实践证明，外墙保温系统的基本要求主要包括以下几个方面。

（1）符合现行规范要求的外墙保温工程应能适应基层的正常变形而不产生空鼓或裂缝。

（2）外墙保温工程应当能长期承受本身的重量而不产生有害的变形。

（3）外墙外保温工程应当能承受设计风荷载作用而不产生破坏。

（4）外墙外保温工程应当能耐受室外气候的长期反复作用而不产生破坏。

（5）外墙外保温工程在遇到罕见的地震时不应从基层上产生脱落。

（6）外墙内保温材料及构造应符合现行建筑消防设计规范，高层建筑外墙外保温工程应采取可靠的防火构造措施。

（7）外墙外保温工程应具有防水渗透性能，在正常使用条件下不得出现渗透现象。

（8）外墙保温复合墙体的保温、隔热和防潮等性能，应当符合国家与地方现行标准的有关规定。

（9）外墙保温工程各组成部分，应具有物理、化学稳定性。所有组成材料应彼此相容并应具有良好的防腐性。在可能受到生物侵害时，还应具有防生物侵害性能。

（10）在正确使用和正常维护的条件下，外墙外保温工程的使用年限应不少于25年。

2. 外墙外保温系统性能指标

建筑节能工程实践证明，墙体节能效果如何，关键在于墙体保温系统的性能。无论采用何种外墙外保温系统，其保温系统的性能指标均应符合表3-2中的要求。

表 3-2　外墙外保温系统性能指标要求

试验项目		性能指标	
耐候性		经过80次高温(70℃)-淋水(15℃)循环和20次加热(50℃)-淋水(−20℃)循环后，不得出现开裂空鼓或脱落。抗裂防护层与保温层的拉伸黏结强度不应小于0.1MPa，破坏界面应位于保温层	
抗风荷载性能		不小于工程项目的风荷载设计值，安全系数 K 不小于1.5	
抗冲击性	涂料饰面	单网(用于2层以上)	3J 冲击合格
		双网(用于首层)	10J 冲击合格
	面砖饰面	3J 冲击合格	
浸水 1h 吸水量/(g/m²)		≤1000	
耐冻融性能		严寒地区及寒冷地区经30次循环，夏热冬冷地区经10次循环，外墙的表面无裂纹、空鼓、起泡、剥落等现象	
耐磨损，500L 砂		无开裂、龟裂或表面保护层剥落、损伤	
抹面层不透水性		试样抹面层内侧无水渗透	
保护层水蒸气渗透阻		符合设计要求	
涂料饰面系统抗拉强度		≥0.1MPa 并且破坏部位不得位于各层界面	
面砖黏结强度(现场抽测)		≥0.4MPa	
面砖饰面系统抗震性能		设防烈度地震作用下，面砖饰面及外保温系统无脱落	

第二节　墙体节能监理的主要流程

建筑节能工程施工包括一系列明确的生产活动。实际上建筑墙体节能是指在城市总体规划和建筑规划、设计、施工、安装和使用过程中，按照有关建筑节能的国家、行业和地方标准，对建筑物维护结构采取隔热保温措施，选用节能型用能系统、可再生能源利用系统及维护保养，保证建筑物使用功能和室内环境质量，切实降低建筑能源消耗，更加合理、有效地利用能源等活动。

在上述的一系列活动中，墙体节能监理是建筑节能的组成部分。在进行墙体节能监理的过程中，要按照一定的监理流程有计划、有步骤地进行才能达到监理的预期目标。

一、外墙内、外保温系统监理流程

外墙内、外保温系统的监理流程如图3-1所示。

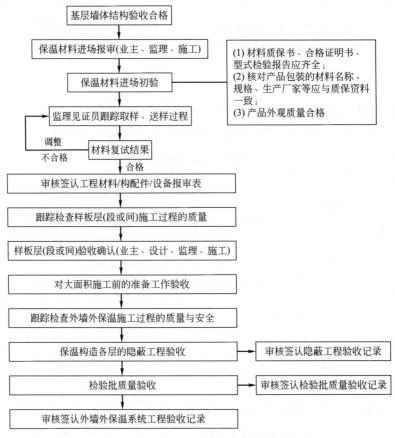

图 3-1 外墙内、外保温系统监理流程

二、墙体自保温系统监理流程

墙体自保温系统的监理流程如图 3-2 所示。

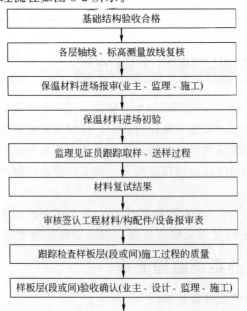

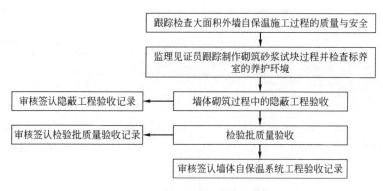

图 3-2　墙体自保温系统监理流程

第三节　墙体节能监理控制要点及措施

节能墙体建筑主要是指采用新型墙体材料，运用各种保温节能技术措施，综合利用自然资源（如太阳能、地热能等）作为能源供给，使用低能耗的机具设备，从而形成的墙体建筑。节能墙体建筑监理控制的要点及措施主要包括墙体材料质量性能控制、墙体施工质量监理监控、墙体施工安全监理监控、墙体节能工程验收控制等。

一、墙体材料质量性能控制

随着节能意识的增强，建筑节能也成了一种必然趋势，而节能墙体作为建筑节能的重要内容之一，越来越受到房地产开发商的青睐。节能墙体大多以粉煤灰、页岩等为原材料，墙体薄、传热强，且具有很好的保温效果，可在同等供热体系中使室内较长时间保持温度，提高能源利用率。工程实践证明，墙体节能效果的好坏不仅与所用材料有直接关系，而且与监理控制要点及采取的措施有密切关系。

1. 外墙外保温系统组成材料及部件性能要求

外墙外保温系统组成材料及部件性能要求见表 3-3。

表 3-3　外墙外保温系统组成材料及部件性能要求

检验项目				性能要求
胶黏剂	拉伸黏结强度/MPa	与水泥砂浆	干燥状态	≥0.60
			浸水 48h，取出后 2h	≥0.40
抹面胶浆抗裂砂浆界面砂浆		与 EPS 板		干燥状态和浸水 48h 后不小于 0.10，破坏部位应位于 EPS 板内
		与 EPS 板与胶粉 EPS 颗粒保温浆料		干燥状态和浸水 48h 后不小于 0.10，破坏部位应位于 EPS 板内或胶粉 EPS 颗粒保温浆料内
玻纤网	经向和纬向耐碱拉伸断裂强力/(N/50mm)			≥750
	经向和纬向耐碱拉伸断裂强力保留率/%			≥50

检验项目		性能要求	
	项目	EPS 板	胶粉 EPS 颗粒保温浆料
保温材料	密度/(kg/m³)	18~22	—
	干密度/(kg/m³)	—	180~250
	热导率/[W/(m·K)]	≤0.041	≤0.060
	水蒸气渗透系数/[ng/(m·h·Pa)]	符合设计要求	符合设计要求
	压缩性能(形变 10%)/MPa	≥0.10	≥0.25(养护 28d)
	抗拉强度/MPa 干燥状态	≥0.10	≥0.10
	抗拉强度/MPa 浸水 48h,取出后干燥 7d	—	
	线性收缩率/%	—	≤0.30
	尺寸稳定性/%	≤0.30	—
	软化系数	—	≥0.50(养护 28d)
	燃烧性能	阻燃型	—
	燃烧性能级别	—	B1
EPS 钢丝网架板(腹丝非穿透型)	热阻/(m²·K/W)	≥1.0(50mm 厚 EPS 板) ≥1.5(80mm 厚 EPS 板)	
	腹丝镀锌层	符合《镀锌电焊网》(QB/T 3897—1999)中的规定	
饰面材料	必须与其他系统组成材料相容,应符合设计要求和相关标准规定		
锚栓	符合设计要求和相关标准规定		

2. 墙体节能工程进场材料和设备的复验项目

墙体节能工程进场材料和设备的复验项目见表 3-4。

表 3-4 墙体节能工程进场材料和设备的复验项目

材料名称	检验项目	检查数量
保温材料	热导率、密度、抗压强度或压缩强度	同一厂家同一品种工程材料和设备的产品,当单位工程建筑面积在 20000m² 以下时,各抽查不少于 3 次;当单位工程建筑面积在 20000m² 以上时,各抽查不少于 6 次
黏结材料	黏结强度	
增强网	力学性能、抗腐蚀性能	

3. 胶粉聚苯颗粒外保温系统的性能指标

胶粉聚苯颗粒外保温系统的性能指标应符合表 3-5 中的要求。

表 3-5 胶粉聚苯颗粒外保温系统的性能指标

检验项目	性能要求
耐候性	经 80 次高温(70℃)-淋水(15℃)循环和 20 次加热(50℃)-冷冻(-20℃)循环后,不得出现开裂、空鼓或脱落。抗裂防护层与保温层的拉伸黏结强度不应小于 0.1MPa,破坏界面应位于保温层
浸水 1h 吸水量/(g/m²)	≤1000

检验项目		性能要求	
抗冲击强度	C 形	普通型(单网)	3J 冲击合格
		加强型(双网)	10J 冲击合格
	T 形	3J 冲击合格	
抗风压值		不小于工程项目的风荷载设计值	
耐冻融性		严寒及寒冷地区 30 次循环、夏热冬冷地区 10 次循环表面无裂纹、空鼓、起泡、剥离现象	
水蒸气湿流密度/[g/(m² · h)]		≥0.85	
不透水性		试样防护层内侧无水渗透	
耐磨损,500L 砂		无开裂、龟裂或表面保护层剥落、损伤	
系统抗拉强度(C 形)/MPa		≥0.1 并且破坏部分不得位于各层界面	
饰面砖粘贴强度(T 形)(现场抽测)/MPa		≥0.4	
抗震性能(T 形)		设防烈度等级地震作用下面砖饰面及外保温系统无脱落	
火反应性		不应被点燃,试验结束后试件厚度变化不超过 10%	

4. 胶粉聚苯颗粒保温浆料性能指标

胶粉聚苯颗粒保温浆料性能指标应符合表 3-6 中的要求。

表 3-6　胶粉聚苯颗粒保温浆料性能指标

项目	单位	性能指标	项目	单位	性能指标
湿表观密度	kg/m³	≤420	压剪黏结强度	kPa	≥50
干表观密度	kg/m³	180~250	线性收缩率	%	≤0.30
热导率	W/(m · K)	≤0.06	软化系数	—	≥0.50
蓄热系数	W/(m² · K)	≤0.95	燃烧性能	—	B1
抗压强度	kPa	≥200			

5. 模塑聚苯板的性能指标

模塑聚苯板的性能指标应符合表 3-7 中的要求。

表 3-7　模塑聚苯板（EPS 板）的性能指标

项目	性能指标	项目		性能指标
热导率/[W/(m · K)]	≤0.042	蓄热系数/[W/(m² · K)]		≥0.36
表观密度/(kg/m³)	18~22	陈化时间/d	自然条件	≥42
氧指数/%	≥30		蒸汽(60℃)	≥5
抗拉强度/MPa	≥0.10			

6. 聚苯板界面砂浆的性能指标

聚苯板界面砂浆的性能指标应符合表 3-8 中的要求。

绿色建筑节能工程监理

表 3-8 聚苯板界面砂浆的性能指标

项目			性能指标
拉伸黏结强度 /MPa	与水泥砂浆试块	常温状态 14d	≥0.70
		耐水(浸水 48h,取出后 2h)	≥0.50
	与 18kg/m 聚苯板试块(标准状态或浸水后)		≥0.10 或聚苯板破坏
	与胶粉聚苯颗粒找平浆料试块(标准状态)		≥0.10 或胶粉聚苯颗粒找平浆料试块破坏

7. 聚苯板胶黏剂的性能指标

聚苯板胶黏剂的性能指标应符合表 3-9 中的要求。

表 3-9 聚苯板胶黏剂的性能指标

项目			性能指标
拉伸黏结强度 /MPa	与水泥砂浆试块	常温状态 14d	≥0.70
		耐水(浸水 48h,取出后 2h)	≥0.50
		耐冻融(冻融循环 25 次)	≥0.50
	与聚苯板(18kg/m³)	常温状态 14d	≥0.10 且聚苯板破坏
		耐水(浸水 48h,取出后 2h)	≥0.10 且聚苯板破坏
		耐冻融(冻融循环 25 次)	≥0.10 且聚苯板破坏
可操作时间/h			≥2.0
抗压强度/抗折强度			≤3.0

8. 硬质聚氨酯外墙外保温系统的性能指标

硬质聚氨酯外墙外保温系统的性能指标应符合表 3-10 中的要求。

表 3-10 硬质聚氨酯外墙外保温系统的性能指标

检验项目			性能要求	
耐候性			经 80 次高温(70℃)-淋水(15℃)循环和 20 次加热(50℃)-冷冻(－20℃)循环后,不得出现开裂、空鼓或脱落。抗裂防护层与保温层的拉伸黏结强度不应小于 0.1MPa,破坏界面应位于保温层	
浸水 1h 吸水量/(g/m²)			≤1000	
抗冲击强度	C 形		普通型(单网)	3J 冲击合格
			加强型(双网)	10J 冲击合格
	T 形		3J 冲击合格	
抗风压值			不小于工程项目的风荷载设计值	
耐冻融性			严寒及寒冷地区 30 次循环、夏热冬冷地区 10 次循环表面无裂纹、空鼓、起泡、剥离现象	
水蒸气湿流密度/[g/(m²·h)]			≥0.85	
不透水性			试样防护层内侧无水渗透	
耐磨损,500L 砂			无开裂、龟裂或表面保护层剥落、损伤	
系统抗拉强度(C 形)/MPa			≥0.1 并且破坏部分不得位于各层界面	
饰面砖粘贴强度(T 形)(现场抽测)/MPa			≥0.4	
抗震性能(T 形)			设防烈度等级地震作用下面砖饰面及外保温系统无脱落	

9. 聚氨酯泡沫材料的性能指标

聚氨酯泡沫材料的性能指标应符合表 3-11 中的要求。

表 3-11 聚氨酯泡沫材料的性能指标

项目		单位	性能指标
喷涂效果		—	无流挂、塌泡、破泡、烧芯等不良现象,泡孔均匀、细腻、24h后无明显收缩
密度		kg/m³	30～50
压缩强度		kPa	≥150
抗拉强度		kPa	≥150
热导率		W/(m・K)	≤0.025
尺寸稳定性(70℃,48h)		%	≤5.0
水蒸气透湿系数[温度(23±2)℃,相对湿度0～85%]		ng/(Pa・m・s)	≤6.5
吸水率(体积分数)		%	≤3.0
燃烧性(垂直燃烧法)	平均燃烧时间	s	≤30
	平均燃烧高度	mm	≤250

10. 岩棉外墙外保温系统的性能指标

岩棉外墙外保温系统的性能指标应符合表 3-12 中的要求。

表 3-12 岩棉外墙外保温系统的性能指标

试验项目		性能指标	试验项目	性能指标
耐候性		表面无裂纹、粉化、剥落现象,抗裂防护层与保温层的拉伸黏结强度不应小于0.1MPa,破坏界面应位于找平层	耐冻融性	表面无裂纹、粉化、剥落现象,抗裂防护层与保温层的拉伸黏结强度不应小于0.1MPa,破坏界面应位于找平层
浸水1h吸水量/(g/m²)		≤1000	水蒸气湿流密度/[g/(m²・h)]	≥0.85
抗冲击强度	普通型(单网)	≥3J	不透水性	试样防护层内侧无水渗透
	加强型(双网)	≥10J	耐磨损,500L砂	无开裂、龟裂或表面保护层剥落、损伤
抗风压值		不小于工程项目的风荷载设计值	系统抗抗拉强度/MPa	≥0.1并且破坏部分不得位于各层界面
热阻		复合墙体的热阻符合设计要求		

11. 岩棉板的性能指标

岩棉板的性能指标应符合表 3-13 中的要求。

12. 外墙专用挤塑板的性能指标

外墙专用挤塑板的性能指标应符合表 3-14 中的要求。

表3-13　岩棉板的性能指标

项目	单位	指标	项目	单位	指标	项目	单位	指标
密度	kg/m³	≥150	热导率	W/(m·K)	0.045	憎水率	%	≥98
密度允许偏差	%	±10	蓄热系数	W/(m²·K)	≥0.75	热荷重收缩温度	℃	≥650
纤维平均直径	μm	≤7	质量吸湿率	%	≤1.0	有机物含量	%	≤4.0
剥离强度	kPa	≥14	燃烧性能指标	—	A级	抗压强度(10%压缩量)	kPa	≥40
渣球含量	%	≤6.0(颗粒直径不小于0.25mm)						

表3-14　外墙专用挤塑板的性能指标

项目	单位	指标	项目	单位	指标
热导率(25℃,生产后90d)	W/(m·K)	≤0.03	吸水率	%	≤1.5
表观密度	kg/m³	25~32	燃烧性能	—	B2级
压缩强度	MPa	≥0.15	陈化时间 自然条件	d	≥42
蓄热系数	W/(m²·K)	≥0.75	蒸汽(60℃)	d	≥5

13. 增强石膏聚苯复合保温板的性能指标

增强石膏聚苯复合保温板的性能指标应符合表3-15中的要求。

表3-15　增强石膏聚苯复合保温板的性能指标

项目	性能指标	项目	性能指标
板重(板厚80mm)/(kg/m²)	25	含水率/%	5
收缩率/%	0.08	抗弯荷载	1.8G(G为板材重量)
热阻/[(m²·K)/W]	0.80	抗冲击性	垂直冲击10次,背面无裂纹(砂袋重10kg,落距500mm)

14. 胶粉聚苯颗粒保温浆料内保温系统的性能指标

胶粉聚苯颗粒保温浆料内保温系统的性能指标应符合表3-16中的要求。

表3-16　胶粉聚苯颗粒保温浆料内保温系统的性能指标

项目	指标	项目	指标
耐冲击性	>20J	耐冻融性,10次	无裂纹
耐磨损,500L砂	无损坏	表面憎水率	99%
人工老化性,2000h	合格		

15. 蒸压加气混凝土砌块的外形尺寸与性能要求

蒸压加气混凝土砌块的尺寸偏差与外观应符合表3-17中的要求,砌块的抗压强度应符合表3-18中的要求,砌块的强度级别应符合表3-19中的要求。

表 3-17　蒸压加气混凝土砌块的尺寸偏差与外观

项目			性能指标	
			优等品（A）	合格品（B）
尺寸允许偏差/mm	长度	L	±3	±4
	宽度	B	±1	±2
	高度	H	±1	±2
缺棱掉角	最小尺寸/mm		≤0	≤30
	最大尺寸/mm		≤0	≤70
	大于以上尺寸的缺棱掉角个数/个		≤0	≤2
裂纹长度	贯穿一棱二面的裂纹长度不得大于裂纹所在面的裂纹方向尺寸总和的		0	1/3
	任一面上的裂纹长度不得大于裂纹方向尺寸的		0	1/2
	大于以上尺寸的裂纹架数/条		≤0	≤2
爆裂、黏模和损坏深度/mm			≤10	≤30
平面弯曲			不允许	
表面疏松、层裂			不允许	
表面油污			不允许	

表 3-18　蒸压加气混凝土砌块的抗压强度

强度级别	立方体抗压强度/MPa		强度级别	立方体抗压强度/MPa	
	平均值	单组最小值		平均值	单组最小值
A1.0	≥1.0	≥0.8	A5.0	≥5.0	≥4.0
A2.0	≥2.0	≥1.6	A7.5	≥7.5	≥6.0
A2.5	≥2.5	≥2.0	A10	≥10	≥8.0
A3.5	≥3.5	≥2.8	—	—	—

表 3-19　蒸压加气混凝土砌块的强度级别

干密度级别		B03	B04	B05	B06	B07	B08
强度级别	优等品 A	A1.0	A2.0	A3.5	A5.0	A7.5	A10
	合格品 B			A2.5	A3.5	A5.0	A7.5

16. 增强水泥聚苯复合保温板的性能指标

增强水泥聚苯复合保温板的性能指标应符合表 3-20 中的要求。

表 3-20　增强水泥聚苯复合保温板的性能指标

板型	单位	厚度	宽度	长度	边肋	聚苯乙烯泡沫厚度	面层厚度
条板	mm	60	595	2400~2700	≤20	≥40	10
		70					
小块板		50		900~1500	≤10		5
		60			无肋		

17. 不同种类砂浆的性能要求

预拌砂浆的性能应符合表 3-21 中的要求，普通干粉砂浆的性能应符合表 3-22 中的要求，界面砂浆的性能应符合表 3-23 中的要求，抗裂砂浆的性能应符合表 3-24 中的要求，聚合物砂浆的性能应符合表 3-25 中的要求。

表 3-21　预拌砂浆的性能

砂浆种类	强度等级	稠度/mm	分层度/mm	凝结时间/h	28d 抗压强度/MPa
砌筑砂浆（RM）	M5.0	50～100	≤25	8、12、24	5.0
	M7.5				7.5
	M10				10.0
	M15				15.0
	M20				20.0
	M25				25.0
	M30				30.0

表 3-22　普通干粉砂浆的性能

砂浆种类	强度等级	稠度/mm	分层度/mm	28d 抗压强度/MPa
砌筑砂浆（DM）	M5.0	≤90	≤25	5.0
	M7.5			7.5
	M10			10.0
	M15			15.0
	M20			20.0
	M25			25.0
	M30			30.0

表 3-23　界面砂浆的性能

项目		单位	性能指标
界面砂浆压剪黏结强度	原强度	MPa	≥0.70
	耐水强度	MPa	≥0.50
	耐冻融强度	MPa	≥0.50

表 3-24　抗裂砂浆的性能

项目			单位	性能指标
抗裂剂	不挥发物含量		%	≥20
	储存稳定性[(20±5)℃]		—	6 个月，试件无结块凝聚及发霉现象，且拉伸黏结强度满足抗裂砂浆的指标要求
抗裂砂浆	可使用时间	可操作时间	h	≥1.5
		可操作时间内拉伸黏结强度	MPa	≥0.70
	拉伸黏结强度（常温 28d）		MPa	≥0.70
	浸水拉伸黏结强度（常温 28d，浸水 7d）		MPa	≥0.50
	抗压强度与抗折强度比		—	≤3.0

表 3-25　聚合物砂浆的性能

项目		JGJ 149—2003 规定	企业标准规定	测试结果
拉伸黏结强度(与挤塑聚苯板)/MPa	原强度	≥0.10MPa,破坏界面在膨胀聚苯板上	≥0.25MPa,破坏界面在挤塑聚苯板上	0.37,挤塑聚苯板破坏
	耐水强度			0.36,挤塑聚苯板破坏
	耐冻融强度			—
可操作时间/h		1.5~4.0	1.5~4.0	2.0
柔韧性(压折比)		≤3.0	≤3.0	2.8

18. 不同界面剂的性能指标

喷砂界面剂的性能指标应符合表 3-26 中的要求,挤塑板界面剂的性能指标应符合表 3-27中的要求。

表 3-26　喷砂界面剂的性能指标

项目	性能指标	项目		性能指标
容器中状态	搅拌后无结块,呈均匀状态	拉伸黏结强度 与水泥砂浆	常温常态	≥0.50MPa
施工性能	喷涂无困难		浸水后	≥0.30MPa
低温储存稳定性	3 次试验后无结块,凝聚及组成物的变化	与岩棉板	常温常态	≥0.10MPa 或岩棉板破坏
			浸水后	≥0.08MPa 或岩棉板破坏
耐水性能	168h 无异常现象	与胶粉聚苯颗粒保温浆料	常温常态	≥0.10MPa 或胶粉聚苯颗粒保温浆料试块破坏
pH 值	9~11		浸水后	≥0.08MPa 或胶粉聚苯颗粒保温浆料试块破坏

表 3-27　挤塑板界面剂的性能指标

项目	性能指标	项目	性能指标
外观	色泽均匀,无沉淀	pH 值	6~7
固体含量/%	≥25	破坏形式	挤塑板内破坏

19. 不同种类玻纤网格布的性能指标

耐碱玻纤网格布的性能指标应符合表 3-28 中的要求,中碱玻纤网格布的性能指标应符合表 3-29 中的要求。

表 3-28　耐碱玻纤网格布的性能指标

项目	单位	性能指标	项目	单位	性能指标
网孔中心距	mm	4×4	耐碱强力保留率(经、纬向)	%	≥90
单位面积质量	g/m²	≥160	断裂伸长率(经、纬向)	%	≤5
涂塑量	g/m²	≥20	断裂强力(经、纬向)	N/50mm	≥1250

20. 热镀锌电焊网和斜嵌入钢丝网的性能指标

热镀锌电焊网的性能指标应符合表 3-30 中的要求,斜嵌入钢丝网的性能指标应符合表 3-31 中的要求。

表 3-29　中碱玻纤网格布的性能指标

项目	单位	性能指标	
		A 型玻纤布(被覆用)	B 型玻纤布(粘贴用)
网格布重	g/m²	≥80	≥45
含胶量	%	≥10	≥5
抗拉断裂荷载	N/50mm	经向不小于 600 纬向不小于 400	经向不小于 300 纬向不小于 200
网格布幅宽	mm	600 或 900	600 或 900
网眼尺寸	mm	5×5 或 6×6	2.5×2.5

表 3-30　热镀锌电焊网的性能指标

项目	单位	性能指标	项目	单位	性能指标
生产工艺	—	热镀锌电焊网	焊点抗拉力	N	65
网丝直径	mm	0.90±0.04	镀锌层重量	g/m²	≥122
网孔大小	mm	12.7×12.7	—	—	—

表 3-31　斜嵌入钢丝网的性能指标

项目	质量要求
镀锌低碳钢丝	用于钢丝网片的镀锌低碳钢丝直径为 2mm、2.2mm,用于斜插钢丝的镀锌低碳钢丝直径为 2.2mm、2.5mm,误差为±0.05mm,其性能指标应符合《钢丝网架夹芯板用钢丝》(YB/T 126)(2006 年确认)中的要求
焊点强度	抗拉力不小于 330N,且无过烧现象
焊点质量	网片漏焊、脱焊点不得超过焊点数的 8‰,且不应集中在一处,连续脱焊点不应多于 2 点,板端 200mm 区段内的焊点不允许脱焊、虚焊,斜插钢丝脱焊点不得超过 2%
斜插钢丝(腹丝)密度	100～150 根/m²
斜插钢丝与钢丝网片所夹锐角	60°±5°
钢丝挑头	网边挑头长度不大于 6mm;插丝挑头不大于 5mm
穿透聚苯板挑头	聚苯板厚度不大于 50mm 时,穿透聚苯板挑头离板面垂直距离应不小于 30mm; 聚苯板厚度为 50～80mm 时,穿透聚苯板挑头离板面垂直距离应不小于 30mm; 聚苯板厚度为 80～150mm 时,穿透聚苯板挑头离板面垂直距离应不小于 30mm
聚苯板对接	不大于 300mm 长板中聚苯板对接不得多于 2 处,且对接处需用聚氨酯胶粘牢
钢丝网片与聚苯板的最短距离	5mm±1mm

注:横向钢丝应对准凹槽中心。

21. 聚氨酯防潮底漆、胶黏剂和界面砂浆的性能指标

聚氨酯防潮底漆的性能指标应符合表 3-32 中的要求,聚氨酯预制件胶黏剂的性能指标应符合表 3-33 中的要求,聚氨酯界面砂浆的性能指标应符合表 3-34 中的要求。

表 3-32　聚氨酯防潮底漆的性能指标

项目	单位	性能指标	项目		单位	性能指标
原漆外观		淡黄至棕黄色液体，无机械杂质	干燥时间（常温）	表干	h	≤4
施工性能		涂刷无困难		实干		≤24
涂层脱离的抗性（干湿基层）	级	≤1	耐碱性能		—	48h 不起泡、不起皱、不脱落

表 3-33　聚氨酯预制件胶黏剂的性能指标

项目		单位	性能指标	项目		单位	性能指标
容器中状态	A 组分	—	均匀膏状物，无结块、凝胶、结皮或不易分散的固体团块	拉伸黏结强度（与水泥砂浆）	标准状态	MPa	≥0.50
	B 组分		均匀棕黄色胶状物		浸水后		≥0.30
干燥时间	表干	h	≤4	拉伸黏结强度（与聚氨酯）	标准状态	MPa	≥0.15MPa 或聚氨酯试块破坏
	实干		≤24		浸水后		≥0.15MPa 或聚氨酯试块破坏

表 3-34　聚氨酯界面砂浆的性能指标

项目			单位	性能指标
施工性能			—	涂刷无困难
界面砂浆	拉伸黏结强度（与水泥砂浆）	常温常态	MPa	≥0.70
		浸水 7d		≥0.50
	拉伸黏结强度（与聚氨酯）	常温常态	MPa	≥0.15MPa 或聚氨酯试块破坏
		浸水 7d		≥0.15MPa 或聚氨酯试块破坏

22. 不同种类腻子的性能指标

柔性耐水腻子的性能指标应符合表 3-35 中的要求，嵌缝石膏腻子的性能指标应符合表 3-36 中的要求，耐水腻子的性能指标应符合表 3-37 中的要求。

表 3-35　柔性耐水腻子的性能指标

项目		单位	性能指标	项目	单位	性能指标
容器中状态		—	无结块，均匀	打磨性	—	手工可打磨
施工性能		—	刮涂无障碍	耐水性（96h）	—	无异常
干燥时间		h	≤5	—	—	—
耐碱性能（48h）		—	无异常	柔韧性	—	直径 50mm 无裂纹
黏结强度	标准状态	MPa	≥0.60	低温储存稳定性	—	在 −5℃ 条件下冷冻 4h 后无变化，刮涂无困难
	冻融循环（5 次）	MPa	≥0.40			

表 3-36　嵌缝石膏腻子的性能指标

项目	性能指标	项目	性能指标
抗压强度/MPa	≥2.5	黏结强度/MPa	≥0.2
抗折强度/MPa	≥1.0	终凝时间/h	≤4

表 3-37　耐水腻子的性能指标

项目		单位	性能指标		项目	单位	性能指标	
			Ⅰ型	Ⅱ型			Ⅰ型	Ⅱ型
容器中状态		—	外观白色状,无结块、均匀		施工性能	—	刮涂无困难,无起皮、无打卷	
浆料可使用时间		h	终凝不小于2		干燥时间	h	≤5	
白度		%	≥80		打磨性	—	手指干擦不掉粉,用砂纸易打磨	
黏结强度	标准状态	MPa	＞0.60	＞0.50	软化系数	%	≥0.70	≥0.50
	浸水以后		＞0.35	＞0.30	耐碱性	24h	无异常变化	
低温储存稳定性		—	−5℃冷冻4h无变化,刮涂无困难					

23. 挤塑板专用固定件和挤塑板专用胶黏剂的性能指标

挤塑板专用固定件的性能指标应符合表 3-38 中的要求,挤塑板专用胶黏剂的性能指标应符合表 3-39 中的要求。

表 3-38　挤塑板专用固定件的性能指标

项目		性能指标	实测值
拉拔力/kN	C20混凝土墙体	≥0.80	≥1.20
	烧结实心砖墙体	≥0.64	≥1.00
	多孔砖墙体	≥0.64	≥1.00
	陶粒混凝十砌块墙体	≥0.64	≥0.90
	混凝土空心砌块墙体	≥0.64	≥0.90
单个固定件对系统传热增加值/[W/(m² · K)]		≤0.004	≤0.003

表 3-39　挤塑板专用胶黏剂的性能指标

项目		JGJ 149—2003	企业标准	测试结果
拉伸黏结强度(与水泥砂浆)/MPa	原强度	≥0.60	≥0.70	1.44
	耐水	≥0.40	≥0.50	1.25
拉伸黏结强度(与挤塑聚苯板)/MPa	原强度	≥0.10MPa,破坏界面在膨胀聚苯板上	≥0.15MPa,破坏界面在挤塑聚苯板上	0.36MPa,破坏界面在挤塑聚苯板上
	耐水			
可操作时间/h		1.5~4.0	1.5~4.0	2.0

24. 面砖、面砖粘贴砂浆和面砖勾缝料的性能指标

面砖的性能指标应符合表 3-40 中的要求,面砖粘贴砂浆的性能指标应符合表 3-41 中的

要求，面砖勾缝料的性能指标应符合表 3-42 中的要求。

表 3-40　面砖的性能指标

项目			单位	性能指标
单位面积质量			kg/m²	≤20
尺寸要求	6m 以下墙面	表面面积	cm²	≤410
		厚度	cm	≤1.0
	6m 及以上墙面	表面面积	cm²	≤190
		厚度	cm	≤0.75
吸水率	Ⅰ、Ⅵ、Ⅶ气候区		%	≤3
	Ⅱ、Ⅲ、Ⅳ、Ⅴ气候区			≤6
抗冻性	Ⅰ、Ⅵ、Ⅶ气候区		—	50 次冻融循环无破坏
	Ⅱ气候区		—	40 次冻融循环无破坏
	Ⅲ、Ⅳ、Ⅴ气候区		—	10 次冻融循环无破坏

表 3-41　面砖粘贴砂浆的性能指标

项目		单位	性能指标
拉伸黏结强度		MPa	≥0.60
压折比		—	≤3.00
压剪黏结强度	原强度	MPa	≥0.60
	耐温 7d	MPa	≥0.50
	耐水 7d	MPa	≥0.50
	耐冻融 30 次	MPa	≥0.50
线性收缩率		%	≤0.30

表 3-42　面砖勾缝料的性能指标

项目		单位	性能指标
外观质量		—	均匀一致
颜色		—	与标准样一致
凝结时间		h	大于 2h，小于 24h
拉伸黏结强度	常温常态 14d	MPa	≥0.60
	耐水（常温常态 14d，浸水 48h，放置 24h）	MPa	≥0.50
压折比		—	≤3.00
透水性（24h）		mL	≤3.00

二、墙体施工质量监理监控

墙体施工阶段的质量监理工作是保证整个工程顺利进行和全面完成的关键环节，也是墙体节能工程监理的重点。在施工阶段应当推行以"动态控制为主、事前预防为辅"的管理办法，主要抓住事先指导、事中检查、事后验收 3 个环节。一切以数据说话，一切以书面为根据，做好提前预控，从预控角度主动发现问题，对重点部位、关键工序进行动态控制。在施工管理过程中，抓"重点部位"的质量控制，对工程施工做到全过程、全方位的质量监控，从而有效地实现工程项目施工的全面质量控制。

（一）墙体施工具备的条件

（1）结构质量验收合格。墙体外保温节能工程施工前，主体结构工程必须经建设单位、设计单位、监理单位和施工单位共同进行阶段性验收合格，并应在质量安全监督部门备案的前提下，总承包单位会同专业施工分包单位，对主体结构工程进行实地检查验收，办理交接验收手续。基层墙体应符合《混凝土结构工程施工质量验收规范》（GB 50204—2015）和《砌体工程施工质量验收规范》（GB 50203—2011）的要求。

（2）根据墙体节能工程的实际情况，编制分项工程施工方案，并经监理人员审批合格。

（3）墙体节能工程施工单位的技术负责人，对墙体施工操作人员进行技术、安全交底。

（4）对于工程量较大或质量要求较高的墙体节能工程，在施工前应先做样板，经建设单位和监理工程师确认后，方可大面积施工。

（5）室内的地坪、内粉刷层应在外保温体系施工前完成，并已经干燥硬化。如果确实需要交叉施工，应避免室内施工的污水外流，污染外保温墙面。

（6）门窗、装饰线条、窗套，特别是水平设置的构件，必须在外保温体系施工前施工完毕。所有水平方向的构件（如挑檐、窗台板、固定外墙构件用的支架等），都要预留外保温体系所需的施工厚度，并做必要的滴水处理或防锈处理。

（7）外墙上的各种进户管线、空调及管道支架、预埋管件、预埋螺栓等必须预先安装完毕，螺栓应伸出外粉刷面 60～70mm，并应考虑保温层厚度的影响，同时经隐蔽工程验收合格。

（8）外墙面设置的通风口、空调洞口等应预先打好，并内置 PVC 套管，且伸出外粉刷面 40mm。外墙面上原有的脚手架固定拉结点应拆除，另行拉结。所有的孔洞必须按照外墙孔洞封堵方案的要求进行封堵处理，监理检查验收通过后监理工程师签署隐蔽工程验收记录。

（9）建筑物的门窗外露柱等的立面设计，应预先考虑到外保温体系所需的厚度，以及施工后所带来的外观变化。

（二）墙体施工的基层控制

在保温层施工前，应会同总承包施工单位、专业施工单位、监理单位和质量监督等相关部门对结构予以验收确认，主要检查的项目如下。

（1）主体结构外墙的表面平整度和垂直度的允许偏差，应当符合现行国家标准《砌体结构工程施工质量验收规范》（GB 50203—2011）和《混凝土结构工程施工质量验收规范》（GB 50204—2015）等的要求。

（2）外墙面的脚手杆孔、模板穿墙螺栓孔等孔洞，应当按照施工方案的要求进行分层封堵，同时监理工程师进行分层检查、验收合格后签署隐蔽工程验收记录。

（3）主体结构上设置的变形缝、伸缩缝等，应当提前做好处理工作并经验收合格。

（4）对门、窗框应安装完毕，做好与墙体缝隙的处理，并经过验收合格。门、窗框应加强保护，以免被保温浆料污染。

（5）墙面的暗埋管线、线盒、空调孔洞、预埋件等，应安装完毕并验收合格，同时要考虑到墙体保温层厚度的影响。

（6）外墙面挂设的雨水管支架、消防梯、阳台栏杆等外挂件，应安装完毕并验收合格。

（7）墙体基层应具有足够的强度，表面应无浮灰、油污、隔离剂、空鼓、风化物等质量问题，凸出墙体表面10mm的物体应予以剔除，并使墙面保持干燥状态。

（8）当墙体饰面层为面砖时，膨胀锚栓应在保温层施工前预先安装，其位置和间距应当符合设计和施工方案的要求，其长度需要考虑保温层厚度的影响。

（三）墙体施工的冲筋挂线

当外保温层为板材时，可在外墙面排板后按板材尺寸弹出定位线，其他保温材料的外保温层，应在保温层施工前做好定位准备工作。在进行墙体的冲筋挂线时应注意以下几个方面。

（1）首先用2m靠尺检查墙面的表面平整度和垂直度，并在大墙角等部位设置垂直度控制线，以便墙体保温层施工。

（2）将聚苯乙烯保温板裁剪成5cm×5cm的标准模块，用界面砂浆将其粘贴在墙面上，水平方向和垂直方向的间距以1.5～2.0m为宜，距离每层顶板和阴、阳角均约10cm。

（3）每层标准模块固定后，用2～5m的线拉水平控制线和垂直控制线，以检查标准模块厚度的一致性和垂直度。

（四）墙体保温层质量控制

1. 外墙外保温系统

（1）模塑聚苯板外墙外保温系统质量控制　模塑聚苯板外墙外保温系统是以聚苯板（EPS板）为保温材料，以粘贴的方式将板固定在墙面上，采用耐碱玻璃纤维做增强保护层，外饰面选用涂料为保护层，且保护层的厚度小于6mm的外保温系统。

1）操作工艺与隐蔽工程验收的要求如下。

① 聚苯板应当按照顺砌方式进行粘贴，竖缝应逐行错缝，墙角部位的聚苯板应交错互锁。

② 门窗洞口4个角处的聚苯板，应用整块板切割成形，不得进行拼接，聚苯板接缝离开角部的距离不得小于200mm。

③ 在粘贴聚苯板时，胶黏剂应涂在聚苯板的背面，涂刷面积不得少于板面积的40%。布点应均匀，一般可采用点框法粘贴，板的侧边不得涂胶。

④ 聚苯板的粘贴应牢固可靠，不得有空鼓、松动等现象，板缝应紧密，相邻板应齐平。

⑤ 聚苯板间的高差不得大于1.5mm，高差大于1.5mm的部位应打磨平整。

⑥ 聚苯板间的缝隙不得大于2.0mm，当板缝开2.0mm时，应用聚苯板条填塞，填塞的板条不得涂胶黏剂，也不得用胶黏剂填缝。

⑦ 聚苯板的终端（即洞口、勒脚、阳台、雨篷、变形缝等系统的端头）应用耐碱玻璃纤维网格布进行包边处理。

2）模塑聚苯板外墙外保温系统的质量控制要点如下。

① 保温板材与墙体基层的黏结强度应进行现场拉拔试验。黏结强度不应低于0.3MPa，

且黏结界面的脱开面积不应大于 50%。

② 建筑物高度在 2m 以上时，由设计人员确认是否设置固定锚栓，锚栓应待胶黏剂初凝后方可钻孔安装。锚栓设置位置、插入深度、数量、间距应符合设计要求。

③ 锚栓完成后应按检验批的要求进行验收，在专业施工单位自检合格的基础上，整理好相关施工记录资料报总承包单位验收，总承包单位验收合格后再向监理工程师申报，进行隐蔽工程验收。

（2）EPS 板现浇混凝土外墙外保温系统质量控制　EPS 板现浇混凝土外墙外保温系统，是用于现浇混凝土剪力墙的外保温系统，采用阻燃型聚苯乙烯泡沫塑料板作为保温材料。施工时将保温板固定在已绑扎好的墙体钢筋上，然后安装内外混凝土模板，即将保温板设置于外侧模板的里面，墙体钢筋的外面，并用尼龙锚栓与墙体锚固定牢固。浇灌混凝土后，外保温板与墙体有机地结合在一起，拆除模板后外保温与墙体同时施工完成。

1）操作工艺与隐蔽工程验收的要求如下。

① 在支设外墙模板前，将 EPS 板按外墙身线就位于外墙钢筋的外侧。安装时应根据建筑物的形状及其平面图排板，首先安装阴、阳角处的 EPS 板，然后安装大墙面的 EPS 板。

② 对于墙体的特殊部位，要根据其形状预先裁好 EPS 板，将 EPS 板的企口缝和端头接缝处均涂刷上胶黏剂，在清除板面的污染处后，随即进行粘贴安装。在安装 EPS 板时，企口缝应对齐，墙的宽度不合模数处用小块保温板补齐。已粘贴的 EPS 板一般不能再移动。

③ 板的竖缝处用专用塑料卡子穿透 EPS 板，骑板缝插入将两块板连接在一起，就位时用 12 号铁丝把塑料卡子与墙体钢筋绑扎牢固，并应将 EPS 板底部扎紧，且向内收 3～5mm，使拆模后的 EPS 板底部与上口齐平。

④ 首层的 EPS 板是整个墙面保温层施工的标准，必须严格控制在同一水平线上，以保证上面 EPS 板的缝隙严密和垂直。在板缝处可用 EPS 板胶填塞。

⑤ 门窗洞口部位的 EPS 板可不开洞，待墙体拆除模板后再开洞。门窗洞口及外墙阳角处 EPS 板外侧的缝隙，用楔形 EPS 板条塞堵，其深度为 10～30mm。

⑥ EPS 板安装完毕后，应检查其绑扎是否牢固；保护层垫块应每平方米不少于 4 个，且厚度符合设计及施工验收规范要求；确认水电预埋件等位置无误，并将模板内杂物清除干净。

⑦ 在进行模板安装时，应先立正内模后再竖外模，然后从内模板穿墙孔插穿墙拉杆及其塑料套管和管封，并在穿墙拉杆的端部套上一节镀锌薄钢板圆筒，其直径相当于穿墙拉杆的直径，按照模板上穿墙杆孔洞的位置插入 EPS 板做一痕迹，但此时至不穿透 EPS 板。

⑧ 以上完成并经检查合格后，可用电烙铁按照痕迹位置将 EPS 板开孔，但开孔不宜过大，以免出现漏浆现象。

⑨ 二次插入穿墙螺栓，按要求将内外模板就位、调整，检查无误后将模板固定牢固。

⑩ 在浇筑混凝土时，振捣棒在插拔过程中不能触及禾门损坏保温层。混凝土浇捣完毕后，应及时清理槽口处存留的砂浆。

2）聚苯板现浇混凝土外墙外保温系统的质量控制要点如下。

① 在进行混凝土模板安装时，应先按墙身线立正内模板再竖外模，并调整表面平整度和垂直度，使其满足现行规范标准的要求。

② 穿墙螺栓孔处应当用干硬性砂浆捻实填补，其厚度要小于墙体，剩余部分随即用保温浆料填补至保温层表面。

③ 应在常温条件下完成混凝土的浇筑，间隔 12h 后混凝土的强度不小于 1MPa 时，可拆除墙体内外侧模板。

（3）EPS 钢丝网架板现浇混凝土外墙外保温系统质量控制　EPS 钢丝网架板现浇混凝土外保温系统，采用的是工厂预制的保温构件，保温材料 EPS 板外表面设有横向齿槽和若干穿透板材的斜插φ2.5 镀锌铁丝，斜插腹丝与板材外一层钢丝网片焊接后，在板面再喷涂界面剂。

1）操作工艺与隐蔽工程验收的要求如下。

① 安装预制保温板。在安装预制保温板时可按照以下工艺进行操作并验收。

a. 主体结构墙体钢筋绑扎完成，设置垫块以保证钢筋与保温板之间的保温层厚度，每块 EPS 板面积范围内一般不少于 6 块，经验收合格后方可安装预制保温板。

b. 预制的单面钢丝网架 EPS 板进场后，要检查板面喷涂的界面砂浆是否满涂，不得有漏喷之处；漏喷的保温板面应及时补涂，厚度不应小于 1mm；EPS 板在运输及现场堆放过程中，应轻拿、轻放、平放，不得竖向放置。

c. 预制保温构件就位后，应用火烧丝进行绑扎，绑扎点的间距不得大于 150mm。

d. 用电烙铁在 EPS 板上烫孔，插入 L 形钢筋，并穿透 EPS 板，再用火烧丝将 L 形钢筋与墙体钢筋绑扎牢固。L 形钢筋直径 6.5mm，长度 150mm，弯钩 30mm，并涂刷防锈漆二道。

e. 预制 EPS 板外侧的钢丝网，均应按楼层的层高断开，使它们互不相连。

② 混凝土模板安装。根据墙身线安装外侧的模板，安装前在混凝土墙体的根部或保温板外侧设置可靠的定位固定点，以防止外模板挤靠保温板。模板就位后用穿墙螺栓构件紧固固定，板面应平整、拼装紧密、连接牢固，以防止出现漏浆、胀模、错台等现象。

③ 混凝土浇筑施工。混凝土浇筑施工是将墙体和保温板有机结合在一起的重要工序，在施工过程中可按如下工艺操作并验收。

a. 在进行混凝土浇筑前，保温板顶面应采取防护、遮挡措施，以防止在浇筑混凝土时将保温板的顶面损坏。

b. 混凝土的强度、工作性和配合比等，应符合设计和现行规范的要求。

c. 混凝土应分层浇筑，每层厚度宜控制在 500mm，一次浇筑高度不得超过 1.0m；混凝土的下料口应分散布设，尽量做到连续作业，常温下施工间隔时间不超过 2h。

d. 混凝土应充分振捣密实，振捣棒间距一般不应大于 500mm，每一个振动点的延续时间，以表面呈现浮浆和不再出现下沉为准。

e. 洞口处的混凝土应沿洞口两侧同时下料，使两侧浇筑高度基本一致，振捣棒应距离洞边 300mm 以上，以保证洞口下部混凝土的密实度。

f. 混凝土施工缝应设置在门洞口过梁跨度 1/3 范围内，也可设置在纵横墙体的交接处。

2）EPS 钢丝网架板现浇混凝土外保温系统的质量控制要点如下。

① 为确保混凝土具有良好的工作性和密实度，商品混凝土的坍落度不应小于 180mm。

② 常温施工条件下，模板拆除后 12h 内应覆盖和浇水养护。普通硅酸盐水泥或矿渣硅酸盐水泥配制的混凝土，养护不少于 7d；掺有缓凝剂或有抗渗要求的混凝土，养护不少于 14d。

③ 混凝土养护浇水的次数，以能够保持混凝土表面处于湿润状态为准。当日平均气温低于 5℃时不得浇水。冬期施工应根据施工方案布置测温点，定时测量混凝土温度并做好

记录。

④ 在常温条件下施工，模板拆除时墙体混凝土强度不宜低于 1.0MPa，冬期施工时墙体混凝土强度不宜低于 7.5MPa，拆除模板应以同条件养护试块的抗压强度为准。

⑤ 应先拆除外墙外侧模板，再拆除外墙内侧模板，并及时按照施工方案制订的措施修整混凝土表面的缺陷。

（4）机械固定 EPS 钢丝网架板外墙外保温系统质量控制　机械固定 EPS 钢丝网架板外保温系统，是用阻燃型聚苯乙烯为保温芯材，板面斜插双向高强度钢丝，并与单面设置 50mm×50mm 的钢丝电焊网片焊接，成为带有焊接钢丝网架的保温板材，放置于外墙的承托架上，通过锚栓固定在外墙上，外抹水泥砂浆面层，然后再覆以饰面层。为保证钢丝网片的质量，焊接钢丝网片必须是机械连续自动焊接而成的，严禁采用手工焊接钢丝网片。

1）操作工艺与隐蔽工程验收的要求如下。

① 在每层框架梁或圈梁上预埋连接件与承托角钢可采用焊接形式连接，焊接应确保牢固可靠。承托角钢的型号可根据芯板的厚度确定。

② 为保证墙体的整体性，砌筑时应预埋双向拉结筋，可按照 Φ6.5@500mm 设置。

③ EPS 钢丝网架板按设计尺寸剪裁后安装就位，墙体拉结筋穿透保温板后应扳倒压紧板面约钢丝网片，并用钢丝将其扎紧。

④ 门窗洞口四角处应铺 L 形保温板，不但采用直缝拼装。并在洞口四角附加铺设 400mm×200mm 的钢丝网，呈 45°方向。

⑤ 需要增设附加钢丝网（平网、U 网）的部位，还有外墙阴、阳角和阳台底边等处。

⑥ 保温板需要局部加强时，可采用增设局部钢丝网或增设钢筋的方法，并应与保温板的钢丝网架绑扎牢固。

⑦ 钢筋混凝土墙上复合 EPS 钢丝网架外保温板，可用直径 6mm 的膨胀螺栓通过锚固件固定在墙体上。锚固件为镀锌钢板，槽深应根据保温板的厚度来确定。

⑧ 墙面面积大于 15m 时，宜设水平和垂直变形缝，变形缝净宽为 20mm，内填充聚苯乙烯棒形背衬，外嵌固弹性密封膏。变形缝两侧的保温板应用 U 形钢丝网包边，砂浆抹平后缝净宽为 20mm。

2）机械固定 EPS 钢丝网架板外保温系统的质量控制要点如下。

① 在每层框架梁或圈梁上预埋连接件，焊接连接的焊缝高度为 6mm，连接件的间距不应大于 1200mm。

② 墙体砌筑时预埋双向拉结筋 Φ6.5@500mm，其长度为 320mm，预埋端设置 20mm 的弯钩，外露 160mm，并应涂刷二道防锈漆，距离板端 120～150mm。

③ 混凝土墙体采用直径 6mm 的膨胀螺杆固定，每平方米不少于 7 个或根据风荷载计算确定，并应设置镀锌薄钢板制作的锚固件，槽深由钢丝网保温板厚度确定。拉结筋和膨胀螺杆应呈梅花形布置，沿门窗洞口设置的拉结筋距洞边为 75mm。

④ EPS 钢丝网架保温板安装完毕后，其质量应达到表面平整、牢固可靠，阴、阳角方正顺直且垂直。

（5）挤塑聚苯板（XPS 板）外墙外保温系统质量控制　挤塑聚苯板（XPS 板）外墙外保温系统，是以挤塑聚苯乙烯泡沫板为保温材料，采用专用固定件固定的方式，将挤塑聚苯板固定在外墙外表面上，再以聚合物砂浆作为保护层，铺设耐碱玻璃纤维网格布增强层，外饰涂料的外墙外保温系统。

1）操作工艺与隐蔽工程验收的要求如下。

① 安装挤塑聚苯板。在安装挤塑聚苯板时，应符合下列规定。a. 标准挤塑聚苯板的尺寸为1200mm×600mm，非标准板可按实际尺寸加工剪裁，尺寸允许偏差为±1.5mm。表面应平整，大小面应垂直，四角应规方。b. 将涂抹好黏结砂浆的挤塑聚苯板迅速粘贴在墙面上，并用靠尺将其压平，保证平整度符合要求，并黏结牢固。

② 设置固定件。挤塑聚苯板安装后，要在24h内将固定件锚固完毕，锚固中应注意以下几个方面：a. 锚固位置应符合设计要求，锚固深度一般为50mm，钻孔深度为60mm；b. 固定件的个数及具体规格等，应根据建筑物的高度和部位确定。

③ 打磨接缝。挤塑聚苯板安装完毕后，应检查其表面平整度，对于不平整之处可用粗砂纸打磨，并彻底清除作业过程中产生的碎屑及浮灰等杂物。

④ 变形缝处理。在变形缝中填塞发泡聚乙烯圆棒，直径应为变形缝宽度的1.3倍，分2次填嵌缝膏，深度为缝宽的50%～70%。

2）挤塑聚苯板（XPS板）外保温系统的质量控制要点如下。

① 保温层采用预埋或后置锚固件固定时，锚固件的数量、位置、锚固深度和拉拔力应符合设计要求。

② 保温板材与基层之间的黏结连接必须牢固可靠，其黏结强度应进行现场拉拔试验。

（6）岩棉保温板外墙外保温系统质量控制　岩棉保温板外墙外保温系统，是指在基层墙体上将岩棉保温板配合热镀锌电焊钢丝网片，用塑料膨胀锚栓进行固定，岩棉板与热镀锌电焊钢丝网片表面均需喷涂界面剂，以提高其防水性和热镀锌电焊钢丝网片的耐腐蚀性，同时也有利于找平层材料与保温层的黏结性能。找平层采用胶粉聚苯颗粒保温浆料。

1）操作工艺与隐蔽工程验收的要求如下。

① 根据岩棉板的定位基准线拼装岩棉板，采用水泥砂浆预固定保温板，并且要错缝拼接。

② 用冲击钻在保温板上垂直打洞，钻孔深度不得小于锚固深度，墙面每平方米至少设置4个锚固点，门窗口四周每边至少设置3个点，并且锚固孔应距离外墙墙角、门窗侧壁100～150mm，距离檐口、窗台下边缘150mm。

③ 在岩棉板上铺设已整平的热镀锌钢丝网片，用塑料锚栓根据锚固孔位置设置，以固定好保温板和钢丝网。在门窗侧壁采用U形热镀锌钢丝网片包边，外墙转角处用L形热镀锌钢丝网片包边。采用单边搭接，搭接处至少每米设置3个锚栓固定。

④ 在岩棉板和热镀锌电焊钢丝网片上均匀喷涂喷砂界面剂，使二者被全面覆盖，以增强岩棉板表面与找平层之间的黏结强度和防水性及钢丝网片的耐腐蚀性能。

2）岩棉保温板外保温系统的质量控制要点如下。

① 保温层采用预埋或后置锚固件固定时，锚固件的数量、位置、锚固深度和拉拔力应符合设计要求。后置锚固件应进行现场拉拔力试验。每个检验批抽查不少于3处。

② 保温板材与基层之间的黏结或连接必须牢固，其黏结强度应做现场拉拔试验。

（7）现场喷涂硬泡聚氨酯外墙外保温系统质量控制　现场喷涂硬泡聚氨酯外墙外保温系统，基层墙面处理后涂刷聚氨酯防潮底涂层、聚氨酯保温层、聚氨酯界面砂浆层、胶粉聚苯颗粒保温浆料找平，然后铺设抗裂砂浆复合耐碱玻璃纤维网格布或复合热镀锌电焊钢丝网片，用尼龙膨胀锚栓固定而成的抗裂防护层，表面刮涂抗裂柔性耐水腻子、涂刷饰面涂料，或用黏结砂浆粘贴饰面砖构成饰面层。

1）操作工艺与隐蔽工程验收的要求如下。

① 设置锚栓。锚栓是固定保温板的主要构件，对于整个保温系统的安全起着关键作用。在设置中应掌握如下操作工艺。a. 锚栓的长度一般为 8cm，入墙的深度为 6cm，并采用梅花形布置。b. 当墙体为混凝土时，每平方米布不少于 3 只；当结构采用多孔砖墙时，在固定锚栓处应将多孔砖换成混凝土砌块，且每平方米不少于 5 只锚栓。c. 为了防止丝口滑牙，锚钉必须采用螺丝刀拧入，不可采用铁锤直接打入。

② 保温层施工。保温层施工质量如何，直接影响节能效果。在保温层施工中应掌握如下操作工艺。a. 要均匀喷涂聚氨酯泡沫，其厚度必须满足设计要求，且表面基本平整，以达到找平的目的，最大喷涂波纹应小于 5mm。b. 当墙体的长度和宽度均超过 23m 时，保温层应设置伸缩缝。用切割机将泡沫塑料切割至结构墙体，并用柔性腻子将缝填满，变形缝上、下的泡沫塑料应加设锚栓加固，当建筑物外表面每层均有线条时，可以不设置伸缩缝。c. 由于泡沫塑料在变形缝处无法进行收头处理，为防止此处渗水及出现应力变化，在变形缝钢板接头处应固定锚栓且采用油膏密封。d. 保温层与墙体以及各构造层之间应黏结牢固，不得有空鼓、裂缝、脱层，面层无粉化、起皮、爆灰等现象。e. 在经过养护 24h 以上后再对表面超高的部分用手提刨刀进行修整，使表面达到平整。f. 施工间歇处必须做成三角状，使其深度达到 10cm 以上，并应在 2 个工作日内完成工作面的搭接施工。

2）现场喷涂硬泡聚氨酯外保温系统的质量控制要点如下。

① 必须按照有关规定对锚栓抽验并进行现场拉拔试验，确保其达到设计的要求。

② 聚氨酯泡沫塑料保温层喷涂后，应按要求采用针入法检查保温层的厚度，每 100m² 不少于 5 次，后每增加 100m² 测 2 次。保温层平均厚度应符合设计要求，最小厚度不应小于设计厚度的 80%。

③ 聚氨酯泡沫塑料的喷涂表面平整度应小于 3mm，可用 1m 靠尺和楔形塞尺进行检查，每 100m 抽查 5 次，后每增加 100m² 测 2 次，不合格不应大于 2 次。

④ 现场喷涂硬泡聚氨酯外墙外保温系统，应按规定的检验批要求进行质量检验，并且要做好验收记录。

（8）GKP 装配式龙骨薄板外墙外保温系统质量控制　GKP 装配式龙骨薄板外墙外保温系统，是以轻钢龙骨为框架，以玻璃纤维网增强材料复合聚合物水泥砂浆或薄板为保护层，以岩棉、玻璃棉或自熄型聚苯乙烯板为保温材料，采用机械连接方式的一种外保温系统。

1）操作工艺与隐蔽工程验收的要求如下。

① 埋置支座预埋件。用冲击钻在结构层上钻出直径 10cm、深度 40mm 的孔，预埋直径为 6mm 的膨胀螺栓。

② 安装专用支座和龙骨。预先在龙骨槽内填满聚苯乙烯保温材料，采用自上而下的顺序，先安装竖向龙骨再安装横向龙骨，并与专用支座组装固定，使龙骨处于可调节状态。用 2m 靠尺和吊线法将龙骨位置调至设计位置，然后拧紧螺母，使龙骨平面偏差不大于 1.5mm，每层垂直度偏差不大于 5mm。

③ 填充保温材料。在龙骨间填充保温材料，并用相应的固定方法固定。常采用的固定方法有：聚苯板可用粘贴或专用锚固件固定；岩棉或玻璃棉可用岩棉钉固定。

④ 变形缝的处理。在变形缝中应填塞发泡聚乙烯圆棒，深度为 4mm 左右，然后填充建筑弹性密封膏。

⑤ 其他节点处理。其他节点的处理，主要包括挑檐、勒角和窗口等，均应按照有关规

定进行操作。

2）GKP 装配式龙骨薄板外保温系统的质量控制要点如下。

① 对保温系统所用的各种材料应进行认真检查，应符合现行国家、行业或地方相关标准的规定。

② 保温墙板应有型式检验报告，型式检验报告中应当包括安装性能的检验。

③ 保温墙板之间安装必须严密，板缝处不得出现任何渗漏。

④ 型式检验报告、出厂检验报告应全数进行核查；其他项目每个检验批抽查 5%，并且不得少于 3 块（处）。

（9）胶粉 EPS 板颗粒保温浆料外墙外保温系统质量控制　胶粉 EPS 板颗粒保温浆料外墙外保温系统，是指在外墙外表面经过界面层处理后，将胶粉料与聚苯颗粒轻骨料按一定比例加水搅拌成胶粉聚苯颗粒保温浆料抹于外墙表面，从而形成外墙外保温层，其上覆以抗裂防护层，再进行饰面层施工而组成的外保温系统。饰面层可以涂刷弹性涂料，也可以粘贴饰面砖或干挂石料板材。

1）操作工艺与隐蔽工程验收的要求如下。

① 胶粉聚苯颗粒保温浆料宜分层进行施工，每层的厚度不宜超过 20mm，每层施工间隔时间应在 24h 以上。

② 保温浆料第一层的抹灰作业宜按从上而下、从左至右的顺序进行，且此层抹灰厚度以低于标准模块 1cm 左右为宜。抹灰层应抹压密实、表面平整粗糙，以便与下层结合牢固。

③ 保温浆料的中层应抹至与标准模块齐平，并反复搓抹压实，去掉高出部分，填平低凹之处，使保温浆料层表面平整。

④ 保温浆料层抹压合格后，在常温下经养护 4～6h 后再进行面层的施工。

⑤ 保温浆料的面层施工，首先以去高补平为主，最后再用抹子分遍进行赶压。

⑥ 在施工过程中应及时清理落地的保温浆料，已落地的浆料宜在 4h 内重新搅拌再使用。

⑦ 在进行门窗洞口施工时，应先抹门窗侧口和上口，然后再抹墙面的大面。窗台处应先抹墙面的保温层，再抹窗台部位的保温层。

⑧ 门窗口的滴水槽应在保温浆料施工完成后，用美工刀割出凹槽，槽深为 10mm，槽宽为 10～15mm；或用抗裂砂浆固定滴水槽成品的线条。滴水槽应镶嵌牢固、平直，并距外墙表面不应大于 30mm，距端头不大于 20mm。

2）胶粉 EPS 板颗粒保温浆料外保温系统的质量控制要点如下。

① 在施工保温浆料的面层前，应检查墙面的表面平整度和垂直度，其允许偏差宜控制在 ±2mm；面层大角应方正顺直，其垂直度也控制在 ±2mm 范围内。

② 保温浆料层宜连续施工，保温层的厚度应均匀，接茬处应平顺密实，检查表面平整度和垂直度，应符合国家现行施工验收规范的要求。

③ 保温浆料抹完硬化后应现场检验其厚度，采用钢针插入法或剖开尺量，并取样检查保温浆料的干密度。保温层的厚度应符合设计要求，不得出现负差。

④ 在施工过程中，监理见证员应及时要求施工单位取样员制作保温浆料的同条件养护试件，检测其热导率、干密度和压缩强度，每个检验批的同条件养护试件不应少于 3 组。

⑤ 保温浆料完成后应按检验批的要求进行检查验收，在专业施工单位自检合格的基础上，整理好相关施工记录资料报总承包单位验收，总承包单位验收合格后，再向监理工程师

申报，进行隐蔽工程验收。

2. 外墙内保温系统

（1）增强石膏聚苯复合保温板外墙内保温系统质量控制　增强石膏聚苯复合保温板外墙内保温系统，是指采用点粘法将增强石膏聚苯复合保温板粘贴于外墙内侧，墙体与保温板之间留有10mm左右的空气层，在保温板接缝处粘贴无纺布和耐碱玻璃纤维网格布，再批刮腻子进行饰面层施工。

1）操作工艺与隐蔽工程验收的要求如下。

① 保温板配板。根据房间的开间和进深尺寸及保温板的规格预排保温板，对于破损或有缺陷的进行修补。排板应从门窗口边开始，非整张的板可放在阴角处，以此弹出各保温板的定位线。当保温板与墙体的长度不相适应时，可将部分保温板预先拼接加宽或锯窄以成为合适的宽度，并设置在墙体的阴角部位。

② 预埋接线盒、管箍及埋件。预埋的接线盒应与保温板表面齐平，预埋管道、管箍及埋件等应预先设置到位。

③ 粘贴防水保温踢脚板。防水保温踢脚板一般采用水泥聚苯颗粒踢脚板，在踢脚板内侧上下各按200～300mm的间距设置粘贴点，同时踢脚板底面及侧面应满刮胶黏剂，按定位线粘贴踢脚板。踢脚板上口应保证平直，与墙体结构的空气层厚度为10mm。

④ 安装保温板。安装保温板的施工质量如何，决定着整个墙体的节能效果，因此，在安装保温板中，应按如下操作工艺进行。a. 首先将接线盒、管箍及预埋件准确地翻样到保温板上，并开出它们的洞口。b. 保温板安装顺序宜从左向右进行。安装前清除墙面的浮灰，在保温板的四周边满刮黏结石膏，板面中间以梅花形设置黏结石膏饼，数量应大于板面面积的10%；石膏饼的直径约100mm，间距不大于300mm，按保温板定位线直接粘贴于墙面。c. 保温板与墙面应粘贴牢固，板顶面留出5mm缝隙用木楔临时固定，其上口用石膏胶黏剂填塞密实。待石膏胶黏剂干透后去掉木楔，再填满石膏胶黏剂。d. 在安装保温板中，随时用2m的靠尺检查保温板拼装的表面平整度和垂直度，应符合设计和现行规范的要求。e. 保温板安装完毕后，用聚合物砂浆抹门窗口护角，保温板在门窗口处的缝隙用胶黏剂填塞密实。同时，接线盒、管箍及预埋件与保温板间的缝隙，也要用胶黏剂填塞密实。f. 雨期施工时，在运输和储存保温板的过程中应采取防雨措施，防止石膏板被雨淋湿。g. 增强石膏聚苯复合保温板在运输、装卸、堆放时应横向立放，避免产生碰撞。堆放的场地应竖实、平整、干燥。

⑤ 板缝处理及贴网格布。待安装保温板的胶黏剂达到强度后，要认真检查板缝的粘贴情况，发现有裂缝应及时修补。清除板缝内的残渣浮灰，并批刮一道接缝腻子，粘贴一层50mm宽的无纺布，压实粘贴牢固，表面再批刮接缝腻子。所有阳角处粘贴200mm宽的玻璃纤维网格布，每侧各100mm；门窗口四角斜向45°加贴200mm×400mm的玻璃纤维网格布。进行板缝处理时，不得用玻璃纤维网格布代替无纺布。

2）石膏聚苯复合保温板外墙内保温系统的质量控制要点如下。

① 石膏聚苯复合保温板的规格和各项技术性能及胶黏剂的质量均应符合相关标准的规定。

② 石膏聚苯复合保温板与结构墙体墙面应粘贴牢固，不得有任何松动现象。

③ 石膏聚苯复合保温板的墙表面应平整，无起皮、起皱、裂缝等质量缺陷。

④ 石膏聚苯复合保温板的板缝必须用胶黏剂挤紧、刮平，并应黏结牢固。

（2）增强粉刷石膏聚苯板外墙内保温系统质量控制　增强粉刷石膏聚苯板外墙内保温系统，是指以石膏砂浆为胶黏剂将聚苯板粘贴于外墙内侧，然后铺设中碱玻璃纤维网格布，批刮弹性腻子后再涂刷内墙涂料的保温系统。

1）操作工艺与隐蔽工程验收的要求如下。

① 保温板配板。根据楼层结构的净高减 20～30mm 为基准，再根据保温板的规格进行预排保温板。排板可从门、窗口边开始，按水平顺序错缝、阴阳角错缝、板缝正好留置在门窗口边的原则拼装保温板，以此板位弹出保温板的定位线。

② 配黏结砂浆。黏结石膏砂浆的配合比（体积比）为：黏结石膏：中砂＝2：1，或直接使用预先混合好中砂的黏结石膏，加入适量的水搅拌制成。一次拌和量应在 50min 内使用完，砂浆稠化后严禁加水稀释。

③ 安装保温板。在安装保温板时，应按以下操作工艺进行。a. 首先将接线盒、管箍及预埋件准确地翻样到保温板上，剪裁出的洞口要大于预埋件周边约 10mm。b. 安装前清除墙面的浮灰，在保温板面中以梅花形设置黏结石膏饼，每个石膏饼的直径约 100mm，间距不大于 300mm；在保温板四边粘贴宽度为 50mm 的矩形条，同时在矩形条上预留排气孔，每块保温板上设一个排气孔；整个粘贴面积不小于 30%，防止聚苯板脱落。c. 保温板的安装宜从下而上逐层进行拼装。按照粘贴控制线将保温板与墙面粘贴牢固，并且确保空气层的厚度符合设计要求。d. 在安装保温板时，随时用 2m 的靠尺检查保温板拼装的表面平整度和垂直度，并应符合设计和现行规范的要求。e. 保温板在安装完毕后，用聚苯板条填塞缝隙，并用黏结石膏将缝隙填充密实。保温板与相邻墙面、顶棚的接缝用黏结石膏填嵌密实并刮平；聚苯板邻接门窗洞口、接线盒处的空气层不得外露。f. 雨期施工时，在运输和储存保温板的过程中应采取防雨措施，防止石膏板被雨淋湿。g. 在冬季施工时，要注意对门窗的封闭，施工环境温度不应低于 5℃，防止石膏胶黏剂受冻而不利于施工和黏结。h. 增强粉刷石膏聚苯板保温板在运输、装卸、堆放时应横向立放，避免产生碰撞。堆放的场地应竖实、平整、干燥，暂时不用时应用篷布进行覆盖，防止暴晒和雨淋。

2）增强粉刷石膏聚苯板外墙内保温系统的质量控制要点如下。

① 每块聚苯板与墙体的黏结面积不应小于 30%，胶黏剂的布点要均匀，防止聚苯板松脱。

② 二层网格布的施工应与基层粘贴牢固，搭接应当符合要求，防止表面产生裂缝。

③ 应在门窗洞口的四角处附加铺设网格布，防止在这些部位产生裂缝。

（3）胶粉聚苯颗粒保温浆料外墙内保温系统质量控制　胶粉聚苯颗粒保温浆料外墙内保温系统，是指在外墙内侧粉刷胶粉聚苯颗粒保温浆料后，再抹抗裂复合砂浆复合玻璃纤维网格布，批刮柔性抗裂腻子后，再施工饰面层。

1）操作工艺与隐蔽工程验收的要求如下。

① 配制保温浆料及砂浆。即配制胶粉聚苯颗粒保温浆料和抗裂砂浆。a. 配制胶粉聚苯颗粒保温浆料。胶粉聚苯颗粒保温浆料是由胶粉料和聚苯颗粒 2 种材料配制而成的。在砂浆搅拌机内倒入 35～40kg 的水，然后倒入 25kg 的胶粉料，搅拌 3～5min 后再倒入 200L 的聚苯颗粒，继续搅拌直至均匀，浆料稠度适中即可使用，并应在 4h 内用完。b. 配制抗裂砂浆。抗裂砂浆配合比（质量比）为：抗裂剂：水泥：中砂＝1：1：3，稠度为 80～130mm。搅拌均匀，应在 2h 内用完，稠化后严禁加水稀释。

② 抹胶粉聚苯颗粒保温浆料。在抹胶粉聚苯颗粒保温浆料的过程中，应按以下工艺进行：a. 胶粉聚苯颗粒保温浆料应分层施工，第一遍抹保温浆料的厚度为总厚度的 1/2，最大厚度不得大于 20mm，用刮杠在水平、垂直方向刮找一遍，但不宜反复赶压；b. 在第一层保温浆料稍干后抹第二遍浆料，其厚度要达到设计要求的总厚度，用刮杠赶压密实。墙面阳角护角应抹配合比为 1：2 的聚合物水泥砂浆；c. 在保温浆料固化干燥后，检查保温层的厚度、表面平整度、垂直度及阴、阳角的方正顺直，其质量应符合规范的要求。

2）胶粉聚苯颗粒保温浆料外墙内保温系统的质量控制要点如下。

① 为确保保温系统的质量，对所用的材料应核查产品合格证书、型式检验报告和进场验收报告。

② 为达到保温系统的保温效果，外墙内保温系统所用的材料品种、性能应符合设计要求。

③ 保温层厚度及构造做法，应符合建筑节能设计要求，厚度应均匀，不允许出现负偏差。

④ 保温层与墙体及各构造层之间应粘贴牢固，无脱层、空鼓、裂缝，面层无粉化、起皮、爆灰等质量缺陷。

（4）增强水泥聚苯复合保温板外墙内保温系统质量控制　增强水泥聚苯复合保温板外墙内保温系统，是指在外墙内侧安装增强水泥聚苯复合保温板后，再粘贴玻璃纤维涂塑网格布，批刮腻子后即可按设计要求施工内饰面层。

1）操作工艺与隐蔽工程验收的要求如下。

① 在进行保温板安装时，要在保温板的侧面和上端及灰条满涂胶黏剂，以保证保温板粘贴牢固。

② 将保温板安装粘贴在墙面上，板底预留 20～30mm 的缝隙，并用木楔进行临时固定；当采用小块板时应上下错缝拼装，板缝挤出的胶黏剂应随时刮除，粘贴后的保温板面应平整垂直。

③ 板缝及门窗口的板侧应用胶黏剂嵌填或封堵密实，板的下端用木楔临时固定，板下的空隙用 C20 细石混凝土堵塞密实，在常温下 3d 后将木楔拔除，孔洞再用砂浆封堵。

2）增强水泥聚苯复合保温板外墙内保温系统的质量控制要点如下。

① 为保证保温系统的质量，保温板和胶黏剂的规格、技术指标均应符合相关标准的要求。

② 保温层与结构墙面必须粘贴牢固，无松动现象；表面平整，无起皮、裂缝等质量缺陷。

③ 保温板的板缝必须用胶黏剂挤紧刮平，黏结牢固、可靠，以确保整个系统的保温效果。

3. 单一墙体保温系统

单一墙体保温系统，是指采用单一种类的、具有保温和承重性能的砌体材料构成的外墙围护结构。单一材料砌体结构是指砌体结构的围护墙体与内部墙体是同一种材料的结构，此时，砌体结构的围护结构为承重构件。

（1）蒸压加气混凝土砌块墙体系统质量控制　加气混凝土砌块是以钙质和硅质材料为基料，加入铝粉作加气剂，经加水搅拌、浇筑成型、发气膨胀、预养切割，再经高压蒸汽养护而成的多孔硅酸盐砌块。

　　1）砌筑砂浆的质量控制要点如下。

　　① 施工单位进行商品砂浆报审时，应提供材料备案证明、发货单，同时按相关规定提交质量证明书，专业监理工程师对生产企业名称、商标、品种规格是否与质量证明资料一致进行验收。

　　② 供需双方应在合同规定的交货地点交接预拌砂浆，专业监理工程师会同施工单位在交货地点对预拌砂浆的质量进行检验。

　　③ 在判定预拌砂浆的质量是否符合合同要求时，强度和稠度以交货检验的结果为依据，分层度、凝结时间和砂浆密度以出厂检验结果为依据。砂浆稠度试样应由施工单位每车取样检验。

　　④ 干粉砂浆交货时的质量验收，可抽取实物试样以其检验结果为依据，也可以专业生产厂同编号干粉砂浆的检验报告为依据。采取何种方法验收由供需双方商定，并在合同中注明。

　　⑤ 当以抽取实物试样的检验结果为验收依据时，供需双方应在交货地共同取样和签封。每一编号的取样应随机进行，普通干粉试样不应少于80kg，特种干粉试样不应少于10kg，试样分为两等份，一份由供方保存40d，另一份由需方按规定的项目和方法进行检验。

　　⑥ 当以干粉砂浆生产厂同编号干粉砂浆的检验报告为验收依据时，在发货前或交货时需方在同编号干粉砂浆中抽取试样。普通干粉砂浆，双方共同签封后保存3个月；或委托需方在同编号干粉砂浆中抽取试样，签封后保存3个月。特种干粉砂浆，双方共同签封后保存6个月；或委托需方在同编号干粉砂浆中抽取试样，签封后保存6个月。

　　⑦ 经专业监理工程师审核不合格的材料在清退时，应保留相关证明，必要时可拍照记录。

　　⑧ 砂浆运至储存地点后，除了直接用于砌筑的砂浆外，其他的必须储存在不吸水的密闭容器内。储存容器应便于储运、清洗和装卸，在储存的过程中严禁加水。砂浆在运输、装卸时应有防雨措施。

　　⑨ 砂浆储存地的温度应适宜，最高不宜超过37℃，最低不宜低于0℃。夏季应有遮阳措施，冬季应采取保温措施。

　　⑩ 砂浆储存容器的标识应明确，应确保砂浆先存先用、后存后用，必须保证在规定的时间内使用完毕，严禁使用超过凝结时间的砂浆，严禁不同品种的砂浆混存混用。砂浆用完后储存容器应立即清洗，以便再次储存砂浆。

　　⑪ 预拌砂浆在储存容器中如出现少量泌水现象，在使用前应拌和均匀；如泌水比较严重，应重新取样进行砂浆的品质检验。

　　⑫ 砂浆在规定的使用时间内，因工地某种原因造成稠度损失，使用时稠度达不到施工要求，在确保砌筑质量的前提下，经现场施工技术人员和监理人员认定后，可加适量水拌合使砂浆重新获得原来的稠度，但砂浆重塑只能进行一次。

　　⑬ 砂浆试块应在砂浆拌和后随机抽取制作，同盘砂浆只能制作一组试块。每一检验批且不超过250m³砌体的各类型及强度等级的砌筑砂浆，每台搅拌机应至少制作一组试块，每组试块为6块。砂浆强度应以标准养护、龄期为28d的试块抗压试验结果为准。

　　⑭ 砌筑砂浆试块强度必须符合以下规定：同一验收批砂浆试块抗压强度平均值，必须大于或等于设计强度所对应的立方体抗压强度；同一验收批砂浆试块抗压强度的最小一组平

均值，必须大于或等于设计强度所对应的立方体抗压强度的 0.75 倍。

⑮ 当施工中或验收时出现下列情况，可采用现场检验方法对砂浆和砌体强度进行原位检测或取样检测，并判定其强度：a. 砂浆试块缺乏代表性或试块数量不足；b. 对砂浆试验结果有怀疑或有争议；c. 砂浆试块的试验结果不能满足设计要求。

2）墙体砌筑的质量控制要点如下。

① 在墙体砌筑前，首先要弹好墙基大放脚外边沿线、墙身线、轴线、门窗洞口位置线，并用钢尺反复校核放线是否准确。砌筑用的皮数杆每隔 10～15m 立一根，皮数杆上划有每皮砖和灰缝厚度，以及门窗洞口、过梁、楼板等竖向构造的变化位置，控制楼层及各部位构件的标高。砌筑完每一楼层的墙体，应校正砌体的轴线和标高。

② 砖砌体的转角处和交接处应同时砌筑，严禁无可靠措施的内外墙分砌施工。对不能同时砌筑而又必须留置的临时间断处应砌成斜槎，斜槎水平投影长度不应小于高度的 2/3。接槎时必须将接槎处的表面清理干净，适当浇水湿润，填实砂浆并保持灰缝平直。

③ 非抗震设防及抗震设防烈度为 6 度、7 度地区的墙体临时间断处，当确实不能留斜槎时，除转角处以外，其他可留成直槎，但必须做成凸槎形式。留直槎处应加设拉结钢筋，一般每 120mm 墙厚放置一根直径 6mm 的拉结钢筋，大于 120mm 的厚墙放置 2 根直径 6mm 的拉结钢筋。拉结钢筋的间距沿墙高不应超过 500mm；埋入长度从留槎处算起每边均不应小于 500mm，抗震设防烈度为 6 度、7 度的地区不应小于 1000mm；拉结钢筋的末端应有 90°弯钩。

④ 对于 ±0.000m 以下的砌体，应采用不低于 M10 的水泥砂浆砌筑；对于 ±0.000m 以上的砌体，应采用水泥混合砂浆或专用砂浆砌筑；对于承重砌体结构，墙体砌块的强度等级不低于 MU7.5，其中六层及以上的房屋底层墙体砌块强度等级不低于 MU10；对于框架填充墙或其他自承重墙体的砌块和砌筑砂浆，强度等级不低于 MU5.0 和 M5，其中外墙不低于 MU7.5 和 M7.5。

⑤ 严格控制好加气混凝土砌块上墙砌筑时的含水率。按现行规范的规定，加气混凝土砌块施工时的含水率宜小于 15%，对于粉煤灰加气混凝土制品宜小于 20%。施工经验证明，施工时加气混凝土砌块的含水率控制在 10%～15% 比较适宜，即砌块含水深度以表层 8～10mm 为宜。通常情况下在砌筑前 24h 浇水湿润，浇水量应根据施工环境温度、湿度和砌块含水情况确定。禁止使用含水率过大的砌块进行砌筑。

⑥ 采用蒸压加气混凝土砌筑墙体时，墙体底部应采用烧结普通砖和多孔砖，或普通混凝土小型空心砌块或现浇混凝土坎台等，其高度不宜小于 200mm。蒸压加气混凝土搭砌长度不应小于砌块长度的 1/3，竖向通缝不应大于 2 皮。

⑦ 当填充墙砌至接近梁、板底时，应当留有一定的空隙，待填充墙砌筑完毕并至少间隔 7d 后，再将其补砌挤紧，补砌角度宜为 60°。

⑧ 为消除主体结构和围护墙体之间由于温度变化而产生的收缩裂缝，砌块与墙柱相接处应留拉结筋，竖向间距为 500～600mm，压埋 2 根直径为 6mm 的钢筋，两端伸入墙内不小于 800mm；另外每砌筑 1.5m 高度时，应采用 2 根直径为 6mm 的钢筋拉结，以防止收缩拉裂墙体。

⑨ 在跨度或高度较大的墙体中设置构造梁柱。一般当墙体的长度超过 5m 时，可在其中间设置钢筋混凝土构造柱；当墙体的高度超过 3m（厚度小于 120mm 的墙）或 4m（厚度大于或等于 180mm 的墙）时，可在墙高、中腰处增设钢筋混凝土腰梁。

⑩ 蒸压加气混凝土外墙墙面水平方向凹凸部位（如线脚、雨罩、出檐、窗台等），应按要求做泛水和滴水，以避免产生积水。

⑪ 每天墙体砌筑高度应控制在 1.4m 以内，下雨天应停止砌筑。砌筑至梁底约 200mm 处应静停 7d 待砌体变形稳定后，再用同种材质的实心辅助小砌块斜砌挤紧顶牢。

⑫ 砌筑时灰缝要做到横平竖直，上下层呈十字形错缝，转角处应相互咬槎，砂浆要饱满，饱满度要在 90％以上，垂直缝要用临时夹板进行灌缝。水平灰缝宽不大于 15mm，垂直灰缝宽不大于 20mm。砌筑后应用原砂浆内外勾缝，以保证缝中砂浆的饱满度不低于 80％。

⑬ 在墙体砌筑完毕后，要做好防雨遮盖，避免雨水直接冲刷墙面；外墙向阳面的墙体，也要做好遮阳处理，避免高温引起砂浆中水分挥发过快，必要时还应适当喷水养护。

⑭ 在加气混凝土砌块墙身与混凝土梁、柱、剪力墙交接处，以及门窗洞口边框和阴角处，应钉挂 10mm×10mm 网眼大小的钢丝网，每边宽为 200mm，钢丝网搭接应平整、连接牢固，搭接长度不小于 100mm。

⑮ 在墙上凿槽敷管时，应使用专用工具，不得用斧或瓦刀任意砍凿，管道表面应低于墙面 4～5mm，并将管道与墙体卡牢，不得有松动和反弹现象，然后浇水湿润，填嵌强度与砌筑砂浆相同的砂浆，与墙面补平，并沿着管道方向铺设 10mm×10mm 钢丝网，其宽度应跨过槽口，每边宽度不小于 50mm，将其绷紧钉牢。

3）保温层施工的质量控制要点如下。

① 需要做保温层的砌块墙面，应做到墙体基本平整和垂直。保温砌块应分楼层进行砌筑，每 5～6m 应设分隔缝，缝内用 PU 发泡剂填充；表面有装饰层时宜粘贴网格布。

② 在砌筑保温砌块时，第一皮要用水泥砂浆打底以调整水平，砌块大面及侧面用黏结剂砌筑，第二皮以上的保温砌块全部用黏结剂砌筑。

③ 门窗洞口周围用镀锌角网条护角，以避免对保温砌块产生损坏。凡不同材质与保温砌块墙交接处，均应粘贴玻璃纤维网格布后再进行批嵌。

4）季节性施工的质量控制要点如下。

① 雨期施工。雨期进行保温砌块的砌筑时应有防雨措施，砌块堆放场地应做好排水，砌块下面应垫起 10cm；砌筑后的墙应进行遮盖，以防止雨水的侵袭。

② 冬期施工。冬期进行保温墙体的施工时，应编制切实可行的冬期施工方案，并经施工单位技术负责人和监理工程师审批通过后实施；当日最低气温低于 0℃时，应按冬期施工的规定实施；冬期施工的砌筑砂浆应防止受冻，如遭受冻结应经融化后使用；砌块不得洒水湿润，以免产生冻结；砌块使用前要清除表面冰雪，同时增大砂浆的稠度；冬期施工应增加不少于一组的砂浆试块，与砌体同条件养护，测试其 28d 的强度。

（2）混凝土小型空心砌块墙体系统质量控制　混凝土小型空心砌块墙体系统，主要包括普通混凝土小型空心砌块和轻骨料混凝土小型空心砌块，其中轻骨料混凝土小型空心砌块又包括煤渣混凝土空心砌块、陶粒混凝土空心砌块等。

1）操作工艺的质量控制要点如下。

① 砌块砌筑质量控制。当采用混凝土小型空心砌块砌筑墙体时，应掌握以下控制要点。

a. 采用普通小砌块砌筑时，可为自然含水率；当天气干燥炎热时，可在砌筑前洒水湿润。轻骨料混凝土小砌块，因其吸水率较大，宜提前一天浇水湿润。当小砌块含水率较大、表面有浮水时，为避免出现游砖现象，不应进行砌筑。

b. 在小砌块正式砌筑前，应预先绘制砌块排列图，并确定砌筑时的皮数。对于不够主规格尺寸的部位，应采用辅助规格的小砌块补充。

c. 采用小砌块砌筑墙体时，应将其底面（即壁、肋较厚一面）朝上反砌于墙体上，并做到对孔错缝搭砌。当不能对孔砌筑时，搭接的长度不得小于 90mm；当个别部位不能满足时，应在水平灰缝中设置拉结钢筋网片，网片两端距竖缝长度均不得小于 300mm。当搭接长度小于 90mm 时，竖向通缝不得超过 2 皮。

d. 小砌块砌体的水平灰缝应平直，按净面积计算水平灰缝砂浆饱满度不得小于 90%；竖向灰缝砂浆饱满度不得低于 80%，竖缝凹槽部位应用砂浆填实；不得出现瞎缝和透明缝。

e. 小砌块砌体的水平灰缝和竖向灰缝宽度应均匀，一般为 10mm 左右，但不应小于 8mm，也不应大于 12mm。砌筑中的铺灰长度，不宜超过 2 块主规格砌块的长度。

f. 砌筑中需要移动的小砌块或砌体被撞动后，应当重新进行砌筑。在雨天砌筑时要有防雨措施，砌筑完毕后应对砌体进行遮盖。

g. 厕浴间和有防水要求的楼面，墙体底部应浇筑高度不小于 120mm 的混凝土坎，在坎上再砌筑混凝土小型空心砌块。

h. 混凝土小型空心砌块清水墙的勾缝，应采用加浆材料勾缝，当设计中无具体要求时宜采用平缝形式。

② 留槎和拉结筋质量控制。在小砌块的砌筑施工中，应注意按以下要求进行留槎和拉结筋质量控制：

a. 墙体转角处和纵横墙的交接处应同时进行砌筑。对于临时间断处应砌成斜槎，斜槎的水平投影长度不应小于砌筑高度的 2/3。

b. 小砌块墙体与后砌隔墙交接处，应沿墙高每 400mm 在水平灰缝内设置不少于 2 根直径 4mm、横向间距不大于 200mm 的焊接钢筋网片。

③ 预留洞和预埋件质量控制。对于小砌块墙体中的预留洞和预埋件质量控制，应注意以下方面：除按墙体工程严格控制外，当墙上设置脚手眼时，可用辅助规格的砌块侧砌，利用其孔洞作脚手眼；在进行补眼时，可用不低于小砌块强度的混凝土填塞密实。

④ 混凝土芯柱质量控制。墙体中设置混凝土芯柱时，对其施工质量应注意以下方面。

a. 砌筑混凝土芯柱部位的墙体，应采用不封底的通孔小砌块，砌筑时要保证上下孔通畅且不错孔，确保进行混凝土浇筑时不侧向流动。

b. 在混凝土芯柱部位，每层楼的第一皮块体，应采用开口小砌块或 U 形小砌块砌出操作孔，操作孔侧面宜预留连通孔；在砌筑口小砌块或 U 形小砌块时，应随时刮去灰缝内凸出的砂浆，直至一个楼层的高度。

c. 浇筑芯柱混凝土时，宜选用专用的小砌块灌孔混凝土，当采用普通混凝土时，其坍落度不应小于 90mm，以便顺利地进行浇筑。

d. 浇筑芯柱混凝土时，应遵守下列规定：清除孔内的砂浆等杂物，并用清水冲洗；砌筑砂浆强度大于 1MPa 时，方可向孔内浇灌芯柱混凝土；在浇灌芯柱混凝土前，应先注入适量与芯柱混凝土相同的水泥砂浆，然后再浇灌混凝土。

2）砌体施工中的质量控制要点如下。

① 砌筑墙体所用的小砌块产品龄期不应少于 28d。小砌块和砌筑砂浆的强度等级必须符合设计要求。

② 墙体转角处和纵横墙体交接处应尽量同时砌筑。需要临时间断处应砌成斜槎，斜槎

的水平投影长度不应小于墙体高度的 2/3。

③ 墙体的水平灰缝和竖向灰缝宽度应均匀，一般为 10mm 左右，但不应小于 8mm，也不应大于 12mm。

④ 小砌块砌体尺寸和位置的允许偏差，应符合《砌体结构工程施工质量验收规范》（GB 50203—2011）中的规定。

（五）墙体保护层施工监理要点

1. 外墙外保温施工监理要点

（1）胶粉 EPS 板颗粒保温浆料外墙外保温系统的施工监理要点如下。

1）涂料饰面保护层施工监理要点。待保温浆料施工完毕养护 3～7d 后，且其厚度、表面平整度、垂直度验收合格后，方可进行抗裂涂料层的施工。在施工监理中应掌握以下要点。

① 首先按照楼层的高度裁剪耐碱玻璃纤维网格布，长度一般为 3m 左右，并将网格布的包边剪掉。

② 按照施工要求的配合比配制抗裂砂浆，所用的砂应用 2.5mm 的筛子过筛，防止因抗裂砂浆层的表面过于粗糙而影响施工质量。

③ 抗裂砂浆应分层作业施工，每层厚度宜为 3～5mm；抗裂砂浆的抹灰区域应相当于网格布的面积。底层抗裂砂浆抹灰后压入耐碱玻璃纤维网格布，网格布之间的搭接宽度不应小于 50mm，搭接处的抗裂砂浆应饱满密实，不允许出现网格布干搭接现象；网格布压入抗裂砂浆的程度，以可见暗露网眼、表面看不到裸露的网格布为宜。

④ 阳角部位的耐碱玻璃纤维网格布采用单面压槎搭接，搭接宽度不应小于 150mm；阳角处应双向包角压槎搭接，搭接宽度不应小于 200mm。网格布的铺贴方向可根据现场的实际情况，选择铺贴的方向，但要做到顺槎顺水搭接，严禁逆槎逆水搭接现象。

⑤ 首层墙面应铺设双层耐碱玻璃纤维网格布，第一层网格之间采用不搭接方法铺贴；第二层应采用搭接铺贴方法。两层网格布之间应充满抗裂砂浆，严禁采取干贴的方法。

⑥ 首层外保温应在阳角处双层网格布间设置专用金属护角，护角的高度一般为 2m 左右，以保证护角部位坚固抗冲击。

⑦ 门窗洞口四个角的部位应附加一层网格布，尺寸一般为 200mm×400mm，沿门窗对角线（呈 45°角）方向设置。

⑧ 网格布的铺贴应平整地粘贴在墙面上，表面无皱褶缺陷；抗裂砂浆饱满度应达到 100%，不得出现遗漏现象。

⑨ 抗裂砂浆抹灰后，严禁在此面层上再抹普通水泥砂浆腰线、套口线或涂刮刚性腻子等外装饰材料。待抗裂砂浆干燥后，进行检查验收，符合设计要求和施工验收规范标准后方可施工饰面层。

⑩ 对于墙面平整度不够、阴阳角及需要找平的部位，应先涂刮柔性耐水腻子找平修复，采用 0 号粗砂纸加以打磨，然后再大面积涂刮柔性腻子。大面积涂刮柔性腻子宜分 2 遍施工，且涂刮方向相互垂直；在腻子干燥后滚涂或喷涂涂料。

2）面砖饰面保护层施工监理要点。待保温浆料施工完毕养护 7d 后进行，并且其厚度、表面平整度、垂直度验收合格后，为防止保温层产生开裂，再进行安装热镀锌钢丝电焊网片

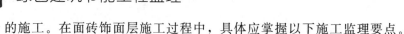

的施工。在面砖饰面层施工过程中，具体应掌握以下施工监理要点。

① 按照楼层的高度将热镀锌钢丝电焊网片裁成长度 3m 左右的网片，并将各片网片整平，不得将钢丝网片形成死折。

② 抗裂砂浆应分层进行批刮，第一层的厚度控制在 3mm 左右，要求在墙面上满涂，表面要平整，不得有遗漏之处，待此层抗裂砂浆硬化后安装热镀锌钢丝电焊网片。

③ 铺设热镀锌钢丝电焊网片应从上而下、从左至右进行。将钢丝电焊网片展开，弯曲面向着墙面，用长度 50～60mm 的 U 形 12 号钢丝插入保温层，将钢丝电焊网片临时固定，然后在预先设置好的膨胀锚栓孔中插入膨胀锚栓并钉牢固。

④ 热镀锌钢丝电焊网片应相互搭接，搭接宽度在 50mm 左右。搭接部位的钢丝网片用 12 号钢丝绑扎牢固，绑点间距应不大于 300mm。钢丝电焊网片表面应基本平整，局部翘起高度应小于 2mm。

⑤ 阴、阳角部位的钢丝网片应提前折成直角或相应的角度，使钢丝网片能紧密铺设在墙面上，以利于锚固。

⑥ 门窗洞口等部位钢丝网片收口处的固定膨胀锚栓，每延米设置不得少于 3 个，锚栓孔距离墙体外侧不应小于 30mm。

⑦ 检查热镀锌钢丝电焊网片平整度，符合允许偏差 ±2mm 后方可进行第二层抗裂砂浆的施工。第二层抗裂砂浆的厚度控制在 5～7mm，应完全覆盖钢丝网片，抹压密实，不得出现空鼓，也不得有钢丝网片外露；抗裂层表面平整度和垂直度的允许偏差为 ±2mm，每个检查批抽查不少于 5 处，每处不少于 2m²。

⑧ 监理工程师要严格检查钢丝网片的搭接宽度，对预埋件应检查其设置数量、位置、间距、锚固深度，并且对后置锚固件要在现场进行拉拔力试验。

⑨ 在常温施工条件下，抗裂砂浆抹完 2～3h 后，应将其表面用木抹子进行搓毛，为面砖饰面层的施工提供良好的界面。

⑩ 抗裂砂浆施工结束后，按照检验批的要求进行检查验收，在专业施工单位自检合格的基础上，整理好相关施工记录资料报总承包单位验收，总承包单位验收合格后再向监理工程师申报，进行隐蔽工程验收。

⑪ 抗裂砂浆抹灰后，严禁在此面层上再抹普通水泥砂浆腰线及水泥砂浆套口等外装饰材料。在粘贴面砖时应按一般面砖的施工工艺操作，应采用保温层专用的面砖胶黏剂。

（2）模塑聚苯板（EPS 板）外墙外保温系统的施工监理要点如下。

① 为保证聚苯板（EPS 板）粘贴牢固，常温下抗裂砂浆应在聚苯板粘贴 24h 后施工。

② 墙面连续高宽超过 23m 时应设置抗裂分格缝，缝宽一般不小于 20mm。若设计的外墙面装饰线条时则可不设分格缝。

③ 首先按照楼层的高度裁剪耐碱玻璃纤维网格布，长度一般为 3m 左右，并将网格布的包边剪掉。

④ 按照施工要求的配合比配制抗裂砂浆，所用的砂应用 2.5mm 的筛子过筛，防止因抗裂砂浆层的表面过于粗糙而影响施工质量。

⑤ 抗裂砂浆应分层作业施工，每层厚度宜控制在 3～5mm；抗裂砂浆的抹灰区域应相当于网格布的面积。底层抗裂砂浆抹灰后压入耐碱玻璃纤维网格布，网格布之间的搭接宽度不应小于 50mm，搭接处的砂浆应饱满密实，严禁网格布有干搭现象；网格布压入抗裂砂浆的程度以可见暗露网眼，但表面看不到裸露的网格布为宜。

⑥ 阳角部位的耐碱玻璃纤维网格布采用单面压槎搭接，搭接宽度不应小于150mm；阳角处应双向包角压槎搭接，搭接宽度不应小于200mm。网格布的铺贴方向可根据现场实际情况，选择铺贴的方向，但要做到顺槎顺水搭接，严禁逆槎逆水搭接现象。

⑦ 首层墙面应铺设双层耐碱玻璃纤维网格布，第一层网格之间采用不搭接方法铺贴；第二层应采用搭接铺贴方法。两层网格布之间应充满抗裂砂浆，严禁采取干贴的方法。

⑧ 首层外保温应在阳角处双层网格布间设置专用金属护角，护角的高度一般为2m左右，以保证护角部位坚固抗冲击。

⑨ 门窗洞口4个角的部位应附加一层网格布，尺寸一般为200mm×400mm，沿门窗对角线（呈45°角）方向设置。

⑩ 网格布的铺贴应平整地粘贴在墙面上，表面无皱褶缺陷；抗裂砂浆饱满度应达到100%，不得出现遗漏现象。

（3）EPS钢丝网架板现浇混凝土外墙外保温系统的施工监理要点如下。

① 在拆除模板后及时清除保温板表面的浮浆，保证板面无灰尘、污垢、油污等杂质，保温板的破损处应及时进行修整。

② 在门窗洞口的四角和阴、阳角绑扎角网（400mm×1200mm和200mm×1200mm），窗口四角铺设八字网片（400mm×200mm），呈45°角，与板面钢丝网架绑扎牢固。

③ 将板面钢丝网架调平整，一般可用胶粉聚苯颗粒保温浆料进行找平，要做到钢丝网不得露底。

④ 分两层抹抗裂砂浆，待底层抹灰凝固后再进行面层抹灰。抹灰层之间及抹灰层与保温板之间应黏结牢固，表面光滑洁净，接槎平整，线角垂直、方正，无脱层、空鼓现象。

⑤ 墙面上分隔条的宽度和深度，应做到均匀一致、横平竖直、楞直整齐。

⑥ 在常温条件下，抹灰完成24h后表面平整无裂纹即可抹4~5mm聚合物水泥砂浆耐碱玻璃纤维网格布防护层，然后做面砖饰面层或涂刷涂料。

（4）挤塑聚苯板（XPS板）外墙外保温系统的施工监理要点如下。

① 挤塑聚苯板的不平整之处可用粗砂纸打磨平整，在打磨过程中要彻底清除作业产生的碎屑及浮灰等杂物。

② 在清扫干净的挤塑聚苯板面上喷（滚）涂界面剂，待晾干且不粘手时均匀地抹聚合物砂浆，首次抹灰的厚度约2mm。

③ 将按照要求裁剪好的网格布压入聚合物砂浆之中，并要预留一定的搭接宽度。

④ 压入网格布的聚合物砂浆不粘手时，可抹面层聚合物砂浆，其厚度为1mm，以盖住网格布为准。最终使聚合物砂浆抹灰层的总厚度为3mm。

⑤ 首层外墙体重点部位应增设一层网格布附加层，其主要部位是门窗洞口、外墙大角、檐口、窗台下口等处。

⑥ 要加强对墙体的保护，及时用与基材相同的材料对墙面破损处或孔洞进行修补。

⑦ 在变形缝两侧、孔洞边的挤塑聚苯板上，应预粘贴窄幅网格布。在变形缝中填塞发泡聚乙烯圆棒，其直径应为变形缝宽度的1.3倍，分两次填嵌缝膏，深度为缝宽的50%~70%。

（5）岩棉板外墙外保温系统的施工监理要点如下。

1）保温找平层施工监理要点。

① 在粉刷找平层前进行冲筋吊线，设置控制垂直度的基准钢丝和按设计厚度用胶粉聚

苯颗粒制作的标准模块。

② 找平层宜分两遍操作施工，每遍施工间隔时间宜在 2h 以上。第一遍抹胶粉聚苯颗粒应抹压密实，厚度不宜超过 10mm；第二遍应达到设计要求的厚度。墙的大面可用大杠搓平，局部可用抹子修补平整；常温下 30min 后再收抹墙面，并检查墙面的表面平整度和垂直度，达到施工质量验收规范的要求。

2）防护层与饰面层施工监理要点。

① 在保温层的表面均匀涂抹 3～4mm 厚的抗裂砂浆，并将裁剪好的网格布压入抗裂砂浆内，网格布的搭接宽度不应小于 50mm，且不得有空鼓、翘边和皱褶等质量缺陷。

② 建筑物的首层应铺设双层耐碱玻璃纤维网格布，第一层铺贴的加强型耐碱玻璃纤维网格布应对接，第二层铺贴普通型耐碱玻璃纤维网格布，两层网格布之间的抗裂砂浆必须饱满。首层阳角处宜设置 2m 高的专用金属护角，护角应夹在两层网格布之间。其余楼层的阳角采用耐碱玻璃纤维网格布包角、相互搭接，每侧的搭接宽度不应小于 200mm。

③ 门窗洞口四角处应沿 45°方向增贴耐碱玻璃纤维网格布附加层，其尺寸为300mm×400mm。

④ 抗裂砂浆施工 2h 后，可均匀地满涂弹性底涂料，不得出现漏涂现象，使其渗入抗裂砂浆内形成不可剥离的弹性防水透气层。

⑤ 待涂抹的抗裂砂浆基本干燥后批刮柔性腻子两遍，并做到墙体表面平整、垂直、光洁。

⑥ 待柔性腻子干燥后进行外墙涂料的喷涂或刷涂，浮雕涂料可以直接喷涂在弹性底涂上。

（6）现场喷涂硬泡聚氨酯外墙外保温系统

1）复合保温层施工监理要点。

① 聚氨酯保温层喷涂后，对聚氨酯泡沫塑料表面局部不平整的地方，可用人工手持电工刨锯进行找平，然后均匀涂刷抗裂砂浆或界面剂，使表面基本达到平整，以保证钢丝网能很好地与其贴伏在一起。

② 钢丝网必须采用镀锌钢丝网。在铺设前应对钢丝网片进行整平处理，然后再用垫片和锚栓使钢丝网固定在聚氨酯泡沫塑料外面，其余部分用 U 形骑马钉将其固定贴伏在聚氨酯泡沫塑料上。

③ 钢丝网的搭接长度应大于 50mm，搭接处要用锚栓进行固定；钢丝网的搭接不应设置在阴、阳角 200mm 范围内。

④ 当饰面层为面砖时，室外自然地面 2m 范围内的墙面阳角处，钢丝网应双向绕角互相搭接，搭接宽度不得小于 200mm。

⑤ 粉刷抗裂砂浆时必须要压入钢丝网片内，砂浆厚度宜控制在 5～7mm，应完全覆盖钢丝网片，抹压密实，不得空鼓，且钢丝网片不得外露；采用木板进行打磨，以增加面层的粗糙度，保证与面砖能牢固黏结。

2）饰面层施工监理要点。

① 当饰面层采用面砖时，黏结剂在面砖背面要满涂，必须保证其充分饱满。饰面砖就位固定后，用小铲轻轻敲击面砖，使其四周有浆体溢出。

② 面砖镶嵌完毕后，应用腻子进行勾缝。待腻子稍微凝固后，再用细钢筋进行勾缝，以保证面砖勾缝腻子的密实、连续、均匀、饱满。

③ 面砖黏结剂及勾缝材料均应采用柔性产品，为防止破坏产品的技术指标，在进行配制时应注意以下几个方面：严格按规定比例搅拌，不允许进行加水；要用人工进行搅拌，不可采用机械搅拌；搅拌时应将固相材料缓慢地加入到液相材料中，缓慢搅拌直至均匀。

④ 当采用涂料作为饰面层时，则室外自然地面 2m 范围内的墙面，应铺贴双层网格布，两层网格布之间抹面胶浆必须饱满，门窗洞口等阳角处应做护角加强。

（7）装配式保温装饰一体化外墙外保温系统

① 设置保温层监理要点。采用 KE 胶对水泥砂浆进行改性，降低砂浆的弹性模量和吸水率，辅以耐碱玻璃纤维网或钢丝网增强，既可以提高砂浆的抗裂性能，也可以有效抵抗外力的冲击。同时，聚合物砂浆具有良好的防水、防渗性能，解决了墙体防渗漏的问题。玻璃纤维网薄抹灰构造适用于涂料饰面工程，钢丝网厚抹灰构造适用于面砖饰面工程。

保护层也可选用纤维增强硅酸钙板或水泥加压平板（PC 板）薄板，按照设计要求的尺寸裁剪制成平板，在薄板外表面弹出螺栓定位线，预钻上需要的螺栓孔。若钻孔时板边出现崩边现象，需错位 20mm 重新钻孔。板就位后，在薄板钻孔位置处再钻上龙骨孔，用自攻螺钉固定，且螺钉头要略低于板面。板与板之间的安装缝隙应掌握在 10mm 左右。

② 饰面层的监理要点。在保护层板缝嵌填勾缝膏后，首先清除板面上多余的嵌缝膏残渣及表面粉尘和浮土，用腻子修补板面破损处并打磨平整，然后涂刷两遍防水基料，每遍的间隔时间应大于 30min。待防水基料干燥后，即可均匀地涂刷两遍饰面涂料。

当饰面层采用面砖时，其监理要点同"胶粉 EPS 板颗粒保温浆料外墙外保温系统"。

2. 外墙内保温施工监理要点

（1）增强石膏聚苯复合保温板外墙内保温系统监理要点　玻璃纤维网格布粘贴干燥后，墙面分 2～3 遍满刮 2～3mm 厚的石膏腻子。刮批的石膏腻子应平整，表面无裂缝、起皮和透底等现象，验收合格后便可施工饰面层。

（2）增强粉刷石膏聚苯板外墙内保温系统监理要点

1）抹灰及铺设网格布监理要点。

① 在聚苯板表面弹出踢脚板的施工控制线，在控制线以上用黏结石膏砂浆做标准灰饼，灰饼厚度控制在 8～10mm，作为控制粉刷黏结石膏砂浆的基准线。

② 灰饼硬化后即可在聚苯板上粉刷石膏砂浆，在石膏砂浆初凝前，横向绷紧 A 型中碱玻璃纤维网格布，完全覆盖抹灰层及踢脚板部位，用抹子压入砂浆中并抹平、压光，但踢脚板处不得抹石膏砂浆。

③ 在阴阳角、门窗洞口等处网格布的搭接宽度，一般应预留 100mm；对墙面面积较大的房间，可以分段施工，网格布应预留 200mm，搭接宽度不小于 100mm；门窗洞口、接线盒等部位的四角线方向，应附加铺设 300mm×400mm 的网格布条，以防止洞口出现裂缝现象。门窗洞口处附加网格布条，如图 3-3 所示。

④ 黏结石膏砂浆层基本干燥后，在抹灰层表面用胶黏剂粘贴 B 型中碱玻璃纤维网格布，并将其绷紧拉平，相邻网格布的搭接宽度不应小于 100mm。

⑤ 两层中碱玻璃纤维网格布应与聚苯板黏结牢固，防止墙体表面产生裂缝。

2）门窗洞口护角及踢脚板监理要点。在门窗洞口、立柱、墙面阳角护角处及水泥踢脚板部位，应先在聚苯板表面涂刷一层界面剂，然后再抹配合比为 1∶1 的水泥砂浆，压光时把粉刷石膏砂浆层甩出的网格布压入水泥砂浆内。

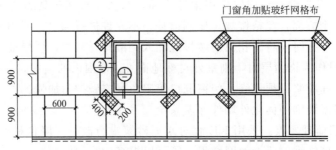

图 3-3　门窗洞口处附加网格布条示意

3）墙体饰面层监理要点。玻璃纤维网格布硬化后，墙面分两遍满刮 2～3mm 厚的耐水腻子，腻子应刮平整、均匀，表面无裂缝、起皮和透底现象，经验收合格后再施工内饰面层。

（3）胶粉聚苯颗粒保温浆料外墙内保温系统监理要点

1）抹抗裂砂浆复合玻璃纤维网格布监理要点。

① 在保温层验收合格后，可以粉刷抗裂砂浆，抗裂砂浆层厚度为 3～4mm，不得出现漏刷现象，然后竖向铺设裁剪好的网格布，并将其完全压入抗裂砂浆内，接槎处的搭接宽度不应小于 50mm，不得有干贴、皱褶、空鼓、翘边等质量问题，两层搭接网格布之间的抗裂砂浆应饱满。阴角处的网格布应双向绕角相互搭接；在门窗洞口、预留孔道处应在四角对角线方向附加 300mm×400mm 的网格布条。

② 雨期进行施工时，在运输和储存保温材料的过程中应采取有效的防雨措施，防止保温材料因受潮而失效。

③ 冬期进行施工时，要做好门窗的及时封闭，施工室内的环境温度不应低于 5℃，同时，拌制保温浆料和抗裂砂浆应用热水，根据现场砂子的含水率随时调整用水量。在运输保温浆料和抗裂砂浆的过程中应采取保温措施，粉刷保温浆料时温度不得低于 5℃。

④ 为确保抗裂砂浆复合玻璃纤维布的施工质量，在冬期施工时应设专人负责测温、保温工作，确保保温浆料和抗裂砂浆不受冻。

2）墙体饰面层监理要点。在抗裂砂浆抹完 24h 后，墙面分 2～3 遍满刮柔性腻子，刮完的墙面应平整光滑，表面无裂缝、起皮和透底现象，经验收合格后施工内饰面层。对于有防水要求的部位可刮柔性防水腻子。

（4）增强水泥聚苯复合保温板外墙内保温系统监理要点

1）粘贴玻璃纤维网格布监理要点。

① 在保温板安装完毕后，要清除板面上的浮灰、残留的胶黏剂等杂质，以便于进行下一个工序的施工。

② 保温板拼缝处要用乳胶粘贴一条宽为 50mm 的玻璃纤维网格布；门窗洞口沿对角线方向附加粘贴 300mm×400mm 的网格布；墙面阴、阳角处加贴一层 200mm 宽的玻璃纤维网格布，然后在板面满铺一层玻璃纤维网格布，并将其绷紧拉平，上下搭接宽度不小于 50mm，左右搭接宽度不小于 100mm。

③ 为防止门窗洞口阳角处被外力撞坏，应用聚合物水泥砂浆抹护角。

2）墙体饰面层监理要点。待玻璃纤维网格布干燥后，墙面分 2～3 遍满刮柔性腻子，厚度为 2～3mm，刮完的墙面应平整光滑，表面无裂缝、起皮和透底现象，经验收合格后按设计要求再施工内饰面层。

三、墙体施工安全监理监控

墙体是一种典型的竖向薄壁结构，在砌筑时必须要搭设脚手架，所以其施工安全是非常重要的，也是施工过程中监理的重要工作。根据工程实践经验，墙体施工的安全监理监控要点主要包括以下几个方面。

（1）在墙体正式施工前，专业人员应检查脚手架的稳定性和刚度，确认其确实安全可靠后，做好交接检查。在施工过程中必须要坚持定期检查、维护、保养，以及时消除安全隐患。

（2）在墙体的施工过程中，脚手架上堆放的物品不得超过规定限额荷载要求。

（3）搭设的脚手架上应满铺脚手板，并要固定牢固、可靠，严禁出现探头板现象；为确保施工安全，在脚手架拆除时应设专人进行看护。

（4）模板的安装与拆除应符合《混凝土结构工程施工质量验收规范》（GB 50204—2015）中的有关规定，对墙面面积大于200m²的应按照危险性较大的分部、分项工程，要求编制施工方案和组织施工操作。

（5）对每道工序的操作应做到落手清，及时清理残渣废料，并放到指定位置收集起来，避免对环境造成污染。

（6）在墙体的施工过程中，具体作业人员应根据工程实际戴防护口罩及防护眼镜，并应穿防滑的工作鞋，鞋底上不得带有尖锐物。

（7）为确保墙体的施工质量，施工前对操作人员应做好技术质量和安全交底，并配备必要的劳动保护用品。

（8）在施工现场严禁吸烟和明火作业，尤其在聚氨酯泡沫塑料的施工现场，特别应当注意防火。

（9）使用的手持电动工具应设置漏电保护器，戴好绝缘手套、穿好绝缘鞋，防止出现触电事故。定期对机械进行检查、维护和保养。机械设备发生故障时，非专业机电维修人员严禁维修，必须由专业人员进行维修。

（10）使用的手持电动工具，应确保电源线的长度不超过3m，并使用规定的电源开关箱。

① 在施工现场应配备足够数量的消防品，并应加强防火、防护的安全检查工作。

② 施工期间以及完工后24h内基层及环境温度不应低于5℃，风力应不大于5级，风速不宜大于10m/s。

③ 夏季施工时应避免阳光暴晒，严禁在5级以上大风天气下施工；雨期施工时应采取可靠的防雨措施。

④ 在拆除脚手架或升降机外挂架时，应注意保护墙面免受碰撞，不小心碰伤的部位应及时进行修补。

⑤ 在进行墙体施工的过程中，严禁踩踏窗台和线脚，对于损伤的部位应及时进行修补。

⑥ 为确保墙体工程质量和施工人员安全，严禁在雨、雪、雾、扬尘等气候条件下施工。

⑦ 墙体施工完毕后，要做好成品保护工作，防止出现施工污染。

⑧ 当在居民生活区或机关、医院、学院等附近施工时应注意控制施工噪声；需要夜间施工运输时应禁止车辆鸣笛，以减少扰民的噪声。

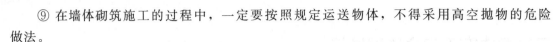

⑨ 在墙体砌筑施工的过程中，一定要按照规定运送物体，不得采用高空抛物的危险做法。

⑩ 当需要夜间施工或在光线不足的地方施工时，所用的移动照明应采用 36V 的安全电压设备，不得使用平时照明电压的设备。

第四节　墙体节能工程质量标准与验收

随着国家经济的快速发展，资源消耗越来越严重，节能技术能有效提高资源利用率。建筑围护结构节能工程是一项重要的建筑节能工程，在推广建筑节能技术的同时，需要加强建筑围护结构节能工程施工的质量控制，使节能技术真正得以实施。

工程实践充分证明，墙体节能工程的施工质量如何，不仅关系到建筑围护结构的节能效果，而且关系到建筑物的使用安全和经济效益。因此，在工程施工过程中，规划、设计、材料、施工和监理等各方都必须严格按照国家标准《建筑节能工程施工质量验收规范》（GB 50411—2007）进行严格控制，这不仅是施工单位进行施工的标准，而且也是监理进行工程验收的主要依据。

一、墙体节能工程施工质量标准与验收

1. 墙体节能工程施工质量主控项目

（1）用于墙体节能工程的材料、构件等，其品种、规格应符合设计要求和相关标准的规定。

检验方法：观察、尺量检查；核查质量证明文件。

检查数量：按进场批次，每批随机抽取 3 个试样进行检查；质量证明文件应按照其出厂检验批进行核查。

（2）墙体节能工程使用的保温隔热材料，其热导率、密度、抗压强度或压缩强度、燃烧性能等应符合设计要求。

检验方法：核查质量证明文件及进场复验报告。

检查数量：全数检查。

（3）墙体节能工程采用的保温材料和黏结材料等，进场时应对其下列性能进行复验，复验应为见证取样送检：①保温材料的热导率、密度、抗压强度或压缩强度；②黏结材料的黏结强度；③增强网的力学性能、抗腐蚀性能。

检验方法：随机抽样送检，核查复验报告。

检查数量：同一厂家同一种产品，当单位工程建筑面积在 20000 m^2 以下时各抽查不少于 3 次；当单位工程建筑面积在 20000 m^2 以上时各抽查不少于 6 次。

（4）严寒和寒冷地区外保温使用的黏结材料，其冻融试验结果应符合该地区最低气温环境的使用要求。

检验方法：核查质量证明文件。

检查数量：全数检查。

（5）墙体节能工程施工前应按照设计和施工方案的要求对基层进行处理，处理后的基层应符合保温层施工方案的要求。

检验方法：对照设计和施工方案观察检查；核查隐蔽工程验收记录。

检查数量：全数检查。

（6）墙体节能工程各层构造的做法应符合设计要求，并应按照经过审批的施工方案施工。

检验方法：对照设计和施工方案观察检查；核查隐蔽工程验收记录。

检查数量：全数检查。

（7）墙体节能工程的施工，应符合下列规定：①保温隔热材料的厚度必须符合设计要求；②保温板材与基层及各构造层之间的黏结或连接必须牢固，黏结强度和连接方式应符合设计要求，保温板材与基层的黏结强度应做现场拉拔试验；③保温浆料应分层施工，当采用保温浆料做外保温层时，保温层与基层及各层之间的黏结必须牢固，不应脱层、空鼓和开裂；④当墙体节能工程的保温层采用预埋或后置锚固件固定时，锚固件的数量、位置、锚固深度和拉拔力应符合设计要求。后置锚固件应进行锚固力现场拉拔试验。

检验方法：观察；手扳检查；保温材料厚度采用钢针插入或剖开尺量检查；黏结强度和锚固力核查试验报告；核查隐蔽工程验收记录。

检查数量：每个检验批抽查不少于 3 处。

（8）外墙采用预置保温板现场浇筑混凝土墙体时，保温板的验收应符合《建筑节能工程施工质量验收规范》（GB 50411—2007）的规定；保温板的安装位置应正确、接缝严密，保温板在浇注混凝土的过程中不得移位、变形，保温板表面应采取界面处理措施，与混凝土的黏结应牢固。

墙体混凝土和模板的验收，应按照《混凝土结构工程施工质量验收规范》（GB 50204—2015）的相关规定执行。

检验方法：观察检查；核查隐蔽工程验收记录。

检查数量：全数检查。

（9）当外墙采用保温浆料做保温层时，应在施工中制作同条件养护试件，检测其热导率、干密度和压缩强度。保温浆料的同条件养护试件应见证取样送检。

检验方法：核查试验报告。

检查数量：每个检验批应抽样制作同条件养护试块不少于 3 组。

（10）墙体节能工程各类饰面层的基层及面层施工，应符合设计和《建筑装饰装修工程质量验收规范》（GB 50210—2001）的要求，并应符合下列规定。①饰面层施工的基层应无脱层、空鼓和裂缝现象，基层应平整、洁净，含水率应符合饰面层施工的要求。②外墙外保温工程不宜采用粘贴饰面砖做饰面层；当采用饰面砖时，其安全性与耐久性必须符合设计要求。饰面砖应做黏结强度拉拔试验，试验结果应符合设计和有关标准的规定。③外墙外保温工程的饰面层不得渗漏。当外墙外保温工程的饰面层采用饰面板开缝安装时，保温层表面应具有防水功能或采取其他防水措施。④外墙外保温层及饰面层与其他部位交接的收口处，应采取密封措施。

检验方法：观察检查；核查试验报告和隐蔽工程验收记录。

检查数量：全数检查。

（11）保温砌块砌筑的墙体，应采用具有保温功能的砂浆砌筑。砌筑砂浆的强度等级应符合设计要求。砌体的水平灰缝饱满度不应低于 90%，竖直灰缝饱满度不应低于 80%。

检验方法：对照设计核查施工方案和砌筑砂浆强度试验报告。用百格网检查灰缝砂浆饱满度。

检查数量：每楼层的每个施工段至少抽查1次，每次抽查5处，每处不少于3个砌块。

（12）采用预制保温墙板现场安装的墙体，应符合下列规定：①保温板应有型式检验报告，型式检验报告中应包含安装性能的检验；②保温墙板的结构性能、热工性能及与主体结构的连接方法应符合设计要求，与主体结构的连接必须牢固；③保温墙板的板缝处理、构造节点及嵌缝做法应符合设计要求；④保温墙板板缝不得出现渗漏现象。

检验方法：核查型式检验报告、出厂检验报告、对照设计观察和淋水试验检查；核查隐蔽工程验收记录。

检查数量：型式检验报告、出厂检验报告全数核查；其他项目每个检验批抽查5%，并不少于3块（处）。

（13）当设计要求在墙体内设置隔汽层时，隔汽层的位置、使用的材料及构造做法应符合设计要求和相关标准的规定。隔汽层应完整、严密，穿透隔汽层处应采取密封措施。隔汽层的冷凝水排水构造应符合设计要求。

检验方法：对照设计观察检查；核查质量证明文件和隐蔽工程验收记录。

检查数量：每个检验批抽查5%，且不少于3处。

（14）外墙或毗邻不采暖空间墙体上的门窗洞口四周的侧面，墙体上凸窗四周的侧面，应按设计要求采取节能保温措施。

检验方法：对照设计观察检查，必要时抽样剖开检查；核查隐蔽工程验收记录。

检查数量：每个检验批抽查5%，且不少于5个洞口。

（15）严寒和寒冷地区外墙的热桥部位，应按设计要求采取节能保温等隔断热桥的措施。

检验方法：对照设计和施工方案观察检查；核查隐蔽工程验收记录。

检查数量：按不同热桥种类，每种抽查20%，且不少于5处。

2. 墙体节能工程施工质量的一般项目

（1）进场节能保温材料与构件的外观和包装应完整无破损，符合设计要求和产品标准的规定。

检验方法：观察检查。

检查数量：全数检查。

（2）当采用加强网作为防止开裂的措施时，加强网的铺贴和搭接应符合设计和施工方案的要求。砂浆抹压应密实、不得空鼓，加强网不得皱褶、外露。

检验方法：观察检查；核查隐蔽工程验收记录。

检查数量：每个检验批抽查不少于5处，每处不少于2m²。

（3）设置空调的房间，其外墙的热桥部位应按设计要求采取隔断热桥的措施。

检验方法：对照设计和施工方案观察检查；核查隐蔽工程验收记录。

检查数量：按不同热桥种类，每种抽查10%，且不少于5处。

（4）施工产生的墙体缺陷，如穿墙套管、脚手眼、孔洞等，应按照施工方案采取隔断热桥的措施，不得影响墙体的热工性能。

检验方法：对照施工方案观察检查。

检查数量：全数检查。

（5）墙体保温板材的接缝方法应符合施工方案要求。保温板接缝应平整、严密。

检验方法：观察检查。

检查数量：每个检验批抽查 10％，且不少于 5 处。

（6）墙体采用保温浆料时，保温浆料层宜连续施工；保温浆料层的厚度应均匀，接茬应平顺、密实。

检验方法：观察、尺量检查。

检查数量：每个检验批抽查 10％，且不少于 10 处。

（7）墙体上容易碰撞的阳角、门窗洞口及不同材料基体的交接处等特殊部位，其保温层应采取防止开裂和破损的加强措施。

检验方法：观察检查；核查隐蔽工程验收记录。

检查数量：按不同部位，每类抽查 10％，且不少于 5 处。

（8）采用现场喷涂或模板浇筑的有机类保温材料做外保温层时，有机类保温材料应达到陈化时间后方可进行下道工序的施工。

检验方法：对照施工方案和产品说明书进行检查。

检查数量：全数检查。

二、墙体节能工程施工质量验收

1. 墙体节能工程验收批的划分

（1）采用相同材料、工艺和施工做法的墙面，每 500～1000m² 面积划分为一个检验批，不足 500m² 也为一个检验批。

（2）检验批的划分也可根据与施工流程相一致且方便施工与验收的原则，由施工单位与监理（建设）单位共同商定。

2. 墙体节能工程隐蔽工程验收

墙体节能工程应对下列部位或内容进行隐蔽工程验收，并应有详细的文字记录和必要的图像资料：①保温层附着的基层及其表面处理；②保温板黏结或固定；③锚固件；④增强网铺设；⑤墙体热桥部位处理；⑥预置保温板或预制保温墙板的板缝及构造节点；⑦现场喷涂或浇筑有机类保温材料的界面；⑧被封闭的保温材料厚度；⑨保温隔热砌块填充墙体。

3. 墙体节能工程施工质量验收

主体结构完成后进行施工的墙体节能工程，应在基层质量验收合格后进行施工，在施工过程中应及时进行质量检查、隐蔽工程验收和检验批验收，施工完成后应进行墙体节能分项工程验收。与主体结构同时施工的墙体节能工程应与主体结构一同验收。

三、墙体节能工程施工监理要点

建筑节能作为一项系统的工程，需要在工程施工中进行严格的监管，这就需要监理人员在节能工程施工中从材料、施工、竣工等多个环节进行节能控制，在确保建筑工程质量的前提下，做到最大限度地节能。根据工程实践经验，墙体节能工程监理检查的要点主要包括以下几个方面。

（1）按照规定的检验批对进场材料的出厂合格证明文件是否齐全、材料的合格性进行检查，现场见证材料抽样送检。重点注意审查检测单位资质，检测报告指标的合理性、全面性和时效性。监理工程师有权禁止不符合质量要求的材料、设备进入工地和投入使用。

（2）组织有关人员进行墙体节能工程样板验收。样板验收宜采取"一层一板"的方式，这样有利于各层墙体的质量控制。

（3）在墙体节能工程正式施工前，应对预留、预埋进行认真检查（包括各种孔洞）。

（4）检查墙体工程的各工序施工，发现质量问题及时通知施工单位纠正，并做好监理记录。

（5）对所有的隐蔽工程，在隐蔽之前应进行检查验收并记录，对重点工程部门或工序要驻点跟踪、旁站监理。隐蔽工程的旁站与检查验收，应具有完善的记录。重点注意黏结层、结合层、抗裂层、锚固件和热桥处理等。

（6）认真检查墙体节能工程所用现场搅拌材料的配合比和配制工艺，以确保工程质量。

（7）认真检查墙体节能工程的保温层厚度和节点做法，并做好监理记录。

（8）认真检查墙体节能工程面层防水封闭的质量和饰面层的附着或黏结强度。

（9）认真检查墙体节能工程施工单位的质量自检工作，数据是否齐全，填写是否正确；对施工单位的检验测试仪器、设备、度量衡等定期地进行检验，不定期地进行抽验，保证测试资料准确、可靠。

（10）监督施工单位认真处理在施工中发生的一切质量事故，并认真做好监理记录。

（11）督促、检查施工单位及时整理工程竣工文件和验收资料，受理分项工程竣工验收报告，并提出监理意见。

第五节　墙体常见质量问题及预防措施

我国住宅产业化发展迅速，提高商品化住宅的质量众望所归，原有的住宅质量通病，如跑、冒、滴、漏、堵、空鼓等已经得到一定的克服。但新的墙体工程质量通病——墙体裂缝、面砖脱落、保温墙体长霉结露、墙体节能效果不佳等现象上升为主要矛盾之一。

根据我国的实际情况，目前对建筑节能市场的准入、质量控制、工程验收及奖罚还缺少有力的监管机制和措施，这更加剧了上述现象的出现。因此，充分认识节能工程质量通病产生的原因及其危害性，提出集中力量防治墙体保温工程质量通病的措施十分重要。

一、墙体保温结构出现热桥现象

1. 产生原因

热桥是指处在外墙和屋面等围护结构中的钢筋混凝土或金属梁、柱、肋等部位，因这些部位传热能力强，热流较密集，内表面温度较低，故称为热桥。墙体保温结构产生热桥现象的主要原因有以下几点。

（1）热桥往往是由于该部位的传热系数比相邻部位大得多、保温性能差得多所致，在围护结构中这是一种十分常见的现象。如砌在砖墙或加气混凝土墙内的金属，混凝土或钢筋混凝土的梁、柱、板和肋，预制保温板中的肋条，夹芯保温墙中为拉结内外两片墙体设置的金属连接件，外保温墙体中为固体保温板加设的金属锚固件，内保温层中设置的龙骨，挑出的阳台板与主体结构的连接部位，保温门窗中的门窗框特别是金属门窗框等。

（2）由于热桥部位内表面温度较低，在寒冬低温期间，该处的温度低于露点的温度时，水蒸气就会凝结在其表面上，并出现结露现象。此后，空气中的灰尘很容易沾在上面，并且逐渐变黑，从而长菌发霉。热桥严重的部位，在寒冬时甚至会出现淌水现象，对生活和健康影响很大。

2. 预防措施

用保温材料将热桥部位与室外空气隔绝，阻止该部位直接暴露在空气中。具体做法可参见《国家建筑标准设计图集：墙体节能建筑构造》（06J123）中各保温系统的相应节点构造。

二、墙体保温面层出现裂缝

1. 原因分析

保温墙体裂缝是一种最常见的质量缺陷，在实际工程中所见的裂缝大体可分为结构墙体裂缝、保温层裂缝、防护层裂缝以及装修层裂缝等。形成保温墙体开裂的因素：有温度、干缩以及冻融破坏；有设计构造的不合理性；有材料、施工质量的原因；有外力引起的；还可能由风压、地震力等引起的机械破坏等原因。

保温系统是复合在外围护结构墙体之上的，属于非承重结构，其裂缝发生的原因、系统抗裂机理及抗裂性能的评价等均与结构有所不同。从保温材料及其保温墙体的构造来看，保温墙面产生裂缝的原因主要有以下几个方面。

（1）内保温板缝的开裂主要由外围护墙体变形引发，外保温面层的开裂主要由保温层和饰面层的温差和干缩变形引起。

（2）玻璃纤维网格布的抗拉强度不足，或者玻璃纤维网格布的耐碱强力保持率较低，或者玻璃纤维网格布所处的构造位置有误。

（3）在钢丝网架聚苯板中，由于水泥砂浆层厚度及配筋位置不当，导致面层形态不易控制从而形成裂缝。

（4）在保温面层上采用的腻子强度过高。

（5）聚合物水泥砂浆的柔性、强度不相适应，或者有机材料的耐老化指标较低等。

2. 预防措施

由于保温层施工质量不合格而引起的裂缝，其控制预防措施主要有以下几个方面。

（1）严格把好进场材料验收关，做好材料质量保证资料的审核，按要求进行材料的见证取样复验，对材料的性能指标应符合现行有关标准的要求，经复验不合格的材料严禁使用到工程实体中。

（2）对于墙体的关键部位、关键施工工序，应严格按照"三检制"实施，并单独办理验收手续。

（3）要求施工单位必须认真按照材料的属性采用特有的施工工艺进行操作，严格控制工程的施工质量。

（4）按照现行国家标准《建筑节能工程施工质量验收规范》（GB 50411—2007）中的要求，对实体质量进行外观检测和必要的测试。

三、外墙外保温层出现裂缝

1. 原因分析

由于外保温系统被设置于外墙外侧,直接承受来自自然界的各种因素影响,因此对外墙外保温系统提出了更高的要求。就太阳辐射及环境温度变化对其影响来说,设置于保温层之上的抗裂防护层只有 3～20mm,且保温材料具有较大的热阻,因此在获得热量相同的情况下,外保温抗裂防护层温度变化速度比无保温情况下主体外墙的温度变化速度可提高 8～30 倍。

由此可见,抗裂防护层的柔韧性和耐候性,对外保温系统的抗裂性能起着关键的作用。在外保温构造的设计中,应充分考虑热应力、水、风、火及地震力的影响。归纳起来,外墙外保温层产生裂缝的主要原因有以下几个方面。

(1)保温材料自身缺陷而引起的开裂。膨胀聚苯板在自然环境中的自身收缩变形时间,一般可长达 60d。试验证明,在自然环境条件下 42d,或者在 60℃蒸汽养护的条件下 5d,膨胀聚苯板的自身收缩变形可完成 99% 以上。因此,要求膨胀聚苯板应在自然环境条件下 42d 或者在 60℃蒸汽养护的条件下 5d 后再上墙粘贴。但是,在实际工程中很少能够达到以上要求。

(2)构造设计不合理而引起的开裂。粘贴聚苯板的做法,通常是采用纯点粘或框点粘。在采用纯点粘时,系统存在整体贯通的空腔;在采用框点粘时,由于必须留有排气孔,每块板的空腔通过排气孔及板缝仍是贯通的。当建筑物垂直度偏差通过黏结点黏结砂浆厚度来调整时,特别是墙体垂直度偏差较大时,空腔的大小是不确定的。由于存在整体贯通的空腔,正负风压对保温墙面会产生巨大的挤拉力,而这些力的释放点均在板缝处,因此极易造成板缝处开裂,在极端情况下负风压甚至会将保温板掀掉。

(3)钢丝网架聚苯板面层采用水泥砂浆厚抹灰找平钢丝网架做法时,开裂现象较为普遍,其主要原因有:①普通水泥砂浆自身易产生各种收缩变形;②配置钢筋位置不合理引起裂缝;③由于荷载过大而产生挤压开裂;④不合理施工而引起开裂。

2. 预防措施

(1)认真核查材料的质量保证书和产品合格证书,严格控制材料生产至上墙的间歇时间,使材料在上墙前完成自身收缩变形。

(2)认真审核设计图纸,对于不符合国家标准图集和现行规范要求的构造,要在正式施工前向设计人员提出改进意见。

(3)严格控制施工工序和操作工艺按照审批合格的施工方案进行施工。对于关键部位和关键工序要加强检查力度,规范验收程序,及时发现问题、解决问题,杜绝隐患产生。

四、饰面层的材料引起开裂

1. 原因分析

(1)涂料饰面层材料

涂料饰面层材料应具有良好的防水性及抗裂性能,当采用涂料饰面时,复合在抹面砂浆之上的腻子和涂料应着重考虑其柔韧变形性而不是强度。很显然,从抹灰砂浆→腻子→涂料，变形性逐层增加是保证系统抗裂性能的理想模式。根据工程实践证明，饰面层的材料引起开裂的主要原因有以下几个方面。

① 采用刚性的腻子。由于采用的腻子其柔韧性不够，无法满足抗裂防护层的变形从而出现开裂。

② 采用不耐水的腻子。由于采用的腻子其耐水性不良，当受到水的长期浸渍后起泡从而产生开裂。

③ 采用不耐老化的涂料。由于采用的涂料耐老化性不好，刚涂刷时效果很好，但经过不长时间后就会开裂、起皮。

④ 采用与腻子不匹配的涂料。饰面层上所用的腻子和涂料必须具有良好的相容性，如果相容性不好，会使两者发生不良反应从而引起开裂、起皮。如在聚合物改性腻子上面涂刷某种溶剂型涂料，涂料中的溶剂会对腻子中的聚合物产生溶解作用。

（2）面砖饰面层材料

从材料的角度考虑，引起面砖饰面层开裂、脱落的主要原因有以下几个方面。

① 在以玻璃纤维网为增强材料的抗裂防护层上粘贴面砖，由于玻璃纤维网的网孔小，与水泥砂浆的握裹力较低，玻璃纤维网会形成隔离层，所以易引起面砖的开裂、脱落。

② 使用水泥砂浆或聚灰比达不到要求的聚合物砂浆粘贴面砖，由于砂浆柔韧性较小，不能满足柔性渐变释放应力的要求，面砖饰面层则易开裂、空鼓、脱落。

③ 使用水泥砂浆或聚灰比达不到要求的聚合物砂浆进行面砖勾缝，由于砂浆柔韧性小，无法释放面砖及砂浆本身由于温湿变化产生的变形应力，勾缝砂浆也可能开裂，从而造成环境水或雨雪水渗漏，使面砖饰面层空鼓、脱落。

④ 使用吸水率较大的面砖，面砖吸水后易遭受冻融破坏从而引起开裂、空鼓和脱落。

⑤ 使用的面砖背面无沟槽，由于与墙体的接触面积小，从而造成粘贴不牢固，很容易使面砖产生脱落。

2. 预防措施

（1）首先要把好材料的采购关和进场材料的验收关，做好材料质量保证资料的审核，按要求进行材料的见证取样复验，材料的性能指标应符合现行国家标准的要求，复验不合格的材料不得用于工程中。

（2）对于关键部位和关键工序，严格按照"三检制"实施，并单独办理验收手续。

（3）认真控制按照施工组织设计中规定的施工工艺进行操作，施工中要加强检查，避免因偷工减料而影响工程质量。

（4）为了增强钢丝网片或玻璃纤维网与上层结构的握裹力，可以采取喷涂界面处理剂的方法，以避免引起饰面层的开裂和脱落。

（5）认真进行灰浆配合比设计，严格控制灰浆的配合比，确保灰浆的和易性、柔韧性和强度符合设计要求。

五、保温墙面饰面砖发生脱落

1. 原因分析

通过对保温墙面面砖饰面层质量问题的分析发现，面砖饰面层破坏通常有 3 个破坏部位和 2 个断裂层。面砖掉落现象通常是成片发生，或者一掉一排，往往发生在墙面边缘和顶层建筑女儿墙沿屋面板的底部，以及墙面中间大面积空鼓的部位。产生脱落的原因是：保温系统受温度影响在发生膨胀收缩时，产生的累加变形应力将边缘部分的面砖挤掉，或者将中间部分挤成空鼓，特别是当面砖黏结砂浆为刚性、不能有效释放温度应力时，这种现象更加普遍。

当面砖黏结砂浆的强度较高时，通常会出现 2 个破坏层：基层为黏土砖时，面砖与黏结砂浆同时脱落，破坏层发生在黏土砖基层；基层为混凝土墙时，面砖自身脱落，破坏部分发生在黏结面砖的砂浆层表面。

归纳起来，墙体饰面砖层出现脱落和开裂现象主要有以下几个原因。

（1）温度变化。在不同季节和白天、黑夜，墙体内外均会发生较大的温度变化，饰面砖会受到三维方向温度应力的影响，在饰面层会有局部应力集中，如在纵横墙体交接处、墙体或屋面与墙体的连接处、大面积墙体中部等位置均有应力集中，导致饰面层开裂从而引起面砖脱落，也有相邻面砖局部挤压变形从而引起面砖脱落。

（2）我国北方地区的墙体，由于春夏秋冬四季气候的变化，尤其是遭受反复冻融循环，很容易造成面砖黏结层破坏，从而引起面砖脱落。

（3）在砂浆抹灰的施工中，由于施工质量不合格，造成黏结砂浆与墙体黏结不牢，从而使砂浆抹灰层形成空鼓，造成大面积面砖脱落。

（4）外力作用引起的面砖脱落。如组合荷载作用、地基出现不均匀沉降作用等，引起结构物墙体变形、错位造成墙体严重开裂、面砖脱落；还可能由风压、地震力、撞击等引起的机械破坏造成面砖脱落。

2. 预防措施

（1）首先要把好材料的采购关和进场材料的验收关，做好材料质量保证资料的审核，按要求进行材料的见证取样复验，材料的性能指标应符合现行国家标准的要求，复验不合格的材料不得用于工程中。

（2）对于保温系统的关键部位和关键工序，严格按照"三检制"实施，并单独办理验收手续。

（3）认真控制施工单位按照施工组织设计中规定的施工工艺进行操作，施工过程中要加强检查，避免因偷工减料而影响工程质量。

（4）要考虑外保温材料的抗渗性以及保温系统的呼吸性和透气性，避免因冻融破坏而导致面砖发生脱落。

（5）提高外保温系统的防火等级，以避免火灾等意外事故出现后产生空腔现象，从而使外保温系统失去整体性，在面砖饰面的自重力影响下大面积塌落。

（6）提高外保温系统的抗震和抗风压能力，以避免突发事故出现后的水平方向作用力对墙体外保温系统的破坏。

六、抗裂砂浆出现开裂和脱落

1. 原因分析

（1）抗裂砂浆没有按设计和试配的配合比进行配制，砂浆的力学性能和物理性能不符合要求，用于墙体后会出现开裂和脱落现象。

（2）在配制抗裂砂浆时，未按要求采用强制式砂浆搅拌机或手提式搅拌器进行搅拌，由于砂浆均匀性不良，从而造成抗裂砂浆的性能不一致。

（3）乳液型抗裂砂浆配制的加料顺序为：先将抗裂剂加入至中砂搅拌均匀后，再加入水泥继续搅拌，搅拌时不得加水；干拌型抗裂砂浆在使用时按比例加入适量水搅拌均匀即可。如果加料顺序不当，必然会影响砂浆的性能，抹在墙体上会出现开裂和脱落。

2. 预防措施

（1）首先要把好材料的采购关和进场材料的验收关，做好材料质量保证资料的审核，按要求进行材料的见证取样复验，材料的性能指标应符合现行国家标准的要求，复验不合格的材料严禁使用。

（2）对于保温系统的关键部位和关键工序，严格按照"三检制"实施，并单独办理验收手续。

（3）严格控制灰浆的配合比，采用规定的机械搅拌均匀，保证砂浆的和易性、柔韧性和强度符合设计要求。

七、面砖柔韧性和黏结性能差

1. 原因分析

工程实践经验证明，影响面砖黏结砂浆的柔韧性和黏结性能的主要因素有聚灰比、养护条件、可使用时间、面砖吸水率以及施工预处理（墙面湿水或面砖浸水）等。其具体影响如下。

（1）聚灰比对黏结砂浆柔韧性的影响　柔韧性是面砖黏结材料一个十分重要的指标，影响面砖黏结材料柔韧性的因素很多，但影响最大的因素是聚灰比。不含聚合物的普通水泥黏结砂浆，其强度较高、变形量小，抗压强度与抗折强度的比值一般在 $5 \sim 8$ 范围内。这种黏结砂浆用于外保温粘贴面砖，在基层受到热应力作用发生形变时，黏结砂浆不能通过相应的变形来抵消这种作用，往往就会容易发生空鼓或脱落现象。

外保温面砖黏结砂浆应在确保其黏结强度的前提下，改善其柔韧性指标，使其抗压强度与抗折强度的比值不大于 3，以使面砖能够与保温系统整体统一，并消纳外界作用效应，尤其是热应力带来的影响，满足外墙外保温饰面粘贴面砖的需要。

（2）养护条件对黏结性能的影响　一般来说，水泥基材料施工完成后，需要采取一定的措施和时间进行养护。因此，面砖粘贴完毕 24h 后应连续 7d 对饰面进行湿水养护，常温下一般每天 2 次，这样面砖黏结砂浆的黏结强度要比不养护的黏结强度高出 20％ 左右。

材料试验证明，外墙外保温面砖的黏结砂浆通过聚合物乳液进行了改性，不经过养护也可以满足黏结强度要求，但采取一定的养护手段可以获得更佳的黏结效果。

（3）可使用时间对黏结性能的影响　随着可使用时间的延长，面砖黏结砂浆的黏结性能呈现下降趋势，并且幅度很大。如果面砖黏结砂浆在规定的 4h 内使用完毕，其抗拉强度可达到 0.4MPa 以上；超过规定的使用时间继续使用，其抗拉强度急剧下降到 0.2MPa 以下，从而造成面砖粘贴的失败。

（4）面砖吸水率对黏结砂浆的黏结性能的影响　吸水率的大小是验证外墙面砖质量的重

要指标。面砖的吸水率不同，黏结砂浆的黏结效果也不同，造成这种现象的主要原因在于砂浆的黏结机理不同。一般情况下，黏结砂浆与面砖的黏结有物理机械锚固机理和化学键作用机理两种。

当面砖吸水率小、烧结程度好、空隙率低时，其物理机械锚固机理作用减弱，对于主要依靠物理机械锚固的纯水泥黏结砂浆来说，粘贴面砖的黏结强度是不高的。而对于聚合物改性的面砖黏结砂浆而言，由于聚合物分子链上的官能团与面砖表面材料分子之间形成的范德华力或部分官能团之间新的价键组合，会使得这种聚合物砂浆对即使是光洁的瓷砖表面也能形成牢固黏结。因此，在施工过程中选择合适的黏结砂浆至关重要。

（5）施工预处理工艺对黏结性能的影响　根据《外墙饰面砖工程施工及验收规程》（JGJ 126—2015）中的要求，在面砖粘贴前应对面砖进行认真挑选，浸水 2h，待表面晾干后方可粘贴；面砖的基层含水率宜为 15％～25％，如墙体过于干燥需适当洒水湿润处理。从理论上讲，上述规范要求对面砖粘贴质量的保证是非常有必要的，但在实际施工过程中，很难保证面砖浸水 2h，将表面晾干后再施工。有的工程是将面砖浸水后立即使用，从而在面砖的表面生成一层水膜，影响面砖黏结砂浆的黏结性能。

试验证明，当面砖表面不浸水时，黏结强度较相同养护条件下浸水后的面砖黏结强度高；当墙体做预处理时，墙体湿水比不湿水黏结强度高；进行养护比不不进行养护黏结强度高。因此，面砖黏结前，对基层墙体进行浸水处理是非常必要的；粘贴施工完毕后 24h 进行湿养护也是提高黏结强度的有效措施。

2. 预防措施

（1）要严格把好材料的采购关和进场材料的验收关，做好材料质量保证资料的审核，按要求进行材料的见证取样复验，材料的性能指标应符合现行国家标准的要求，复验不合格的材料严禁使用。

（2）严格控制施工工序和操作工艺按照审批合格的施工方案进行施工。对于关键部位和关键工序，要加强检查的力度，规范验收的程序，及时发现问题，及时解决问题，杜绝隐患。

（3）严格控制灰浆的配合比，采用规定的机械搅拌均匀，保证砂浆的和易性、柔韧性和强度符合设计要求。

八、外墙内保温施工质量缺陷

1. 原因分析

外墙内保温系统的施工比较简便，造价相对比较低，且施工技术及检验标准比较完善，但在施工质量方面存在以下几个方面的问题。

（1）这种保温系统难以避免热（冷）桥，使保温性能有所降低，在热桥部位的外墙内表面容易发生结露、潮湿甚至霉变现象。

（2）保温层设置在室内，不仅占用室内空间，使用面积有所减少，而且用户二次装修或增设吊挂设施都会对保温层造成破坏，既影响保温效果也不易修复。

（3）由于外墙内保温是将保温层设置于室内，所以不利于建筑外围护结构的保护。

（4）保温层及墙体出裂缝成为普遍现象，而内保温隔热裂缝时刻处于住户的视野中，对住户的审美和心理均会产生长期的影响，常常成为投诉的焦点，给施工单位的维修增加很大的工作量。

2. 预防措施

（1）在进行图纸会审时，应向设计、建设、质检和施工单位提出内保温做法存在的弊病，并尽量推荐采用外墙外保温体系。

（2）在建筑物使用说明书中应告知用户保温层是内保温还是外保温，指明对于内保温在室内二次装修时应注意的事项。

九、内保温贴面砖发生脱落

1. 原因分析

在实际工程中常见的内保温贴面砖掉落现象通常是成片发生，或者是一掉一排，往往发生在墙面边缘和顶层建筑女儿墙沿屋面板的底部，以及墙面中间大面积空鼓的部位。这是因为这些部位在受温度影响发生胀缩时，产生的累加变形应力将边缘部分面层的面砖挤掉，或者将中间部分挤成空鼓。特别是当面砖黏结砂浆为刚性、不能有效释放温度应力时，这种现象更加普遍。

对于高层建筑而言，采用内保温形式必然会加大内、外墙的温度变形差值，使得建筑物的主体结构更加不稳定，特别是日照比较强时会使高层建筑物整体变形。基于上述原理，这种内保温的高层外墙面也就更容易发生面砖脱落的现象。另外，内保温墙的冬季结露出现在面砖内表面，很容易由于冻融而导致面砖脱落。

2. 预防措施

（1）在进行图纸会审时，应向设计、建设、质检和施工单位提出贴面砖脱落隐患的危害性，在允许的条件下，可建议内保温系统的外墙外饰面层宜选用涂料施工。

（2）施工单位在正式施工前要编制施工组织设计，具体规定贴面砖的施工工艺，在施工中要严格按照审批的施工组织设计进行施工。

（3）根据实际工程中贴面砖脱落的具体情况，建议设计单位对外墙面采用面砖作为饰面层的工程，应当对面砖做加固处理。

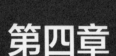

第四章

幕墙节能监理质量控制

随着国民经济的腾飞，社会的不断进步，科学技术的飞速发展，人们对物质生活和精神文化生活水平的要求不断提高，现代高质量生存和生活的新观念已深入人心，人们逐渐开始重视生活和生存的环境。国内外工程实践充分证明，现代建筑和现代装饰对人们的生活、学习、工作环境的改善，起着极其重要的作用。

建筑幕墙按其面板材料的不同，可分为玻璃幕墙、石材幕墙、金属幕墙、混凝土幕墙及组合幕墙等；按其安装形式的不同，可分为散装建筑幕墙、半单元建筑幕墙、单元建筑幕墙和小单元建筑幕墙等。

建筑幕墙是建筑物主体结构外围的围护结构，具有防风、防雨、隔热、保温、防火、抗震和避雷等多种功能。按照国家新的质量标准、施工规范，科学合理地选用建筑装饰材料和施工方法，努力提高建筑幕墙的技术水平，对于创造一个舒适、绿色环保型的外围环境，对于促进建筑装饰业的健康发展，具有非常重要的意义。

第一节　幕墙节能监理质量控制概述

建筑幕墙作为现代建筑的围护结构形式，尽管有许多优于传统砖石围护结构形式的优点，但也存在着节能方面的不足，其保温隔热性能较差，是影响建筑节能的重要因素之一。特别是近年来，随着新型建筑节能墙体材料的涌现，墙体的能耗大为降低，从而使得幕墙的能耗在围护结构总能耗中所占的比重越来越大。

据我国有关资料报道，在我国公共建筑的全年能耗中，空调制冷和采暖系统能耗中的20％～50％由建筑外围护结构流失，其中通过玻璃（包括玻璃幕墙）传递的热量远远高于其他围护结构，这是值得引起高度重视的建筑节能问题。实际检测表明建筑幕墙不同于其他建筑结构，其节能的基本要求是：①减少温差传热的热负荷损失；②降低太阳辐射的负荷强度；③提高幕墙的气密性。

科学试验证明,热量通过幕墙传递的途径主要有以下几种:①通过幕墙外露框及玻璃进行热传递;②通过面积较大的玻璃接收和传递太阳辐射热;③通过幕墙板块间及周边缝隙形成空气渗透进行热交换。热量通过幕墙传递的途径因幕墙类别的不同而有所不同,各种幕墙的热传递方式见表4-1。

表4-1　各种幕墙的热传递方式

幕墙类别		热量传递的主要途径和因素
透明幕墙	明框玻璃幕墙	(1)玻璃与铝合金框都参与传热,玻璃面积大,故玻璃热工性能占主导地位; (2)玻璃接收和传递太阳辐射热; (3)幕墙板块间及周边缝隙形成空气渗透进行热交换
	全隐框玻璃幕墙	(1)主要是玻璃参与室内、外传热,玻璃的热工性能占决定地位; (2)玻璃接收和传递太阳辐射热; (3)幕墙板块间及周边缝隙形成空气渗透进行热交换
	半隐框玻璃幕墙	(1)玻璃与外露铝合金框都参与传热,由于玻璃面积比铝合金框大,故玻璃热工性能占主导地位; (2)玻璃接收和传递太阳辐射热; (3)幕墙板块间及周边缝隙形成空气渗透进行热交换
	全玻璃幕墙	(1)主要是玻璃参与室内、外传热,玻璃的热工性能占决定地位; (2)玻璃接收和传递太阳辐射热; (3)幕墙板块间及周边缝隙形成空气渗透进行热交换
	点支式玻璃幕墙	(1)玻璃和金属爪件都参与传热,玻璃面积远远大于金属爪件面积,故玻璃热工性能占主导地位; (2)玻璃接收和传递太阳辐射热; (3)幕墙板块间及周边缝隙形成空气渗透进行热交换
非透明幕墙	石材幕墙	非透明幕墙的后面一般都有实体墙,因此只要在非透明幕墙和实体墙之间做保温层即可。保温层一般采用保温棉或聚苯板,通常只要厚度满足设计要求即可达到良好的保温效果
	金属幕墙	

根据以上所述可知,建筑幕墙的节能措施主要应当以减少传热、太阳辐射热、空气渗透为重点,从结构、工艺、技术和材料等方面入手来实现保温隔热、降低能耗的目的。

第二节　幕墙节能监理的主要流程

建筑节能工程的实践充分证明,工程监理在幕墙节能工程施工中起着极其重要的作用,是实现建筑幕墙节能的根本保证。在整个幕墙节能工程的监理过程中,监理人员必须按照一定的流程进行工作。幕墙节能工程监理的主要流程如图4-1所示。

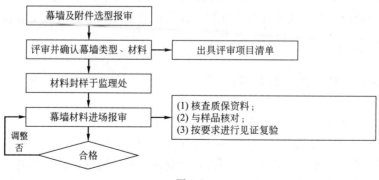

图 4-1

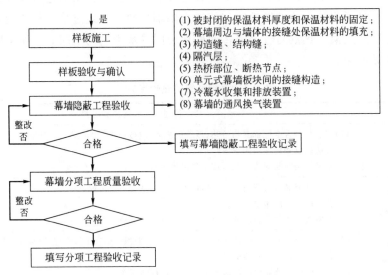

图 4-1　幕墙节能工程监理的主要流程

第三节　幕墙节能监理控制要点及措施

建筑幕墙作为现代建筑的围护结构形式，尽管有许多优于传统围护形式的优点，但也存在节能方面的不足，其保温隔热能力较差，是影响建筑节能的重要因素之一。节能幕墙的建筑质量监理控制应着眼于以下 4 个要点——设计、材料、施工与验收。

一、幕墙节能工程设计的控制

1. 幕墙节能工程的设计要求

幕墙节能工程的设计应根据工程规模、等级和重要性等方面，由相应资质等级的专业设计单位进行设计，并经原设计单位认可。幕墙的专项设计内容必须有专门的节能计算内容，且不得低于经设计审图单位确认的节能要求。

2. 幕墙节能工程的设计方案

幕墙设计根据选用节能材料的不同，其设计方案亦有所不同。节能幕墙的设计要求较高，需经过专业的设计资质认可和节能计算，以保证其满足工程的节能要求。

3. 透明幕墙设计的控制

透明幕墙采用传热系数、遮阳系数、可见光透射率和气密性表征其热工性能，并针对不同地区提出不同的强制性技术指标。

（1）传热系数、遮阳系数的确定

① 在国家标准和行业标准《公共建筑节能设计标准》（GB 50189—2015）、《夏热冬冷地区居住建筑节能设计标准》（JGJ 134—2010）、《夏热冬暖地区居住建筑节能设计标准》（JGJ 75—2012）中，对于透明幕墙的窗墙面积比、传热系数 K、遮阳系数 SC 的限值均有明确规

定，应按规定进行确定。

② 如果居住建筑幕墙的节能性能指标不能满足上述的规定，必须按照相应的居住建筑节能设计标准的规定进行围护结构的热工性能综合判断。

③ 如果公共建筑幕墙的节能性能指标不能满足上述的规定，必须按照《公共建筑节能设计标准》（GB 50189—2015）中的规定进行热工性能权衡判断。

④ 为了提高建筑玻璃幕墙的保温性能，宜采用节能效果好的中空玻璃。为了提高建筑玻璃幕墙的隔热性能，降低遮阳系数，可采用吸热玻璃、镀膜玻璃、吸热中空玻璃、镀膜中空玻璃等。

⑤ 为了提高建筑玻璃幕墙的保温性能，可通过采用隔热型材、隔热连接紧固件、隐框结构等技术措施，避免形成热桥。

⑥ 为了提高建筑玻璃幕墙的隔热性能，遮阳宜采用一体化的遮阳系统。

⑦ 为了提高建筑玻璃幕墙的保温隔热性能，对于空调建筑的双层幕墙，夹层内应设置可调节的活动遮阳装置。

（2）可见光透射比的确定　可见光透射比是指透过透明材料的可见光光通量与投射在其表面的可见光光通量之比。为了达到建筑物的节能效果，建筑物每个朝向的窗（包括透明幕墙）墙的面积比均不应大于 0.7。当窗（包括透明幕墙）墙的面积比小于 0.4 时，玻璃（或其他透明材料）的可见光透射比不应小于 0.4。

（3）幕墙气密性的确定

① 居住建筑透明幕墙气密性的等级，一般不应低于《建筑外门窗气密、水密、抗风压性能分级及检测方法》（GB/T 7106—2008）中的规定；公共建筑透明幕墙气密性的等级，一般不应低于《建筑幕墙气密、水密、抗风压性能检测方法》（GB/T 15227—2007）中的规定。

② 为了提高幕墙的气密性能，面板缝隙应采取良好的密封措施。玻璃四周要用弹性良好、耐久的密封条进行密封或注密封胶密封。

③ 开启扇应采用双道或多道密封，并采用弹性良好、耐久的密封条。推拉窗开启扇四周应采用中间带胶片的毛条或橡胶密封条进行密封。

④ 单元式幕墙的单元板块间应采用双道或多道密封，并应采取措施对纵横交错缝进行密封，采用的密封条应弹性好、耐久。

⑤ 严寒、寒冷、夏热冬冷地区，玻璃幕墙周边与墙体或其他围护结构的连接处，应设置为弹性构造，采用防潮型保温材料填塞，缝隙应采用密封剂或密封胶进行密封。

⑥ 对于玻璃幕墙的气密性，应用国家标准《建筑幕墙气密、水密、抗风压性能检测方法》（GB/T 15227—2007）中规定的方法进行检测。

（4）幕墙玻璃结露验算　严寒、寒冷、夏热冬冷地区的玻璃幕墙宜进行结露验算，应符合行业标准《建筑门窗玻璃幕墙热工计算规程》（JGJ/T 151—2008）中的规定。

4. 非透明幕墙设计控制

在国家标准《公共建筑节能设计标准》（GB 50189—2015）中规定，对非透明幕墙的热工性能要求仅用传热系数表征，不同地区非透明幕墙传热系数的要求见表 4-2。

表 4-2　非透明幕墙传热系数限值

非透明幕墙	严寒地区 A 区	严寒地区 B 区	寒冷地区	夏热冬冷地区	夏热冬暖地区
传热系数/[W/(m²·K)]	0.38～0.43	0.43	0.50	0.60～0.80	0.80～1.50

二、幕墙节能工程材料的控制

建筑幕墙工程是由金属构架与面板组成的、幕墙不承担主体结构的荷载与作用、可相对于主体结构有微小位移的建筑外围护结构，应当满足自身强度、防水、防风沙、防火、保温、隔热、隔声、调节光线等要求。因此，建筑幕墙工程所使用的材料主要有四大类，即骨架材料、板材、密封填缝材料、结构黏结材料。

在现场检验玻璃幕墙工程中所使用的各种材料，是确保玻璃幕墙工程质量的一项非常重要的工作。玻璃幕墙工程材料的现场检验，主要包括铝合金型材、钢材、玻璃、密封材料、其他配件等。以上所有材料的质量必须符合国家或行业现行的标准。为实现幕墙节能的设计要求，在幕墙节能材料的控制方面应做到以下几个方面。

（1）幕墙施工单位应提供满足设计和规范要求的幕墙材料和附件，经建设、设计、监理、质检和施工单位共同确认后，封样存放在监理处，作为材料及附件进场验收的依据。

（2）幕墙所用材料进场后，监理人员应对材料的外观、品种、规格及附件等，按有关规定进行检查验收，对质量证明文件进行核查，并按表 4-3 中的规定对保温隔热材料和幕墙玻璃进行性能复验。幕墙常用保温材料板材的密度和传热系数见表 4-4。

表 4-3　建筑幕墙节能的材料性能检验要求

	材料名称	保温隔热材料	幕墙玻璃	
强制性指标	检验项目	(1)热导率； (2)密度； (3)燃烧性能	(1)传热系数； (2)遮阳系数； (3)可见光透射率； (4)中空玻璃露点	
	检验方法	(1)检验方法:检查质量证明文件和复验报告； (2)检验数量:全数核查		
	材料名称	保温材料	幕墙玻璃	隔热材料
性能复验 (见证取样送检)	检验项目	(1)热导率； (2)密度	(1)传热系数； (2)遮阳系数； (3)可见光透射率； (4)中空玻璃露点	(1)抗拉强度； (2)抗剪强度
	检验方法	(1)检验方法:进场时抽样复验,验收时核查复验报告； (2)检验数量:同一厂家同一品种同一类型的产品抽查不少于一组		

表 4-4　幕墙常用保温材料板材的密度和传热系数

材料名称	材料干密度/(g/cm³)	材料传热系数[W/(m²·K)]
沥青玻璃棉板	80～100	0.045
沥青矿渣棉板	120～160	0.050
矿棉、岩棉、玻璃棉板	80 以下	0.050
	80～120	0.045
泡沫玻璃块	140	0.058

（3）能阻滞热流传递的材料（隔热材料）分为多孔材料、热反射材料和真空材料三类。在幕墙节能工程中，应严格控制隔热材料的质量，隔热条的类型、尺寸都必须符合设计要求。在幕墙中采用的隔热型材，一般应采用聚酰胺 66 或尼龙 66。

（4）密封材料的质量检验。幕墙密封材料是节能结构的重要组成部分，密封材料的质量如何，对于幕墙的节能效果和安全性有着直接的影响。幕墙密封材料的质量检验，主要包括硅酮结构胶的检验、密封胶的检验、其他密封材料和衬垫材料的检验等。

三、幕墙节能工程施工的控制

建筑幕墙是支承结构体系与面板组成的、可相对主体结构有一定位移能力的、不分担主体结构所受作用的建筑外围护结构或装饰性结构。建筑幕墙具体 3 大特点：①建筑幕墙是一个完整的结构体系，直接承受施加于其上的荷载和作用，并传递到主体结构上；②建筑幕墙应包封主体结构，不使主体结构外露；③建筑幕墙通常与主体结构采用可动连接的方式，竖向幕墙通常悬挂在主体结构上。

从以上所述可以看出：建筑幕墙不仅具有其他结构所不能代替的作用，而且其施工工艺和施工质量要求较高。在幕墙工程的施工过程中，必须按照《建筑幕墙》（GB/T 21086—2007）、《玻璃幕墙工程技术规范》（JGJ 102—2003）、《金属与石材幕墙工程技术规范》（JGJ 133—2001）中的规定进行施工，监理人员应加强幕墙节能工程施工的质量控制。

（1）在幕墙节能工程正式施工前，监理应督促幕墙施工单位完善开工手续，如递交开工申请、编制幕墙节能工程施工方案、做好施工准备工作等，施工方案应经监理或建设单位审查批准等。

（2）为确保幕墙节能工程的施工质量，监理应督促幕墙施工单位建立健全质量管理体系、施工质量检验制度，督促对施工人员进行技术交底和专业技术培训。

（3）为了使大面积幕墙的施工质量得到保证，在幕墙节能工程正式施工前，应进行样板的施工，经建设、设计、质检和监理验收确认后才能全面展开施工。

（4）幕墙材料的质量是确保工程质量的重要物质基础，施工单位要有严格的材料验收和检验制度，以确保材料符合设计要求。

（5）幕墙节能工程施工前，监理单位和施工单位，可按下列规定进行检验批划分：①相同设计、材料、工艺和施工条件的幕墙节能工程，每 $500 \sim 1000 m^2$ 应划分为一个检验批，不足 $500 m^2$ 的也应划分为一个检验批；②对于同一单位工程的不连续的幕墙节能工程应单独划分检验批；③对于异型或有特殊要求的幕墙节能工程，检验批的划分应根据幕墙的节能结构、工艺特点及幕墙节能工程的规模，由监理工程师和施工单位协商确定。

（6）建筑幕墙的构造缝、沉降缝、热桥部位、断热节点等，这些部位虽然不是幕墙能耗的主要部位，但处理不好也会大大影响幕墙的节能效果。施工单位必须按照设计要求进行保温、密封等施工，确保其施工质量。

（7）在非透明幕墙中，幕墙保温材料一定要固定牢固。如果采用彩釉玻璃之类的材料作为幕墙的外饰面板，保温材料不能直接贴到玻璃上，避免造成玻璃表面温度不均匀而引起玻璃的自爆。

（8）建筑幕墙与主体结构的连接部位、管道或构件穿越幕墙面板的部位、幕墙面板的连接或固定部位，要采取一定的隔断热桥的措施，其处理要严格符合设计要求。

（9）当采用全玻璃幕墙时，隔墙、楼板或梁柱与幕墙之间的间隙，应按照设计规定填充保温材料。

（10）单元式幕墙板块之间缝隙的密封，必须严格按照设计要求进行，不得出现任何渗漏现象。

（11）建筑幕墙节能工程使用的保温材料在安装过程中，监理应督促施工单位要采取防潮、防水措施，避免保温材料因受潮而松散、变质失效。

（12）单元幕墙板块缝隙的密封，应有专门的设计，施工中要严格按照设计进行安装。所用的密封条要完整，尺寸要满足要求；单元板块安装间隙不能过大；板块间少数部位加装附件并要注胶进行密封。

（13）为保证幕墙节能工程的施工质量，避免出现返工现象，附着于主体结构的隔汽层、保温层，应在主体结构工程质量验收合格后施工。

（14）密封条的质量、规格、尺寸应当符合设计要求，应当与型材、安装间隙配套。密封条要镶嵌牢固、位置正确、对接严密。

（15）通过观察连接紧固件、手扳等方法检查遮阳设施的牢固程度。避阳设施不能有任何松动现象，紧固件固定处的承载能力应满足设计要求。

（16）认真检查金属截面、金属连接件、螺钉等紧固件，以及中空玻璃边缘的间隔条等传热路径是否被有效割断，确保隔热断桥措施按照设计进行。

（17）非透明幕墙的隔汽层应当完整、严密、位置正确，其必须设置于保温材料靠近水蒸气气压较高的一侧。非透明幕墙穿越隔汽层的部件，应进行密封处理，保证隔汽层的完整。

（18）认真观察检查冷凝水收集和排放系统。主要检查冷凝水收集槽的设置、集流管和排水管的连接、排水口的设置等是否符合设计要求。在观察检查合格的基础上，进行通水试验，在可能产生冷凝水的部位淋少量水，观察水流向集排水管和接头处是否渗漏。

（19）外部遮阳设备的遮阳系数按照设计要求确定。遮阳设施的调节机构应灵活，每个遮阳设施来回往复运动5次以上，观察其极限范围及角度调节是否满足要求。遮阳设施的安装位置，必须满足节能设计的要求；遮阳构件所用材料的光学性能、材质及耐久性，均应符合设计和现行标准的规定；遮阳构件的尺寸按设计预期必须能遮住阳光；活动遮阳设施调节机构的灵活性、活动范围应满足设计要求，能够将遮阳板等调节到位。

在采用外墙外保温的情况下，活动外遮阳设施的固定，要按照设计要求牢固安装。遮阳设施位于一定高度，其是否安全非常重要，必须进行全数检查。

（20）在幕墙安装内衬板时，内衬板的四周宜套装弹性橡胶密封条，内衬板应与构件接缝严密。保温材料应安装牢固，并应与玻璃保持30mm以上的距离。保温材料的填塞应做到饱满、平整、不留间隙，其填塞密度、厚度应符合设计要求。在冬季取暖的地区，保温棉板的隔汽铝箔面应朝向室内，无隔汽铝箔面时应在室内侧有内衬隔汽层。

（21）建筑幕墙开启扇周围缝隙，宜采用氯丁橡胶、三元乙丙橡胶或硅橡胶密封条制品进行密封，并要确实密封严密。

四、幕墙节能工程验收的控制

幕墙节能工程验收的控制，是确保幕墙节能工程施工质量符合设计要求的关键环节，也是监理工程师最重要的监理工作之一，各方都应当引起高度重视，确实按照国家标准《建筑节能工程施工质量验收规范》（GB 50411—2007）中的要求，进行施工质量验收。

施工单位在各工序和隐蔽工序自检合格后，按照规定的程序报监理单位进行验收。监理人员应根据工程实际进行相应实测实量，填写"幕墙节能工程监理质量控制记录"和签署"幕墙节能工程质量验收记录"，并应有隐蔽工程验收记录和必要的图像资料。

根据幕墙节能工程验收的实践，在进行竣工验收时应提供以下文件：①幕墙节能工程的施工图、设计说明及设计变更文件；②幕墙节能工程设计审查文件；③建筑设计单位对幕墙节能工程设计的确认文件；④幕墙节能工程所用各种材料、构件及组件的产品合格证书、出厂检验报告、性能检测报告、进场验收记录和复验报告；⑤幕墙节能工程项目的检验批验收记录，节能分项工程验收记录；⑥有关的施工资料和监理资料；⑦其他必要的文件和记录。

五、幕墙节能工程的监理要点

（1）按照规定的检验批对进场材料的出厂合格证明文件是否齐全、材料的合格性进行检查，现场见证材料抽样送检。重点注意审查检测单位的资质，检测报告指标的合理性、全面性和时效性。监理工程师有权禁止不符合质量要求的材料、设备进入工地和投入使用。

（2）组织有关人员进行墙体节能工程的样板验收。样板验收应层理清楚，这样有利于各层墙体的质量控制。

（3）在幕体节能工程正式施工前，应对预留、预埋进行认真检查（包括各种孔洞）。

（4）检查幕墙工程各工序施工，发现质量问题及时通知施工单位纠正，并做好监理记录。

（5）对所有的隐蔽工程，在隐蔽之前应进行检查验收并记录，对重点工程部门或工序要驻点跟踪、旁站监理。隐蔽工程的旁站与检查验收，应具有完善的记录。重点注意龙骨连接、保温隔汽、面材安装、胶封质量等。

（6）在建筑幕墙的施工过程中，要注意检查冷凝水收集和排放系统的施工质量是否符合设计要求。

（7）认真检查建筑幕墙节能工程的保温层厚度和节点做法，并做好监理记录。

（8）认真检查建筑幕墙节能工程的密封胶、耐候胶施工质量，并检查洞口、门窗交接、造型变化、材质变化等处的施工质量。

（9）认真检查墙体节能工程施工单位的质量自检工作，数据是否齐全，填写是否正确；对施工单位的检验测试仪器、设备、度量衡等定期地进行检验，不定期地进行抽验，保证测试资料准确、可靠。

（10）监督施工单位认真处理在施工中发生的一切质量事故，并认真做好监理记录。

（11）督促、检查施工单位及时整理工程竣工文件和验收资料，受理分项工程竣工验收报告，并提出监理意见。

第四节　幕墙节能工程质量标准与验收

建筑幕墙作为建筑主体的外围护结构，对建筑节能产生着直接和较大的影响。在《公共建筑节能设计标准》（GB 50189—2015）、《建筑节能工程施工质量验收规范》（GB 50411—2007）等系列节能标准中，对建筑幕墙的节能指标及施工要求均有严格的规定。

建筑幕墙工程实践证明，实现建筑幕墙节能效果的最根本途径，一方面是深化节能设计、加强材料控制、提高安装质量；另一方面是按照现行规范和标准严格进行验收，对于不符合验收标准的坚决不予验收，指出存在问题并限期改正。

一、幕墙节能分项工程质量验收条件

（1）建筑幕墙设计图纸中幕墙节能分项工程的内容，包括保温层施工（主要针对非透明幕墙），幕墙的制作、安装全部施工结束（主要针对透明幕墙）。

（2）建筑幕墙节能分项工程的质量保证资料齐全，包括保温材料、幕墙型材、幕墙玻璃、填充材料、密封材料等，所有的见证复试均符合设计和现行标准的要求。

（3）建筑幕墙框与墙体接缝处的保温填充做法的隐蔽验收记录齐全，相关影像资料齐全。

（4）建筑幕墙施工现场按要求进行的相关试验和检测，应符合相关现行标准的要求。

（5）建筑幕墙节能分项工程中的所有检验批报验资料齐全，包括保温层、幕墙型材、幕墙玻璃等，实物验收均符合设计和现行标准的要求。

（6）建筑幕墙节能分项工程现场施工中存在的问题已按要求进行处理，并经复验满足相关要求。

（7）其他有关的分项工程验收内容已完成，相关资料齐全，并符合设计和现行标准的要求。

二、幕墙节能分项工程质量标准

1. 幕墙节能工程质量主控项目

（1）用于幕墙节能工程的材料、构件等，其品种、规格应符合设计要求和相关现行标准的规定。

检验方法：观察、尺量检查；检查质量证明文件。

检查数量：按进场批次，每批随机抽取3个试样进行检查；质量证明文件应按照其出厂检验批进行核查。

（2）幕墙节能工程使用的保温隔热材料，其热导率、密度、燃烧性能应符合设计要求。幕墙玻璃的传热系数、遮阳系数、可见光透射率、中空玻璃露点应符合设计要求。

检验方法：核查质量证明文件和复验报告。

检查数量：全数核查。

（3）幕墙节能工程使用的材料、构件等进场时，应对其下列性能进行复验，复验应为见证取样送检：①保温材料：热导率、密度；②幕墙玻璃：可见光透射率、传热系数、遮阳系数、中空玻璃露点；③隔热型材：抗拉强度、抗剪强度。

检验方法：进场时抽样复验，验收时核查复验报告。

检查数量：同一厂家的同一种产品抽查不少于一组。

（4）幕墙气密性能应符合设计规定的等级要求。当幕墙的面积大于3000 m²或大于建筑外墙面积的50％时，应现场抽取材料和配件，在检测试验室安装制作进行气密性能检测，检测结果应符合设计规定的等级要求。

密封条应镶嵌牢固、位置正确、对接严密；单元幕墙板块之间的密封应符合设计要求，开启扇应关闭严密。

检验方法：观察及启闭检查；核查隐蔽工程验收记录、幕墙气密性能检测报告、见证记录等。

气密性能检测试件应包括幕墙的典型单元、典型拼缝、典型可开启部分。试件应按照幕墙工程的施工图进行设计。试件设计应经建筑设计单位项目负责人、监理工程师同意并确认。气密性能的检测应按照国家现行有关标准的规定执行。

检查数量：核查全部质量证明文件和性能检测报告。现场观察及启闭检查按检验批抽查30%，且不少于5件（处）。气密性能检测应对一个单位工程中面积超过1000m²的每一种幕墙均抽取一个试件进行检测。

（5）幕墙节能工程使用的保温材料，其厚度应符合设计要求，安装牢固，且不得松脱。

检验方法：对保温板或保温层采取针插法或削开法，尺量厚度；手扳检查。

检查数量：按检验批抽查10%，且不少于5处。

（6）遮阳设施的安装位置应满足设计要求，遮阳设施的安装应牢固。

检验方法：观察；尺量；手扳检查。

检查数量：检查全数的10%，且不少于5处；牢固程度全数检查。

（7）幕墙工程热桥部位的隔断热桥措施应符合设计要求，断热节点的连接应牢固。

检验方法：对照幕墙节能设计文件，观察检查。

检查数量：检查全数的10%，且不少于5处。

（8）幕墙隔汽层应完整、严密、位置正确，穿透隔汽层处的节点构造应采取密封措施。

检验方法：观察检查。

检查数量：检查全数的10%，且不少于5处。

（9）冷凝水的收集和排放应通畅，且不得渗漏。

检验方法：通水试验，观察检查。

检查数量：检查全数的10%，且不少于5处。

2. 幕墙节能工程质量的一般项目

（1）镀（贴）膜玻璃的安装方向、位置应正确。中空玻璃应采用双道密封。中空玻璃的均压管应密封处理。

检验方法：观察；检查施工记录。

检查数量：每个检验批抽查10%，且不少于5件（处）。

（2）单元式幕墙板块组装应符合下列要求。①密封条：规格正确，长度无负偏差，接缝的搭接符合设计要求。②保温材料：固定牢固，厚度符合设计要求。③隔汽层：密封完整、严密。④冷凝水排水系统：通畅，无渗漏。

检验方法：观察检查；手扳检查；尺量；通水试验。

检查数量：每个检验批抽查10%，且不少于5件（处）。

（3）幕墙与周边墙体的接缝处应采用弹性闭孔材料填充饱满，并且应采用耐候性良好的密封胶密封。

检验方法：观察检查。

检查数量：每个检验批抽查10%，且不少于5件（处）。

（4）伸缩缝、沉降缝、抗震缝的保温或密封做法应符合设计要求。

检验方法：对照设计文件观察检查。

检查数量：每个检验批抽查10%，且不少于10件（处）。

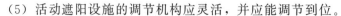

（5）活动遮阳设施的调节机构应灵活，并应能调节到位。

检验方法：现场调节试验，观察检查。

检查数量：每个检验批抽查 10％，且不少于 10 件（处）。

三、幕墙节能分项工程质量验收

1. 幕墙节能分项工程检验批划分

《建筑装饰装修工程质量验收规范》（GB 50210—2001）的相关规定如下。

（1）各分项工程的检验批应按下列规定划分：①相同设计、材料、工艺和施工条件的幕墙工程，每 500～1000m² 应划分为一个检验批，不足 500m² 的也应划分为一个检验批；②同一单位工程不连续的幕墙工程应单独划分检验批；③对于异型或有特殊要求的幕墙，检验批的划分应根据幕墙的结构、工艺特点及幕墙工程规模，由监理单位（或建设单位）和施工单位协商确定。

（2）检查数量应符合下列规定：①每个检验批每 100m² 应至少抽查一处，每处不得小于10m²；②对于异型或有特殊要求的幕墙工程，应根据幕墙的结构、工艺特点，由监理单位（或建设单位）和施工单位协商确定。

2. 幕墙节能隐蔽工程的质量验收

幕墙节能工程施工中应对下列部位或项目进行隐蔽工程验收，并应有详细的文字记录和必要的图像资料：①被封闭的保温材料厚度和保温材料的固定；②幕墙周边与墙体的接缝处保温材料的填充；③构造缝、结构缝；④隔汽层；⑤热桥部位断热节点；⑥单元式幕墙板块间的接缝构造；⑦冷凝水收集和排放构造；⑧幕墙的通风换气装置。

3. 幕墙节能工程施工质量验收

附着于主体结构上的隔汽层、保温层，应在主体结构工程质量验收合格后进行施工。施工过程中应及时进行质量检查、隐蔽工程验收和检验批验收，工程施工完毕后应进行幕墙节能分项工程验收。

第五节　幕墙常见质量问题及预防措施

目前，建筑幕墙作为建筑物的一种外墙装饰围护结构，在我国的建筑工程中得到了广泛应用，并取得了较好的装饰效果，受到人们的欢迎。但是，由于设计、施工和管理工作相对滞后，致使玻璃幕墙在工程质量方面存在着许多问题，影响其使用功能、装饰效果和使用寿命，应当引起足够的重视。

工程实践证明，建筑幕墙工程存在的质量问题往往不是一个方面，而是具有综合性的。根据我国幕墙工程的实际情况，主要有设计和施工 2 个方面的问题；存在这些这些问题的原因，主要有建筑装饰管理市场不规范、装饰施工企业素质不高、从业人员对规范掌握不够和施工企业管理水平较低等。

一、玻璃幕墙的质量问题与防治

玻璃幕墙是一种构造较复杂、施工难度大、质量要求高、易出现质量事故的工程。在玻璃幕墙施工中，如果不按有关规范和标准进行施工，容易出现的质量问题很多，如预埋件强度不足、预埋件漏放和偏位、连接件与预埋件锚固不合格、构件安装接合处漏放垫片、产生渗漏水现象、防火隔层不符合要求、玻璃发生爆裂、无防雷系统等。

1. 幕墙预埋件强度不足

（1）质量问题 由于在进行幕墙工程的设计时，对预埋件的设计与计算重视不够，未有大样图或未按图纸制作加工，从而造成钢筋强度和长度不足、总截面积偏小、焊缝不饱满，导致预埋件的用料和制作不规范，不仅严重影响预埋件的承载力，而且存在安全隐患。

（2）原因分析 导致幕墙预埋件强度不足的原因较多，主要有以下几点。

① 幕墙预埋件未进行认真设计和计算，预埋件的制作和采用的材料达不到设计要求；当设计无具体要求时，没有经过结构计算来确定用料的规格。

② 选用的预埋件的材料质量不符合《玻璃幕墙工程技术规范》（JGJ 102—2003）中的有关规定。

③ 主体结构的混凝土强度等级偏低，预埋件不能牢固地嵌入混凝土中，间接造成预埋件强度不足。

（3）预防措施 针对以上分析的幕墙预埋件强度不足的原因，一般可以采取以下的预防措施。

① 预埋件的数量、间距、螺栓直径、锚板厚度、锚固长度等，应按设计规定制作和预埋。如果设计中无具体规定时，应按《玻璃幕墙工程技术规范》（JGJ 102—2003）中的有关规定进行承载力的计算。

② 选用适宜、合格的材料。预埋件所用的钢板应采用 Q235 钢板，钢筋应采用Ⅰ级钢筋或Ⅱ级钢筋，不得采用冷加工钢筋。

③ 直锚筋与锚板的连接，应采用 T 形焊接方式；当锚筋直径不大于 20mm 时，宜采用压力埋弧焊方式，以确保焊接的质量。

④ 为确保预埋件的质量，预埋件加工完毕后，应当逐个进行检查验收，不合格者不得用于工程。

⑤ 在主体结构混凝土的设计和施工时，必须要考虑到预埋件的承载力，混凝土的强度必须满足幕墙工程的要求。

⑥ 对于先修建主体结构后改为玻璃幕墙的工程，当原有建筑主体结构混凝土的强度等级低于 C30 时，要经过计算后增加预埋件的数量。通过结构理论计算，确定螺栓的锚固长度、预埋方法，确保玻璃幕墙的安全度。

2. 幕墙预埋件漏放和偏位

（1）质量问题 由于各种原因造成幕墙在安装施工的过程中，出现预埋件数量不足、预埋位置不准备，导致必须停止安装骨架和面板，采用再补埋预埋件的措施；或纠正预埋件位置后再安装。不仅严重影响幕墙的施工进度，有时甚至会破坏主体结构。

（2）原因分析 引起幕墙预埋件漏放和偏位的原因是多方面的，主要有以下几个方面。

① 在幕墙工程的设计和施工中，对预埋件的设计和施工不重视，未经过认真计算和详细设计，没绘制正确可靠的施工图纸，导致操作人员不能严格照图施工。

② 预埋件的具体施工人员责任心不强、操作水平较低，在埋设中不能准确放线和及时检查，从而出现幕墙预埋件漏放和偏位。

③ 在进行土建主体结构施工时，玻璃幕墙的安装单位尚未确定，很可能因无幕墙预埋件的设计图纸而无法进行预埋。

④ 建筑物原设计没有考虑玻璃幕墙方案，而后来又采用玻璃幕墙外装饰，在结构件上没有预埋件。

⑤ 在建筑主体工程的施工中，对预埋件没有采取固定措施，在混凝土浇注和振捣中发生移位。

（3）预防措施　针对以上分析的原因，一般可采取以下措施来预防幕墙预埋件漏放和偏位。

① 幕墙预埋件在幕墙工程中承担全部荷载，并分别传递给主体结构。因此，在幕墙的设计过程中，要高度重视、认真对待、仔细计算、精心设计，并绘制出准确的图纸。

② 在进行预埋件施工之前，应按照设计图纸在安装墙面上进行放线，准确定出每个预埋件的位置；在正式施工时要再次进行校核，无误后方可安装。

③ 幕墙预埋件的安装操作人员，必须具有较高的责任心和质量意识，应具有一定的操作技术水平；在安装的过程中，应及时对每个预埋件的安装情况进行检查，以便发现问题并及时纠正。

④ 预埋件在正式埋设前，应向操作人员进行专项技术交底，以确保预埋件的安装质量。如交代预埋件的规格、型号、位置，以及确保预埋件与模板能接合牢固，确保振捣中不会出现位移等。

⑤ 凡是设计有玻璃幕墙的工程，在土建施工时就要落实安装单位，并提供预埋件的位置设计图。预埋件的预埋安装要有专人负责，并随时办理隐蔽工程验收手续。混凝土的浇筑既要细致插捣密实，又不能碰撞预埋件，以确保预埋件位置准确。

3. 连接件与预埋件锚固不合格

（1）质量问题　在幕墙面板安装的施工中，发现连接件与预埋件锚固十分困难，有的勉强锚固在一起，并不牢固，甚至个别在硬性锚固时出现损坏。不仅严重影响幕墙的施工进度，而且也存在着不牢固的安全隐患。

（2）原因分析　引起连接件与预埋件锚固不合格的原因是多方面的，主要有以下几个方面。

① 在进行幕墙工程设计时，只注意幕墙主体的结构设计，而忽视幕墙连接件与预埋件的设计，特别没有注意到连接件与预埋件之间的衔接，从而造成连接件与预埋件锚固不合格。

② 在连接件与预埋件连接处理时，没有认真按设计大样图进行处理，有的甚至根本没有设计大样图，只凭以往的经验施工。

③ 连接件与预埋件锚固处的焊接质量不佳，达不到设计要求和《钢筋焊接及验收规程》（JGJ 18—2012）中的有关规定。

（3）预防措施　针对以上分析的原因，一般可采取以下措施来预防连接件和预埋件锚固不合格。

① 在设计玻璃幕墙时，要对各连接部位画出节点大样图，以便工人按图施工；对材料

的规格、型号、焊缝等技术要求都应注明。

② 在进行连接件与预埋件之间的锚固或焊接时，应严格按《玻璃幕墙工程技术规范》（JGJ 102—2003）中的要求安装；焊缝的高度、长度和宽度，应通过设计计算确定。

③ 焊工应经过考核合格，持证上岗。连接件与预埋件锚固处的焊接质量，必须符合《钢筋焊接及验收规程》（JGJ 18—2012）中的有关规定。

④ 对焊接件的质量应进行检验，并应符合下列要求：a. 焊缝受热影响时，其表面不得有裂纹、气孔、夹渣等缺陷；b. 焊缝咬边的深度不得超过 0.5mm，焊缝两侧咬边的总长度不应超过焊缝长度的 10％；c. 焊缝的几何尺寸应符合设计要求。

4. 幕墙有渗漏水现象

（1）质量问题　玻璃幕墙的接缝处及幕墙四周与主体结构之间有渗漏水现象，不仅影响幕墙的外观装饰效果，而且严重影响幕墙的使用功能。严重者还会损坏室内的装饰层，缩短幕墙的使用寿命。一旦渗漏水部位不易进行修补时，还存在很大的危险性，后果非常严重。

（2）原因分析　引起幕墙渗漏水的原因是多方面的，主要有以下几个方面。

① 在进行玻璃幕墙设计时，由于设计考虑不周，细节部位处理欠妥或不认真，很容易造成渗漏水问题。

② 使用质量不合格的橡胶条或过期的密封胶。橡胶条与金属槽口不匹配，特别是规格较小时，不能将玻璃与金属框的缝隙密封严密；玻璃密封胶液如超过规定的期限，其黏结力将会大大下降。

③ 密封胶液在注胶前，基层净化处理未达到标准要求，使得密封胶液与基层黏结不牢，从而使幕墙出现渗漏水现象。

④ 所用密封胶液的规格不符合设计要求，造成胶缝处厚薄不均匀，从而形成水的渗透通道。

⑤ 幕墙内排水系统设计不当，或施工后出现排水不通畅或堵塞现象；或者幕墙的开启部位密封不良，橡胶条的弹性较差，五金配件缺失或损坏。

⑥ 幕墙周边、压顶的铝合金泛水板搭接长度不足，封口不严，密封胶液漏注，均可导致幕墙出现渗漏水现象。

⑦ 在幕墙施工的过程中，未进行抗雨水渗漏方面的试验和检查，密封质量无保证。

（3）预防措施　针对以上分析的幕墙渗漏水的原因，一般可采取以下措施来预防。

① 幕墙结构必须安装牢固，各种框架结构、连接件、玻璃和密封材料等，不得因风荷载、地震、温度和湿度变化而发生螺栓松动、密封材料损坏等现象。

② 所用的密封胶的牌号应符合设计要求，并有相容性试验报告。密封胶液应在保质期内使用。硅酮结构密封胶液应在封闭、清洁的专用车间内打胶，不得在现场注胶；硅酮结构密封胶在注胶前，应按要求将基材上的尘土、污垢清除干净，注胶时速度不宜过快，以免出现针眼和堵塞等现象，底部应用无黏结胶带分开，以防三面黏结，出现拉裂现象。

③ 幕墙所用橡胶条，应当按照设计规定的材料和规格选用，镶嵌一定要达到平整、严密，接口处一定要用密封胶液填实封严；开启窗安装的玻璃应与幕墙在同一水平面上，不得有凹进现象。

④ 在进行玻璃幕墙的设计时，应设计泄水通道，雨水的排水口应按规定留置，并保持

内排水系统畅通，以便集水后由管道排出，使大量的水及时排除远离幕墙，减少水向幕墙内渗透的机会。

⑤ 在填嵌密封胶之前，要将接触处擦拭干净，再用溶剂揩擦后方可嵌入密封胶，厚度应大于3.5mm，宽度要大于厚度的2倍。

⑥ 幕墙的周边、压顶及开启部位等处构造比较复杂，设计应绘制出节点大样图，以便操作人员按图施工；在施工中，要严格按图进行操作，并应及时检查施工质量，凡有密封不良、材质较差等情况，应及时加以调整。

⑦ 在幕墙工程的施工中，应分层进行抗雨水渗漏性能的喷射水试验，检验幕墙的施工质量，发现问题及时调整解决。

5. 幕墙玻璃发生自爆碎裂

（1）质量问题　幕墙玻璃在幕墙安装的过程中，或者在安装后的一段时间内，玻璃在未受到外力撞击的情况下，出现自爆碎裂现象，不仅影响幕墙的使用功能和装饰效果，而且还具有下落伤人的危险性，必须予以更换和修整。

（2）原因分析　引起幕墙玻璃自爆碎裂的原因是多方面的，主要有以下几个方面。

① 幕墙玻璃采用的原片质量不符合设计要求，在温度骤然变化的情况下易发生自爆碎裂；或者玻璃的面积过大，不能适应热胀冷缩的变化。

② 幕墙玻璃在安装时，底部未按规定设置弹性铺垫材料，而是与构件槽底直接接触，受温差应力或振动力的作用从而造成玻璃碎裂。

③ 玻璃材料试验证明，普通玻璃在切割后不进行边缘处理，在受热时因膨胀出现应力集中，容易发生自爆碎裂。

④ 隔热保温材料直接与玻璃接触或镀膜出现破损，使玻璃的中部与边缘产生较大温差，当温度应力超过玻璃的抗拉强度时，则会出现玻璃的自爆碎裂。

⑤ 全玻璃幕墙的底部使用硬化性密封材料，当玻璃受到挤压时，易使玻璃出现破损。

⑥ 幕墙三维调节消化余量不足，或主体结构变动的影响超过了幕墙三维调节所能消化的余量，也会造成玻璃的破裂。

⑦ 隐框式玻璃幕墙的玻璃间隙比较小，特别是顶棚四周底边的间隙更小，如果玻璃受到侧向压应力影响时，则会造成玻璃的碎裂。

⑧ 在玻璃的夹接处，由于弹性垫片漏放或太薄，或夹件固定太紧会造成该处玻璃的碎裂。

⑨ 幕墙采用的钢化玻璃，未进行钢化防爆处理，在一定的条件下也会发生玻璃自爆现象。

（3）预防措施　针对以上分析的原因，一般情况下可以采取以下措施来预防。

① 玻璃原片的质量应符合现行标准的要求，必须有出厂合格证。当设计必须采用大面积玻璃时，应采取相应的技术措施，以减小玻璃中央与边缘的温差。

② 在进行玻璃切割加工时，应按规范规定留出每边与构件槽口的配合距离。玻璃切割后，边缘经磨边、倒角、抛光处理后再加工。

③ 在进行幕墙玻璃安装时，应按设计规定设置弹性定位垫块，使玻璃与框有一定的间隙。

④ 要特别注意避免保温材料与玻璃接触，在安装完玻璃后，要做好产品保护，防止镀

膜层破损。

⑤ 要通过设计计算确定幕墙三维调节的能力。如果主体结构变动或构架刚度不足，应根据实际情况和设计要求进行加固处理。

⑥ 对于隐框式玻璃幕墙，在安装中应特别注意玻璃的间隙，玻璃的拼缝宽度不宜小于 15mm。

⑦ 在夹件与玻璃夹接处，必须设置一定厚度的弹性垫片，以免刚性夹件同脆性玻璃直接接触，受外力影响时，造成玻璃的碎裂。

⑧ 当玻璃幕墙采用钢化玻璃时，为防止玻璃发生自爆，应对玻璃进行钢化防爆处理。

6. 幕墙构件安装接合处漏放垫片

（1）质量问题　连接件与立柱之间，未按照规范要求设置垫片，或在施工中漏放垫片，这样构件在一定的条件下很容易发生电化学腐蚀，对整个幕墙的使用年限和使用功能有一定影响。

（2）原因分析　出现漏放垫片的主要原因有：①在设计中不重视垫片的设置，忘记这个小部件；②在节点设计大样图中未注明，施工人员未安装；③施工人员责任心不强，在施工中漏放；④施工管理人员检查不认真，没有及时检查和纠正。

（3）预防措施　针对以上分析的原因，一般可采取以下措施来预防。

① 为防止不同金属材料相接触时发生电化学腐蚀，标准《玻璃幕墙工程技术规范》（JGJ 102—2003）中规定，在接触部位应设置相应的垫片。一般应采用 1mm 厚的绝缘耐热硬质有机材料垫片，在幕墙设计中不可遗漏。

② 在幕墙立柱与横梁两端之间，为适应和消除横向温度变形及噪声的要求，在《玻璃幕墙工程技术规范》（JGJ 102—2003）中做出规定：在连接处要设置一面有胶一面无胶的弹性橡胶垫片或尼龙制作的垫片。弹性橡胶垫片应有 20%～35% 的压缩性，一般用邵尔 A 型 75～80 橡胶垫片，安装在立柱的预定位置，并应安装牢固，其接缝要严密。

③ 在幕墙施工的过程中，操作人员必须按设计要求放置垫片，不可漏放；施工管理人员必须认真进行质量检查，以便及早发现漏放、及时进行纠正。

7. 幕墙工程防火不符合要求

（1）质量问题　由于层间防火设计不周全、不合理，施工不认真、不精细，造成幕墙与主体结构间没有设置层间防火；或未按要求选用防火材料，达不到防火性能要求，严重影响幕墙工程的防火安全。

（2）原因分析　导致幕墙防火不符合要求的原因是多方面的，主要有以下几个方面。

① 有些玻璃幕墙在进行设计时，对防火设计未引起足够重视，没有考虑设置防火隔层，造成设计方面的漏项，使玻璃幕墙无法防火。

② 有些楼层的联系梁处没有设置幕墙的分格横梁，防火层的位置设置不正确，节点没有设计大样图。

③ 采用的防火材料质量达不到规范的要求。

（3）预防措施　针对以上分析的幕墙工程防火不符合要求的原因，一般可采取以下预防措施。

① 在进行玻璃幕墙的设计时，千万不可遗漏防火隔层的设计。在初步设计对外立面分

割时，应同步考虑防火安全的设计，并绘制出节点大样图，在图上要注明用料规格和锚固的具体要求。

② 在进行玻璃幕墙的设计时，横梁的布置与层高相协调，一般每一个楼层就是一个独立的防火分区，要在楼面处设置横梁和防火隔层。

③ 玻璃幕墙的防火设计，除应当符合现行国家标准《建筑设计防火规范》（GB 50016—2014）中的有关规定外，还应符合下列规定：a. 应根据防火材料的耐火极限决定防火层的厚度和宽度，并应在楼板处形成防火带；b. 防火层应采取可靠的隔离措施，防火层的衬板应采用经过防腐处理、厚度不小于1.5mm的钢板，不得采用铝板；c. 防火层中所用的密封材料，应当采用防火密封胶；d. 防火层与玻璃不得直接接触，同时一块玻璃不应跨两个防火区。

④ 玻璃幕墙和楼层处、隔墙处的缝隙，应用防火或不燃烧材料填嵌密实；但防火层用的隔断材料等，其缝隙用防火保温材料填塞，表面缝隙用密封胶封闭严密。

⑤ 防火层施工应符合设计要求，幕墙窗间墙及窗槛墙的填充材料，应采用不燃烧材料，当外墙采用耐火极限不低于1h的不燃烧材料时，其墙内填充材料可采用难燃烧材料。防火隔层应铺设平整，锚固要确实可靠。防火施工后要办理隐蔽工程验收手续，合格后方可进行面板施工。

8. 幕墙安装无防雷系统

（1）质量问题　由于设计不合理或没有按设计要求施工，致使玻璃幕墙没有设置防雷均压环，或防雷均压环没有和主体结构的防雷系统相连接；或者接地电阻不符合规范要求，从而使幕墙存在着严重的安全隐患。

（2）原因分析　导致幕墙安装无防雷系统的原因是多方面的，主要有以下几个方面。

① 在进行玻璃幕墙的设计时，根本没考虑到防雷系统，使这部分被遗漏，或者设计不合理，从而严重影响了玻璃幕墙的使用安全度。

② 有些施工人员不熟悉防雷系统的安装规定，无法进行防雷系统的施工，从而造成不安装或安装不合格。

③ 选用的防雷均匀环、避雷线、引下线、接地装置等材料，不符合设计要求，导致防雷效果不能满足要求。

（3）预防措施　针对以上分析的原因，一般情况下可以采取以下预防措施。

① 在进行玻璃幕墙工程的设计时，要有防雷系统的设计方案，施工中要有防雷系统的施工图纸，以便施工人员按图施工。

② 玻璃幕墙应每隔三层设置扁钢或圆钢防雷均压环，防雷均压环与主体结构的防雷系统相连接，接地电阻应符合设计规范中的要求，使玻璃幕墙形成自身的防雷系统。

③ 对防雷均匀环、避雷线、引下线、接地装置等的用料、接头，都必须符合设计要求和《建筑物防雷设计规范》（GB 50057—2010）中的规定。

9. 玻璃四周泛黄，密封胶变色、变质

（1）质量问题　玻璃幕墙安装完毕或使用一段时间后，在玻璃四周出现泛黄现象，密封胶也出现变色和变质现象，不仅严重影响玻璃幕墙的外表美观，而且存在着极大的危险性，

应当引起高度重视。

（2）原因分析　玻璃四周泛黄等现象的出现，可能是多方面因素导致的，主要有以下几个方面。

① 当密封胶采用的是非中性胶或不合格胶时，呈酸碱性的胶与夹层玻璃中的 PVB 胶片、中空玻璃的密封胶和橡胶条接触，因为它们之间的相容性不良，使 PVB 胶片或密封胶泛黄变色，使橡胶条变硬发脆，影响幕墙的外观质量，甚至出现渗漏水现象。

② 幕墙采用的夹丝玻璃边缘未进行处理，使低碳钢丝因生锈从而造成玻璃四周泛黄，严重时会使锈蚀产生膨胀，玻璃在膨胀力的作用下碎裂。

③ 采用的不合格密封胶在紫外线的照射下，发生老化、变色和变脆，致使其失去密封防水的作用，从而又引起玻璃泛黄。

④ 在玻璃幕墙使用的过程中，由于清洁剂选用不当，对玻璃产生腐蚀从而出现泛黄现象。

（3）预防措施　针对以上分析的玻璃幕墙质量不佳的原因，一般情况下可以采取以下预防措施。

① 在玻璃幕墙安装之前，首先应做好密封胶的选择和试验工作。第一，应选择中性和合格的密封胶，不得选用非中性胶或不合格的密封胶；第二，对所选用的密封胶要进行与其他材料的相容性试验。待确定完全合格后，才能正式用于玻璃幕墙。

② 当幕墙采用夹丝玻璃时，在玻璃切割后，其边缘应及时进行密封处理，并作防锈处理，防止钢丝生锈从而导致玻璃四周泛黄。

③ 清洗幕墙玻璃和框架的清洁剂，应采用中性清洁剂，并应做对玻璃等材料的腐蚀性试验，合格后方可使用。同时要注意，玻璃和金属框架的清洁剂应分别使用，不得错用和混用。清洗时应采取相应的隔离保护措施，清洗后及时用清水冲洗干净。

10. 幕墙的拼缝不合格

（1）质量问题　明框式玻璃幕墙出现外露框或压条有横不平、竖不直缺陷，单元玻璃幕墙的单元拼缝或隐框式玻璃幕墙的分格玻璃拼缝存在缝隙不均匀、不平不直质量问题，以上质量缺陷不但影响胶条的填嵌密实性，而且影响幕墙的外观质量。

（2）原因分析　导致幕墙拼缝不合格的原因是多方面的，主要有以下几个方面。

① 在进行幕墙玻璃的安装时，未对土建的标准标志进行复验，由于测量基准不准确，导致玻璃拼缝不合格。或者进行复验时，风力大于 4 级导致测量误差较大。

② 在进行幕墙玻璃的安装时，未按规定要求每天对玻璃幕墙的垂直度及立柱的位置进行测量核对。

③ 玻璃幕墙的立柱与连接件在安装后未进行认真调整和固定，导致它们之间的安装偏差过大，超过设计和施工规范的要求。

④ 立柱与横梁安装完毕后，未按要求用经纬仪和水准仪进行校核检查、调整。

（3）预防措施　针对以上分析的幕墙拼缝不合格的原因，一般可以采取以下预防措施。

① 在玻璃幕墙正式测量放线前，应对总包提供的土建标准标志进行复验，经监理工程师确认后，方可作为玻璃幕墙的测量基准。对于高层建筑的测量应在风力不大于 4 级的情况下进行，每天定时对玻璃幕墙的垂直度及立柱位置进行测量核对。

② 玻璃幕墙的分格轴线的确定，应与主体结构施工测量轴线紧密配合，其误差应及时进行调整，不得积累。

③ 立柱与连接件安装后应进行调整和固定。它们安装后应达到如下标准：立柱安装标高偏差不大于3mm；轴线前后的偏差不大于2mm，左右偏差不大于3mm；相邻两根立柱安装标高偏差不应大于3mm，距离偏差不应大于2mm，同层立柱的最大标高偏差不应大于5mm。

④ 幕墙横梁安装应弹好水平线，并按线将横梁两端的连接件及垫片安装在立柱的预定位置，并应确定安装牢固。保证相邻两根横梁的水平高差不应大于1mm，同层标高的偏差：当一幅幕墙的宽度小于或等于35m时不应大于5mm；当一幅幕墙的宽度大于35m时不应大于7mm。

⑤ 立柱与横梁安装完毕后，应用经纬仪和水准仪对立柱和横梁进行校核检查、调整，使它们均符合设计要求。

11. 玻璃幕墙出现结露现象

（1）质量问题　玻璃幕墙出现结露现象，不仅影响幕墙的外观装饰效果，而且还会导致通视较差、浸湿室内装饰和损坏其他设施。常见的建筑幕墙结露现象主要有：①中空玻璃的中空层出现结露，致使玻璃的通视性不好；②在比较寒冷的地区，当冬季室内外的温差较大时，玻璃的内表面出现结露现象；③建筑幕墙内没有设置结露水排放系统，结露水浸湿室内装饰或设施。

（2）原因分析　导致幕墙出现结露现象的原因是多方面的，主要有以下几个方面。

① 采用的中空玻璃质量不合格，尤其是对中空层的密封不严密，很容易使中空玻璃在中空层出现结露。

② 建筑幕墙设计不合理，或者选材不当，没有设置结露水凝结排放系统。

（3）预防措施　针对以上分析的原因，一般情况下可以采取以下措施来预防玻璃幕墙结露。

① 对于中空玻璃的加工质量必须严格控制，加工制作中空玻璃要在洁净干燥的专用车间内进行；所用的玻璃、间隔橡胶条一定要干净、干燥，并安装正确，间隔条内要装入适量的干燥剂。

② 要特别重视中空玻璃的密封，要采用双道密封，密封胶要正确涂敷，厚薄均匀，转角处不得有漏涂、缺损现象。

③ 建筑幕墙设计要根据当地气候条件和室内功能要求，科学合理确定幕墙的热阻，选用合适的幕墙材料，如在北方寒冷地区宜选用中空玻璃。

④ 如果建筑幕墙设计允许出现结露现象时，在幕墙结构的设计中必须要设置结露水凝结排放系统。

二、金属幕墙的质量问题与防治

金属板饰面建筑幕墙在施工过程中涉及工种较多，工艺比较复杂，施工难度较大，加上金属板的厚度比较小，加工和安装中易发生变形，因此比较容易出现一些质量问题，不仅严重影响装饰效果，而且也影响幕墙的使用功能。对金属幕墙出现的质量问题应引起足够的重视，并采取措施积极进行防治。

1. 板面不平整，接缝不平齐

（1）质量问题　在金属幕墙工程完工检查验收时发现板面之间有高低不平、板块中有凹凸不平、接缝不顺直、板缝有错牙等质量缺陷，这些质量问题严重影响金属幕墙的表面美观，同时对使用中的维修、清洗也会造成困难。

（2）原因分析　产生以上质量问题的原因很多，根据工程实践经验，主要原因包括以下几个方面。

① 连接金属板面的连接件，未按施工规定要求进行固定，固定不够牢靠，在安装金属板时，由于施工和面板的作用，使连接件发生位移，自然会导致板面不平整、接缝不平齐。

② 连接金属板面的连接件，未按施工规定要求进行固定，尤其是安装高度不一致，使得金属板安装也会出现板面不平整、接缝不平齐的现象。

③ 在进行金属面板加工的过程中，未按规范要求进行加工，使金属面板本身不平整，或尺寸不准确；在金属板的运输、保管、吊装和安装中，不注意对板面进行保护，从而导致板面不平整、接缝不平齐。

（3）预防措施　针对以上出现板面不平整、接缝不平齐的原因，可以采取以下防治措施。

① 切实按照设计和施工规范的要求，进行金属幕墙连接件的安装，确保连接件安装牢固平整、位置准确、数量满足。

② 严格按要求对金属面板进行加工，确保金属面板表面平整、尺寸准确、符合要求。

③ 在金属面板的加工、运输、保管、吊装和安装中，要注意对金属面板成品的保护，使其不受到损伤。

2. 密封胶开裂，出现渗漏问题

（1）质量问题　金属幕墙在工程验收或使用过程中，发现密封胶开裂的质量问题，产生气体渗透或雨水渗漏。不仅使金属幕墙的内外受到气体和雨水的侵蚀，而且会降低幕墙的使用寿命。

（2）原因分析　产生以上质量问题的原因很多，主要有以下几个方面。

① 注胶部位未认真进行清理擦洗，由于不洁净就注胶，所以胶与材料黏结不牢，它们之间有一定的缝隙，使得密封胶开裂，出现渗漏问题。

② 由于胶缝的深度过大，结果造成三面黏结，从而导致密封胶开裂的质量问题，产生气体渗透或雨水渗漏。

③ 在注入的密封胶尚未完全黏结前，受到灰尘沾染或其他振动，使密封胶未能牢固黏结，导致密封胶与材料脱离而开裂。

（3）预防措施　针对以上分析的原因，一般可以采取以下措施来预防。

① 在注密封胶之前，应对需黏结的金属板材缝隙进行认真清洁，尤其是对黏结面应特别重视，清洁后要加以干燥和保持。

② 在较深的胶缝中，应根据实际情况充填聚氯乙烯发泡材料，一般宜采用小圆棒形状的填充料，这样可避免胶造成三面黏结。

③ 在注入密封胶后，要认真进行保护，并创造良好环境（如遮阳、防雨），使其至完全硬化。

3. 预埋件位置不准，横竖料难以固定

（1）质量问题　预埋件是幕墙安装的主要挂件，承担着幕墙的全部荷载和其他荷载，预埋件的位置是否准确，对幕墙的施工和安全关系重大。但是，在预埋件的施工中，由于未按设计要求进行设置，结果会造成预埋件位置不准备，必然会导致幕墙的横竖骨架很难与预埋件固定连接，甚至出现连接不牢的现象，重新返工。

（2）原因分析　产生以上质量问题的原因是多方面的，主要包括以下几个方面。

① 在预埋件进行放置前，未在施工现场进行认真复测和放线；或在放置预埋件时，偏离安装基准线，导致预埋件位置不准确。

② 预埋件的放置方法，一般是将其绑扎在钢筋上，或者固定在模板上。如果预埋件与模板、钢筋连接不牢，在浇筑混凝土时会使预埋件的位置变动。

③ 预埋件放置完毕后，未对其进行很好的保护，在其他工序的施工中对其发生碰撞，使预埋件位置变化。

（3）预防措施　针对以上分析的原因，一般情况下可以采取以下措施来预防。

1）在进行金属幕墙的设计时，应根据规范设置相应的预埋件，并确定其数量、规格和位置；在进行放置之前，应当根据施工现场的实际情况，对照设计图进行复核和放线，并进行必要的调整。

2）预埋件放置时，必须与模板、钢筋连接牢固；在浇筑混凝土时，应随时进行观察和纠正，以保证其位置的准确性。

3）在预埋件放置完成后，应时刻注意对其进行保护。在其他工序的施工中，不要碰撞到预埋件，以保证预埋件不发生位移。

4）如果混凝土结构施工完毕后，发现预埋件的位置发生较大偏差，则应及时采取补救措施。补救措施主要有下列几种。

① 当预埋件的凹入度超过允许偏差范围时，可以采取加长铁件的补救措施，但加长的长度应当进行控制，采用焊接加长的焊接质量必须符合要求。

② 当预埋件向外凸出超过允许偏差范围时，可以采用缩短铁件的方法；或剔去原预埋件改用膨胀螺栓，将铁件紧固在混凝土结构上。

③ 当预埋件向上或向下偏移超过允许偏差范围时，则应修改立柱连接孔或用膨胀螺栓调整连接位置。

④ 当预埋件发生漏放时，应采用膨胀螺栓连接或剔除混凝土后重新埋设。决不允许因漏而省的错误做法。

4. 胶缝不平滑充实，胶线扭曲不顺直

（1）质量问题　金属幕墙的装饰效果如何，不只是表现在框架和饰面上，胶缝是否平滑、顺直和充实，也是非常重要的方面。但是，在胶缝的施工中，很容易出现胶缝注入不饱满、缝隙不平滑、线条不顺直等质量缺陷，严重影响金属幕墙的整体装饰效果。

（2）原因分析　产生以上质量问题的原因是多方面的，主要包括以下几个方面。

① 在进行注胶时，未能按施工要求进行操作，或注胶用力不均匀，或注胶枪的角度不正确，或刮涂胶时不连续，都会导致胶缝不平滑充实，胶线扭曲不顺直。

② 注胶操作人员未经专门培训，技术不熟练，要领不明确，也会使胶缝出现不平滑充

实、胶线扭曲不顺直等质量缺陷。

（3）预防措施　针对以上分析的原因，一般情况下可以采取以下预防措施。

① 在进行注胶的施工中，应严格按正确的方法进行操作，要连续均匀地注胶，要使注胶枪以正确的角度注胶，当密封胶注满后，要用专用工具将胶液刮密实和平整，胶缝的表面应达到光滑无皱纹的质量要求。

② 注胶是一项技术要求较高的工作，操作人员应经过专门的培训，使其掌握注胶的基本技能和质量意识。

5. 成品产生污染，影响装饰效果

（1）质量问题　金属幕墙安装完毕后，由于未按规定进行保护，结果造成幕墙成品发生污染、变色、变形、排水管道堵塞等质量问题，既严重影响幕墙的装饰效果，也会使幕墙发生损坏。

（2）原因分析　产生以上质量问题的原因是多方面的，主要包括以下几个方面。

① 在金属幕墙安装施工的过程中，不注意对金属饰面的保护，尤其是在注胶中很容易产生污染，这是金属幕墙成品污染的主要原因。

② 在金属幕墙安装施工完毕后，未按规定要求对幕墙成品进行保护，在其他工序的施工中污染了金属幕墙。

（3）预防措施　针对以上分析的原因，一般可以采取以下措施来预防。

① 在金属幕墙安装施工的过程中，要注意按操作规程施工和文明施工，并及时清除板面及构件表面上的黏附物，使金属幕墙在安装时即为清洁的饰面。

② 在金属幕墙安装完毕后，立即进行从上向下的清扫工作，并在易受污染和损坏的部位贴上一层保护膜或覆盖塑料薄膜，对于易受磕碰的部位应设置防护栏。

6. 铝合金板材厚度不足

（1）质量问题　金属幕墙的面板选用铝合金板材时，其厚度不符合设计要求，不仅影响幕墙的使用功能，而且还严重影响幕墙的耐久性。

（2）原因分析　产生以上质量问题的原因是多方面的，主要有以下几种。

① 承包商片面追求经济利益，选用的铝合金板材的厚度小于设计厚度，从而造成板材不合格，导致板材厚度不足从而影响整个幕墙的质量。

② 铝合金板材进场后，未认真进行复验工作，其厚度不符合设计要求。

③ 铝合金板材的生产厂家未按照国家现行有关规范生产，从而导致出厂板材不符合生产标准的要求。

（3）预防措施　针对以上分析的原因，一般情况下可以采取以下预防措施。

铝合金面板要选用专业生产厂家的产品，在幕墙面板订货前要考察其生产设备、生产能力，并应有可靠的质量控制措施，确认原材料产地、型号、规格，并封样备查；铝合金面板进场后，要检查其生产合格证和原材料产地证明，均应符合设计和购货合同的要求，同时查验其面板厚度应符合下列要求。

① 单层铝板的厚度不应小于 2.5mm，并应符合现行国家标准《一般工业用铝及铝合金板、带材》（GB/T 3880.1—2012）中的有关规定。

② 铝塑复合板的上、下两层铝合金板的厚度均应为 0.5mm，其性能应符合现行国家标

准《建筑幕墙用铝塑复合板》（GB/T 17748—2008）中规定的外墙板的技术要求；铝合金板与夹心板的剥离强度标准值应大于 $7N/mm^2$。

③ 蜂窝铝板的总厚度为 10～25mm。其中厚度为 10mm 的蜂窝铝板，其正面铝合金板厚度应为 1mm，背面铝合金板厚度为 0.5～0.8mm；厚度在 10mm 以上的蜂窝铝板，其正面铝合金板的厚度均应为 1mm。

7. 铝合金面板的加工质量不符合要求

（1）质量问题　铝合金面板是金属幕墙的主要装饰材料，对于幕墙的装饰效果起着决定性作用。如果铝合金面板的加工质量不符合要求，不仅会导致面板安装十分困难，接缝不均匀，而且还严重影响金属幕墙的外观质量和美观。

（2）原因分析　产生以上质量问题的原因是多方面的，主要包括以下几个方面。

① 在金属幕墙的设计中，没有对铝合金面板的加工质量提出详细的要求，致使生产厂家对质量要求不明确。

② 生产厂家由于没有专用的生产设备，或者设备、测量器具没有定期进行检修，精度达不到加工精度要求，致使加工的铝合金面板质量不符合要求。

（3）预防措施　针对以上分析的原因，一般情况下可以采取以下预防措施。

1）铝合金面板的加工应符合设计要求，表面氟碳树脂涂层厚度应符合规定。铝合金面板加工的允许偏差应符合表 4-5 中的规定。

表 4-5　铝合金板材加工允许偏差　　　　　　　　　　单位：mm

项目		允许偏差	项目		允许偏差
边长	≤2000	±2.0	对角线长度	2000	2.5
	>2000	±2.5		2000	3.0
对边尺寸	≤2000	≤2.5	折弯高度		≤1.0
	>2000	≤3.0	平面度		≤2/1000
			孔的中心距		±1.5

2）单层铝板的加工应符合下列规定。

① 单层铝板在进行折弯加工时，折弯外圆弧半径不应小于板厚的 1.5 倍。

② 单层铝板加劲肋的固定可采用电栓钉，但应确保铝板外表面不变色、褪色，固定应牢固。

③ 单层铝板的固定耳子应符合设计要求，固定耳子可采用焊接、铆接的方式或在铝板上直接冲压而成，应当做到位置正确、调整方便、固定牢固。

④ 单层铝板构件四周边应采用铆接、螺栓或胶黏与机械连接相结合的形式固定，并应做到刚性好，固定牢固。

3）铝塑复合板的加工应符合下列规定。

① 在切割铝塑复合板内层铝板与聚乙烯塑料时，应保留不小于 0.3mm 厚的聚乙烯塑料，并不得划伤外层铝板的内表面。

② 蜂窝铝板的打孔、切割口等外露的聚乙烯塑料及角缝处，应采用中性硅酮耐候密封胶进行密封。

③ 为确保铝塑复合板的质量，在加工过程中严禁将铝塑复合板与水接触。

4）蜂窝铝板的加工应符合下列规定。

① 应根据组装要求决定切口的尺寸和形状。在切割铝芯时，不得划伤蜂窝板外层铝板的内表面；各部位外层铝板上，应保留 0.3～0.5mm 的铝芯。

② 对于直角构件的加工，折角处应弯成圆弧状，蜂窝铝板角部的缝隙处，应采用硅酮耐候密封胶进行密封。

③ 大圆弧角构件的加工，圆弧部位应填充防火材料。

④ 蜂窝铝板边缘的加工，应将外层铝板折合 180°，并将铝芯包封。

8. 铝塑复合板的外观质量不符合要求

（1）质量问题 铝塑复合板幕墙安装后，经质量验收检查发现板的表面有波纹、鼓泡、疵点、划伤、擦伤等质量缺陷，严重影响金属幕墙的外观质量。

（2）原因分析 产生以上质量问题的原因是多方面的，主要包括以下几种。

① 铝塑复合板在加工制作、运输、储存过程中，由于不认真细致或保管不善等，造成板的表面有波纹、鼓泡、疵点、划伤、擦伤等质量缺陷。

② 铝塑复合板在安装操作过程中，安装工人没有认真按操作规程进行操作，致使铝塑复合板的表面有波纹、鼓泡、疵点、划伤、擦伤等质量缺陷。

（3）预防措施 针对以上分析的原因，一般情况下可以采取以下预防措施。

① 铝塑复合板的加工要在封闭、洁净的生产车间内进行，要有专用生产设备，设备要定期进行维修保养，并能满足加工精度的要求。

② 铝塑复合板安装的工人应进行岗前培训，熟练掌握生产工艺，严格按工艺要求进行操作。

③ 铝塑复合板的外观应非常整洁，涂层不得有漏涂或穿透涂层厚度的损伤。铝塑复合板正、反面外得有塑料的外露。铝塑复合板装饰面不得有明显压痕、印痕和凹凸等残迹。

铝塑复合板的外观缺陷应符合表 4-6 中的要求。

表 4-6　铝塑复合板缺陷允许范围

缺陷名称	缺陷规定	允许范围	
		优等品	合格品
波纹	—	不允许	不明显
鼓泡	≤10mm	不允许	不超过 1 个/m²
疵点	≤300mm	不超过 3 个/m²	不超过 10 个/m²
划伤	总长度	不允许	≤100mm²/m²
擦伤	总面积	不允许	≤300mm²/m²
划伤、擦伤总数	—	不允许	≤4 处
色差	色差不明显，若用仪器测量，$\Delta E \leqslant 2$		

三、石材幕墙的质量问题与防治

石材幕墙是三大类幕墙之一，由于石材资源丰富、来源广泛、价格便宜、耐久性好，所以也是一种常用的幕墙材料。石材是一种脆性硬质材料，其具有自重比较大、抗拉和抗弯强度低等缺陷，在加工和安装过程中容易出现各种各样的质量问题，对这些质量问题应当采取预防和治理的措施，积极、及时加以解决，以确保石材幕墙质量符合设计和现行规范的有关要求。

1. 石材板的加工制作不符合要求

（1）质量问题　石材幕墙所用的板材加工制作质量较差，出现板上用于安装的钻孔或开槽位置不准、数量不足、深度不够和槽壁太薄等质量缺陷，导致石材安装困难，接缝不均匀、不平整，不仅影响石材幕墙的装饰效果，而且还会造成石材板的破裂坠落。

（2）原因分析　石材板的加工制作不符合要求的原因主要有以下几方面。

① 在石材板块加工前，没有认真领会设计图纸中的规定和标准，从而加工出的石材板块成品不符合设计要求。

② 石材板块的加工人员技术水平较差，在加工前既没有认真划线，也没有按规程进行操作。

③ 石材幕墙在安装组合的过程中，没有按有关规定进行施工，也会使石材板块不符合设计要求。

（3）预防措施　防止石材板加工制作不符合要求的主要做法有以下几方面。

1）幕墙所用石材板的加工制作应符合下列规定。

① 在石材板的连接部位应无崩边、暗裂等缺陷；其他部位的崩边不大于 $5mm \times 20mm$ 或缺角不大于 20mm 时，可以修补合格后使用，但每层修补的石材板块数不应大于 2%，且宜用于立面不明显部位。

② 石材板的长度、宽度、厚度、直角、异型角、半圆弧形状、异形材及花纹图案造型、石材的外形尺寸等，均应符合设计要求。

③ 石材板外表面的色泽应符合设计要求，花纹图案应按预定的材料样板检查，石材板四周围不得有明显的色差。

④ 如果石材板块加工时采用火烧石，应按材料样板检查火烧后的均匀程度，石材板块不得有暗裂、崩裂等质量缺陷。

⑤ 石材板块加工完毕后，应当进行编号存放。其编号应与设计图纸中的编号一致，以免出现混乱。

⑥ 石材板块的加工，既要结合其在安装中的组合形式，又要结合工程使用中的基本形式。

⑦ 石材板块加工的尺寸允许偏差，应当符合现行国家标准《天然花岗石建筑板材》（GB/T 18601—2009）中规定的一等品的要求。

2）钢销式安装的石材板的加工应符合下列规定。

① 钢销的孔位应根据石材板的大小而定。孔位距离边缘不得小于石板厚度的 3 倍，也不得大于 180mm；钢销间距一般不宜大于 600mm；当边长不大于 1.0m 时，每边应设 2 个钢销，当边长大于 1.0m 时，应采用复合连接方式。

② 石材板钢销的孔深度宜为 22～33mm，孔的直径宜为 7mm 或 8mm，钢销直径宜为 5mm 或 6mm，钢销长度宜为 20～30mm。

③ 石材板钢销的孔附近，不得有损坏或崩裂现象，孔径内应光滑洁净。

3）通槽式安装的石材板的加工应符合下列规定。

① 石材板的通槽宽度宜为 6mm 或 7mm，不锈钢支撑板的厚度不宜小于 3mm，铝合金支撑板的厚度不宜小于 4mm。

② 石材板在开槽后，不得有损坏或崩裂现象，槽口应打磨成 45°的倒角；槽内应光滑、洁净。

4）短槽式安装的石材板的加工应符合下列规定。

① 每块石材板上、下边应各开 2 个短平槽，短平槽的宽度不应小于 100mm，在有效长度内槽深度不宜小于 15mm；开槽宽度宜为 6mm 或 7mm；不锈钢支撑板的厚度不宜小于 3mm，铝合金支撑板的厚度不宜小于 4mm。弧形槽有效长度不应小于 80mm。

② 两短槽边距离石材板两端部的距离，不应小于石材板厚度的 3 倍，且不应小于 85mm，也不应大于 180mm。

③ 石材板在开槽后，不得有损坏或崩裂现象，槽口应打磨成 45°的倒角；槽内应光滑、洁净。

5）单元石材幕墙的加工组装应符合下列规定。

① 有防火要求的石材幕墙单元，应将石材板、防火板及防火材料按设计要求组装在铝合金框架上。

② 有可视部分的混合幕墙单元，应将玻璃板、石材板、防火板及防火材料按设计要求组装在铝合金框架上。

③ 幕墙单元内石材板之间可采用铝合金 T 形连接件进行连接，T 形连接件的厚度，应根据石材板的尺寸及重量经计算后确定，且最小厚度不应小于 4mm。

6）幕墙单元内，边部石材板与金属框架的连接，可采用铝合金 L 形连接件，其厚度应根据石材板尺寸及重量经计算后确定，且其最小厚度不应小于 4mm。

7）石材经切割或开槽等工序后，均应将加工产生的石屑用水冲洗干净，石材板与不锈钢挂件之间，应当用环氧树脂型石材专用结构胶黏剂进行黏结。

8）已经加工好的石材板，应存放于通风良好的仓库内，立放的角度不应小于 85°。

2. 石材幕墙工程质量不符合要求

（1）质量问题　在石材幕墙的质量检查中，其施工质量不符合设计和规范的要求，不仅装饰效果比较差，而且使用功能达不到规定，甚至有的还存在着安全隐患。由于石材存在着明显的缺点，所以对石材幕墙的质量问题应引起足够重视。

（2）原因分析　出现石材幕墙质量不合格的原因是多方面的，主要有材料不符合要求、施工未按规范操作、监理人员监督不力等。此处详细分析的是材料不符合要求，这是石材幕墙质量不合格的首要原因。

① 石材幕墙所选用的骨架材料的型号、材质等方面，均不符合设计要求，特别是当用料断面偏小时，杆件会发生扭曲变形现象，使幕墙存在安全隐患。

② 石材幕墙所选用的锚栓无产品合格证，也无物理力学性能测试报告，用于幕墙工程后成为不放心部件，一旦锚栓出现断裂问题，后果不堪设想。

③ 石材加工尺寸与现场实际尺寸不符，会造成以下 2 个方面的问题：a. 石材板块根本无法与预埋件进行连接，费工、费时、费资金；b. 勉强进行连接，在施工现场必须对石材进行加工，必然严重影响幕墙的施工进度。

④ 石材幕墙所选用的石材板块，未经严格的挑选和质量验收，结果导致石材色差比较

大，颜色不均匀，严重影响石材幕墙的装饰效果。

（3）预防措施　针对以上分析的材料不符合要求的原因，在一般情况下可以采取如下防治措施。

① 石材幕墙的骨架结构，必须经具有相应资质等级的设计单位进行设计，有关部门一定按设计要求选购合格的产品，这是确保石材幕墙质量的根本。

② 设计中要明确提出对锚栓物理力学性能的要求，要选择正规厂家生产的锚栓产品，施工单位严格采购进货的检测和验货手续，严把锚栓的质量关。

③ 加强施工现场的统一测量、复核和放线，提高测量放线的精度。石材板块在加工前要绘制放样加工图，并严格按石材板块放样加工图进行加工。

④ 要加强到产地现场选购石材的工作，不能单凭小块石材样板来确定所用石材品种。在石材板块加工后要进行试铺配色，不要选用含氧化铁较多的石材品种。

3. 骨架安装不合格

（1）质量问题　石材幕墙施工完毕后，经质量检查发现骨架安装不合格，主要表现在骨架竖料的垂直度、横料的水平度偏差较大。

（2）原因分析　骨架安装不合格的原因是多方面的，主要有以下几种。

① 在骨架测量中，由于测量仪器的偏差较大，测量放线的精度不高，就会导致骨架竖料的垂直度、横料的水平度偏差不符合规范要求。

② 在骨架安装的施工过程中，施工人员未认真执行自检和互检制度，安装精度不能保证，从而导致骨架竖料的垂直度、横料的水平度偏差较大。

（3）预防措施　针对以上分析的骨架安装不合格的原因，一般情况下可以采取如下防治措施。

① 在幕墙的骨架测量中，选用测量精度符合要求的仪器，以提高测量放线的精度。

② 为确保测量的精度，对使用的测量仪器要定期送检，保证测量的结果符合石材幕墙安装的要求。

③ 在骨架安装的施工过程中，施工人员要认真执行自检和互检制度，这是确保骨架安装质量的基础。

4. 构件锚固不牢靠

（1）质量问题　在安装石材饰面完毕后，发现板块锚固不牢靠，用手搬动就有摇晃的感觉，使人存在不安全的心理。

（2）原因分析　出现构件锚固不牢靠现象的原因是多方面的，主要有以下几种。

① 在进行锚栓钻孔时，未按锚栓产品说明书的要求进行施工，钻出的锚栓孔径过大，锚栓锚固牢靠比较困难。

② 挂件尺寸与土建施工的误差不相适应，则会造成挂件受力不均匀，个别构件锚固不牢靠。

③ 挂件与石材板块之间的垫片太厚，必然会降低锚栓的承载拉力，承载拉力较小时则使构件锚固不牢靠。

（3）预防措施　针对以上分析的构件锚固不牢靠的原因，一般情况下可以采取以下预防措施。

① 在进行锚栓钻孔时，必须按锚栓产品说明书的要求进行施工。钻孔的孔径、孔深均应符合所用锚栓的要求。不能随意扩孔，不能钻孔过深。

② 挂件尺寸要能适应土建工程的误差，在进行挂件锚固前，就应当测量土建工程的误差，并根据此误差进行挂件的布置。

③ 确定挂件与石材板块之间的垫片厚度，特别注意不应使垫片太厚。对于重要的石材幕墙工程，其垫片的厚度应通过试验确定。

5. 石材缺棱和掉角

（1）质量问题　石材幕墙施工完毕后，经检查发现有些板块出现缺棱掉角现象，这种质量缺陷不仅对装饰效果有严重影响，而且在缺棱掉角处往往会发生雨水渗漏和空气渗透现象，会对幕墙的内部产生腐蚀，使石材幕墙存在着安全隐患。

（2）原因分析　出现石材缺棱和掉角现象的原因是多方面的，主要有以下几种。

① 石材是一种材质坚硬而质脆的材料，其抗压强度很高，一般为 $100\sim300$MPa，但抗弯强度很低，一般为 $10\sim25$MPa，仅为抗压强度的 $1/12\sim1/10$。在加工和安装中，如果不仔细操作，很容易因碰撞而缺棱掉角。

② 由于石材抗压强度很低，如果在运输的过程中，石板的支点不当、道路不平、车速太快时，石板则会发生断裂、缺棱、掉角等现象。

（3）预防措施　针对以上分析的石材缺棱或掉角的原因，一般情况下可以采取以下预防措施。

① 根据石材幕墙的实际情况，尽量选用脆性较低的石材，以避免因石材太脆而产生的缺棱掉角现象。

② 石材的加工和运输尽量采用机具和工具，以解决人工在加工和搬运中，因石板过重造成破损棱角的问题。

③ 在石材板块的运输过程中，要选用适宜的运输工具、行驶路线，掌握合适的车速和启停方式，防止因颠簸和振动而损伤石材棱角。

6. 幕墙表面不平整

（1）质量问题　石材幕墙安装完毕后，经过质量检查发现板面很不平整，表面平整度允许偏差超过国家标准《建筑装饰装修工程质量验收规范》（GB 50210—2001）中的规定，严重影响幕墙的装饰效果。

（2）原因分析　出现幕墙表面不平整现象的原因是多方面的，主要有以下几种。

① 在石材板块安装之前，对板材的挂件未认真进行测量复核，结果造成挂件不在同一平面上，在安装石材板块后必然造成表面不平整。

② 工程实践证明，幕墙表面不平整的主要原因，多数是由于测量误差、加工误差和安装误差积累所致。

（3）防治措施　针对以上分析的幕墙表面不平整的原因，一般可以采取以下防治措施。

① 在石材板块正式安装前，一定要对板材挂件进行测量复核，按照控制线将板材挂件调节在同一平面上，然后再安装石材板块。

② 在石材板块安装施工中，要特别注意随时将测量误差、加工误差和安装误差消除，不可使这 3 种误差积累。

7. 幕墙表面有油污

（1）质量问题　幕墙表面被油漆、密封胶污染，这是石材幕墙最常见的质量缺陷。这种质量问题虽然对幕墙的安全性无影响，但严重影响幕墙表面的美观，因此在幕墙施工中要加以注意，施工完毕后要加以清理。

（2）原因分析　导致幕墙表面有油污的原因是多方面的，主要有以下几种。

① 石材幕墙所选用的耐候胶质量不符合要求，使用寿命较短，耐候胶流淌从而污染幕墙表面。

② 在上部进行施工时，对下部的幕墙没有加以保护，下落的东西造成污染，施工完成后又未进行清理和擦拭。

③ 胶缝的宽度或深度不足，注胶施工时操作不仔细，或者胶液滴落在板材表面上，或者对密封胶封闭不严密从而污染板面。

（3）防治措施　针对以上分析的幕墙表面有油污的原因，一般情况下可以采取以下防治措施。

① 石材幕墙中所选用的耐候胶，一般应用硅酮耐候胶，这种胶应当质地柔软、弹性较好、使用寿命长，其技术指标应符合国家标准《石材用建筑密封胶》（GB/T 23261—2009）中的规定。

② 在进行石材幕墙上部的施工时，对其下部已安装好的幕墙，必须采取措施（如覆盖）加以保护，尽量不对下部产生污染。一旦出现污染应及时进行清理。

③ 石材板块之间的胶缝宽度和深度不能太小，在注胶施工时要精心操作，既不要使溢出的胶污染板面，也不要漏封。

④ 石材幕墙安装完毕后，要进行全面检查，对于污染的板面，要用清洁剂将幕墙表面擦拭干净，以清洁的表面进行工程验收。

8. 石板安装不合格

（1）质量问题　在进行幕墙安装施工时，由于石材板块的安装不符合设计和规范要求，从而造成石材板块破损严重的质量缺陷，使幕墙存在极大的安全隐患。

（2）原因分析　导致石板安装不合格的原因是多方面的，主要有以下几种。

① 刚性的不锈钢连接件直接同脆性的石材板接触，当受到受力的影响时，则会导致与不锈钢连接件接触部位的石板破损。

② 在石材板块安装的过程中，为了控制水平缝隙，常在上、下石板间用硬质垫板控制。施工完毕后垫板未及时撤除，造成上层石板的荷载通过垫板传递给下层石板，当超过石板固有的强度时，则会造成石板的破损。

③ 如果安装石板的连接件出现松动，或钢销直接顶到下层石板，将上层石板的重量传递给下层石板，当受到风荷载、温度应力或主体结构变动时，也会造成石板的损坏。

（3）预防措施　针对以上分析的石板安装不合格的原因，一般情况下可以采取以下防治措施。

① 安装石板的不锈钢连接件与石板之间应用弹性材料进行隔离。石板槽孔间的孔隙应用弹性材料加以填充，不得使用硬性材料填充。

② 安装石板的连接件应当能独自承受一层石板的荷载，避免采用既托上层石板，同时

又勾住下层石板的构造，以免上、下层石板荷载的传递。当采用上述构造时，安装连接件弯钩或销子的槽孔应比弯钩、销子略宽和深，以免上层石板的荷载通过弯钩、销子顶压在下层石板的槽、孔底上，从而将荷载传递给下层石板。

③ 在石板安装完毕后，应认真进行质量检查，不符合设计要求的及时纠正，并将调整接缝水平的垫片撤除。

第五章

门窗节能监理质量控制

门是人们进出建筑物的通道口，窗是室内采光通风的主要洞口，因此门窗是建筑工程的重要组成部分。门窗作为建筑装饰艺术造型的重要因素，也是建筑装饰工程中的质量控制重点。门窗设计和施工实践充分证明：作为建筑艺术造型的重要组成因素之一，其设置不仅较为显著地影响建筑物的形象特征，而且对建筑物的采光、通风、保温、节能和安全等方面具有重要意义。

第一节　门窗节能监理质量控制概述

随着国民经济的发展，我国现代建筑门窗行业也随之进入了一个蓬勃发展的时代。随着人民生活水平的不断提高，人们对居住环境提出了更高的要求。安全、舒适、清净的居住环境日益为大众所青睐。门窗是建筑外围护结构的开口部位，是建筑装饰工程的重要组成部分，抵御风、雨、尘、虫，是实现建筑热、声、光环境等物理性能的极其重要的功能性部件，并且具有建筑外立面和室内环境两重装饰效果，直接关系到建筑的使用安全、舒适节能和人民生活水平的提高。

现代建筑门窗必须具有采光、通风、防风雨、保温、隔热、隔声、防尘、防虫、防火、防盗等多种使用功能，才能为人们提供安全舒适的室内居住环境。同时作为建筑外墙和室内装饰的一部分，其结构形式、材料质感、表面色彩等外观效果，对建筑物内外的美观协调起着十分重要的功能和装饰作用。根据《中华人民共和国节约能源法》和《建筑节能技术政策》等重要文件的具体规定，不论是新建筑还是采用传统钢木门窗的既有建筑物，都必须使之符合建筑热工设计标准，从而体现节约能源的原则。

近几年来，随着科学的进步，新材料、新工艺的不断出现，门窗的生产和应用也紧跟随装饰行业高速发展。不仅有满足功能要求的装饰门窗，而且还有满足特殊功能要求的特种门窗。不管采用何种门窗，其设计、制作与安装均应执行现行国家标准《建筑节能工程施工质量验收规范》（GB 50411—2007）和《建筑装饰装修工程质量验收规范》（GB 50210—2001）等中的有关规定。

建筑节能测试结果表明，建筑外门窗是整个建筑围护结构中保温、隔热、隔声、安全最薄弱的环节。门窗热损失大致有 3 个途径：①门窗框扇与玻璃热传导；②门窗框扇之间、扇与玻璃之间、框与墙体之间的空气渗透热交换；③窗玻璃的热辐射。据有关资料表明：通过门窗的能量损失约占建筑的 50％，其中通过玻璃的能量损失约占门窗热损失的 75％。在一定条件下，玻璃的热辐射与传导是导致室内能量损失的主导性因素。

建筑外门窗的种类很多，主要包括金属门窗、塑料门窗、木质门窗、塑钢门窗、各种复合门窗、特种门窗和天窗等。随着建筑物的高层化和窗户面积的扩大化，各类新型门窗不断出现，门窗应如何适应建筑设计的要求，满足抗风压、阻止冷风渗透、防止雨水渗漏、保温隔热、隔声、采光等各方面要求，一直是建筑业与门窗生产施工企业关注的问题。

衡量门窗节能效果如何的主要是门窗的保温功能和隔热功能。门窗的保温功能就是降低建筑的采暖能耗和提高室内热环境质量，这主要是使门窗具有较高的总阻热值，从而能够减少通过门窗的传热损失。门窗的隔热功能就是减少门窗处太阳辐射的热量。提高门窗的节能效果，就是采用新工艺、新技术、新材料等技术措施，通过门窗的节能设计、生产和施工，达到保温和隔热的要求，从而达到降低建筑能耗的目的。

提高门窗节能工程的质量，必须从设计选型、生产和施工的各个环节得到有效控制。门窗节能工程的设计、生产、施工、质检和监理各方，均应对门窗节能工程负有各自的责任，尤其是监理人员作为工程质量、进度、投资等方面的直接控制者，负有更大的责任。门窗节能工程监理质量控制的内容主要包括：按照设计要求的节能指标进行门窗及附件的选型，监理人员对进场材料的节能措施检查，对进场材料见证取样进行节能性能指标复验，门窗生产过程监理人员应按规定进行抽查，门窗框安装完成后监理单位进行隐蔽工程验收和对门窗框的安装质量进行实测实量，门窗扇安装完成后进行门窗分项工程的验收。

第二节　门窗节能监理的主要流程

门窗是建筑围护结构中保温隔热最薄弱的部分，其施工质量如何在某种程度上对于建筑节能效果起着决定性的作用。为确保门窗节能工程的施工质量，在门窗节能工程的施工过程中，监理工程师应按照一定的流程、遵照现行规范的规定，认真做好门窗节能工程的监理工作。门窗节能工程监理的主要流程如图 5-1 所示。

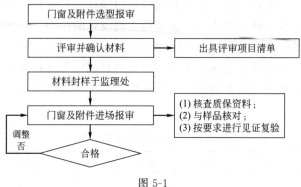

图 5-1

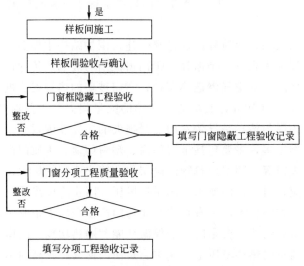

图 5-1　门窗节能工程监理的主要流程

第三节　门窗节能监理控制要点及措施

建筑门窗节能监理的控制要点与幕墙基本相同，主要包括门窗节能工程设计的控制、门窗节能工程材料的控制、门窗节能工程施工的控制、门窗节能工程验收的控制等。

一、门窗节能工程设计的控制

目前，我国城市的很多住宅建筑，为了美化建筑立面、开阔室内的视野，习惯设计大窗户、外飘窗、落地窗等，这样必然大大增加了室内的热量损耗，浪费了大量的能源，在能源缺乏的我国这些做法都应该引起注意。因此，按照建设部提出的要求居住建筑节能 50％ 及65％ 的目标，如何在外门窗设计与施工中全面推广使用保温门窗、大幅度降低门窗处的热量损耗就成为建筑节能设计中的重要问题。

近年来，我国政府非常重视建筑门窗的节能，相继发布了《严寒和寒冷地区居住建筑节能设计标准》(JGJ 26—2010)、《公共建筑节能设计标准》(GB 50189—2015)、《夏热冬冷地区居住建筑节能设计标准》(JGJ 134—2010)、《夏热冬暖地区居住建筑节能设计标准》(JGJ 75—2012) 等建筑节能方面的设计标准，对门窗的窗墙面积比、传热系数 K、遮阳系数 SC 的限值做了具体规定。节能保温门窗主要是通过对门窗框用型材和玻璃两大部位结构性能的改造，来提高热阻值，降低热量损失。门窗节能工程设计的控制，具体包括以下几个方面。

(1) 增加型材的热阻值　增加门窗型材的热阻值，这是门窗节能的主要措施之一。目前，建筑门窗主要采用铝合金、塑钢、木材、钢材和玻璃钢等材料制作，不同的材料具有不同的物理性能，它们的传热系数差别较大，制成的门窗的保温性能也大不相同。不同材料的传热系数见表 5-1。

表 5-1　不同材料的传热系数

材料名称	铝材	钢材	玻璃	PVC	玻璃钢	松木	空气
传热系数/[W/(m²·K)]	203	110.8	0.81	0.30	0.27	0.17	0.046

从表 5-1 中可知，木材的传热系数比较低，但由于资源及加工技术等方面的影响，木门窗已不是建筑首选的门窗品种。钢窗由于保温性能较差，现在逐渐在民用建筑中退出。

PVC 塑钢门窗是新一代门窗材料，因其具有抗风压强度高，气密性、水密性好，空气、雨水渗透量小，传热系数低，保温节能，隔声、隔热，不易老化等优点，已成为第四代新型建筑门窗。但 PVC 塑料存在热胀冷缩、变形较大、低温冷脆、强度较低、抗风压能力弱等缺陷，影响了其使用效果。

玻璃钢是一种新型的高分子复合材料，其热导率低，强度、热膨胀性能、传热性能都优于 PVC 塑钢门窗，用玻璃钢型材制成的窗框热阻值，远远大于其他材料窗框的热阻值：玻璃钢窗框的热阻值为 9.96m·K/W，塑钢窗框热阻值为 5.93m·K/W，且玻璃钢门窗型材为空腹结构，具有空气隔热层，保温效果更佳，越来越受到设计师的青睐。

新型铝合金门窗中的断热冷桥型材，是目前环保节能型材的主要品种。这种断热冷桥型材是利用机械方式，把具有低传热性能的复合材料与铝合金组合起来，达到增加铝合金门窗型材的热阻的目的。在当今的国际建筑门窗节能及幕墙系统材料领域，利用断热冷桥技术制作的节能环保铝合金型材和铝制门窗已经成为了一个全新的发展方向和机遇，并进而为建筑物的节能及外饰等提供了新的选择。各种材料制成的窗户传热、保温性能对比结果如表 5-2 所列。

表 5-2　各种材料制成的窗户传热、保温性能对比结果

窗框材料	窗户类型	传热系数/[W/(m²·K)]	窗框材料	窗户类型	传热系数/[W/(m²·K)]
木窗	单玻木窗	4.50	普通铝合金窗	单框中空玻璃窗	3.50
	单框双玻木窗	2.50	断热桥铝合金窗	单玻窗	5.7
	双层木窗	1.76		一般中空玻璃	2.7～3.5
钢窗	单玻钢窗	6.5	塑料窗	单框单玻窗	4.7
	单框双玻钢窗	3.9～4.5		单框双玻窗	3.0～3.5
	双层钢窗	2.9～3.0		单框中空玻璃窗	2.6～3.0
普通铝合金窗	单玻铝合金窗	6.5	玻璃钢	单框中空玻璃窗	2.3～2.8
	双玻铝合金窗	3.9～4.5		单框单玻窗	4.0

（2）提高玻璃保温、隔热的功能　为了提高玻璃的保温节能性能，就需要控制降低玻璃及其制品的传热系数 K 值，合理控制透过玻璃的太阳能。中空玻璃是一种良好的保温、隔热、隔声、美观适用、并可降低建筑物自重的新型建筑材料，它是用 2 片（或 3 片）玻璃，使用高强度、高气密性复合黏结剂，将玻璃片与内含干燥剂的铝合金框架黏结，使玻璃间形成有干燥气体空间的一种复合玻璃制品，制成的高效能隔音隔热节能玻璃。也可以将多种节能玻璃复合在一起，使其产生更好的保温、隔热功能。

（3）提高门窗气密性，防止热量渗漏　随着人们生活水平的不断提高，每个家庭对居室的环境要求也越来越高，夏天用空调制冷，冬天用暖气或电热器取暖已经成为人们生活中必备的条件。所以，一年中的制冷和供暖费用，是每个家庭一笔不小的经济开支。而建筑外窗气密性能的节能效果如何，将直接影响家庭的经济开支。另外，从阻止沙尘进入、保持室内清洁的角度来看，同样要求气密性能越高越好。

目前我国的检测及分级标准、产品标准分别规定了外窗产品的气密性能等级标准，但是从建筑节能的角度来看，现行节能设计标准对各地区住宅建筑外窗的气密性能提出了更高要

求。提高门窗气密性的措施有：设计时应合理选用窗型，减少不必要的渗漏缝隙；提高型材的规格尺寸和组装制作的精度，保证框与扇之间的应有搭接量；增加密封道数并选用优质密封橡胶条；合理选用五金件，最好选用多锁点的五金件。

（4）提高门窗的隔热功能，增加建筑物的遮阳　门窗遮阳能够起到调节光线、降低室温、防止雨淋、改善室内热环境和光环境的作用。但是，遮阳对室内的采光和通风也有一些不利的影响，因此设置遮阳设施应根据气候、技术、经济、使用房间的性质及要求等条件，经综合分析决定遮阳隔热、通风和采光等功能，选用不同类型的遮阳设施，如遮阳玻璃、活动遮阳、结合建筑物构件处理遮阳、遮阳板、绿化遮阳和室内窗帘等。

二、门窗节能工程材料的控制

制作装饰门窗的材料种类很多，常用的材料有木材、铝合金、塑料、钢材、玻璃钢及复合材料等。铝合金和玻璃钢门窗具有关闭严密、质量较轻、耐久性好、色泽美观、腐蚀性强、不需要油漆涂刷等优点，但其价格比较高，一般多用于较高级的建筑工程。

门窗节能工程的节能效果、装饰性能、耐久性能等，在很大程度上取决于所用材料的品种、规格、性能和质量。因此，对于门窗节能工程材料的控制也是监理工程师在监理中的一项重要任务。根据门窗节能工程材料控制的实践，应在以下几个方面对材料进行监控。

（1）建筑外门窗（包括玻璃），进场时应核对其质量证明文件，进场后应按照验收规范要求见证取样复试。质量证明文件齐全、见证取样复试合格，方可允许其用于工程。

（2）核对其质量文件、计算报告，应核对其品种、规格、技术指标（如气密性能、传热系数、遮阳系数、可见光透射率、太阳光透射率、反射率、抗风性能、通风面积、窗墙比和窗地比等）是否符合设计文件要求，其所标注的技术指标、其外观尺寸是否符合相应材料标准要求。

（3）建筑节能门窗进场后，监理人员应会同有关单位对其外观、品种、规格、颜色及附件等进行检查验收，对质量证明文件进行核查，这是监理对材料质量控制的一项非常必要的工作，不得省略和马虎。

（4）门窗的生产和安装单位，应将符合节能设计和产品标准规定的门窗及其附件，供建设、设计、质检、监理和施工单位共同确认后，将其封样于监理单位保存，以此作为门窗及附件进场验收的依据。

（5）建筑节能门窗的隔热断桥措施直接关系到其节能效果，在进行验收时应检查金属外门窗隔断热桥措施是否符合设计要求和产品标准的规定，金属副框的隔断热桥措施是否与门窗框的隔断热桥措施相当。

（6）建筑节能门窗采用的玻璃品种应符合设计要求，一般宜采用吸热玻璃、中空玻璃、真空玻璃、热反射玻璃和低辐射玻璃等。对中空玻璃应采用双道密封。

（7）特种门的节能性能如何，主要取决于密封性能和保温性能，进场时监理人员应认真核查相应的质量证明文件，其节能性能必须符合设计和产品标准的要求。

（8）建筑外门窗进入施工现场，监理人员应当按照《建筑节能工程施工质量验收规范》（GB 50411—2007）中的要求进行见证取样，按地区类别对其性能进行复验。建筑外窗的节能性能应符合表5-3中的要求。

表 5-3　建筑外窗的节能性能要求

热工分区 性能要求 性能类别		严寒、寒冷地区	夏热冬冷地区	夏热冬暖地区
强制性指标	项目	(1)气密性; (2)保温性能; (3)中空玻璃露点; (4)玻璃遮阳系数; (5)可见光透射率		
	检验	(1)检验方法:检查质量证明文件和复验报告; (2)检查数量:全数检查		
性能复验 (见证取样送检)	项目	(1)气密性; (2)传热系数; (3)中空玻璃露点	(1)气密性; (2)传热系数; (3)中空玻璃露点; (4)玻璃遮阳系数; (5)可见光透射率	(1)气密性; (2)中空玻璃露点; (3)玻璃遮阳系数; (4)可见光透射率
	检验	(1)检验方法:随机抽样送检,核查复验报告。 (2)检查数量:同一厂家的同一品种、同一类型的产品抽查不少于 3 樘(件)		
现场实体检验	项目	建筑外窗气密性现场实体检验		
	检验	(1)检验方法:随机抽样现场检验; (2)检查数量:同一厂家的同一品种、同一类型的产品抽查不少于 3 樘		

三、门窗节能工程施工的控制

门窗虽然是结构比较简单的构件,但在建筑装饰工程中却有着不可替代的重要作用。如果施工质量不符合设计要求和现行施工规范的规定,不仅严重影响其装饰效果,而且严重影响其使用功能。因此,在门窗工程的设计和施工过程中,监理人员应将门窗节能工程施工的控制作为门窗工程监理的重点,必须严格按照《建筑节能工程施工质量验收规范》(GB 50411—2013)中的要求施工,使门窗的施工质量达到设计要求。

(1)门窗施工单位应当按各种门窗节能工程的施工工艺标准和审定的施工组织设计进行施工,监理人员应对其施工全过程实行质量控制。

(2)为确保门窗节能工程的施工质量,在工程正式施工之前,监理单位应督促施工单位对具体操作人员进行技术交底和专业技术培训,并应按照相应的施工技术标准对施工过程实行全面质量控制。

(3)为确保门窗节能工程的施工质量,便于施工和质量控制,在门窗全面施工前应进行样板间的施工,经建设、设计、监理和质检单位共同验收确认后方可进行全面施工。

(4)在外门窗工程施工前,监理单位和施工单位应按照下列规定对建筑外门窗进行检验批划分。①同一厂家的同一品种、类型、规格的门窗及门窗玻璃,每 100 樘划分为一个检验批,不足 100 樘也应为一个检验批。②同一厂家的同一品种、类型、规格的特种门,每 50 樘划分为一个检验批,不足 50 樘也应为一个检验批。③对于异型或有特殊要求的门窗,检验批的划分应根据门窗的特点和数量,由监理(建设)单位和施工单位共同协商确定。

(5)对于面积较大的铝合金门窗框,为便于安装和保证安装质量,应事先按照设计要求进行预拼装,拼装合格后再正式安装。在安装时要先安装通长拼樘料,然后安装分段拼樘料,最后安装基本单元门窗框。

(6)门窗框横向及竖向组合应采取套插的方式,如果采用搭接的方式应形成曲面组合,搭接量一般不少于 8mm,以避免因门窗热胀冷缩及建筑物变形而引起裂缝;框间拼接缝隙用密封条进行密封。组合门窗框的拼樘料如需采取加强措施时，其加固型材应进行防锈处理，连接部位应采用镀锌螺钉连接。

（7）窗框安装固定应在窗框装入洞口时（或副框入洞口时），其上、下框中线和底线与洞口的中线和底线对齐，并且按照设计图纸确定在洞口厚度方向的安装位置。门框安装时应注意与地面施工相配合，准确确定门框的安装位置和下框标高。

（8）外门窗框或副框与洞口之间的间隙，应采用弹性闭孔材料填充饱满，并使用性能良好的密封胶进行密封；外门窗框与副框之间的缝隙，应使用密封胶进行密封。

（9）门窗镀（贴）膜玻璃的安装方向、位置应满足设计要求。中空玻璃应采用双道密封，中空玻璃的均压管应进行密封处理，镀膜面应放在靠近室外玻璃的内侧，单层玻璃应将镀膜置于室内侧。

（10）天窗安装的位置和坡度应反复对照施工图纸，不允许出现错误，且封闭要严密，嵌缝处不得有渗漏现象。

（11）对于严寒地区和寒冷地区的外门窗安装，应按照设计要求采取必要的保温、密封等节能措施，以确保达到设计的节能效果。

（12）门窗保温密封条的施工，必须严格按照《建筑节能工程施工质量验收规范》（GB 50411—2007）中的要求进行。其具体要求是：①密封条品种、规格的选择，要与门窗类型、缝隙的宽窄及使用部位相匹配，否则达不到预期效果；②密封条可在生产门窗时直接安装在门窗上，但在门窗运输和装卸中，必须注意防止其翘曲变形；③密封条的固定位置，应使接缝完全封住，同时要避免门窗关得过紧和过松；④密封条的安装位置应正确，镶嵌确实牢固，不得出现脱槽现象，接头处不得有开裂，关闭门窗时密封条应接触严密。

（13）外窗遮阳设施的尺寸、颜色、透光性能等方面，应符合设计和产品标准的要求，遮阳设施的安装应位置正确、牢固，满足安全和使用功能的要求。活动遮阳设施的调节应非常灵活，能比较容易地调节到位。

（14）特种门安装过程中采取的节能措施，必须符合设计要求，其自动启闭、阻挡空气渗透等性能，监理人员必须认真进行检查验收。

（15）天窗与节能有关的性能高普通门窗基本相同，尤其是天窗的安装位置、坡度应准确，必须符合设计要求。

四、门窗节能工程验收的控制

（1）建筑外门窗的检查数量应符合下列规定。①建筑门窗每个检验批应抽查5%，且不得少于3樘，不足3樘时应全数检查；高层建筑的外窗，每个检验批至少应抽查10%，且不得少于6樘，不足6樘时应全数检查。②特种门每个检验批应抽查50%，且不得少于10樘，不足10樘时应全数检查。

（2）建筑外门窗洞口质量验收应符合下列规定。①门窗安装应采用预留洞口安装的方法，不得采用边安装边砌口或先安装后砌口的施工方法。②门窗安装应掌握好时间，一般应在墙体湿作业完工且硬化后进行。③门窗安装单位应在总包单位的配合下，准确确定门窗安装基准线，同一类型的门窗及其上下左右的洞口应做到横平竖直。洞口的宽度与高度尺寸偏差应符合设计要求和相关规定。在门窗正式安装前，监理人员应对门窗安装的基准线进行抽查复核。

（3）凸窗周边与室外空气接触的围护结构，应按照设计要求采取节能保温措施。

（4）外窗遮阳设施的角度、位置调节应非常灵活，能按要求调节到位。

（5）门窗安装完毕后，施工单位在自检合格后，报监理工程师进行验收。监理单位的验收内容包括：门窗框连接件安装和墙体接缝处的保温填充做法进行隐蔽工程验收，并应有隐蔽工程验收记录和必要的图像资料。处理门窗缝隙的保温，现在一般采用现场注发泡剂的方法，然后再采用密封胶密封。塑料门窗框与洞口之间的伸缩缝内腔应采用闭孔泡沫塑料、发泡聚苯乙烯等弹性材料分层进行填塞，做到填塞饱满而不过紧。

（6）门窗安装完毕后，监理人员应对门窗框的安装质量进行实测实量，并按要求填写"门窗安装工程质量验收记录表"。

（7）门窗节能工程施工质量验收应提供的文件和记录：①门窗节能设计文件及变更设计文件；②门窗节能设计审查文件；③门窗及其配件的产品合格证、出厂检验报告和进场复验报告；④门窗节能项目的隐蔽工程验收记录；⑤门窗节能项目的检验批验收记录、节能分项的验收记录；⑥有关施工资料和监理资料；⑦其他必要的文件和记录。

五、门窗框保温施工质量监理控制要点

门窗框保温施工质量监理控制要点主要包括以下几个方面。

（1）门窗框进场后，应对其外观、品种、规格及附件进行检查和验收，其外观应无变形、翘曲、损坏，所用的框料应符合要求，不符合要求的应进行退场处理。

（2）认真核查门窗框的质量证明文件和计算报告，尤其是气密性能、传热系数、遮阳系数、可见光透射率、太阳光透射率、反射率、抗风性能、通风面积、窗墙比和窗地比等。不符合要求的，应进行退场处理。

（3）金属门窗框进场后，还应检查其隔断热桥措施是否符合设计要求和产品标准的规定，也应检查其金属副框的隔断措施是否与门窗框的隔断热桥措施相当。

（4）门窗框安装前，应检查当前的施工进度是否满足门窗框安装要求，不宜过早或过迟。

（5）门窗框安装前，应检查预留洞口尺寸是否满足门窗框的安装要求，不宜过大或过小。洞口的四周是否经过处理，是否便于门窗框四周发泡密封胶的填充。

（6）施工单位已弹出门窗框安装水平控制线和垂直控制线，并对安装人员进行门窗框安装技术交底。门窗框安装符合设计要求。

（7）对于面积较大的门窗框，应事先设计好进行预拼装的方案。先安装通长拼樘料，再安装分段拼樘料，最后安装基本单元门窗框。

（8）门窗框的四周在封闭前，应检查其四周发泡密封胶的填充情况，并检查其细部的收刹情况，做到门窗框安装、密封全部合格。

第四节　门窗节能工程质量标准与验收

门窗节能工程的质量如何，关系到门窗的节能效果和使用功能，也关系到门窗的使用年限和工程造价，在门窗节能工程的设计和施工过程中，必须按照国家和行业的现行规范进行。国家标准《建筑装饰装修工程质量验收规范》（GB 50210—2001）中，明确规定了木门窗安装工程、铝合金门窗安装工程、塑料门窗安装工程、特种门安装工程和玻璃门窗安装工程等的质量标准和检验方法，必须严格按现行规范执行。

从门窗节能的角度，门窗节能分项工程的质量标准与验收，应符合国家标准和《建筑节

能工程施工质量验收规范》（GB 50411—2007）中的规定，其质量标准与质量验收主要包括以下内容。

一、门窗节能分项工程质量标准

1. 门窗节能分项工程质量的主控项目

（1）建筑外门窗的品种、规格应符合设计要求和相关标准的规定。

检验方法：观察、尺量检查；核查质量证明文件。

检查数量：按《建筑节能工程施工质量验收规范》（GB 50411—2007）第 6.15 条执行；质量证明文件应按照其出厂检验批进行核查。

（2）建筑外窗的气密性、保温性能、中空玻璃露点、玻璃遮阳系数和可见光透射率应符合设计要求。

检验方法：核查质量证明文件和复验报告。

检查数量：全数核查。

（3）建筑外窗进入施工现场时，应按地区类别对其下列性能进行复验，复验应为见证取样送检。

① 严寒、寒冷地区：气密性、传热系数和中空玻璃露点。

② 夏热冬冷地区：气密性、传热系数、玻璃遮阳系数、可见光透射率、中空玻璃露点。

③ 夏热冬暖地区：气密性、玻璃遮阳系数、可见光透射率、中空玻璃露点。

检验方法：随机抽样送检；核查复验报告。

检查数量：同一厂家的同一品种、类型的产品各抽查不少于 3 樘（件）。

（4）建筑门窗采用的玻璃品种应符合设计要求。中空玻璃应采用双道密封。

检验方法：观察检查；核查质量证明文件。

检查数量：按《建筑节能工程施工质量验收规范》（GB 50411—2007）第 6.15 条执行。

（5）金属外门窗隔断热桥措施应符合设计要求和产品标准的规定，金属副框的隔断热桥措施应与门窗框的隔断热桥措施相当。

检验方法：随机抽样，对照产品设计图纸，剖开或拆开检查。

检查数量：同一厂家的同一品种、类型的产品各抽查不少于 1 樘。金属副框的隔断热桥措施按检验批抽查 30%。

（6）严寒、寒冷、夏热冬冷地区的建筑外窗，应对其气密性做现场实体检验，检测结果应满足设计要求。

检验方法：随机抽样现场检验。

检查数量：同一厂家的同一品种、类型的产品各抽查不少于 3 樘（件）。

（7）外门窗框或副框与洞口之间的间隙应采用弹性闭孔材料填充饱满，并使用密封胶密封；外门窗框与副框之间的缝隙应使用密封胶密封。

检验方法：观察检查；核查隐蔽工程验收记录。

检查数量：全数检查。

（8）严寒、寒冷地区的外门安装，应按照设计要求采取保温、密封等节能措施。

检验方法：观察检查。

检查数量：全数检查。

（9）外窗遮阳设施的性能、尺寸应符合设计和产品标准要求；遮阳设施的安装应位置正确、牢固，满足安全和使用功能的要求。

检验方法：核查质量证明文件；观察、尺量、手扳检查。

检查数量：按《建筑节能工程施工质量验收规范》（GB 50411—2007）第 6.15 条执行；安装牢固程度全数检查。

（10）特种门的性能应符合设计和产品标准的要求；特种门安装中的节能措施，应符合设计要求。

检验方法：核查质量证明文件；观察、尺量检查。

检查数量：全数检查。

（11）天窗安装的位置、坡度应正确，封闭严密，嵌缝处不得渗漏。

检验方法：观察、尺量检查；淋水检查。

检查数量：按《建筑节能工程施工质量验收规范》（GB 50411—2007）第 6.15 条执行。

2. 门窗节能分项工程质量的一般项目

（1）门窗扇密封条和玻璃镶嵌的密封条，其物理性能应符合相关标准的规定。密封条安装位置应正确，镶嵌牢固，不得脱槽，接头处不得开裂。关闭门窗时密封条应接触严密。

检验方法：观察检查。

检查数量：全数检查。

（2）门窗镀（贴）膜玻璃的安装方向应正确，中空玻璃的均压管应密封处理。

检验方法：观察检查。

检查数量：全数检查。

（3）外门窗遮阳设施的调节应灵活，能调节到位。

检验方法：现场调节试验检查。

检查数量：全数检查。

二、门窗节能分项工程质量验收

1. 检验批划分及检查数量

（1）建筑外门窗工程的检验批应按下列规定划分：①同一厂家的同一品种、类型、规格的门窗及门窗玻璃每 100 樘划分为一个检验批，不足 100 樘也为一个检验批；②同一厂家的同一品种、类型和规格的特种门每 50 樘划分为一个检验批，不足 50 樘也为一个检验批；③对于异型或有特殊要求的门窗，检验批的划分应根据其特点和数量，由监理（建设）单位和施工单位协商确定。

（2）建筑外门窗工程的检查数量应符合下列规定：①建筑门窗每个检验批应抽查 5％，且不少于 3 樘，不足 3 樘时应全数检查；高层建筑的外窗，每个检验批应抽查 10％，且不少于 6 樘，不足 6 樘时应全数检查；②特种门每个检验批应抽查 50％，且不少于 10 樘，不足 10 樘时应全数检查。

2. 隐蔽验收

建筑外门窗工程施工中，应对门窗框与墙体接缝处的保温填充做法进行隐蔽工程验收，

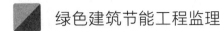

并应有隐蔽工程验收记录和必要的图像资料。

3. 门窗节能工程半成品验收

建筑门窗进场后，应对其外观、品种、规格及附件等进行检查验收，对质量证明文件进行核查。

第五节　门窗常见质量问题及预防措施

门窗是建筑装饰工程的重要组成部分，也是建筑围护节能工程施工的重点，门窗工程的质量如何不仅直接影响门窗工程的节能效果和使用功能，而且也直接影响整个建筑工程的使用寿命和工程造价。

门窗的形式和材质不同，直接影响门窗的节能与装饰效果。近几年来，随着科学技术的不断进步，新材料、新工艺、新技术不断涌现，门窗的生产和应用也紧随建筑装饰行业高速发展。按照材质的不同，门窗可分为木门窗、钢门窗、铝合金门窗、彩钢门窗、塑料门窗、玻璃钢门窗和特殊门等。不同材质和不同结构形式的门窗，在制作、安装和使用过程中，均会出现不同的质量问题，应当采取不同的处理方法和防治措施。

现以铝合金门窗为例，介绍一些门窗的质量问题及防治方法。

一、铝合金门窗材质不合格

1. 原因分析

（1）设计单位在门窗设计之前，未对门窗的使用功能、所在地区的气候特点进行详细了解，只是根据以往设计经验选择门窗材料。

（2）所用门窗材料未经建设、设计和监理单位共同确认，材料的规格标准无具体依据，造成进场材料不符合设计要求。

（3）虽然材料有具体的规格标准要求，但在材料进场后未按照有关规定进行抽查，或未对材料的某些性能进行复验，结果使材料达不到要求。

2. 防治措施

（1）设计单位应根据使用功能、地区气候特点确定风压强度、空气渗透、雨水渗透性能指数，选择相应的图集代号及型材规格。

（2）对所用门窗材料，必须经建设、设计和监理单位共同确认合格，并将样品存放于监理单位，作为检验材料是否合格的标准。

（3）材料进场后对所使用的铝合金型材，必须应事先进行型材厚度、氧化膜厚度和硬度检验，合格后方准使用。

二、铝合金门窗立口不正

1. 原因分析

（1）在安装门窗框前未认真审查图纸，更没有按要求在门窗洞口上进行弹线，或者弹线未进行认真校正，结果造成安装的门窗立口不端正。

（2）在安装门窗框后，未再量门窗测框的对角线误差是否符合要求，也未检查门窗口是否垂直，便开始对门窗框锚固，结果导致锚固的门窗框出现偏斜。

2. 防治措施

（1）安装铝合金门窗框前，应根据设计图纸中的要求，在洞口上弹出立口的安装线，按照弹出的安装线进行立口。

（2）在铝合金门窗框正式锚固前，应检查门窗口是否垂直，如发现问题应及时修正后才能与洞口正式锚固。

三、铝合金门窗框锚固不合格

1. 原因分析

（1）如果采用未经防腐处理的锚固板，会出现铝合金与钢铁间的电偶腐蚀现象，破坏锚固点的牢固性。

（2）如果采用未经防腐处理的螺钉固定连接件，会致使其处于大阴极小阳极的状态，在潮湿的环境下螺钉很快就会被腐蚀破坏，使铝合金门窗框与墙体之间处于无连接的状态，这是安全的隐患。

（3）操作人员不按照设计图纸施工，技术素质较差，甚至随意设置锚固点，增大锚固点的间距。

（4）铝合金门窗框在与砖墙、加气混凝土墙连接时，不是采用钻孔预埋方法锚固，而是采用射钉方法锚固，结果导致射钉周围的墙体碎裂，锚固力大大下降，使铝合金门窗框与墙体连接不牢固。

2. 预防措施

（1）固定铝合金门窗框所用的锚固件，除不锈钢制品外，其他均应采用镀锌、镀镍、镀铬的方法进行防腐蚀处理，未经过防腐蚀处理的锚固件一律不得用于工程。

（2）为避免出现铝合金与钢铁间的电偶腐蚀现象，在铝合金门窗框与钢铁连接件之间用塑料膜将它们隔开。

（3）锚固板应固定牢靠，不得有松动现象，锚固板的间距一般不应大于600mm，锚固板距框角的距离不应大于180mm。

（4）在砖墙或加气混凝土墙上锚固时，应用冲击钻在墙上钻孔，塞入直径不小于8mm的金属棒或塑料胀管，再拧进木螺丝进行固定。

四、铝合金门窗框与洞口墙体未做柔性连接

1. 原因分析

（1）在进行门窗节能设计时，忽略了门窗框与洞口墙体间的密封问题，未提出有关柔性连接的具体做法，在图纸会审时施工单位也没有重视此问题。

（2）门窗节能设计对接缝柔性连接有具体要求，但施工单位习惯传统的做法或施工中疏

忽，使窗框与洞口墙体间未做柔性连接。

2. 防治措施

（1）在进行门窗设计时，要把窗框与洞口墙体间的柔性连接作为一项不可缺少的内容。铝合金门窗框与洞口墙体之间应采用柔性连接。其间隙可用矿棉条或玻璃棉毡条分层填塞，缝隙表面留 5～8mm 深的槽口，用密封材料嵌填、封严，同时也防止铝合金窗框受挤压变形。

（2）在进行门窗框与洞口墙体的缝隙间柔性连接施工中，施工人员必须详细了解柔性连接的构造、材料、做法和要求。

（3）在进行门窗框与洞口墙体的缝隙间柔性连接施工中，设计、监理和施工单位各方面均当做质量检查不可缺少的组成部分。

五、铝合金窗扇推拉不灵活

1. 原因分析

（1）窗扇选型和选料不合理，用料是壁厚不足 1mm 的小断面低等级型材。在制作中由于制作工艺粗糙，节点构造不坚固，造成窗扇平面刚度差，使窗扇发生过大变形等缺陷，推拉时出现晃动和抖动现象。

（2）窗扇与窗框的槽口宽度、高度不配套，间隙超过允许偏差，或者窗扇顶部限位装置漏装。

（3）铝合金窗框由于温度变化、建筑物沉降或受到强烈振动等发生变形，导致窗扇推拉受阻、使用不便。

（4）窗扇与窗扇的中缝及企口搭接缝隙不垂直，上下不一致，歪斜比较明显；胶条、毛刷条和硅胶条出现短头、离位、缺角、不到位等现象。

（5）窗扇下所用的滑轮质量低劣，圆度超差，耐久性不好，使用时间不长，便出现推拉受阻、滑轮不转等缺陷。

2. 防治措施

（1）在施工过程中，应加强对铝合金窗框和扇的保护，不得损坏其表面上的保护膜，不得碰撞变形；如表面沾污了水泥砂浆，应当及时将砂浆擦净。

（2）在制作窗框与扇时，应选用质量优良的材料，做到框扇相配、尺寸准确、形状规范、制作精细、组装合格，且配置与窗扇相配套的滑轮。

（3）在进行安装前，先检查窗洞口和窗框扇是否合格；在安装过程中，要注意对框扇成品的保护；在安装完毕后，要对安装质量进行检查，以便发现问题、及时纠正。

六、铝合金推拉窗扇脱轨、坠落

1. 原因分析

（1）在制作铝合金推拉窗时，未能按照设计尺寸精心下料，在组装时造成形状不规则或尺寸不适宜，必然造成推拉困难，甚至脱轨、坠落。

（2）在进行铝合金推拉窗设计时，选用的铝型材厚度不适宜；或者在制作时所用的型材不符合设计要求。

（3）在推拉窗的安装施工中，不按照设计和施工规范的要求进行操作，安装的位置、精度等方面均不合理，很容易造成推拉困难，甚至脱轨、坠落。

2. 防治措施

（1）制作铝合金推拉窗的窗扇时，应根据窗框的高度尺寸，确定窗扇的高度，既要保证窗扇能顺利安装入窗框内，又要确保窗扇在窗扇的窗框上的滑槽内有足够的嵌入深度。

（2）设计者必须根据推拉窗的大小、位置和重要性，选用厚度适宜的铝型材；在制作的过程中，一定要按工艺要求精心操作，使成品完全符合设计要求。

（3）安装前对安装好的窗框和未安装的窗扇进行检查，凡有缺陷应先纠正后安装，严禁使用不合格的窗扇。

（4）在进行安装的施工过程中，必须严格按照施工规范进行操作，每道工序都要经过认真检查，使推拉窗的位置、精度均符合设计要求。

（5）监理、质检人员应加强对铝合金推拉窗各个生产环节的质量监控，以便随时发现问题，及时解决问题。

七、铝合金窗渗漏水

1. 原因分析

（1）在进行设计或施工时，窗下框上忘记设置排水孔或未钻泄水孔，使槽中的雨水排不出去，从而导致渗漏水现象。

（2）由于窗下框的选型不合适，例如框的型号规格偏小，致使在遇到大风雨时将雨水打入室内。

（3）由于窗下框两个阴角的拼接缝没有密封好而发生渗水现象。

（4）窗下框与窗台结合处安装后，没有填嵌水泥砂浆；或窗台施工不良，致使雨水渗入室内污染窗下墙。

2. 防治措施

（1）在窗楣上按规定或需要设置滴水槽、滴水线；在窗台上做出向外的流水余坡，坡度一般不小于 10%。

（2）用优质矿棉毡条等材料将铝合金窗框与洞口墙间的缝隙填塞密实，外面再用优质密封材料加以封严。

（3）铝合金窗框的榫接、铆接、滑撑、方槽、螺钉等部位，都是易出现渗水的薄弱环节，均应用防水玻璃硅胶密封严实。

（4）检查窗下框、推拉槽是否设置排水槽（孔），如果没有设置，应立即补钻孔或补开槽。如果有孔或槽，但孔（槽）位偏高妨碍排水，必须将孔或槽改低，使其不再积水。

（5）如果窗台渗水时，要查明渗水的原因。一般可把窗台抹灰层低于窗下框底 20mm，并做成圆弧形和披水坡度，待抹灰层干硬后，嵌防水密封胶。

（6）在施工中要加强细部处理，土建工程和安装工程要密切配合，每道工序都要保证质量。加强质量检验制度，确保细部工程的质量都达到优良标准。

八、铝合金门窗五金配件质量差

1. 原因分析

（1）生产五金配件所用的材料质量低劣，不符合国家有关标准的要求，制作的五金配件质量必然不符合要求。

（2）铝合金门窗生产厂家技术落后、设备简陋、管理不严，既无质量保证体系，又无原材料质量检测手段，产品质量达不到国家的质量标准。

（3）建设单位和施工单位不按设计要求选用铝合金门窗的五金配件，为了降低工程造价而选用质劣价廉的产品。

（4）在进行铝合金门窗安装的过程中，监理人员对所用五金配件的质量监控不力，致使施工单位使用质量低劣的配件。

2. 处理方法

（1）严格按照设计采购合格的五金配件，不能随意改变五金配件的规格、质量标准，更不能为降低工程造价而采用劣质价廉产品。

（2）对进场的铝合金门窗的五金配件应按规定进行抽检，主要应当检查以下内容：外包装上应有制造厂名称，商标；产品名称，型号；数量、规格和等级；重量，体积；出厂日期等。

（3）加工精度、外观质量：产品外形完整，安装后的外露表面不应有明显的麻点、毛刺及划痕。抛光面的表面粗糙度 R_θ 不大于 $0.8\mu m$。镀层应色泽均匀、致密、无气泡，不得有露底、起皮、剥落、烧焦等缺陷。达不到标准的五金配件不能使用。

（4）复核五金配件产品材料的质量：锌合金应符合《铸造锌合金》（GB/T 1175—1997）中有关的规定，铜合金应符合《铸造铜及铜合金》（GB/T 1176—2013）中的规定。

（5）已安装的铝合金五金配件，如有变形、变色、起皮、剥落、不滑动、开关不灵活、有阻滞等缺陷，必须拆卸下来更换合格品。

（6）经检查发现装配不齐全或有松动的五金配件，缺少的需要补装齐全，松动的需调整拧紧，使其全部达到要求。

3. 预防措施

（1）在购置铝合金门窗五金配件时，一定要认真检查外包装是否符合在"处理方法"中提出的具体要求。

（2）铝合金门窗产品的材料质量、加工精度、外观质量要求等方面，均必须符合在"处理方法"中提出的具体要求。

（3）对铝合金门窗五金配件的装配应可靠牢固，滑动处不得有影响使用的松动和卡阻现象。

（4）铝合金门窗的五金配件机械性能，应满足下列要求。①插销开启力应在 5～10N 之间，使用寿命一级品以使用 30000 次不损坏为合格。②执手装配后，手柄在承受 490N 时不得出现断裂现象；执手的使用寿命，一级品的启闭次数以 35000 次为合格。③窗撑挡整体在承受表 5-4 中规定的拉力时，其延伸率不得大于 0.36％。④窗锁的牢固度：钩形锁舌应紧固在扳手上，不得有松动现象。扳手、面板、弹簧的铆合应牢固，不得出现脱落。开启灵活度标准：扳手上下扳动的静拉力应在 5～20N 范围内。使用寿命：一级品在正常使用的情况下，不少于 30000 次为合格。

表 5-4　撑挡整体承受力标准　　　　　　　　　　　　　　　　　　　　单位：N

产品等级	整体受拉力	杆中间受压力	锁紧部受力
优等品	2000	600	＞600
一级品	1800	500	＞400
合格品	1500	400	400

（5）在门窗五金配件采购、进场、验收、门窗组装和安装的全过程中，监理人员必须认真负责、全面监控。

九、铝合金门窗安装质量差

1. 原因分析

（1）在安装中违章作业，如铝合金门窗框与砂浆接触面没有按规定贴或涂防腐层，或因无保护胶纸而被沾污、擦伤和腐蚀。

（2）在安装铝合金门窗框前，未按规定弹出安装的水平控制线和垂直控制线，致使门窗位置不准确。

（3）铝合金门窗框与墙体固定不规范，有些锚固板的间距大于 600mm，有些锚固方法不正确。

（4）铝合金门窗框安装后，不按规定填嵌水泥砂浆或沥青玻璃棉毡条、沥青油麻等材料，导致门窗安装不符合要求。

2. 处理方法

（1）拉水平线检查门窗框安装标高是否一致，对于高差大于 3mm 者必须纠正；挂垂直线检查门窗安装位置是否准确，上下层有错位的也要进行纠正。

（2）检查窗扇与窗框安装缝隙的均匀程度及窗扇顶部限位装置的可靠程度，如推拉、上下抬动窗扇，发现有脱轨跳槽现象时要及时进行修整，防止窗扇掉落发生事故，造成不应有的损失。

（3）铝合金门窗框与墙体的固定，必须符合有关规定中的要求，不得马虎从事，要切实固定牢靠。

（4）检查门窗框与砌体的接触面上防腐蚀涂膜或粘贴的防腐条是否完好，如有缺陷必须补贴或补涂完整。经检查合格后按设计要求在缝隙中填嵌矿棉条、玻璃棉毡条或沥青麻丝及水泥砂浆等。

3. 预防措施

（1）按照国家有关标准或设计要求，严格检查铝合金门窗产品，不仅核查其产品出厂合格证和试验报告，而且要具体抽检量测实际购进的产品，决不允许不合格的产品用于门窗工程。

（2）检查预留门窗孔洞的几何尺寸是否符合要求，预埋件的数量、质量、规格和位置是否正确。

（3）在铝合金门窗正式安装前，在门窗洞口的两侧弹出同一标高的水平控制线和垂直控制线，并要对其进行反复校核。

（4）在铝合金门窗框的外侧要按照规定涂刷防腐剂，并要经过检查合格后才允许正式进行安装。

（5）在施工过程中要做好铝合金门窗的表面保护工作，在安装中要包贴胶纸，待固定合格后再将胶纸揭去。

第六章

屋面节能监理质量控制

屋顶是建筑物不可缺少的重要组成部分，也是表现建筑体型和外观形象的重要因素，对建筑整体的装饰、使用、节能和安装等方面均具有较大的影响，因此屋顶在建筑工程中又被称为建筑的"第五立面"。

屋顶位于建筑物的最上部，是房屋建筑最上层覆盖的外围护结构，其基本功能是抵御自然界的一切不利因素，使下部空间有一个良好的使用环境。屋面就是建筑物屋顶的表面，它主要是指屋脊与屋檐之间的部分，这一部分占据了屋顶的较大面积，或者说屋面是屋顶中面积较大的部分。

第一节　屋面节能监理质量控制概述

在建筑节能方面，由于屋面面积在建筑物中所占的比例较小，其保温节能的效果往往容易被人们所忽视。随着人们对建筑节能的重视，以及对屋顶功能要求的不断提高，屋面节能已成为建筑节能工程的重要部分。对于采用高效保温材料，以及采取一定的构造形式进行屋面保温并减少能耗的屋面，称之为屋面节能工程。

在现行国家标准《屋面工程技术规范》（GB 50345—2012）中，对各种类型屋面的设计和施工做出了明确规定，特别在第九章中对屋面的保温隔热进行了具体要求。如对保温隔热层屋面的一般规定、材料要求、设计要求和细部构造，并对保温层、架空屋面、蓄水屋面、种植屋面、采光屋面和倒置式屋面的施工技术提出了具体要求。

一、屋面节能系统的分类

屋面工程的保温系统不同于墙体工程的保温系统，需要经认真设计和施工形成比较复杂的保温体系，并经形式检验认可。其往往着重于保温材料的应用，并与屋面工程的其他构造层形成整体。屋面工程的保温材料目前主要采用加气混凝土、泡沫混凝土、胶粉聚苯颗粒等。根据屋面工程保温材料性能、屋面找坡形式和防水层布置，屋面工程的构造一般有如下几种形式。

1. 建筑找坡平屋面构造层布置

建筑找坡平屋面构造层布置可分为Ⅰ型、Ⅱ型、Ⅲ型和Ⅳ型。

（1）Ⅰ型　屋面结构层→找平层→隔汽层→保温层（兼找坡）→找平层（加强型）→防水层→隔离层→保护层。在有些情况下，可以不设计找平层和隔汽层。

（2）Ⅱ型　屋面结构层→找平层→隔汽层→保温层→找坡层→找平层（加强型）→防水层→隔离层→保护层。在有些情况下，可以不设计找平层和隔汽层。

（3）Ⅲ型　屋面结构层→找平层→隔汽层→找坡层→保温层→找平层（加强型）→防水层→隔离层→保护层。在有些情况下，可以不设计找平层和隔汽层。

（4）Ⅳ型　屋面结构层→找坡层→找平层→防水层→保温层→找平层（结合层或隔离层）→保护层。在此情况下，保温层应采用憎水性保温材料。

2. 结构找坡平屋面构造层布置

结构找坡平屋面构造层布置可分为Ⅴ型、Ⅵ型。

（1）Ⅴ型　屋面结构层→找平层→隔汽层→保温层→找平层（加强型）→防水层→隔离层→保护层。在有些情况下，可以不设计找平层和隔汽层。

（2）Ⅵ型　屋面结构层→找平层→防水层→保温层→找平层（结合层或隔离层）→保护层。在此情况下，保温层应采用憎水性保温材料。

3. 坡屋面构造布置

坡屋面构造层布置可分为Ⅶ型、Ⅷ型。

（1）Ⅶ型　屋面结构层→找平层→防水层→保温层→挂瓦层（贴瓦层）→屋面瓦。

（2）Ⅷ型　屋面结构层→保温层→挂瓦层（贴瓦层）→屋面瓦。

4. 其他屋面构造布置

其他屋面构造布置可分为Ⅸ型、Ⅹ型和Ⅺ型。

（1）Ⅸ型　屋面结构层→找平层→防水层→架空层。

（2）Ⅹ型　屋面结构层→找平层→防水层→覆土层→绿化层。

（3）Ⅺ型　屋面结构层→找平层→防水层→蓄水层。

二、屋面节能系统的性能要求

根据屋面节能工程实践，我国目前屋面采用的保温材料主要有松散保温材料、现浇保温材料、喷涂保温材料、板状保温材料和块状保温材料等。按照屋面的构造形式不同，节能屋面主要有平屋面、坡屋面、架空屋面、蓄水屋面、种植屋面和倒置式屋面等。

（1）传统型节能屋面构造的做法　传统型节能屋面构造的做法是将保温层放在下部，防水层放在上部，保温层常采用非憎水性保温材料。此种屋面具有一定的节能作用，但往往需要设置隔离层和保护层，构造较为复杂，增加了工程造价。另外，防水层置于上部，有的暴露于最上层，很容易发生老化，造成屋面雨水渗漏，保温材料的性能降低。如上述的Ⅰ型、Ⅱ型、Ⅲ型和Ⅳ型。

（2）倒置式节能屋面构造的做法　倒置式节能屋面构造的做法是将保温层放在上部，防水层放在下部，保温层常采用憎水性保温材料。此种屋面可以避免设置隔离层和保护层，构造较为简单，工程造价较低。同时，也可以防止防水层过早老化，避免屋面雨水渗漏和保温材料性能降低。如上述的Ⅴ型和Ⅵ型。

（3）种植式节能屋面构造的做法　种植式节能屋面构造的做法是将保护层变为绿化层，即在屋面种植草坪和适宜的植物。此种屋面可以大幅降低能耗，增加城市绿化面积，改善城市的气候环境，降低粉尘和噪声污染。在现行的行业标准《种植屋面工程技术规程》（JGJ 155—2013）中有较为明确的规定。

（4）架空式节能屋面构造的做法　架空式屋面是用烧结黏土或混凝土制成的薄型制品，覆盖在屋面防水层上并架设一定高度的空间，利用空气流动加快散热，起到隔热作用。此种屋面实际上是将保护层变为架空层，屋面构造简单，施工方便，在我国夏热冬冷地区被广泛采用。

（5）蓄水式节能屋面构造的做法　蓄水式节能屋面构造的做法是将保护层变为蓄水层，从而起到隔热节能的效果。蓄水屋面其所需水源应以天然雨水为主，这样既可以利用屋顶蓄积雨水，又能起到防热节能的功效，一举两得，是一种值得推广的节能、节水的好方法。

第二节　屋面节能监理的主要流程

屋面工程虽然构造比较简单，施工比较容易，但由于它是整个建筑的顶部围护，对建筑物的安全、使用功能、节能效果、使用寿命等均具有很大的影响。因此，监理应当重视屋面节能工程，必须按照规定的流程搞好质量监理工作。根据屋面节能工程的施工实践，其监理流程如图 6-1 所示。

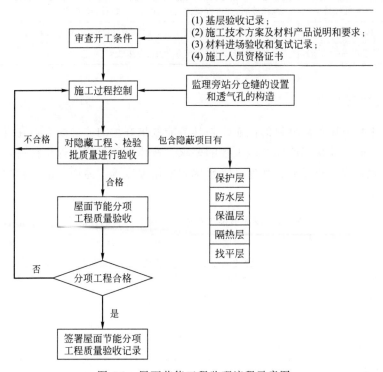

图 6-1　屋面节能工程监理流程示意图

第三节　屋面节能监理控制的要点

屋面节能工程的结构型式，目前常用的主要有传统屋面、架空屋面、蓄水屋面、种植屋面和倒置式屋面等，这些结构型式均比较简单，所以在设计时只要按照实践经验进行即可。因此，屋面节能工程的监理控制要点主要包括屋面保温隔热材料的控制、屋面节能施工质量的控制、屋面节能工程的验收控制。

一、屋面保温隔热材料的控制

1. 屋面保温隔热材料的种类

目前，我国所用的屋面保温材料品种很多，主要有以下分类方法：按保温层的形式不同，可分为松散保温材料、板状保温材料和整体现浇保温材料；按材料的性质不同，可分为有机保温材料和无机保温材料；按材料的吸水率不同，可分为高吸水率保温材料和低吸水率保温材料。保温材料的分类及品种见表 6-1。

表 6-1　保温材料的分类及品种

分类方法	材料类型	材料品种名称
按形状分类	松散材料	炉渣、膨胀珍珠岩、膨胀蛭石、岩棉
	板状材料	加气混凝土、泡沫混凝土、微孔硅酸钙、憎水珍珠岩、聚苯乙烯泡沫板、泡沫玻璃
	整体现浇材料	泡沫混凝土、水泥蛭石、水泥珍珠岩、硬泡聚氨酯
按材性分类	有机材料	聚苯乙烯泡沫板、硬泡聚氨酯
	无机材料	泡沫玻璃、加气混凝土、泡沫混凝土、蛭石、珍珠岩
按吸水率分类	高吸水率(>20%)	加气混凝土、泡沫混凝土、珍珠岩、微孔硅酸钙、憎水珍珠岩
	低吸水率(<5%)	聚苯乙烯泡沫板、硬泡聚氨酯、泡沫玻璃

2. 屋面保温材料的性能

屋面节能工程所用保温材料的性能，是其节能效果好坏的关键因素，在进行屋面节能工程的设计和施工时，要根据屋面节能工程的要求，选择性能适宜的保温材料。保温材料的性能主要包括表观密度、热导率、强度、吸水率和使用温度等。屋面节能工程中常用保温材料的性能见表 6-2。

表 6-2　屋面节能工程中常用保温材料的性能

序号	材料名称	表观密度 /(kg/m³)	热导率 /[W/(m·K)]	抗压强度 /MPa	吸水率 /%	使用温度 /℃
1	松散膨胀珍珠岩	40～250	0.05～0.07	—	250	−200～800
2	水泥珍珠岩 1:8	510	0.15	0.50	120～220	—
3	水泥珍珠岩 1:10	390	0.16	0.40	120～220	—
4	水泥珍珠岩制品 1:8	500	0.08～0.12	0.30～0.80	120～220	650
5	水泥珍珠岩制品 1:10	300	0.063	0.30～0.80	120～220	650

续表

序号	材料名称	表观密度 /(kg/m³)	热导率 /[W/(m·K)]	抗压强度 /MPa	吸水率 /%	使用温度 /℃
6	憎水珍珠岩制品	200～250	0.056～0.080	0.50～0.70	憎水	-200～650
7	沥青珍珠岩	500	0.10～0.20	0.50～0.80	—	—
8	松散膨胀蛭石	80～200	0.04～0.07	—	200	-200～1000
9	水泥蛭石	400～600	0.04～0.08	0.30～0.60	120～220	650
10	微孔硅酸钙	250	0.06～0.07	0.50	87	650
11	矿棉保温板	130	0.035～0.047			600
12	加气混凝土	400～800	0.14～0.18	3.00	35～40	200
13	水泥聚苯板	240～350	0.09～0.10	0.30	30	—
14	水泥泡沫混凝土	350～400	0.10～0.19			
15	模压聚苯乙烯泡沫板	15～30	0.014	(10%压缩后) 0.06～0.15	2～6	-800～75
16	挤压聚苯乙烯泡沫板	≥32	0.08	(10%压缩后) 0.15	≤1.5	-80～75
17	硬质聚氨酯泡沫塑料	≥30	0.027	(10%压缩后) 0.15	≤3.0	-200～130
18	泡沫玻璃	≥150	0.068	≥0.40	≤0.5	-200～500

注：15～18 项为独立闭孔、低吸水率保温材料。

3. 屋面保温材料的质量指标

（1）松散保温材料的质量指标应符合表 6-3 中的要求。

表 6-3 松散保温材料的质量指标要求

质量指标项目	膨胀蛭石	膨胀珍珠岩
材料粒径	3～15mm	≥0.15mm 且<0.15mm 的含量不大于 8%
堆积密度	≤300kg/m³	≤120kg/m³
热导率	≤0.14W/(m·K)	≤0.07W/(m·K)

（2）板状保温材料的质量指标应符合表 6-4 中的要求。

表 6-4 板状保温材料的质量指标要求

项目	聚苯乙烯泡沫塑料类		硬质聚氨酯泡沫塑料	泡沫玻璃	微孔混凝土类	膨胀蛭石(珍珠岩)制品
	挤压	模压				
表观密度/(kg/m³)	≥32	15～30	≥30	≥150	500～700	300～800
热导率/[W/(m·K)]	≤0.03	≤0.041	≤0.027	≤0.062	≤0.22	≤0.25
抗压强度/MPa	—	—	—	≥0.040	≥0.40	≥0.30
在 10%形变下的压缩应力/MPa	0.15	0.06	0.15	0.50		
70℃,48h 后尺寸变化率/%	2.00	5.00	5.00	0.50		
吸水率/%	1.50	6.00	3.00			
外观质量	板的外形基本平整，无严重凹凸不平，厚度允许偏差为 5%,且不大于 4mm					

（3）整体保温隔热材料的质量要求：产品应当有出厂合格证、样品的试验报告及材料性能的检测报告；根据设计要求选择材料的厚度，壳体应连续、平整；材料的密度、热导率、强度等应符合设计要求。

对于常用的现喷硬质聚氨酯泡沫塑料和板状制品，其具体的质量指标应满足下列要求。①现喷硬质聚氨酯泡沫塑料的质量指标要求：表观密度为 $35\sim40kg/m^3$；热导率不大于 $0.03\ W/(m\cdot K)$；压缩强度大于 $150MPa$；封孔率大于 92%。②板状制品的质量指标要求：表观密度为 $35\sim40kg/m^3$；热导率不大于 $0.07\sim0.08W/(m\cdot K)$；抗压强度大于 $0.1MPa$。

（4）架空隔热制品的质量要求，主要应当满足下列要求：①非上人层面的黏土砖强度等级不应低于 MU7.5；上人层面的黏土砖强度等级不应低于 MU10。②混凝土板的混凝土强度等级不应低于 C20，板内应当配置必要的钢筋网片。

4. 保温隔热材料质量控制措施

保温隔热材料（又称绝热材料）是指对热流具有显著阻抗性的材料或材料复合体。建筑保温对绝热材料的基本要求是：热导率一般应小于 $0.174W/(m\cdot K)$，表观密度应小于 $1000kg/m^3$。如何确保用于屋面节能工程的保温隔热材料符合设计要求，必须采取以下质量控制措施。

（1）屋面节能工程的设计人员，必须选用符合屋面节能要求的材料和产品；施工单位的材料采购人员，所购进的节能材料必须符合设计要求；监理和施工单位的材料管理人员，在材料进场后必须严格对材料进行检查验收。

（2）材料进场时按每批随机抽取 3 个试样进行检查，对保温隔热材料的品种、规格、包装、外观和尺寸等进行检查验收，检查复核产品的出厂合格证、中文说明书、有关设备技术参数、技术资料及相关的出厂性能检验报告。产品质量应符合设计标准和国家有关产品质量标准的规定，严禁使用国家明令禁止和淘汰的产品。

（3）对于建筑节能工程中采用的新材料、新设备、新工艺、新产品的资料应进行审核，审查新工艺或者首次使用的工艺是否进行过评价。

（4）定型产品和成套技术应有型式检验报告，进口材料和设备应按规定进行出、入境商品检验。复试报告合格且质量保证资料齐全的才能用于屋面节能工程，并由专业监理工程师签署"工程材料/配件/设备报审表"。

（5）屋面节能工程使用的保温隔热材料，进场时必须按规定对其表观密度、热导率、抗压强度（或压缩强度）、燃烧性能、吸水率等进行复验。复验应为见证取样送验报告，同一厂家同一品种的产品，各抽查不少于 3 组。

二、屋面节能施工质量的控制

（一）保温隔热屋面施工质量控制

1. 传统保温隔热屋面的施工质量控制要点

传统的保温隔热屋面施工质量如何，关键是屋面保温隔热层的施工不仅要选择晴朗干燥的天气进行，而且在保温隔热层完成后要及时进行找平层和防水层的施工，千万避免保温隔热层受潮、浸泡或受损。

（1）对找平层所用材料的质量控制内容如下。

1）水泥砂浆找平层材料的质量要求。

① 对水泥的质量要求。屋面水泥砂浆找平层宜采用硅酸盐水泥、普通硅酸盐水泥，其强度等级不应小于 32.5 级，技术性能指标应符合国家标准《通用硅酸盐水泥》（GB 175—2007）中的规定。水泥进场时应对其品种、强度等级、出厂日期等进行检查，并应对其强度、安定性及其他性能指标进行抽样复验。当在使用中对水泥质量有怀疑或水泥出厂超过 3 个月时应进行复查试验，并按复查试验结果使用。不同品种、不同强度等级的水泥不能混合使用。

② 对细骨料的质量要求。配制水泥砂浆所用的细骨料，宜采用中砂或粗砂，其技术性能指标应符合现行国家标准《建设用砂》（GB/T 14684—2011）中的要求，尤其是含泥量应不超过设计要求。

③ 对拌合水的质量要求。配制水泥砂浆所用的水，宜采用饮用水。当采用其他水源时，水质应符合国家标准《混凝土用水标准》（JGJ 63—2006）中的规定。

2）细石混凝土找平层材料的质量要求。

① 对水泥的质量要求。屋面细石混凝土找平层宜采用普通硅酸盐水泥，其强度等级不应小于 32.5 级，技术性能指标应符合国家标准《通用硅酸盐水泥》（GB 175—2007）中的规定。

② 对细骨料的质量要求。配制细石混凝土所用的细骨料，宜采用中砂，其技术性能指标应符合现行国家标准《建设用砂》（GB/T 14684—2011）中的要求，其含泥量不应大于 3%，不含有机杂质，级配要良好。

③ 对粗骨料的质量要求。配制细石混凝土所用的粗骨料，宜采用小石子，其技术性能指标应符合国家标准《建设用卵石、碎石》（GB/T 14685—2011）中的要求，其最大粒径不应大于 15mm，含泥量应不超过设计规定。

④ 对拌合水的质量要求。配制细石混凝土的水，宜采用饮用水。当采用其他水源时，水质应符合国家标准《混凝土用水标准》（JGJ 63—2006）中的规定。

3）沥青砂浆找平层材料的质量要求。

① 对沥青的质量要求。配制沥青砂浆宜采用 60 号甲、60 号乙的道路石油沥青，其技术性能指标应符合《公路沥青路面施工技术规范》（JTG F40—2004）中的规定。

② 对细骨料的质量要求。配制沥青砂浆所用的细骨料，宜采用中砂，其技术性能指标应符合国家标准《建设用砂》（GB/T 14684—2011）中的要求，其含泥量不应大于 3%，不含有机杂质，级配应符合设计要求。

③ 对粉料的质量要求。配制沥青砂浆所用的粉料，宜采用矿渣、页岩粉、滑石粉等，其技术性能指标应符合相应现行国家或行业标准的有关规定。

（2）找平层和隔汽层施工质量控制的内容如下。

1）当屋面结构层为现浇混凝土时，宜采用随浇筑、随振捣、随找平的施工方法，如果不易找平，也可以在表面加适量的水泥砂浆。当结构层为装配式预制板时，应在板缝浇灌掺加膨胀剂的 C20 细石混凝土，然后再铺抹水泥砂浆。找平层应在水泥砂浆收水后进行二次压光，其表面应平整。找平层的施工质量应从以下几个方面进行控制。

① 屋面找平层的厚度和技术要求应符合表 6-5 中的规定。

表 6-5　屋面找平层的厚度和技术要求

找平层类别	基层种类	厚度/mm	技术要求
水泥砂浆找平层	整体浇筑混凝土	15～20	水泥砂浆的配合比(体积比)为:水泥:砂＝(1:2.5)～(1:3.0);水泥强度等级不低于32.5级
	整体或板状材料保温	20～25	
	装配式混凝土板、松散材料保温层	20～30	
细石混凝土找平层	松散材料保温层	30～35	混凝土强度等级不应低于C20
沥青砂浆找平层	整体浇筑混凝土	15～20	沥青砂浆的配合比(质量比)为:沥青:砂＝1:8
	装配式混凝土板、整体或板状材料保温层	20～25	

② 屋面找平层的基层采用装配式钢筋混凝土板时，应符合下列规定：钢筋混凝土板的板端、侧缝应当用细石混凝土进行灌缝，其强度等级不应低于C20；当钢筋混凝土板的板缝大于40mm或上窄下宽时，板缝内应设置必要的构造钢筋；钢筋混凝土板的板缝应进行密封处理，以防止屋面积水时板缝处出现渗漏。

③ 屋面找平层的排水坡度应符合设计要求。平屋面采用结构找坡时，排水坡度应小于3%；采用材料找坡时，排水坡度宜为2%；天沟、檐沟的纵向找坡不应小于1%，沟底水落差不得超过200mm。

④ 基层与突出屋面结构的处理。基层与突出屋面结构（如女儿墙、山墙、天窗壁、变形缝、烟囱等）的交接处和基层的转角处，均应做成圆弧形，圆弧的半径应符合表6-6中的要求；内部排水的水落口周围，找平层应做成略低的凹坑。

表 6-6　转角处圆弧半径的要求

卷材种类	沥青防水卷材	高聚物改性沥青防水卷材	合成高分子防水卷材
圆弧半径/mm	100～150	50	20

⑤ 屋面找平层的处理。屋面找平层面积较大，为满足温差及建筑变形的要求，宜设置必要的分格缝，并嵌填密封材料。分格缝应设置于板端缝处，其纵向和横向缝的最大间距，水泥砂浆或细石混凝土找平层，不宜大于6m；沥青砂浆找平层，不宜大于4m。

2) 屋面隔汽层的施工质量要求。屋面隔汽层施工要保证其位置、完整性和严密性等均符合设计要求。屋面隔汽层可采用单层卷材或涂膜施工，卷材可采取空铺法，其搭接宽度不得小于70mm，搭接处要确实严密；涂膜隔汽层，则应当在板端处留分格缝并嵌填密封材料，采用沥青基防水涂料时，其耐热度应比室内或室外的最高温度高出20～25℃，隔汽层在屋面与墙体的连接处，应沿封面向上连接铺设，至少高出保温屋上表面150mm。

（3）屋面保温层的施工质量控制内容如下。

屋面保温隔热层的施工，是屋面节能工程施工中质量控制的重点，特别是易吸潮的保温隔热材料，施工完毕后的防潮处理非常重要。为了确保屋面节能工程的保温隔热效果，在保温隔热层施工完成后，应尽快进行防水层的施工，在施工过程中应注意防止保温隔热层受潮。

屋面保温隔热层的施工实践经验证明，影响屋面保温隔热效果的主要因素，除了保温隔热材料本身的性能外，另一个重要的因素是保温隔热材料的厚度、铺设方式、热桥部位的处理和施工各工序的质量等。不同材料的保温隔热层，在监理过程中对其施工质量的控制内容也是不一样的，应当分别采取相应的质量控制措施，使其施工质量符合现行规范的要求。

1）松散材料保温层的施工质量控制。

① 松散材料保温层主要适用于平屋顶，而不能用于有较大振动或易受冲击的屋面，一般屋面节能工程中用作松散保温层的材料有干铺膨胀蛭石、膨胀珍珠岩、高炉熔渣和其他以散状颗粒组成的材料等。

② 铺设松散材料保温层的基层应干净、干燥，基层的含水率不应大于9％，松散材料中的含水率不得超过设计规定，否则应采取干燥措施或排气措施。

③ 松散材料保温层应根据厚度大小分层铺设，并适当加以压实，每层的虚铺厚度一般不宜大于150mm，压实的程度与厚度应当经过试验确定；保温层压实后不得直接在其上面行车或堆放重物。

④ 松散材料保温层施工应挑选晴天干燥的天气，施工完毕后应及时进行下一道工序，即铺抹找平层和防水层施工。如果因特殊原因需要在雨期施工时，必须采取可靠的遮雨措施，特别注意防止松散材料受潮、淋湿。

⑤ 松散材料保温层的厚度是确保节能效果的主要条件，必须满足设计要求的厚度。为了准确控制铺设的厚度，可在屋面上每隔一定距离摆放保温层厚度的木条，作为铺设保温层厚度的标准。

⑥ 为了确保松散材料保温层的施工质量，在下雨和5级风及以上的天气情况下，不得铺设松散材料保温层。另外，在寒冷和下雪的天气情况下也不得铺设松散材料保温层。

⑦ 在铺抹找平层时，应在松散保温层上铺一层塑料薄膜等隔水物，以防止砂浆中的水分被保温材料吸收，造成保温层节能效果降低，砂浆干涩难以施工，同时也可避免松散保温层吸收砂浆中的水分从而降低保温性能。

⑧ 在松散材料保温层的施工完成后，应及时进行隐蔽验收，并进入下一道工序的施工。

2）板状材料保温层的施工质量控制。板状材料保温层适用于带有一定坡度的屋面。由于这种材料是事先加工预制的，其含水率一般较低，所以不仅具有良好的保温效果，而且对柔性防水层质量的影响比较小，适用于整体封闭式保温层。

板状保温层常用的材料有水泥膨胀蛭石板、水泥膨胀珍珠岩板、沥青膨胀蛭石板、沥青膨胀珍珠岩板、加气混凝土板、泡沫混凝土板、矿棉板、岩棉板、聚苯乙烯板、聚氯乙烯泡沫塑料板、聚氨酯泡沫塑料板等。在进行板状材料保温层的施工时，对其质量控制应特别注意以下几个方面。

① 在正式铺设板状保温层前，应认真检查基层的施工质量，铺设板状保温材料的基层应平整、干净和干燥，不符合要求时应进行处理。

② 对板状保温材料应加强保护，防止雨淋水浸，防止强力碰撞，要求板形完整、不碎不裂，符合设计要求。

③ 当采用铺砌法进行施工时，干铺的板状保温隔热材料，应紧靠在需要保温的基层面的表面上，并要确定铺平垫稳；分层铺设的板块上、下层接缝应相互错开，板间的缝隙应用同类材料嵌填密实。

④ 当采用粘贴法进行施工时，应将板状保温隔热材料铺严、铺平、粘牢。在板状保温材料相互之间及与基层之间，应满涂胶结材料，以便相互粘牢；如采用水泥砂浆粘贴板状保温材料时，板缝间宜用保温灰浆填实并勾缝。保温灰浆的配合比为：水泥：石灰膏：同类保温材料碎粒的体积比＝1：1：10。

3）整体现浇保温层的施工质量控制。整体现浇保温层适用于平屋顶或坡度较小的屋顶，这种保温层由于是在屋顶现场拌制，必然会增加现场的湿作业，保温层的含水率也就较大，易导致卷材防水层起鼓，所以一般适用于非封闭式保温隔热层，不宜用于整体封闭的保温隔热层。目前，屋面整体现浇保温隔热层多采用水泥膨胀蛭石和水泥膨胀珍珠岩，在一些小型的屋面或冬季施工时，也可采用沥青膨胀珍珠岩。

整体现浇保温隔热层铺设时，其铺设厚度应符合设计要求，表面应比较平整，并达到设计要求的强度，但也不能过分将其压实，以避免降低保温隔热层的节能效果。

屋面整体现浇保温隔热层采用铺抹法施工，并采用水泥膨胀蛭石和水泥膨胀珍珠岩保温隔热材料时，施工中应加强以下方面的质量控制。

① 材料的配合比：水泥膨胀蛭石和水泥膨胀珍珠岩的配合比为（1∶10）～（1∶12）；水灰比（体积比）为2.4～2.6。

② 拌制质量要求：一般可采用人工拌和，做到配比准确、拌和均匀、随拌随铺。

③ 控制铺抹厚度：保温隔热层的虚铺厚度应根据试验确定，铺后拍实抹平至设计厚度。

④ 分仓铺抹要求：保温隔热层应分仓铺抹，每仓的铺设宽度为700～900mm，可用木条进行分格，控制好各仓的尺寸。

⑤ 做好成品保护：保温隔热层压实抹平后，应立即做找平层，对保温隔热层进行保护。

（4）屋面保温层冬雨期施工质量控制的内容如下。

1）冬期施工技术措施。根据当地多年的气温资料及施工验收规范要求，当室外日平均气温连续五天稳定低于+5℃或日最低气温低于±0℃时，即进入冬期施工阶段，应按冬期施工的有关规定进行施工。在屋面保温层冬期施工时，应采取以下技术措施。

① 冬期施工采用的屋面保温材料应符合设计要求，材料中不得含有冰雪、冻块和杂质。

② 干铺的保温隔热层可以在负温下施工，采用沥青胶结的整体保温层和板块保温层应在气温不低于-10℃时施工；采用水泥、石灰或乳化沥青胶结的整体保温层和板块保温层应在气温不低于+5℃时施工。当气温低于上述要求时，应采取可靠的保温、防冻措施。

③ 采用水泥砂浆粘贴板状保温隔热材料以及处理板间缝隙时，可采用掺有防冻剂的保温砂浆，防冻剂的掺量应通过试验确定。

④ 为了确保保温隔热层的施工质量，在下雪和五级风及以上的天气情况下，不得进行保温层的施工。

2）雨期施工技术措施。雨期进行保温隔热层的施工，进度较快、条件较差、影响质量、费用增加，所以一般情况下不要安排在雨期进行。当确实需要在雨期进行施工时，应采取以下技术措施。

① 在雨期保温隔热层的施工过程中，保温隔热层的施工处必须采取可靠的遮盖措施，特别要防止保温材料淋雨。

② 平时应注意天气预报，如果预报有风雨天气，应调整屋面保温层的施工进度，尽量避免在雨天施工，以确保保温隔热层的施工质量。

2. 架空保温隔热屋面施工质量控制要点

屋面架空隔热层也称通风隔热层，是利用空间层内流动的空气带走大量热量的设施。通风层有较高的要求：通风口有足够的面积，流通方向与通风口应朝夏季主导风方向，使通风层的空气畅通，换气迅速，以达到隔热的目的。

架空隔热屋面应在通风较好的平屋面建筑上采用，夏季风量小的地区和通风较差的建筑上隔热效果不好，尤其是在女儿墙高的情况下更不宜采用，应采取其他隔热措施。寒冷地区由于架空层的通风容易降低屋面温度，反而会使室内的温度降低。当采用架空隔热形式的屋面时，其施工质量控制应注意以下几个方面。

（1）架空隔热层的高度一般为100～300mm，具体高度应视屋面的宽度、坡度而定。如果屋面宽度超过10m时，还应设置通风屋脊，以加强通风的强度。

（2）架空面层应完整，不应有断裂或损坏，架空层内应随时清理干净，不得残留施工过程中的杂物。

（3）架空屋面的进风口应设置在当地炎热季节最大频率风向的正压区，出风口应设置在负风区。

（4）在铺设架空板前，应清扫屋面上的落灰、杂物，以保证隔热层气流畅通，但操作时不得损坏已完工的防水层。

（5）架空板支座底面的柔性防水层上，应采取增设卷材或柔软材料的加强措施，避免损坏已完工的防水层。

（6）当屋面的保温层敷设于屋面内侧时，必须对保温材料采取有效的防潮措施，使之与室内的空气隔绝。

（7）架空桥的铺设应平整、稳固；缝隙宜采用水泥砂浆或水泥混合砂浆嵌填。

（8）架空隔热板距女儿墙要小于250mm，这样不仅利于通风，同时也避免顶裂山墙。

3. 蓄水保温隔热屋面施工质量控制要点

（1）蓄水深度必须严格按照设计要求加以控制。蓄水深度过浅则达不到隔热的效果；如果超过一定深度，不仅隔热效果不明显，而且会因蓄水过深使屋面静荷载增加，将会增加屋面结构设计的难度。

（2）蓄水屋面的防水层是施工的重点和难点，必须严格按照设计要求施工。采用刚性防水层时，应按规定做好分格缝，防水层做好后应及时养护，蓄水后不得出现断水现象。采用卷材防水层时，其做法与卷材防水屋面相同，但应避免在潮湿条件下施工。

（3）蓄水屋顶的池壁应采用钢筋混凝土或半砖、半钢筋混凝土组合形式。采用砖砌池壁时，靠近池底部分应做60～100mm高的混凝土反边，且砖池壁应适当配置水平钢筋，避免池壁出现裂缝现象。池壁防水的做法与池底相同，要注意避免池墙出现渗漏现象。

4. 种植保温隔热屋面施工质量控制要点

（1）必须严格控制屋顶覆土层的厚度，确保符合设计要求，以满足屋顶的不同荷重以及植物配置的要求。为减轻屋面结构层的荷重，种植土宜采用轻质材料（如蛭石、珍珠岩、草炭腐殖土等）。种植层的容器材料也可采用竹、木、工程塑料、PVC等。

（2）种植屋面的防水层做法应严格按设计要求施工，以防止种植土及浇灌用的水中酸碱成分直接腐蚀到防水面层，从而降低屋面的防水性能，影响屋面的使用寿命和功能。

（3）种植屋面选用的植物，应当以浅根系的多年生草本、葡萄类、矮生灌木植物为宜，并要求植物具有耐热、抗风、耐旱、耐贫瘠等特点。

5. 采光保温隔热屋面施工质量控制要点

所谓的采光屋面是指建筑物的屋面材料部分或全部被采光材料（如玻璃）所取代，从而做成采光口、采光带、采光顶等。随着建筑技术的进步，采光屋面的使用已日趋普及，甚至成为某些类型公共建筑设计的流行趋势。采光屋面的施工质量控制要点包括以下几个方面。

（1）采光屋面的传热系数、遮阳系数、可见光透射率、气密性等，均是影响采光屋面节能效果的主要因素，在施工中必须严格按设计要求进行。

（2）采光屋面的安装应牢固，特别是沿海地区和山区，屋面的风荷载非常大，如果安装不牢固可靠，在受到负压时会使整个屋面脱落，甚至出现对人身安全不利的问题。

（3）根据《建筑玻璃应用技术规程》（JGJ 113—2015）、《建筑节能工程施工质量验收规范》（GB 50411—2007）和《建筑装饰装修工程施工质量验收规范》（GB 50210—2001）中的要求，采光屋面的施工质量应做到全数检查。

（二）屋面节能工程监理控制措施

1. 传统保温隔热屋面节能监理控制措施

（1）屋面保温隔热层的敷设方式、厚度、缝隙填充质量，以及屋面热桥部位的保温隔热做法，必须符合设计要求和现行有关标准的规定。监理人员应按规定对保温隔热层的敷设方式、厚度、缝隙填充量和热桥部位进行抽查，保温隔热层的厚度可采取钢针插入后用尺测量的方法，也可采取将保温隔热层切开用尺直接测量的方法。

（2）按规定抽查屋面的隔汽层位置是否符合设计要求，隔汽层是否完整、严密。施工时可通过观察检查和核查隐蔽工程验收记录来进行隔汽层质量的验证。

（3）抽查屋面保温隔热层是否按审批的施工方案施工，并检查是否符合下列规定：①采用松散材料的保温隔热层应分层进行铺设，按设计要求进行压实，做到表面平整、坡向正确；②现场采用喷、浇、抹等工艺施工的保温隔热层，其所用材料的配合比应计量准确，搅拌均匀，分层连续施工，表面平整，坡向正确；③保温隔热层采用板材时，应做到粘贴牢固、缝隙严密、铺设平整、形体美观。

2. 架空保温隔热屋面节能监理控制措施

（1）用钢尺测量抽查屋面的通风隔热架空层的架空高度、安装方式、通风口位置及尺寸是否符合设计及有关标准的要求。

（2）仔细检查架空层内有无杂物，面层是否完整，架空层不得有断裂和露筋等缺陷。

（3）坡屋面、内架空屋面当采用敷设于屋面内侧的保温材料隔热层时，应抽查保温隔热层内的防潮措施，检查其表面保护层是否符合设计要求。

（4）对于金属保温夹芯屋面，应用尺全数检查其铺装的牢固性，其界面应严密，表面应洁净，坡向应正确。

3. 蓄水保温隔热屋面节能监理控制措施

（1）检查蓄水屋面上设置的溢水口、过水孔、排水管、溢水管，其尺寸大小、位置、标高的留设必须符合设计要求。

（2）认真检查蓄水屋面的防水层施工是否按设计要求进行，施工质量是否达到验收规范的标准。

（3）蓄水屋面施工完成后，必须按要求进行蓄水试验，不得出现任何渗漏现象。

（4）在蓄水试验和正式蓄水后，要用尺测量抽查蓄水深度是否符合设计要求。

4. 种植保温隔热屋面节能监理控制措施

（1）检查种植屋面挡墙泄水孔的留设是否符合设计要求，并且不得有堵塞现象。

（2）认真检查种植屋面的防水层施工是否按设计要求进行，施工质量是否达到验收规范的标准。

（3）屋面防水层施工完成且植物种植前，应进行蓄水试验，不得出现任何渗漏现象。

（4）按规定抽查种植屋面覆土层的土质及覆土深度是否符合设计要求。

5. 采光保温隔热屋面节能质量控制措施

（1）采光屋面的传热系统、遮阳系统、可见光透射率、气密性均应符合设计要求。监理人员应抽查节点的构造做法是否符合设计和相关标准的要求。对采光屋面的可开启部分应根据门窗节能工程的有关要求进行全数验收，并核查质量证明文件。

（2）认真检查采光屋面的安装是否牢固，其坡度是否正确。

（3）采光屋面应严密封闭，嵌缝处不得有渗漏现象，施工完毕后应进行淋水试验。

三、屋面节能工程施工质量的保证措施

在屋面隔热保温节能的施工中，项目监理组对施工质量的监控流程为：材料的进场质量保证（产品生产企业资料、产品出厂质量合格证明或产品质量检测报告、按规范要求见证取样送检）→基层处理验收→施工现场实时监督→严格控制工序间交接→督促施工单位做好成品保护→现场资料及时整理、归档。

1. 把好进场材料的质量关

材料进场前施工单位须向项目监理组报审进场材料的基本资料，项目监理组要根据所报审资料对材料的性能等是否符合规范及设计要求等进行审核，若审核结果为符合要求，材料进场时相关监理人员还须对材料进行现场核对、查验等。按国家标准《建筑节能工程施工质量验收规范》（GB 50411—2007）中的要求，应对所用保温材料的以下性能项目进行进场复试：热导率、密度、抗压强度或压缩强度、燃烧性能等；取样方法为：随机抽样送检，同一厂家、同一品种的产品，当建筑面积在 $20000m^2$ 以下时各抽查不少于 3 次，面积在 $20000m^2$ 以上时各抽查不少于 6 次。胶黏剂的进场复试性能项目为：干燥状态和浸水 48h 拉伸黏结强度（与水泥砂浆）。取样方法：现场随机见证取样送检，同一厂家、同一品种的产品，当建筑面积在 $20000m^2$ 以下时各抽查不少于 3 次，面积在 $20000m^2$ 以上时各抽不少于 6 次。

2. 严格控制基层的隐蔽质量验收

保温层基层质量的优劣直接关系到保温层质量的好坏，要对基层的每一道工序进行严格把关，预控质量隐患的存在，对于基层的施工质量应注意以下方面：①基层的坡向及坡度要符合设计和有关规范的要求；②平整度要控制在规范和设计允许的偏差之内；③在保温板的铺设时段内基层要保持干燥、清洁无杂物；④基层面不允许有凸出物特别是尖刺物存在等。

3. 对保温层实行现场实时监督

保温层施工时的现场实时监督是项目监理组控制保温层施工质量的最直接手段。督促施工单位的技术主管或质检员要跟班监督、管理；保温板铺设前宜先弹好板块控制线；板材铺设要平整，坡度及坡向要符合设计要求，板材铺设时应当按要求错缝，板间拼缝要严密平整，板间缝不允许用胶黏剂黏结；保温板的铺设施工应在晴天进行或应采取防雨淋措施；板材收口处应做密封处理。保温板的粘贴方式当设计无要求时，宜采用点粘法粘贴，具体要求为：粘贴点间距宜为 400mm×400mm；粘贴点与板边间距宜为 150～200mm；粘贴点的黏结面直径宜为 100～150mm。现场监理人员要现场随机检查板材的厚度，方法是用钢针插入或用钢卷尺度量；屋面层热桥部位（屋面板与女儿墙的交界处等）要严格按设计要求采取隔热节能措施；保温层与其上的找平层均应做排气槽，两槽要相互对应。找平层施工完毕后，要检查排气槽，必须使之顺畅。

4. 做好成品保护和资料整理

最后应做的是督促施工单位做好保温层的成品保护和及时做好现场资料的整理、归纳。保温层板材的成品保护有 2 个方面内容：①防止雨淋，保温层施工完毕后保护层若不能及时施工，须有有效防止雨淋的措施；②在保护层施工时须严格防止钢筋等锐物对保温层板块的损伤。保温层施工时的工序报验资料、隐蔽工程检验资料、按规范要求应旁站从而产生的旁站资料，项目监理组的相关监理人员需密切配合，以确保屋面节能工程施工资料的及时性、完整性和真实性。

四、屋面节能工程旁站监理的要点

旁站监理是监理在工程质量控制过程中的重要手段之一，它不是工程监理工作的全部内容，也不是质量控制的全部内容，它的作用是监理必须进行旁站的关键部位、关键工序，施工单位的主要质量和技术管理现场就位管理情况，及时制止和纠正不恰当的施工操作或者野蛮施工行为，并与监理工作的其他监控手段结合使用，是监理质量控制过程中相当重要和必不可少的一项措施。

旁站监理与巡视检查、平行检验共同构成了施工现场监理质量控制方法体系，可以有效地对每一个分项工程检验批施工过程中任何阶段的主控和一般项目进行有效的监控，才能使监理在全过程质量控制中不失控。由此可见，屋面节能工程旁站监理是屋面工程施工中不可缺少的一项工作。

1. 屋面节能分项工程旁站监理部位

根据国务院令《民用建筑节能条例》第 530 号（2008 年版）第十六条第 3 点规定：墙体、屋面的保温工程施工时，监理工程师应当按照工程监理规范的要求，采取旁站、巡视和平行检验等形式实施监理。第四十三条规定：未按照民用建筑节能强制性标准实施监理的工程，墙体、屋面的保温工程施工中未采取旁站、巡视和平行检验等形式实施监理的工程，监理单位应承担法律责任。

屋面节能分项工程的热桥部位施工时，如女儿墙、伸缩缝、凸出屋面部位等，现场监理应按照建设工程监理规范的要求进行旁站。

2. 屋面节能分项工程旁站监理要点

（1）女儿墙部位节能工程施工旁站要点　女儿墙部位节能工程施工的旁站要点主要包括施工工艺、施工人员、材料质量、施工环境、保温层收刹位置、保温层接口处理、保温层厚度、防水细部处理等。

（2）伸缩缝部位节能工程施工旁站要点　伸缩缝部位节能工程施工的旁站要点主要包括施工工艺、施工人员、材料质量、施工环境、保温层收刹位置、保温层接口处理、保温层厚度、防水细部处理、盖板细部处理等。

（3）凸出屋面部位节能工程施工旁站要点　凸出屋面部位节能工程施工的旁站要点主要包括：施工工艺、施工人员、材料质量、施工环境、保温层收刹位置、保温层接口处理、保温层厚度、防水细部处理等。

（4）旁站监理记录表应反映的内容　旁站监理记录表应反映的内容主要包括日期、气候、旁站部位、起止时间、施工情况、监理情况、发现问题、处理结果、签字确认等。

第四节　屋面节能工程质量标准与验收

屋面的施工质量如何不仅关系到屋面的节能效果，而且也关系到建筑物的使用寿命。假使屋面出现漏水、渗水和降温效果不好等问题，会给人们的生活带来很多不便，不但会造成经济上的严重损失，而且还直接影响人们的正常生活。如何提高屋面的施工质量，克服施工中的质量通病，保证不出现渗漏和降温达到设计要求，是屋面节能分项工程验收的一个重要课题。

一、屋面节能工程施工质量标准

1. 施工质量的主控项目

为保证屋面节能分项工程的施工质量，在工程施工过程中下列项目必须达到相应要求。

（1）对于松散、现浇、喷涂保温材料施工的保温屋面，应检查其厚度、压缩强度、排气槽等，施工质量应符合设计要求。对于板状保温材料施工的保温屋面，应检查其铺设方式、厚度、排气槽和填充质量等，施工质量应符合设计要求。

（2）对于有通风隔热要求的屋面，应检查其架空高度、安装方式、通风口位置及尺寸，其施工质量应符合设计要求。架空层内不得有杂物，以防止堵塞通风通道；架空面层不得有断裂和露筋等缺陷，以防止架空层损坏影响通风隔热功能。

（3）对于有采光要求的屋面，应检查其材料的保温隔热性能，应对其材料的传热系数、遮阳系数、可见光透射率、气密性等技术指标进行核查，并应符合设计要求。

（4）对于有采光要求的屋面，其节点构造做法应符合设计要求，其可开启部分应符合相应质量验收规范门窗部分的验收规定。

（5）对于有采光要求的屋面，其各部分安装应牢固，坡度应正确，封闭应严密，嵌缝处不得有渗漏现象。

（6）为防止屋面保温层因冷凝水而失去保温隔热性能，需要根据设计要求设置隔汽层，其应当完整、严密，并符合设计要求。

（7）保温隔热屋面的热桥部位应严格施工，其质量应符合设计要求。

（8）屋面保温隔热层的施工质量不符合相关质量验收规范要求时，应书面通知承包单位进行返修或返工。未经返修，不得进行验收；未经返工，不得进行重新验收。

（9）屋面保温层施工质量验收，以及有通风隔热和有采光要求屋面的施工质量验收的检验方法和检查数量，应按相应质量验收规范进行。

2. 施工质量的一般项目

为保证屋面节能分项工程的施工质量，在工程施工过程中下列项目必须达到相应要求。

（1）屋面保温隔热层应按照施工方案进行施工，并且应符合下列规定：①松散的材料应分层进行敷设，并按要求压实，做到表面平整、坡向正确；②现场采用喷、浇、抹等工艺进行施工的保温层，其配合比应计量准确，搅拌均匀，分层连续施工，并做到表面平整、坡向正确；③板材应粘贴牢固，表面平整，缝隙严密。

（2）金属板保温夹芯屋面应铺装牢固，接口严密，表面清洁，坡向正确。

（3）坡屋面、内架空屋面当采用敷设于屋面内侧的保温材料做保温隔热层时，保温隔热层应有防潮措施，其表面应设置保护层，保护层的做法应符合设计要求。

（4）屋面保温隔热层的施工质量验收，其检验方法和检查数量应按相应质量验收规范的要求进行。

3. 施工质量验收条件

（1）设计图纸中屋面节能分项工程的内容全部施工结束，施工单位经自检认为工程符合设计要求。

（2）屋面节能分项工程采用的保温材料的质量保证资料齐全，所有见证取样复试均符合要求。

（3）基层、保温层、热桥部位、隔汽层等隐蔽验收记录齐全，相关影像资料符合要求。

（4）施工现场按要求进行的相关试验和检测资料齐全，并符合相关规范的要求。

（5）屋面节能分项工程的所有检验报验资料齐全，实物验收均符合相关要求。

（6）在现场施工中存在的质量问题已按要求进行处理，并经复验满足相关要求。

（7）其他有关分项工程的验收内容已完成，相关资料齐全，并符合相关要求。

（8）监理工程师已审查现场施工技术资料，满足屋面节能分项工程的验收要求。

二、屋面节能分项工程质量标准

1. 屋面节能分项工程质量的主控项目

（1）用于屋面节能工程的保温隔热材料，其品种、规格应符合设计要求和相关标准的规定。

检验方法：观察，尺量检查；核查质量证明文件。

检查数量：按进场批次，每批随机抽取 3 个试样进行检查；质量证明文件应按照其出厂检验批进行核查。

（2）屋面节能工程使用的保温隔热材料，其热导率、密度、抗压强度或压缩强度、燃烧性能等应符合设计要求。

检验方法：核查质量证明文件及进场复验报告。

检查数量：全数检查。

（3）屋面节能工程使用的保温隔热材料，进场时应对其热导率、密度、抗压强度或压缩强度、燃烧性能等进行复验，复验应为见证取样送检。

检验方法：随机抽样送检，核查复验报告。

检查数量：同一厂家、同一品种的产品各抽查不少于3组。

（4）屋面保温隔热层的敷设方式、厚度、缝隙填充质量及屋面热桥部位的保温隔热做法，必须符合设计要求和有关标准的规定。

检验方法：观察、尺量检查。

检查数量：每100m² 抽查一处，每处10m²，整个屋面抽查不得少于3处。

（5）屋面的通风隔热架空层，其架空高度、安装方式、通风口位置及尺寸应符合设计及有关标准要求。架空层内不得有杂物。架空层应完整，不得有断裂和露筋等缺陷。

检验方法：观察、尺量检查。

检查数量：每100m² 抽查一处，每处10m²，整个屋面抽查不得少于3处。

（6）采光屋面的传热系数、遮阳系数、可见光透射率、气密性应符合设计要求。节点的构造做法应符合设计和相关标准的要求。采光屋面的可开启部分应按《建筑节能工程施工质量验收规范》（GB 50411—2007）第六章的要求验收。

检验方法：核查质量证明文件；观察检查。

检查数量：全数检查。

（7）采光屋面的安装应牢固，坡度正确，封闭严密，嵌缝处不得有渗漏现象。

检验方法：观察、尺量检查；淋水检查；核查隐蔽工程验收记录。

检查数量：全数检查。

（8）屋面的隔汽层位置应符合设计要求，隔汽层应完整、严密。

检验方法：对照设计观察检查；核查隐蔽工程验收记录。

检查数量：每100m² 抽查一处，每处10m²，整个屋面抽查不得少于3处。

2. 屋面节能分项工程质量的一般项目

（1）屋面保温隔热层应按施工方案施工，并应符合下列规定：①松散材料应分层敷设、按要求压实、表面平整、坡向正确；②现场采用喷、浇、抹等工艺施工的保温层，其配合比应计量正确，搅拌均匀，分层连续施工，表面平整，坡向正确；③板材应粘贴牢固，缝隙严密、平整。

检验方法：观察、尺量、称重检查。

检查数量：每100m² 抽查一处，每处10m²，整个屋面抽查不得少于3处。

（2）金属板保温夹芯屋面应铺装牢固、接口严密、表面洁净、坡向正确。

检验方法：观察、尺量检查；核查隐蔽工程验收记录。

检查数量：全数检查。

（3）坡屋面、内架空屋面当采用敷设于屋面内侧的保温材料作保温隔热层时，保温隔热

层应有防潮措施，其表面应有保护层，保护层的做法应符合设计要求。

检验方法：观察检查；核查隐蔽工程验收记录。

检查数量：每100m²抽查一处，每处10m²，整个屋面抽查不得少于3处。

三、屋面节能分项工程质量验收

1. 隐蔽工程验收

屋面节能工程应对下列部位进行隐蔽工程验收，并应有详细的文字记录和必要的图像资料：①基层；②被封闭的保温材料厚度；③保温材料黏结部位；④隔断热桥部位。

2. 屋面节能工程施工质量验收

屋面节能工程的施工应在主体或基层质量验收合格后进行。施工过程中应及时进行质量检查、隐蔽工程验收和检验批验收，施工完成后应进行屋面节能分项工程验收。

第五节　屋面常见质量问题及预防措施

在多层房屋建筑的围护结构中，屋顶面积相对总外围面积而言是比较小的，屋顶面所采取的隔热节能保温构造对整个建筑物的造价影响并不大，但屋顶面的节能效果如何却对建筑物的总体节能效果影响很明显。如果施工过程中不采取一些质量预防措施，必然会出现一些影响节能效果的质量问题。在屋面节能工程中常见的质量问题很多，应针对这些质量问题产生的原因，采取必要的预防措施，以确保屋面节能工程的施工质量。

一、防水层开裂

1. 原因分析

（1）结构裂缝　因地基不均匀沉降、屋面结构层产生较大的变形等原因使防水层开裂。此类裂缝通常发生在屋面板的拼缝上，宽度较大，并穿过防水层上下贯通。

（2）温度裂缝　因季节性温差、防水层上下表面温差较大，且防水层变形受约束时，而产生的温度应力使防水层开裂。温度裂缝一般是有规则的、通长的，裂缝分布较均匀。

（3）收缩裂缝　由于防水层混凝土干缩和冷缩而引起。一般分布在混凝土表面，纵横交错，没有规律性，裂缝一般较短、较细。

（4）施工裂缝　因混凝土配合比设计不当、振捣不密实、收光不好及养护不良等，使防水层产生不规则的、长度不等的断续裂缝。

2. 防治措施

（1）对于不适合做刚性防水的屋面（如地基不均匀沉降严重、结构层刚度差、设有松散材料保温层、受较大振动或冲击荷载的建筑、屋面结构复杂的结构等），应避免使用刚性防水层。

（2）加强结构层刚度，宜采用现浇屋面板；用预制屋面板时，要求板的刚度要好，并按规定要求安装和灌缝。

（3）在进行刚性防水层的设计时，应按照规定的位置、间距、形状设置分隔缝，并认真做好分隔缝的密封防水工作。

（4）在防水层与结构层之间设置隔离层。

（5）防水层设架空隔热层、蓄水隔热层和种植隔热层。

（6）防水层的厚度不宜小于 40mm，内配直径 4～6mm、间距 100～200mm 的双向钢筋网片，网片位置应在防水层中间或偏上，分隔缝处钢筋应断开。

（7）做好混凝土配合比设计，严格限制水灰比，提倡使用减水剂等外加剂，有条件时宜采用补偿收缩混凝土，或对防水层施加预应力。

（8）防水层厚度应均匀一致，浇筑时应振捣密实，并做到充分提浆，原浆抹压，收水后随即进行二次抹光。

（9）做好混凝土在凝结硬化过程中的养护工作，是避免混凝土产生裂缝的一项重要技术措施，应当满足混凝土在养护中的基本条件。

（10）对已产生开裂的混凝土防水层，可按下述方法进行处理。①对于细而密集、分布面积较大的表面裂缝，可采用防水水泥砂浆罩面的方法处理；或在裂缝处剔出缝槽，并将表面清理干净，再刷冷底子油一道，干燥后嵌填防水油膏，上面用卷材进行覆盖。②对宽度在 0.3mm 以上的裂缝，应剔成 V 形或 U 形切口后再做防水处理；如果裂缝深度较大并已露出钢筋时，应对钢筋进行除锈、防锈处理后，再做其他嵌填密封处理。③对宽度较大的结构裂缝，应在裂缝处将混凝土凿开形成分隔缝，然后按规定嵌填防水油膏。

二、防水层起壳

1. 原因分析

（1）在施工过程中，未能按施工规范和质量验收标准进行施工，特别是没有认真对混凝土表面进行压实、抹光。

（2）在混凝土浇捣完毕后，未能按混凝土所要求的条件进行养护，从而导致混凝土表面水分蒸发过快，出现防水层起壳的质量问题。

（3）防水层长期暴露于大气层中，经长期日晒雨淋后，混凝土面层发生碳化现象从而导致起壳的质量问题。

2. 防治措施

（1）混凝土防水层起壳质量问题的一般防治措施，可参照"防水层开裂"防治措施的第 5～9 条。

（2）混凝土浇筑振捣完毕后，在常温下 8～12h 后进行浇水养护，这是防止混凝土产生开裂的重要一环，并且养护时间一般不少于 14d。

（3）单位体积混凝土的水泥用量不宜过高，当设计混凝土强度等级较高时，应采取其他技术措施，而不能单靠增加水泥用量来解决，细集料尽量采用粗砂。

（4）认真做好清基、摊铺、碾压、收光、抹平和养护等工序的质量把关工作。碾压时宜用重 30～50kg 的滚筒纵横来回滚压 40～50 遍，直至混凝土表面出现拉毛状的水泥浆为止，然后进行抹平；抹平时不得加干水泥和水泥浆，待一定时间后再抹压第二遍，甚至第三遍……务必使混凝土表面平整、光滑。

（5）混凝土防水层应避免在酷热、严寒气温下施工，也不要在风沙或雨天施工，最好在冬末春初季节施工，以保证在正常温度下凝结硬化。

（6）在刚性防水层上宜增设防水涂料保护层。

（7）当防水层表面轻微起壳或起砂时，可先将表面凿毛，扫去浮灰杂质，然后加抹厚10mm的（1∶1.5）～（1∶2.0）的防水砂浆。

三、分格缝渗漏

1. 原因分析

（1）由于屋面防水有一定的坡度，因此横向分隔缝比较容易排水，而屋面上的纵向分隔缝处易产生渗漏。

（2）分隔缝之间是用嵌缝材料进行密封的，在阳光直接照射和其他介质的侵蚀下，缝中的嵌缝材料很容易老化，从而失去防水功能。

（3）由于建筑物的不均匀沉降和嵌缝材料的干缩，油膏或胶泥与板缝很容易黏结不良或脱开，从而出现渗漏现象。

（4）油膏或胶泥上部的卷材保护层翘边、拉裂或脱落。

2. 防治措施

（1）在进行分隔缝的设计时，除屋脊外，尽量避免设纵向分隔缝，多设置排水流畅的横向分格缝。

（2）为延长分格缝的使用年限，避免过早地失去防水功能，所以嵌缝材料应选用抗老化性能好的优质材料。

（3）当缝内油膏或胶泥已老化或与缝壁黏结不良时应将其彻底挖除，重新处理板缝后，再按要求嵌填密封材料。

（4）当油毡保护层翘边时，先将翘边张口处清理干净，吹去尘土，冲洗干净并待其干燥后，涂胶结材料，然后将翘边张口处粘牢。

（5）保护层发生断裂时应先将保护层撕掉，清洗和处理板缝两侧的基层后，重新按要求进行粘贴。

四、砖砌女儿墙开裂

1. 原因分析

（1）女儿墙太长（超过20～30m）而未设伸缩缝，在气温剧烈变化时膨胀收缩量比较大，很容易产生垂直裂缝或八字形裂缝。

（2）女儿墙与下部的屋顶钢筋混凝土圈梁的温度线膨胀系数不同，当温度变化较大时女儿墙与圈梁之间因变形差异而错位，很容易出现水平裂缝。

（3）刚性防水层或密铺隔热板夏季受热膨胀，会对女儿墙产生挤压，使女儿墙与圈梁之间错位，从而出现水平裂缝。

2. 防治措施

（1）女儿墙对屋面防水和抗震都不利，因此在没有必要时，尤其在抗震设防地区，最好不设女儿墙。

（2）砌砖女儿墙高度超过 500mm 时，宜每开间设钢筋混凝土构造柱，构造柱间距不得大于 6m，以限制女儿墙与屋顶圈梁之间的变形差异。

（3）刚性防水层架空隔热板均不应直抵女儿墙，与女儿墙之间应留一定的间隙。

（4）屋面找坡层（包括保温层）应选用弹性模量低的材料，避免使用膨胀材料；找坡层应适当分仓，分仓缝可兼作保温材料的排气通道。

（5）女儿墙高度较大时，除设置构造柱外，另在泛水顶部处墙身内增设 60mm 厚的钢筋混凝土带，既可预防女儿墙根部开裂，又可阻隔混凝土带上部的渗水。

（6）对于因防水层膨胀而引起的女儿墙及防水层泛水的轻微裂缝，可采用封闭裂缝的方法处理，并加做隔热层。

（7）当女儿墙开裂严重（有较大垂直裂缝、八字形裂缝、水平裂缝）时应拆除重砌，按要求设置伸缩缝和构造柱，并在墙与屋面板和防水层泛水之间留缝，缝内用密封材料嵌实。

五、保温材料不符合要求

1. 原因分析

（1）在进行屋面保温层的设计时，未按照屋面节能工程的实际或节能要求选择合适的保温材料，而选用的保温材料质量、品种、规格、性能等不符合要求。

（2）在进行屋面保温层材料的采购时，采购人员对材料的质量把关不严，进场后对材料验的收程序不当，导致用于屋面保温层的材料不符合要求。

（3）在保温层施工的过程中，受环境条件的不利影响，保温材料吸水或受潮，破坏保温材料的品质，材性耐水性和保温性下降，严重影响保温层的施工质量。

2. 预防措施

（1）认真做好屋面保温层设计，选择适宜的保温材料，这是确保保温材料质量的关键。在设计屋面保温层时，要根据要求的节能指标和工程的实际情况，对所用保温材料的品种、规格、性能、经济等进行分析比较，最终确定适宜的保温材料。

（2）严把保温材料的质量关。采购人员必须按照设计要求购买保温材料；材料进场后，监理和有关人员要对保温材料进行验收，不合格的材料不能入库；保温层正式施工前，施工人员要复查材料是否合格，不合格的材料不能用于工程。

（3）保温层不得在冬季低温情况下施工，施工时的环境温度不得低于 5℃，在 5 级风及以上和大雾的天气情况下不得进行施工。

（4）施工过程中要切实做到对保温材料的保护工作，不使其受潮和雨淋。做好施工进度和工序的安排，将保温层安排在干燥的气候下施工；当保温层确实需要在雨天施工时，必须有可靠的防雨措施。

六、屋面热桥处保温隔热效果差

1. 原因分析

屋面热桥部位保温隔热效果差的主要原因是：对于屋顶女儿墙与屋面板交界处以及顶层

钢筋混凝土板梁等热桥部位，未按设计要求采取保温隔热措施和细部处理，或者采用的施工方法不当，导致屋面整体保温隔热性能降低。

2. 预防措施

对屋面热桥部位保温隔热效果差所采取的主要预防措施如下。

（1）设计人员要根据工程实际和屋面的节能要求，做好屋面热桥部位的节点细部设计，提出每个细部的具体质量要求。

（2）做好屋面热桥部位的施工技术交底工作，使施工人员明白具体做法，并按照技术交底进行施工。

（3）顶层女儿墙沿屋面板的底部、顶房外露钢筋混凝土以及两种不材料在同一表面接缝处等热桥部位，必须按设计要求采取保温隔热措施。

七、屋面保温隔热效果差

1. 原因分析

在屋面保温层的施工过程中，由于对松散保温材料压实得过于密实，使材料间的保温孔隙很小，造成保温层的保温隔热效果较差；或者在施工过程中，对保温材料保护不力，使材料受潮从而降低了保温性能。

2. 预防措施

（1）在屋面保温层的施工过程中，对松散材料的压实程度与厚度，应根据设计要求进行试验确定，并采用针插入的方法检查其厚度。

（2）在屋面保温层的施工过程中，要注意对松散保温材料的保护，不要使其水浸或受潮；对于已经受潮的材料，要经处理合格后才允许用于工程。

八、卷材防水屋面的质量问题

据工程调查，卷材防水屋面的主要质量问题是卷材铺贴后出现气泡，且人多数工程均有不同程度的气泡，气泡面积一般在 0.5%～2.0%，严重的可达 15% 以上。产生的气泡多呈蜂窝状，大小不等，分散不匀。这种气泡虽然在短时间内不会引起屋面漏水，但长期在大气的作用下，很容易遭到破坏。如果气泡较多，就很容易使屋面高低不平，容易产生积水，从而加快了卷材的腐烂速度，降低了使用年限，必然也会严重影响屋面的节能效果。

1. 原因分析

从气泡被剖开检查的情况发现，气泡出现在基层与卷材层之间，或者一层卷材与另一层卷材之间，且前者是大多数，后者比较少。气泡里边都比较潮湿，有的还有水珠存在。气泡处沥青玛瑞脂多数呈蜂窝状，有少数表面发亮；气泡所在处的基层上或卷材层上，没有黏着沥青玛瑞脂。因此，气泡形成的原因可以断定为：在卷材防水层中黏结不牢，并存有水分和气体，当受到太阳照射或人工热源的影响后，体积膨胀从而形成气泡。

由以上可以看出，解决气泡的问题，主要是解决基层与卷材层之间出现的气泡。解决的关键问题是，避免施工中水分侵入基层，同时在卷材铺贴之后，对此处的水分采取适当的排除措施，这样屋面产生气泡的质量问题就可以得到改善和解决。

2. 防治措施

防止卷材防水屋面产生气泡的措施很多，主要是设置隔热层、做好找平层、设置排气孔和认真铺贴防水卷材等。

（1）设置隔热层　隔热层的材料，应当选择密度较小、热导率低、来源较广泛、价格较便宜的保温材料。当前，工程上一般常选用泡沫混凝土、炉渣或炉渣混合物。

泡沫混凝土需要进行预制，然后在现场分块铺贴，并嵌填密实。要特别注意在铺贴前控制材料中的水分，必须达到风干状态，在铺贴后要防止外界水分侵入，这是保证工程质量的关键。

炉渣和炉渣混合物材料中，以干铺炉渣为好。干铺炉渣时，应先将大块放在底部，再将小块嵌填在大块的中间和上部。根据屋面坡度铺到炉渣的设计厚度，以满足隔热要求的最小厚度为佳，并用木夯拍实直至紧密为止，以利水泥砂浆找平层的施工。

炉渣混合物以采用水泥炉渣为宜，其配合比一般为（1∶8）～（1∶10），铺设厚度一般4cm足够，施工时可用搅拌机将水泥和炉渣拌均匀。这种隔热材料不仅具有较好的平整表面，而且还具有一定的强度，有利于找平层的铺设。水泥炉渣混合物铺设后，不宜大量浇水。当隔热要求较高时，可在底部铺垫一定厚度的干炉渣。

严禁采用白灰炉渣混合物作为隔热层的材料。因为白灰炉渣是一种气硬性材料，其吸湿性很大，内部的水分不易蒸发，因此，卷材铺贴后很容易腐烂。

（2）做好找平层　屋面防水的找平层一般宜采用（1∶2）～（1∶3）的水泥砂浆。铺设厚度可根据基层情况而定，当下面是松散的隔热层时（如干铺炉渣），以4～5cm为宜；当下面是平整的表面时，以2～3cm为宜。找平层是铺贴防水卷材的基层，对其要求是比较高的，应当做到表面平整、不起砂、不脱皮、不开裂，强度不低于8MPa。

对找平层施工质量的控制是十分重要的，正确的操作方法是：用干砂浆代替湿砂浆，用木抹子将其拍实，泛浆后用铁抹子一次压光，代替过去抹平收水后再压光的传统施工方法。对做好的找平层要加强养护、先喷后浇，养护时间不得少于5d。

采用这种操作方法施工的细砂砂浆找平层，表面比较平整光滑，虽然表面也略有一些细麻点，但无起砂的感觉，可以做到不起砂、不脱皮、不开裂，满足施工的要求。

（3）设置排气孔　在屋面上设置排气孔，对排除水分、减少气泡形成能起到较好的效果。排气孔的做法目前大致有3种，如架空找平层做法、双层屋面做法、临时排气孔做法。国外为了使隔热层中的多余水分得到散发，习惯在隔热层的底部设置一层呼吸层（即压力平衡层）。这种呼吸层是用铝铂等金属材料制成的，与外界大气连通。采用这种构造的屋面，隔热层中的潮气能蒸发75%以上。因此，目前国外应用得比较广泛。近几年来，我国针对不同工程的排气也进行了实践与探索，目前常用的是以下2种排气孔形式。

① 排气槽形式。排气槽仅适用于无隔热层的屋面。这种排气孔就是利用水泥砂浆找平层中的温度分格缝与檐口顶预留孔连通而成，施工时主要是防止杂物将排气孔的孔道堵塞。同时为了兼顾温度变形缝的需要，排气孔的孔道上部要先干铺一层25～30cm的卷材条。为了便于位置的固定，卷材条可以一边用沥青玛琋脂粘贴，另一边采用干铺，以利伸缩。在大面积卷材铺贴时，应根据当天铺贴的范围，事先将排气孔道清理干净，并将干铺卷材条的附加层固定好。

目前一般檐口的做法多数是钢筋混凝土现浇板，因此在施工时可以接排气孔道的距离预埋直径 38mm 的铁管，也可以预埋木方，在混凝土浇筑后将其拔出即可。

② 呼吸层形式。呼吸层形式的排气孔道，是参照国外呼吸层做法改进而成的。这种排气孔道的优点是：施工简便，效果良好，造价经济，而且长期与大气连通，保证了隔热层中多余的水分能够逐渐蒸发。找平层抹灰后，对卷材防水层的铺贴并无妨碍。

20 世纪 60 年代，我国建筑防水技术人员群策群力，研究改进了排气孔的做法。这种排气孔就是仅在找平层中每隔一定的距离留出排气孔道（用木条隔在水泥砂浆中，待初凝后立即抽出，也可将油毡卷成 Ω 形塞在水泥砂浆找平层中），在上部铺以油毡附加层（约 30cm）。附加层中间要起一定的拱度，既便于排除湿气，也有利于变形伸缩。油毡附加层在铺贴时只要一边贴牢，并在铺贴油毡防水层时防止封死另一边。对于屋脊的长向部分，也可用油毡卷成垂直排气孔，每隔 8~10m 放置一个，排气效果比较显著。

（4）确保卷材铺贴质量　确保卷材的铺贴质量，是防止卷材出现气泡质量问题的基础，在铺贴卷材的施工过程中首先应注意以下几个方面。

1）铺贴时的注意事项。防水卷材采用正确的铺贴方法是保证防水层施工质量的基础，它对防止卷材产生生气泡质量问题起着重要的作用。因此，在施工过程中应当注意以下方面。

① 根据屋面设计坡度、当地最高气温、房屋使用条件等，正确选择沥青玛琋脂的耐热度及试配比例；根据屋面设计坡度、细部构造的节点以及施工时的气候情况，正确决定卷材的铺贴方法；根据施工环境的防火要求，正确选择沥青加热锅的位置及其运输方法。

② 随时注意施工近期的天气预报，了解施工中的天气变化，以便集中力量打歼灭战，特别是第一层卷材的铺贴尤为重要。

③ 不断学习和掌握新技术、新工艺，不断提高施工技术水平，科学地进行劳动组织，严格按照操作规程办事，保证卷材的铺贴质量。

2）卷材的铺贴方法。防水卷材的铺贴方法一般有两种。一种是热涂法，卷材用热沥青（或沥青玛琋脂）胶结料满涂在基层表面，它要求基层一定要干燥，保证卷材与基层的黏结力达到设计的要求。另一种是排气孔法，当屋面隔热层或找平层干燥有困难，而又急需铺设卷材防水层时，可以采用如以上所述的排气孔法，将其多余的水分蒸发出去，此时可考虑采用不满涂热沥青（或沥青玛琋脂）胶结料的方法铺贴第一层卷材。具体方法如下。

① 热涂法。热涂法是过去习惯用的老方法。它要求基层必须完全干燥。隔热层或找平层的水分宜控制在大气相平衡的含水率之内（即平衡含水率）。因为受气候的影响，特别是雨季，往往时间一拖再拖，严重影响下一道工序的施工。如果不等基层中水分干燥就铺贴卷材，施工后就难免出现或大或小的气泡。这种施工方法的优点是：施工速度较快，防水效果比较可靠，在长期的使用过程中，如有局部渗漏的地方，容易发现，便于修补。

② 排气孔法。排气孔法是试图从防水效果的角度出发，采取排水和防水相结合，逐步找出的一种施工比较简便且受气候影响较少的操作方法。

第七章

地面节能监理质量控制

地面是建筑物不可缺少的重要组成部分，在建筑中人们在楼地面上从事各项活动，安排各种家具和设备，地面要经受各种侵蚀、摩擦和冲击作用，因此要求地面有足够的强度和耐腐蚀性。地面作为地坪或楼面的表面层，首先要起保护作用使地坪或楼面坚固耐久。按照不同功能的使用要求，地面还应具有耐磨、防水、防滑、易于清扫等特点。

一般地说，楼地面由面层和基层组成，基层又包括垫层和构造层两部分。地面的面层常用装饰材料进行装修，以达到美观、保温、节能、隔声等多种功能。按面层装饰材料的不同，常见的地面有地面砖地面、木质地面、塑料板地面、水泥砂浆地面、水磨石地面、石材地面、涂料地面、花砖地面、地毯地面等。

第一节　地面节能监理质量控制概述

随着我国国民经济和科学技术的不断发展，人们对建筑室内环境质量的要求越来越高，以往对冬季采暖建筑的室内状况仅以室内气温来判断，这是一个最重要的指标，但实际上是很不全面的，作为维护结构的一部分，地面的热工性能与人体的健康密切相关。

工程实践证明，采暖建筑地面的保温性能及节能水平，不仅体现了建筑地面设计的经济性和科学性，也影响着居民的健康与舒适。我国建筑热工设计规范将地面按照反映其热工性能的吸热指数 B 分为三类，不同的建筑应根据其功能要求选择不同的地面。结合建筑热工设计规范的要求给出地面吸热指数 B 的计算方法及地面的保温措施，经实际计算可知采取保温措施的建筑地面其节能效益十分显著，热舒适度也相应提高。

有关测试结果表明，在建筑围护结构中，通过地面向外传导的热（冷）量约占围护结构总传热量的 3％ ～5％，虽然所占的比例不算很高，但由于地面直接与人体接触，其节能效果对室内温度和人体的舒适性有着很大影响，因此必须重视地面节能的设计、施工和质量监理工作；采用保温材料或特殊的构造形式，减少楼地面两侧空间的热量交换。

为了防止因地面各种构造的施工不符合设计和现行规范要求，或各种孔洞部位保温措施不到位而出现的热桥现象，从而影响地面工程的节能效果，针对常见的地面节能构造形式以及地面辐射采暖系统，从设计、材料、施工、质检、分项验收等方面，均要实行严格的质量监理控制，按照规定的监理流程、控制要点、监理措施等进行质量监控。

一、地面节能系统的分类

地面节能分项工程主要包括 3 种情况：①直接接触土壤的地面；②与室外空气接触的架空楼板地面；③地下室、半地下室与土壤接触的外墙。具体包括：采暖空调房间接触土壤的地面、毗邻不采暖空调房间的楼地面、采暖地下室与土壤接触的外墙、不采暖地下室上面的楼板、不采暖车库上面的楼板、接触室外空气或外挑楼板的地面、穿越地面管道部位的热桥处理等。

地面工程的保温系统不同于墙体工程的保温系统，需要形成较为复杂的保温体系。其往往着重保温材料的应用，并与地面工程的其他构造层形成整体。地面工程的保温材料目前主要应用加气混凝土、泡沫混凝土、胶粉聚苯颗粒等。常见的地面工程构造一般有如下几种形式。

（1）基土夯实→碎石垫层→混凝土垫层→保温隔热层→找平层（加强型）→黏结层→面层。这种做法主要用于直接接触土壤的地面，应采取防潮防湿措施、防空鼓裂缝措施，保温隔热材料应具有一定的强度。

（2）基土夯实→碎石垫层→混凝土垫层→保温隔热层→找平层（加强型）→龙骨层→面层。这种做法主要用于直接接触土壤的地面，应采取防潮防湿措施。

（3）基土夯实→碎石垫层→混凝土垫层→保温隔热层→找平层（加强型）→黏结层→面层。这种做法主要用于直接接触土壤的地面，应采取防潮防湿措施。

（4）地下室顶板→找平层→保温隔热层→找平层（加强型）→黏结层（龙骨层）→面层。这种做法主要用于毗邻不采暖空调房间的楼地面，可不采取防潮防湿措施，但应根据实际情况采取防空鼓裂缝措施，保温隔热材料应根据情况具有一定的强度。

（5）地下室顶板→找平层→保温隔热层→罩面层。这种做法主要用于毗邻不采暖空调房间的顶棚，可不采取防潮防湿措施。

（6）地下室顶板→防水层→黏结层→保温隔热层→保护层。这种做法主要用于采暖地下室与土壤接触的外墙，保温隔热材料应具有憎水性能。

阳台的地面和顶棚，属于外墙保温隔热的热桥部位，往往需要采取保温隔断热桥措施，其做法可参照墙面节能分项工程的构造做法。

二、地面节能系统的性能要求

在建筑围护结构中，通过建筑地面向外传导的热（冷）量占围护结构传热量的 3％～5％，对于我国北方严寒地区来说，在保温措施不到位的情况下所占的比例更高。在以往的建筑设计和施工过程中，地面的保温问题一直没有得到重视，特别是寒冷和夏热冬冷地区根本不重视地面以及与室外空气接触地面的节能。地面节能系统涉及 3 个方面的问题，在进行地面节能的设计和施工中必须妥善处理。

（1）地面节能系统往往承受一定的荷载，保温隔热材料必须具有一定的抗压强度或压缩强度，防止保温隔热层的有效厚度达不到设计要求。

（2）地面节能系统往往处于潮湿或浸水的环境中，保温隔热材料必须采取防潮防湿措施，或者采用憎水性保温隔热材料，防止保温隔热材料受潮受湿后保温隔热性能降低。

（3）地面节能系统往往引起地面空鼓、裂缝，保温隔热层上的找平层必须采取加强措施。

第二节　地面节能监理的主要流程

地面节能工程监理的主要流程如图 7-1 所示。

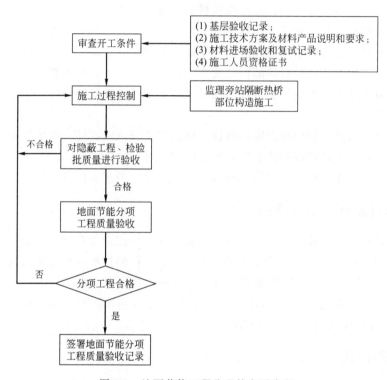

图 7-1　地面节能工程监理的主要流程

第三节　地面节能监理控制要点及措施

地面节能工程的监理控制要点与其他节能分项工程基本相同，主要包括地面节能保温材料控制、地面节能施工质量控制、地面节能工程验收控制。在各项控制中，要根据地面节能工程的特点，分别采取必要的控制措施，以达到地面节能的设计要求。

一、地面节能保温材料验收

地面工程保温隔热材料的验收，应按照设计文件的要求进行，但不同的设计文件具体要求有所差异。工程实践证明，地面节能工程采用何种保温材料、保温材料的质量如何，对地面节能效果有着直接影响。因此，对地面节能材料应掌握其控制要点和控制措施。在进行保温隔热材料的验收中，首先应按《建筑节能工程施工质量验收规范》（GB 50411—2007）中的规定进行；同时，针对不同的地面工程保温隔热材料，还应符合相关保温隔热材料标准、技术规程等的相关要求。

地面节能分项工程中的保温材料，其热导率、密度、抗压强度或压缩强度、燃烧性能、防水性能等技术指标，直接关系到地面节能分项工程的节能效果，应符合有关规范、规程、标准的要求。在建筑工程中采用的新型保温隔热材料比较多，在进行地面工程验收时，还应关注住建部、当地省厅等有关保温隔热材料应用方面的技术指标、规范性文件等要求。

（1）用于地面工程的保温隔热材料，进场时应核对其质量证明文件，进场后应按照验收规范的要求见证取样复试。质量证明文件齐全、见证取样复试合格，方可允许其用于工程。

（2）核对材料质量证明文件，主要应核对其品种、规格、技术指标是否符合设计文件的要求，其所标示的技术指标，是否符合相应材料标准的要求。

（3）用于地面节能工程的保温隔热材料，应对其热导率、密度、抗压强度或压缩强度、燃烧性能、防水性能等技术指标进行现场见证取样复试，复试结果应符合设计要求。

（4）地面节能工程所用材料的品种、规格不符合设计要求，技术指标复试不合格或不符合设计要求，应书面通知承包单位将该批保温材料做退场处理。必要时，请建设单位联系设计单位协调处理。

（5）用于地面节能工程的保温隔热材料，核对其质量证明文件，现场见证取样复试的检验方法和检查数量，应按相应的质量验收规范的要求进行。

（6）用于地面节能工程的保温隔热材料，应做好材料的现场保管工作。

二、地面节能施工质量控制

认真进行地面节能工程的施工质量控制，是确保其节能效果符合设计要求的关键，也是施工质量监督的重点。在地面节能工程的施工中，应当严格按照《住宅装饰装修工程施工规范》（GB 50327—2001）、《建筑地面工程施工质量验收规范》（GB 50209—2010）、《建筑节能工程施工质量验收规范》（GB 50411—2007）和《建筑装饰装修工程质量验收规范》（GB 50210—2001）中的要求进行施工和监理。

1. 地面节能监理的控制要点

（1）工程实践充分证明，影响地面保温效果的主要因素，除了保温材料的性能和厚度外，另一个重要的因素是保温层、保护层等的设置和构造做法以及热桥部位的处理等。因此，对保温层和保护层的设置和构造做法以及热桥部位的检查验收是监理控制的重点。

（2）对于厨卫间等有防水要求的地面进行保温时，应尽可能将保温层设置在防水层下，这样可避免保温层浸水吸潮从而影响保温效果。此外，在铺设保温层时要注意地面排水的坡度，确保地面排水畅通，不出现积水现象。

（3）在严寒地区和寒冷地区，冬季室外温度一般在−15℃以下，冻土层的厚度可达到40cm以上，建筑直接与土壤接触的周边地面则成为热桥部位，因此，应按照设计要求采取保温措施，确保室内采暖空间的保温效果。

（4）根据地面节能工程的实践经验，在地面保温的构造形式上，可根据地面节能的不同要求，一般可采用在地面上铺设保温板、低温辐射板以及设置填充层等措施，并在填充层填以不同的保温材料等。

（5）在《建筑节能工程施工质量验收规范》（GB 50411—2007）中，对地面节能工程的施工质量提出了明确要求，这些要求即是监理在地面节能工程质量控制中的要点和重点。地面节能工程施工质量的具体规定见表7-1。

表7-1 地面节能工程施工质量具体规定

序号	项目	施工要求	具体说明
1	保温层的粘贴	在进行保温板粘贴前,首先基层质量验收必须合格。保温板与基层之间、各构造层之间的黏结应牢固,缝隙应严密	在地面节能工程的施工中,确保保温层与基层之间黏结牢固、缝隙严密是非常必要的,这是保证地面节能效果的关键工序。特别是地下室(或车库)的顶板粘贴XPS板、EPS板或粉刷胶粉聚苯颗粒时,虽然这一部位不同于建筑外墙那样有风荷载的作用,但由于顶板上部有活动荷载,会使其产生振动,从而会引发保温层脱落,因此,必须确保保温板与基层之间、各构造层之间黏结牢固
2	保温浆料施工	保温浆料应按设计要求分层施工	在楼面下面粉刷浆料保温层时,按设计要求进行分层施工也是非常重要的,每层的厚度不应超过20mm,如果过厚,由于浆料自重力的作用,在粉刷过程中很容易发生空鼓和脱落现象
3	直接接触室外空气的金属管道	穿越地面直接接触室外空气的金属管道,应按设计要求采用隔热桥的保温措施	严寒地区和寒冷地区穿越地面直接接触室外空气的各种金属类的管道,都是传热量很大的热桥,这些热桥部位除了对节能效果有一定的影响外,其热桥部位的周围还可能出现结露,严重影响使用功能,因此必须对金属管道采取有效的措施进行处理

(6)国家在"十一五"规划中,将地面供暖系统列为节能技术。建设部有关文件明确指出,采暖设备应围绕舒适、健康、节能、环保目标进行研究与开发。在保证相同的室内热环境指标的前提下,与20世纪80年代建筑(未采取节能措施)相比,地面采暖能耗可完全达到节能50%的规定目标。对于采暖地面。监理控制的技术要点主要包括以下几个方面。

1)采暖地面的作业条件。地面辐射采暖就是把输送热水的加热管以一定的间距铺设于地面上,然后覆盖一层混凝土,通过混凝土层把热量辐射到室内的一种新型采暖方式。目前,法国、德国等国家的采暖面积中,地面辐射采暖占40%以上,我国是在20世纪90年代末从欧洲引进并推广这项技术的。地面辐射采暖具有美观、保健、持久、节能等显著的优点。地面辐射采暖工程在施工前应具备下列作业条件。

① 地面辐射采暖工程的施工图纸和有关技术文件应齐全,施工图纸经过图纸会审并确认。

② 在地面辐射采暖工程正式施工前,施工单位应编制较完善的施工方案、施工组织设计,经监理审核批准,并已完成技术交底工作。

③ 施工现场已具有施工中所需要的供水和供电等条件,有储存材料的临时设施。

④ 土建专业已完成墙面粉刷工作(不包括墙面),外窗和外门已安装完毕,并已将地面清理干净;厨房、卫生间应做完闭水试验并经验收合格。

⑤ 与地面辐射采暖工程相关的电气预埋等工程已完成,并经检查验收合格。

2)绝热层铺设的质量控制。地暖施工的第一步就是铺设绝热层。绝热层的材料以及施工质量在很大程度上制约着地暖的施工效果,因此,不要以为铺设绝热层就是简单地将绝热板平铺在原始地面上。绝热层在地暖施工中应注意以下事项。

① 绝热层的基层面必须平整,在铺设绝热层时应先用靠尺检查原始地面的平整度。当高差大于±5mm时必须对原始地面做找平处理。

② 绝热层的基层面必须干燥，无裸露钢筋、落地灰浆、石块等杂物，墙面根部平直，且无积灰现象。

③ 地暖施工的反射层铺设在聚苯乙烯保温板上，起反射热量的作用。宜采用聚酯真空镀铝膜或纸基铝箔，厚度为 0.03～0.05mm。除将加热管固定在绝热层上的塑料卡钉穿越外，反射层不得有其他破损。

④ 绝热层应铺设平整，绝热层相互之间的搭接应严密。直接与土壤接触或有潮湿气体侵入的地面，在铺放绝热层之前应先铺一层防潮层。铺装后的绝热层表面要平整，不得出现起鼓、翘曲现象。

3）低温热水系统加热管安装的质量控制。低温热水系统加热管应按照设计图纸或经设计单位出具的设计变更通知书的间距、形式布置。该部分在施工中应注意以下事项。

① 加热管安装前，应检查管材是否有外在损伤。清除与其连接的管道和管件内外的污物。

② 加热管安装时应首先放线和配管。布管从分水器接口开始沿管线走向顺序敷设。加热管供、回水端穿出地坪，与分、集水器接口间的管段排列密集部位的管间距在小于100mm 时，加热管外部应采取设置柔性套管和加设钢丝网片等措施。加热管在门口、伸缩缝通过处亦应设置柔性套管。

③ 加热管出地面至分水器、集水器连接处的弯管部分不宜露出地面装饰层。加热管出地面至分水器、集水器下部球阀接口之间的明装管段，外部应加装塑料套管。套管应高出装饰面 150～200mm。

④ 加热管与金属分、集水器和塑料分、集水器连接，按照现行有关技术规范的要求进行操作。

⑤ 加热管的环路布置不宜穿越填充层内的伸缩缝。必须穿过时，伸缩缝处应设长度不小于 200mm 的柔性套管。加热管穿过止水墙时应采取防水措施。

⑥ 加热管两端宜设固定卡。加热管应用塑料管卡（或钢丝卡）加以固定，固定点的间距在直管段应不大于 700mm，弯曲管段固定点间距应不大于 300mm。当用金属网或塑料网固定管材时应选择与管间距相符的规格。管道敷设过程中应及时固定，敷设完毕后应检查加热管各管段固定和连接的牢固性，防止加热管受应力影响而弹翘。

⑦ 加热管安装过程中，应防止油漆、沥青或其他化学溶剂污染管材。管道系统安装间断或完毕的敞口处，应随时封堵管口。

⑧ 同一通路的加热管除正常落差外应保持水平。埋设于填充层内的管材不应有接头。

⑨ 加热管的弯曲部分不得出现硬折弯现象，塑料管的弯曲半径应不小于 8 倍管外径，复合管的弯曲半径应不小于 5 倍管外径。

⑩ 伸缩缝的设置应符合下列规定：伸缩缝在填充层施工前安装；在与内、外墙和柱等垂直构件交接处应留不间断的伸缩缝，且其宽度不应小于10mm，当地面面积大于30m² 或长度大于6m 时，应按不大于6m 的间距设置伸缩缝，且伸缩缝宽度不小于10mm；伸缩缝宜采用高发泡聚乙烯塑料或满填弹性膨胀膏，伸缩缝填充材料应采用搭接方式连接，搭接宽度应不小于10mm，伸缩缝填充材料与墙、柱应有可靠的固定措施，与地面绝热层连接应紧密；伸缩缝应从绝热层的上边缘做到填充层的上边缘。

4）地面发热电缆系统安装的质量控制。工程实践证明，电能转换为热能，其能量转化率接近100%。用发热电缆采暖，已被世界暖通界公认为是供热效果最好、安全可靠性最高、使用寿命最长的采暖系统，在发达国家的普及率已达70％以上。2004年10月1日，我国建设部正式颁布《地热辐射供暖技术规程》，将发热电缆地面采暖正式纳入国家设计标准，在全国进行推广。经过近年来的市场培育和发展之后，发热电缆在冬季采暖中已经被越来越多的人接受。

在发热电缆系统安装方面的质量控制，主要包括以下方面。

① 发热电缆在正式敷设前，应对照施工图纸核定发热电缆的规格、型号、长度，认真检查电缆的外观质量，必要时请专业单位对电缆进行质量鉴定。

② 发热电缆系统的安装应按照施工图纸标定的电缆间距和走向敷设，电缆敷设后应保持平直，电缆间距的安装误差不应大于10mm。

③ 为确保发热电缆系统的安全，发热电缆出厂后严禁进行剪裁和拼接，在敷设时应对发热电缆进行认真复查，有外伤或破损的发热电缆严禁敷设。

④ 发热电缆施工前，应确认电缆冷线预留管、温控器接线盒、地温传感器预留管、供暖配电箱等预留、预埋工作已完毕。

⑤ 敷设的发热电缆的弯曲半径，不应小于生产企业规定的限值，且不得小于6倍电缆直径。

⑥ 发热电缆下面应铺设钢丝网或金属固定带，发热电缆不得被压入绝热材料中。发热电缆应采用扎带固定在钢丝网上，或直接用金属固定带固定。

⑦ 发热电缆的热线部分严禁进入冷线预留管。发热电缆的冷、热线接头应设在填充层内。

⑧ 发热电缆安装完毕，应检测发热电缆的标称电阻和绝缘电阻，并进行记录。

⑨ 发热电缆温控器的温度传感器安装应按生产企业相关技术要求进行。

⑩ 发热电缆温控器应水平安装，并应牢固固定，温控器应设在通风良好且不被风直吹处，不得被家具遮挡，温控器的四周不得有热源体。发热电缆温控器安装时，应将发热电缆可靠接地。

5）地面填充层施工的质量控制。在建筑领域内，一般指楼地面工程中。填充层是指用轻质的松散（炉渣、膨胀蛭石、膨胀珍珠岩等）或块体材料（加气混凝土、泡沫混凝土、泡沫塑料、矿棉、膨胀珍珠岩、膨胀蛭石块和板材等）以及整体材料（沥青膨胀珍珠岩、沥青膨胀蛭石等）等进行填充。

① 混凝土填充层的施工应具备以下条件：发热电缆经电阻检测和绝缘性能检测合格；所有伸缩缝已安装完毕；加热管安装完毕且水压试验合格，加热管处于有压状态下；温控器的安装盒、发热电缆冷线穿管已经布置完毕；通过隐蔽工程验收。

② 混凝土填充层的施工，应由有资质的土建施工方承担，供暖系统的安装单位应密切配合。

③ 混凝土填充施工中，严禁使用机械振捣设备；施工人员应穿软底鞋，采用平头铁锹。

④ 在发热电缆的铺设区内，严禁穿凿、穿孔或进行射钉作业。

⑤ 系统初始加热前，混凝土填充层的养护期不应少于21d。施工中，应对地面采取保护措施，不得在地面上加以重载、高温烘烤、直接放置高温物体和高温加热设备。

⑥ 填充层施工完毕后，应进行发热电缆的标称电阻和绝缘电阻检测，验收并做好记录。

6）地面面层施工的质量控制。面层位于地面的最上部，不仅对装饰性能有着直接影响，而且对人体的舒适性和健康也有着重要影响。因此，选用建筑地面面层的材料时应该考虑构件的不同部位以及使用要求，合理选用。此外，面层材料的安全性能，特别是有毒物质和放射性物质的含量以及燃烧性能等，都必须控制在相关规范所规定的范围内。

根据地面面层的施工经验，在其施工中的质量控制主要包括以下几个方面。

① 地面面层在施工前，填充层应达到面层铺设所要求的干燥程度。面层施工除了应符合土建施工设计图纸的各项要求外，尚应符合下列规定：施工面层时，不得剔、凿、割、钻和钉填充层，不得向填充层内楔入任何物件；面层的施工，应在填充层达到要求强度后才能进行；石材、面砖在与内、外墙和柱等垂直构件的交接处，应留 10mm 宽的伸缩缝；木地板铺设时，应留不小于 14mm 的伸缩缝。伸缩缝应从填充层的上边缘做到高出装饰层上表面 10~20mm，装饰层铺设完毕后，应裁去多余部分。伸缩缝填充材料宜采用高发泡聚乙烯泡沫塑料。

② 当采用木地板作为面层时，木材应经干燥处理，且应在填充层和找平层完全干燥后才能进行木地板的施工。

③ 当采用瓷砖、大理石、花岗石面层施工时，在伸缩缝处宜采用干贴的方式。

2. 地面节能监理的控制措施

在地面节能工程监理中采取相应的控制措施，是保证地面节能工程施工质量的根本。根据地面节能工程的组成和特点，主要应对基层、填充层、防潮层、保护层、采暖地面等采取必要的控制措施。

（1）基层处理监理控制措施　地面节能工程的施工质量如何，在很大程度上取决于基层处理的质量。因此，在地面节能工程施工前，必须按照《建筑地面工程施工质量验收规范》（GB 50209—2010）中的有关规定，使基层处理完全符合设计要求，即使基层平整、清洁、含水率适宜。监理人员应对基层处理情况进行认真检查，确保其达到设计和施工方案的要求。

（2）填充层监理控制措施　填充层是在建筑地面上起隔声、保温、找坡或铺设管线等作用的构造层。填充层应采用松散、板块、整体保温材料和吸声材料等铺设而成。目前，地面节能工程中常见的填充层在构造做法上，按照采用的材料类型不同分为 3 种，工艺流程和施工操作过程中的控制程序如图 7-2 所示。

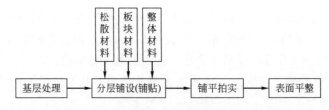

图 7-2　地面节能工程填充层施工工艺流程

1）松散材料填充层。《建筑地面工程施工质量验收规范》（GB 50209—2010）中规定，松散保温材料包括膨胀蛭石、膨胀珍珠岩、炉渣等以散状颗粒组成的材料。松散材料填充层的施工工艺流程为：清理基层表面→抄平、弹线→管根、地漏局部处理及预埋件管线→分层铺设散状保温材料、压实→进行质量检查验收。采取的监理控制措施有以下几个方面。

① 检查松散材料的质量。松散材料填充层应按设计要求选用材料，其密度和热导率应符合国家有关产品标准的规定。材料的表观密度、热导率和粒径应符合表 7-2 中的规定。当

粒径不符合要求时应进行过筛。

表 7-2 松散材料质量要求

项目	膨胀蛭石	膨胀珍珠岩	炉渣
材料粒径	3～15mm	≥0.15mm，<0.15mm 的含量不大于 8%	5～40mm
表观密度	≤300kg/m³	≤120kg/m³	500～1000kg/m³
热导率	≤0.14W/(m·K)	≤0.07W/(m·K)	0.19～0.256W/(m·K)

② 在松散材料填充层施工前，应对基层进行认真处理，并复核基层处理后标高的定位线，达到符合铺设的要求。

③ 检查地漏、管根局部是否按要求用水泥砂浆或细石混凝土处理好，暗铺设的管线应安装完毕，并经检查符合要求。

④ 在松散材料铺设之前，宜预埋间距为 800～1000mm 且经防腐处理的木龙骨、半砖矮隔断或抹水泥砂浆矮隔断一条，检查松散材料的铺设厚度是否符合填充层的设计厚度要求，控制填充层的厚度。

⑤ 控制松散材料的虚铺厚度不宜大于 150mm，应根据填充层设计厚度确定需要铺设的层数，并根据试验确定每层的虚铺厚度和压实程度。分层铺设的保温材料，每层均应铺平压实，压实宜采用拖滚和木夯，填充层的表面应平整。

⑥ 穿越地面直接接触室外空气的各种金属管道应按照设计要求，全数检查是否采取隔热桥的保温措施。

2）整体保温材料填充层。整体保温材料填充层是指用松散保温材料和水泥（或沥青等）胶结材料按设计要求的配合比例配制、浇筑，经固化从而形成的填充层。整体保温材料填充层的施工工艺流程为：清理基层表面→抄平、弹线→管根、地漏局部处理及管线安装→按设计配合比拌制材料→分层铺设、压实→进行质量检查验收。采取的监理控制措施有以下几个方面。

① 认真检查所用水泥、沥青等胶结材料的进场质量证明资料，技术性能指标应符合国家有关标准的规定。

② 在整体保温材料填充层施工前，应对基层进行认真处理，并复核基层处理后标高的定位线，达到符合铺设的要求。

③ 检查地漏、管根局部是否按要求用水泥砂浆或细石混凝土处理好，暗敷设的管线应安装完毕，并经检查符合要求。

④ 按照设计要求的配合比拌制整体保温材料。水泥、沥青、膨胀珍珠岩、膨胀蛭石宜人工搅拌，避免颗粒破碎。当用水泥作为胶结料时，应将水泥制成水泥浆后，边拨边搅。当以热沥青作为胶结料时，沥青加热温度不应超过 240℃，使用温度不应超过 190℃。

⑤ 检查铺设时是否按照设计要求进行分层压实，其虚铺厚度与压实程度是否满足试验确定的参数，压实后的表面应平整。

⑥ 穿越地面直接接触室外空气的各种金属管道应按照设计要求，全数检查是否采取隔热桥的保温措施。

3）板状保温材料填充层。板状保温材料是指采用水泥、沥青或其他有机胶结材料与松散保温材料，按一定比例拌合加工而成的制品。如水泥膨胀珍珠岩板、水泥膨胀蛭石板、沥青膨胀珍珠岩板、沥青膨胀蛭石板等。另外，还有化学合成聚酯与合成橡胶类材料，如泡沫

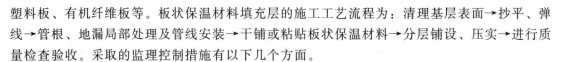

塑料板、有机纤维板等。板状保温材料填充层的施工工艺流程为：清理基层表面→抄平、弹线→管根、地漏局部处理及管线安装→干铺或粘贴板状保温材料→分层铺设、压实→进行质量检查验收。采取的监理控制措施有以下几个方面。

① 认真检查所用水泥、沥青等胶结材料的进场质量证明资料，技术性能指标应符合国家有关标准的规定。

② 在板状材料填充层施工前，应对基层进行认真处理，并复核基层处理后标高的定位线，达到符合铺设的要求。

③ 检查地漏、管根局部是否按要求用水泥砂浆或细石混凝土处理好，暗敷设的管线应安装完毕，并经检查符合要求。

④ 板状保温材料应分层错缝进行铺设，每层应采用同一厚度的板块，检查其厚度是否符合设计要求。

⑤ 板状保温材料应加强保护，不应有破碎、缺棱掉角等缺陷，铺设时遇有缺棱掉角、破碎不齐的，应将其锯齐后拼接使用。

⑥ 在干铺板状保温材料时，应紧贴基层的表面，铺平、垫稳，采用分层铺设时，上下接缝应互相错开。

⑦ 认真检查保温板与基层之间、各构造层之间的黏结是否牢固，缝隙是否严密，对于黏结不牢固和缝隙不严密的，应重新返工。

⑧ 认真检查保温浆料是否分层施工，保温浆料的施工应作为地面节能工程监理的重点。

⑨ 穿越地面直接接触室外空气的各种金属管道应按照设计要求，全数检查是否采取隔热桥的保温措施。

（3）防潮层监理控制措施　为了防止保温层材料吸潮后含水率增大，降低地面的保温效果，同时提高保温层表面的抗冲击能力，防止保温层受到外力的破坏，保温层的表面应设置防潮层和保护层。特别是夏热冬冷地区，地面防潮是不容忽视的问题。围护结构的保护、环境舒适度和节能等方面都要认真考虑，仍需要予以重视。尤其是当采用空铺实木地板或胶结强化木地板面层时，更应特别注意下面垫层的防潮设计。

监理工程师应将防潮层和保护层的施工作为质量监理的重点，必须全数检查保温层的表面防潮层和保护层是否符合设计要求，不符合设计要求的坚决重新返工。

（4）采暖地面监理控制措施　采用地面辐射采暖的工程，监理人员应全数检查地面节能的做法是否符合设计要求，是否符合行业标准《地面辐射供暖技术规程》（DB21/T 1686—2008）中的规定。为达到设计要求和现行标准的要求，对于采暖地面应采取以下监理控制措施。

① 认真核查地面辐射采暖工程施工前的作业条件是否符合设计要求，施工准备工作是否按规定到位，施工环境条件是否符合施工要求，预留、预设的洞口质量是否合格。

② 仔细检查地面隔热层的铺设质量是否符合设计要求，铺设应达到表面平整、厚度均匀、结合严密。

③ 认真检查低温热水系统中的分水器、集水器的安装位置、间距和质量是否符合要求，并要按要求进行充水试压合格。

④ 在加热管敷设前，应对照施工图纸核定加热管的选型、管径、壁厚，并应检查加热管的外观质量，管的内部不得有杂质。加热管的切割，应采用专用工具，切口处应平整，断口面应垂直轴线。检查加热管的安装是否按设计图纸标定的管间距和走向敷设，埋设于填充

层内的加热管不应有接头。

⑤ 检查加热管弯头两端固定卡的设置是否正确、牢固，并检查固定点的间距是否合适。

⑥ 检查加热管出地面至分水器、集水器下部连接处的明装管段是否在外部加装塑料套管，且套管高出装饰面150～200mm。

⑦ 检查加热管与分水器、集水器的连接是否采用卡套、卡压式挤压夹紧连接。

⑧ 检查伸缩缝的设置是否符合设计要求和现行标准的有关规定。

⑨ 检查发热电缆系统中发热电缆是否按照施工图纸标定的电缆间距和走向进行敷设，电缆的间距和敷设质量是否符合要求。

⑩ 严格控制混凝土填充层的施工质量，且在填充层施工完毕后，应进行发热电缆的标称电阻和绝缘电阻的检测、验收，并做好记录。

⑪ 最终要认真检查地面面层的施工质量是否满足和符合设计要求及现行标准的有关规定。

三、地面节能分项工程监理控制要点

建筑节能是一个关乎国计民生的大问题，是节约能源的一个重要组成部分。在现代建筑的施工中，对节能的要求越来越高，不但要求节能，还要满足实用要求和保证质量，建筑节能的控制贯穿于建筑建造的全过程。地面节能分项工程监理的控制主要包括以下几个方面。

1. 保温散料施工质量监理控制要点

保温散料施工质量监理的控制要点主要包括以下几个方面。

（1）地面保温散料施工工艺流程：清理基层→抄平弹线→贴灰饼和冲筋→管根和地漏→局部处理→分层铺设、压实→检查验收。

（2）检查散状保温隔热材料的质量，包括表观密度、压缩强度、热导率、粒径等。

（3）检查和复核基层处理所弹出的标高定位线，同时检查和复核灰饼冲筋的标高。

（4）检查管根和地漏等部位的处理情况，是否采取临时封堵措施，所有应暗敷设的管线是否已预埋或安装完毕，施工质量是否符合设计要求。

（5）根据设计图纸要求的厚度确定所需铺设的层数，并根据试验确定每层的虚铺厚度和压实程度，虚铺厚度应略大于设计图纸要求的厚度。

（6）严格检查每层保温隔热散料的虚铺厚度和压实程度，使保温隔热层的最终厚度和压实程度符合设计要求。

（7）每层散状的保温隔热材料应铺平、压实，表面应平整，便于下一道工序的施工。

（8）穿越地面直接接触室外空气的各种金属管道，均应按设计要求采取隔断热桥的措施。

2. 保温板材施工质量监理控制要点

保温板材施工质量监理的控制要点主要包括以下几个方面。

（1）保温板材的施工工艺流程：清理基层→抄平弹线→管根和地漏局部处理→找平层→干铺或粘贴保温板材→板缝处理→检查验收。

（2）检查施工中所用水泥、沥青等黏结材料的质量，检查保温颗粒的质量，它们均应符合相关标准的要求。

（3）检查板状保温隔热材料的质量，包括抗压强度、压缩强度、热导率等，黏结材料如水泥、沥青等应符合相关标准的要求。

（4）板状保温隔热材料不应有破碎、缺棱、掉角等现象。否则，应将板材锯平、去掉缺陷，拼接使用。

（5）板状保温隔热材料在铺设时应分层、错缝铺设，每层应采用同一厚度的板状材料。

（6）干铺板状保温隔热材料时，基层应按要求处理、整平，干铺时应紧靠基层表面，并应分层铺平、垫稳、错缝，现场应随机抽样检查。

（7）粘贴板状保温隔热材料时，应检查保温板与基层、各层保温板间的黏结是否牢固。

（8）穿越地面直接接触室外空气的各种金属管道，均应按设计要求采取隔断热桥的措施，并对所有隔断热桥进行检查。

3. 保温浆料施工质量监理控制要点

保温浆料施工质量监理的控制要点主要包括以下几个方面。

（1）保温浆料的施工工艺流程：清理基层→抄平弹线→贴灰饼冲筋→管根与地漏局部处理→按设计配合比拌制浆料→分层铺设并压实→检查验收。

（2）检查水泥、沥青等胶结材料的质量，同时也要检查保温颗粒的质量，均应符合相关标准要求。

（3）检查并复核基层处理所弹出的标高定位线，同时检查复核灰饼冲筋的标高。

（4）检查管根和地漏等部位的处理情况，是否采取临时封堵措施，所有应暗敷设的管线是否已预埋或安装完毕，施工质量是否符合设计要求。

（5）检查保温浆料拌制的质量，现场是否按设计配合比进行计量拌制，拌制动力、拌制时间是否合理，避免拌制中破坏保温颗粒，并确保浆料拌制均匀。

（6）检查保温浆料的使用温度是否适宜，尤其采用沥青作为胶结材料的保温浆料，更应当特别注意其使用温度是否适宜。

（7）根据设计图纸要求的厚度确定保温层所需铺设的层数，并根据试验确定每层的虚铺厚度和压实程度，虚铺厚度应略大于设计图纸要求的厚度。

（8）及时检查每层保温隔热浆料的虚铺厚度和压实程度，对不符合要求的应立即纠正。

（9）每层保温隔热浆料应铺平、压实，表面应平整，便于下一道工序的施工。

（10）穿越地面直接接触室外空气的各种金属管道，均应按设计要求采取隔断热桥的措施，并对所有隔断热桥进行检查。

4. 现场喷涂聚氨酯施工质量监理控制要点

现场喷涂聚氨酯施工质量监理的控制要点主要包括以下几个方面。

（1）现场喷涂聚氨酯的施工工艺流程：清理基层→抄平弹线→贴灰饼冲筋→管根与地漏局部处理→分层喷涂、整平→检查验收。

（2）检查喷涂保温隔热材料的质量，主要包括抗压强度、压缩强度、热导率等。

（3）检查并复核基层处理所弹出的标高定位线，同时检查复核灰饼冲筋的标高。

（4）检查管根和地漏等部位的处理情况，是否采取临时封堵措施，所有应暗敷设的管线是否已预埋或安装完毕，施工质量是否符合设计要求。

（5）根据设计图纸要求的厚度确定所需喷涂的层数，并根据试验确定每层的虚喷厚度和压实程度，虚喷厚度应略大于设计图纸要求的厚度。

（6）及时检查每层喷涂保温隔热材料的虚喷厚度和压实程度，发现不符合要求的应立即改正。

（7）每层喷涂的保温隔热材料应铺平、压实，表面应平整，便于下一道工序的施工。

（8）穿越地面直接接触室外空气的各种金属管道，均应按设计要求采取隔断热桥的措施，并对所有隔断热桥进行检查。

5. 采暖地面施工质量监理控制要点

（1）采暖地面的施工前置条件有以下几个方面。

1）地面辐射采暖工程的安装条件。

① 地面辐射采暖工程的施工设计图纸和有关技术文件齐全，属于采用新材料、新技术、新结构的，已经过技术论证。

② 有比较完善的专业工程施工方案，并已完成专业技术交底和施工技术交底。

③ 施工现场具有满足采暖地面施工的供水条件和供电条件，有较好的原材料储存场所。

④ 土建和安装专业的相关工程已完成，如墙面粉刷、外门窗安装、厕卫间闭水、电气预埋、地面清理等工作已经完成，经检查质量符合设计要求。

2）施工现场的环境温度应满足要求，一般不宜低于5℃，否则应采取升温措施。

3）在地面工程施工时，不宜与其他工种交叉施工，预留洞口应在填充层施工前完成。

（2）采暖地面绝热层的铺设应注意以下几点。

① 进行地面绝热层铺设时，其基层应平整、干净、干燥、无杂物。墙根部位应平直，无积灰。

② 地面绝热层的铺设应分层，其表面应平整，板状绝热层应错缝铺设。在直接与土壤接触或潮湿浸入的部位，应采取可靠的防潮措施。

（3）低温热水系统的安装应注意以下几点。

① 在加热管敷设前，应对照设计图纸核查加热管的型号、管径、壁厚，并检查加热管的外观质量，加热管内不得有杂质。

② 加热管应严格按照设计图纸标定的管间距和走向进行敷设，这是确保加热管正确敷设的依据。

③ 加热管在安装时应保持平直，防止产生扭曲，管与管间距的安装误差应符合相关验收规范的要求。

④ 加热管固定点的间距，直管段固定点间距宜为0.5～0.7m，弯曲段固定点间距宜为0.2～0.3m。加热管弯头两端应设置固定卡进行固定，防止出现脱落现象。

⑤ 加热管切割或弯曲应采用专用工具。切割时切口应平整，断口面应垂直管轴线；弯曲时弯折应顺畅，不得出现死折。埋设于填充层内的加热管不应有接头。

⑥ 在加热管的敷设过程中，如果需要间断或已经敷设完毕时，应对敞口处进行临时封堵。

⑦ 加热管出地面至分水器、集水器下部连接处，弯管部分不宜露出地面装饰层。加热管出地面至分水器、集水器下部球阀接口之间的明装段，其外部应加装塑料套管，并要高出装饰面150～200mm。

⑧ 加热管与分水器、集水器的连接，应采用卡套、卡夹（挤压式）连接，连接件的材

料宜为铜质品，铜质连接件与 PP-R 或 PP-B 直接接触的表面应镀镍。

⑨ 分水器、集水器宜在开始铺设加热管之前安装。水平安装时，宜将分水器安装在上，集水器安装在下，其中心离地面的距离应符合相关验收规范的要求。

⑩ 在与墙、柱等垂直构件的交接处应留不间断的伸缩缝，其设置应当符合相关规范的要求。

（4）发热电缆系统的安装应注意以下几点。

① 发热电缆在敷设前，应对照设计图纸核查其型号、规格等，并检查其外观质量。

② 发热电缆应按照设计图纸中标定的电缆间距和走向进行敷设。

③ 发热电缆在安装时应保持平直，防止扭曲，发热电缆间距的敷设误差应符合相关验收规范的要求。

④ 发热电缆敷设时的弯曲半径不应小于厂家产品使用说明书中规定的限值，且不得小于 6 倍电缆直径。

⑤ 电缆出厂后严禁剪裁或拼接，有外伤或破损的发热电缆不得用于工程中。

⑥ 发热电缆下应铺设钢丝网或金属带，并进行固定，其不得被压入绝缘材料中。

⑦ 发热电缆敷设完毕后，应检测其标称电阻和绝缘电阻，并进行记录。

（5）混凝土填充层的施工应注意以下几点。

① 混凝土填充层应具备一定的条件，如发热电缆的相关电阻值经检测合格，伸缩缝处理完毕，水压试验合格，并处于有压状态，同时已经过隐蔽工程验收。

② 混凝土填充层的施工应注意做到：严禁使用机械振捣，施工人员应穿软底鞋，使用平头铁锹，加热管内应保持一定的水压，及时检测发热电缆的标称电阻和绝缘电阻。

四、地面节能工程验收控制

地面节能工程的施工，应在主体或基层质量验收合格后进行。在施工过程中应及时进行地面工程质量检查、隐蔽工程验收和检验批验收，施工完成后应进行地面节能工程分项工程的验收。

1. 地面节能工程检验批划分规定

根据国家标准《建筑地面工程施工质量验收规范》（GB 50209—2010）中的有关规定，地面节能工程检验批的划分应符合下列规定。

（1）地面节能工程的检验批，可按照施工段或变形缝进行划分。

（2）当地面面积超过 200m² 时，每 200m² 可划分为一个检验批，不足 200m² 的也为一个检验批。

（3）不同构造做法的地面节能工程，应单独划分检验批。

2. 地面节能工程隐蔽工程的验收

地面节能工程应对下列部位进行隐蔽工程验收，并应有详细的文字记录和必要的图像资料：a. 基层；b. 被封闭的保温材料厚度；c. 保温材料的黏结质量；d. 隔断热桥部位。

第四节　地面节能工程质量标准与验收

在地面节能工程的施工过程中，尽管施工单位十分注意施工质量，监理人员也严格按照有关流程和规定进行控制和监测，但是，也不可避免地存在各种质量缺陷，这就需要在工程的施工过程和工程验收中，对照设计要求和质量标准，进行严格把关。

一、地面节能分项工程质量标准

1. 地面节能分项工程质量的主控项目

（1）用于地面节能工程的保温材料，其品种、规格应符合设计要求和相关标准的规定。

检验方法：观察、尺量或称重检查；核查质量证明文件。

检查数量：按进场批次，每批随机抽取 3 个试样进行检查；质量证明文件应按照其出厂检验批进行核查。

（2）地面节能工程使用的保温材料，其热导率、密度、抗压强度或压缩强度、燃烧性能等应符合设计要求。

检验方法：核查质量证明文件和复验报告。

检查数量：全数检查。

（3）地面节能工程采用的保温材料，进场时应对其热导率、密度、抗压强度或压缩强度、燃烧性能等进行复验，复验应为见证取样送检。

检验方法：随机抽样送检，核查复验报告。

检查数量：同一厂家、同一品种的产品各抽查不少于 3 组。

（4）地面节能工程施工前，应对基层进行处理，使其达到设计和施工方案的要求。

检验方法：对照设计和施工方案观察检查。

检查数量：全数检查。

（5）地面保温层、隔离层、保护层等各层的设置和构造做法以及保温层的厚度应符合设计要求，并应按施工方案施工。

检验方法：对照设计和施工方案观察检查；尺量检查。

检查数量：全数检查。

（6）地面节能工程的施工质量应符合下列规定：a. 保温板与基层之间、各构造层之间的粘接应牢固，缝隙应严密；b. 保温浆料应分层施工；c. 穿越地面直接接触室外空气的各种金属管道应按设计要求，采取隔断热桥的保温措施。

检验方法：观察检查；核查隐蔽工程验收记录。

检查数量：每个检验批抽查 2 处，每处 10m²；穿越地面的金属管道处全数检查。

（7）有防水要求的地面，其节能保温做法不得影响地面排水坡度，保温层面层不得渗漏。

检验方法：用长度 500mm 的水平尺检查；观察检查。

检查数量：全数检查。

（8）严寒、寒冷地区的建筑首层直接与土壤接触的地面、采暖地下室与土壤接触的外墙、毗邻不采暖空间的地面以及底面直接接触室外空气的地面应按设计要求采取保温措施。

检验方法：对照设计观察检查。

检查数量：全数检查。

（9）保温层的表面防潮层、保护层应符合设计要求。

检验方法：观察检查。

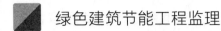

检查数量：全数检查。

2. 地面节能分项工程质量的一般项目

采用地面辐射采暖的工程，其地面节能做法应符合设计要求，并应符合《地面辐射供暖技术规程》（DB21/T 1686—2008）的规定。

检验方法：观察检查。

检查数量：全数检查。

二、地面节能分项工程质量验收

1. 检验批划分

地面节能分项工程检验批的划分应符合下列规定。

（1）检验批可按施工段或变形缝划分。

（2）当面积超过 200m² 时，每 200m² 可划分为一个检验批，不足 200m² 的也为一个检验批。

（3）不同构造做法的地面节能工程应单独划分检验批。

2. 隐蔽工程验收

地面节能工程应对下列部位进行隐蔽工程验收，并应有详细的文字记录和必要的图像资料：a. 基层；b. 被封闭的保温材料厚度；c. 保温材料的黏结质量；d. 隔断热桥部位。

3. 地面节能工程施工质量验收

地面节能工程的施工，应在主体或基层质量验收合格后进行。施工过程中应及时进行质量检查、隐蔽工程验收和检验批验收，施工完成后应进行地面节能分项工程验收。

第五节　地面常见质量问题及预防措施

地面是室内空间的重要组成部分，也是影响建筑节能工程节能效果的重要因素。如果地面节能工程的施工质量不符合设计要求，不仅严重影响其节能效果，而且也影响地面的装饰性和其他性能。因此，在地面节能工程的施工中，监理人员要针对地面的常见质量问题采取相应的预防措施。

一、水泥砂浆地面出现空鼓现象

地面空鼓是水泥砂浆地面最常见的质量问题，多发生于面层与垫层、垫层与基层之间，用脚用力踩踩或小锤敲击，有比较明显的空鼓声。在使用一段时间后，很容易出现开裂，严重者发生大片剥落现象，影响地面的使用功能。

1. 原因分析

（1）在进行基层（或垫层）清理时，未按规定要求进行，上面还有浮灰、浆膜或其他污物。特别是室内粉刷墙壁、顶棚时，白灰砂浆落在楼板上，导致清理困难，严重影响垫层与面层的结合。

（2）在面层施工前，未对基层进行充分的湿润。由于基层中过于干燥，铺设砂浆后水分迅速被吸收，致使砂浆失水过快从而强度不高，面层与基层黏结不牢。另外，干燥基层表面的粉尘很难清扫干净，对面层砂浆也起到一定的隔离作用。

（3）基层（或垫层）的表面积水过多，在铺设面层水泥砂浆后，积水处的砂浆水灰比突然增大，严重影响面层与垫层之间的黏结，必然造成地面空鼓现象。

（4）为了增大面层与基层的黏结力，可采用涂刷水泥浆的方法。但是，如果刷浆过早，铺设面层时水泥浆已经硬化，不但不能增大黏结力，反而起了隔离层的作用。

（5）炉渣垫层的材料和施工质量不符合设计要求。主要表现在以下几个方面。①使用未经过筛和未用水焖透的炉渣拌制水泥炉渣垫层。这种炉渣垫层粉末过多、强度较低，容易开裂造成空鼓。另外，炉渣中含有煅烧过的煤矸石，若未经水焖透，遇水后消解从而体积膨胀，导致地面空鼓。②使用的石灰未经充分熟化，加上未过筛，拌合物铺设后，生石灰吸水后体积膨胀，使水泥砂浆面层起拱，也将导致地面空鼓。③设置于炉渣垫层中的管道没有采用细石混凝土进行固定，从而出现松动现象，致使面层开裂、空鼓。

2. 预防措施

（1）严格进行底层处理　①认真清理基层表面的浮灰、浆膜及其他污物，并冲洗干净。如果底层表面过于光滑，为增强层面与基层间的结合力，应当进行凿毛处理。②控制基层的平整度，用 2m 的直尺检查，其凹凸度不得大于 10mm，以保证面层厚度均匀一致，防止厚薄差距过大，造成收缩不均从而产生裂缝和空鼓。③面层施工前 1～2d，应对基层认真地进行浇水湿润，使其具有清洁、湿润、粗糙的表面。

（2）注意结合层施工质量　①素水泥浆的水灰比应控制在 0.4～0.5 范围内，一般应采用均匀涂刷的施工方法，而不宜采用撒干面后浇水的扫浆方法。②刷素水泥浆与铺设面层应紧密配合，严格做到随刷随铺，不允许出现水泥浆风干硬化后再铺设面层的情况。③在水泥炉渣或水泥石灰炉渣垫层上涂刷结合层时，应采用配合比为：水泥∶砂＝1∶1（体积比）的材料。

（3）保证垫层的施工质量　①垫层所用的炉渣，应当采用露天堆放，且经雨水或清水、石灰浆焖透的"陈渣"，炉渣内也不得含有有机物和未燃尽的煤块。②采用的石灰应在使用前用 3～4d 的时间进行熟化，并在使用时加以过筛，其最大粒径不得大于 5mm。③垫层材料的配合比应适当。水泥和炉渣的配合比宜采用水泥∶炉渣＝1∶6（体积比）；水泥石灰和炉渣的配合比宜采用水泥∶石灰∶炉渣＝1∶1∶8（体积比）。在施工中要做到：拌和均匀、严限水量、铺后辊压、搓平抹实。铺设厚度一般不应小于 60mm，当超过 120mm 时，应分层进行铺设。④炉渣垫层铺设在混凝土基层上时，铺设前应在基层上涂刷一遍水灰比为0.45 左右的素水泥浆，并且随刷随铺。⑤炉渣垫层铺设后，要认真做好养护工作，养护期间避免遭受水的浸蚀，待其抗压强度达到 1.2MPa 以上后，再进行下一道工序的施工。⑥混凝土垫层应用平板式振捣器振捣密实，对于高低不平整处应用水泥砂浆或细石混凝土找平。

二、水泥砂浆地面出现起砂现象

地面起砂的质量问题，主要表现为表面粗糙，颜色发白，光洁度差，质地松软。在其表面上走动，最初有松散的水泥灰，用手触摸有干水泥面的感觉；随着走动次数的增多，砂浆中的砂粒出现松动，或有成片水泥硬壳剥落。

1. 原因分析

导致地面起砂的原因很多，归纳起来主要有以下几个方面。

（1）水灰比过大　科学试验证明：常用的水泥在进行水化反应时，所需要的水量为水泥质量的 25% 左右，即水泥砂浆的水灰比为 0.25 左右。这样小的水灰比，虽然能满足水化反应的用水量，但在施工中是非常难实现的。为保证施工的流动性，水灰比往往在 0.40～0.60 范围内。但是，水灰比与水泥砂浆的强度成反比，如果用水量过大，不仅会大大降低面层砂浆的强度，而且会造成砂浆泌水，进一步降低地面表面的强度，由此会出现磨损起砂的质量问题。

（2）施工工序不当　由于不了解水泥凝结硬化的基本原理，水泥砂浆地面压光工序的安排不适当，以及底层过干或过湿等，造成地面压光时间过早或过晚。工程实践证明，如果压光过早，水泥水化反应刚刚开始，凝胶尚未全部形成，砂浆中的游离水比较多，虽然经过压光，表面还会游浮出一层水，面层砂浆的强度和抗磨性将严重降低；如果压光过晚，水泥已发生终凝，不但无法消除面层表面的毛细孔及抹痕，而且会扰动已经硬化的表面，也将大幅度降低面层砂浆的强度和抗磨性能。

（3）养护不适当　水泥经过初凝和终凝进入硬化阶段，这是水泥水化反应激烈进行的阶段。在适当的温度和湿度条件下，随着水化反应的不断深入，水泥砂浆的强度不断提高。在水泥砂浆地面完工后，如果不养护或养护条件不当，必然会影响砂浆的硬化速度。如果养护温度和湿度过低，水泥的水化反应就会减缓速度，严重时甚至停止硬化，致使水泥砂浆脱水从而影响强度。如果水泥砂浆未达终凝就浇水养护，也会使面层出现脱皮、砂粒外露等质量问题。

（4）使用时间不当　工程实践充分证明：若水泥砂浆地面尚未达到设计强度的 70% 以上，就在其上面进行下道工序的施工，会使地面表层受到频繁的振动和摩擦，很容易导致地面起砂。这种情况在气温较低时尤为显著。

（5）水泥砂浆受冻　水泥砂浆地面在冬季低温下施工时，如果不采取保温或供暖措施，砂浆易受冻。水泥砂浆受冻后，体积大约膨胀 9%，产生较大的冰胀应力，其强度将大幅度下降；在水泥砂浆解冻后，砂浆体积不再收缩，使面层砂浆的孔隙率增大；骨料周围的水泥浆膜的黏结力被破坏，形成松散的颗粒，一经摩擦也会出现起砂现象。

（6）原材料不合格　原材料不合格，主要指水泥和砂子不合格。如果采用的水泥强度等级过低，或水泥中有过期的结块水泥、受潮结块水泥，必然严重影响水泥砂浆的强度和耐磨性能。如果采用的砂子粒径过小，其表面积则大，拌和需水量大，水灰比增大，砂浆强度降低；如果砂中含泥量过大，势必影响水泥与砂子的黏结，也容易导致地面起砂。

（7）施工环境不当　冬期施工时在新浇筑的砂浆地面房间内生炭火升温，如果不采取正确的排放烟气措施，燃烧产生的二氧化碳气体，常处于空气的下层，它和水泥砂浆表面层接触后，与水泥水化生成的、尚未硬化的氢氧化钙反应，生成白色粉末状的碳酸钙，其不仅本身的强度很低，而且会阻碍水泥水化反应的正常进行，从而显著降低砂浆面层的强度。

2. 预防措施

根据水泥砂浆地面起砂的原因分析，很容易得到预防地面起砂的措施，在一般情况下可以采取以下措施。

（1）严格控制水灰比 严格控制水灰比是防止起砂的重要技术措施，在工程施工中主要按砂浆的稠度来控制水灰比的大小。用于地面面层的水泥砂浆的稠度，一般不应大于35mm（以标准圆锥体沉入度计）；用于混凝土和细石混凝土铺设地面时的坍落度，一般不应大于30mm。混凝土面层宜用平板式振捣器振实，细石混凝土宜用辊子滚压，或用木抹子拍打，使其表面泛浆，以保证面层的强度和密实度。

（2）掌握好压光时机 水泥地面的压光一般不应少于三遍：第一遍压光应在面层铺设后立即进行，先用木抹子均匀地搓压一遍，使面层材料均匀、紧密、平整，以表面不出现水面为宜；第二遍压光应在水泥初凝后、终凝前进行，将表面压实、平整；第三遍压光也应在水泥终凝前进行，主要是消除抹痕和闭塞细毛孔，进一步将表面压实、压光滑。

（3）进行充分的养护 水泥地面压光之后，在常温情况下，24h后开始浇水养护，或用草帘、锯末覆盖后洒水养护，有条件时也可蓄水养护。采用普通硅酸盐水泥的地面，连续养护时间不得少于7d；采用硅酸盐水泥的地面，连续养护时间不得少于10d。

（4）合理安排施工工序 水泥地面的施工应尽量安排在墙面、顶棚的粉刷等装饰工程完工后进行，这样安排施工流向，不仅可以避免地面过早上人，而且可以避免对地面面层产生污染和损坏。如果必须安排在其他装饰工程后进行，应采取有效的保护措施。

（5）防止地面早期受冻 水泥砂浆和混凝土早期受冻，对其强度的降低最为严重。在低温条件下抹水泥地面，应采取措施防止早期受冻。在抹地面前，应将门窗玻璃安装好，或设置供暖设备，以保证施工温度在+5℃以上。采用炉火取暖时，温度一般不宜超过30℃，应设置排烟设施，并保持室内有一定的湿度。

（6）选用适宜的材料 水泥最好采用早期强度较高的硅酸盐水泥、普通硅酸盐水泥，其强度等级不应低于32.5MPa，过期结块和受潮结块的水泥不能用于工程中。砂子一般宜采用中砂或粗砂，含泥量不得大于3%；用于面层的粗骨料粒径不应大于15mm，也不应大于面层厚度的2/3，含泥量不得大于2%。

（7）采用无砂水泥地面 用于面层的水泥砂浆，用粒径为2~5mm的米石代替水泥砂浆中的砂子，是防止地面起砂的有效方法。这种材料的配合比为：水泥∶米石＝1∶2（体积比），水泥砂浆稠度控制在35mm以下。这种地面压光后，一般不会起砂，必要时还可以磨光。

三、地面或墙面出现渗水现象

1. 原因分析

地面或墙面出现渗水是对地面节能工程最大的威胁，不仅影响地面和墙面的美观，更重要的是保温层受到水浸后，其保温节能性能大大下降，严重影响地面的使用功能。出现这种质量问题的原因主要有以下几个方面。

（1）在进行地面施工的过程中，对于地面采暖系统的水管安装质量不重视，或未按设计要求进行安装，结果导致水管接头有漏水现象。

（2）在地面采暖系统的水管安装完毕后，未进行通水试压便进行地面其他结构层的施工，结果导致存在漏水的隐患，在通水后出现渗水。

（3）在水管安装后进行地面其他施工时，不注意对水管成品的保护，使管道扭曲变形或局部损坏，从而导致渗水。

2. 预防措施

（1）在进行地面采暖系统的施工时，应在底部设置防水层，且应注意对已安装好的水管进行保护，不得碰撞水管，若有变形或位移应立即进行修复。

（2）在地面采暖系统的水管安装前，首先对水管的规格和质量进行检查，以确保水管质量符合设计和有关标准的要求。

（3）在进行地面采暖系统的水管安装时，应防止管道发生扭曲现象；需要弯曲管道时，圆弧的顶部应加以限制，并用管卡进行固定，不得出现硬性的"死折"现象。

（4）水管安装应按规定的工艺操作，在地面采暖系统的水管安装完毕后，应按规定进行通水试压，观察水管接头等处是否有渗漏现象。

四、地面面层出现裂缝现象

地面面层出现的裂缝，其特点是部位不固定、形状不一样，预制板楼地面可能出现，现浇板楼地面也可能出现，有些是表面裂缝，也有些是连底裂缝。面层出现裂缝不仅影响其表面美观和整体严密性，而且会从缝隙处渗水从而影响地面的节能效果和使用寿命。

1. 原因分析

（1）采用的水泥安定性差或水泥刚刚出窑，在凝结硬化过程中发生较大的收缩现象。或不同品种、不同强度等级的水泥混杂使用，其凝结硬化的时间及收缩程度不同，也会导致面层裂缝。采用的砂子粒径过小或者是含泥量过多，从而造成拌合物的强度降低，也很容易引起面层收缩从而产生裂缝。

（2）不能及时养护或不对面层进行养护，会产生收缩裂缝。水泥用量比较大的地面或用矿渣硅酸盐水泥做的地面最为显著。在温度较高、空气干燥和有风季节，如果养护不及时，地面更容易发生干缩裂缝现象。

（3）水泥砂浆的水灰比过大或搅拌不均匀，则砂浆的抗拉强度会显著降低，严重影响水泥砂浆与基层的黏结，也很容易导致地面出现裂缝。

（4）首层地面的填土质量不符合设计要求，主要表现在：回填土的土质差或夯填不实，地面完成后回填土沉陷，使面层出现裂缝；回填土中有冻块或冰块，当气温回升融化后，回填土沉陷，使地面面层裂缝。

（5）配合比不适宜，计量不准确，垫层质量差；混凝土振捣不密实，接槎不严密；地面填土局部标高不够或过高，这些都会削弱垫层的承载力从而引起面层裂缝。

（6）如果底层不平整，或预制楼板未找平，使面层厚薄不均匀，面层会因收缩不同而产生裂缝；或埋设管道、预埋件、地沟盖板偏高偏低等，也会使面层厚薄不匀；新旧混凝土交接处因吸水率及垫层用料不同，也将导致面层收缩不匀。

（7）面积较大的楼地面，未按照设计和有关规定留设伸缩缝，当温度发生较大变化时，出现较大的胀缩变形，使地面发生温度裂缝现象。

（8）如果因局部地面堆积荷载过大而造成地基土下沉或构件挠度过大，使构件下沉、错位、变形，导致地面产生不规则裂缝。

（9）掺入水泥砂浆和混凝土中的各种减水剂、防水剂等，均有增大其收缩量的不良影响。如果掺加外加剂过量，面层完工后又不注意养护，则会导致面层的收缩值较大，极易引起面层开裂。

2. 预防措施

（1）应当特别重视地面面层原材料的质量，选择质量符合要求的材料配制砂浆。胶凝材料应当选用早期强度较高、收缩性较小、安定性较好的水泥，砂子应当选用粒度不宜过细、含泥量符合国家标准要求的中砂或粗砂。

（2）保证垫层厚度和配合比的准确性，振捣要密实，表面要平整，接槎要严密。工程实践证明，混凝土垫层和水泥炉渣（水泥石灰炉渣）垫层的最小厚度不应小于60mm；三合土垫层和灰土垫层的最小厚度不应小于100mm。

（3）面层水泥拌合物应严格控制用水量，水泥砂浆稠度不应大于35mm，混凝土坍落度不应大于30mm。在面层表面压光时，千万不可采用撒干水泥面的方法。必要时可适量撒一些1∶1的干拌水泥砂，待其吸水后，先用木抹子均匀搓一遍，然后再用铁抹子压光。水泥砂浆终凝后，应及时进行覆盖养护，防止发生早期收缩裂缝的现象。

（4）回填土应分层夯填密实，如果地面以下回填土较深时，还应做好房屋四周的地面排水工作，以免雨水灌入造成回填土沉陷，导致面层裂缝。

（5）水泥砂浆面层在铺设前，应认真检查基层表面的平整度，尽量使面层的铺设厚度一致，使面层的收缩基本相同。如果因局部埋设管道、预埋件而影响面层厚度时，其顶面至地面表裂的最小距离不得小于10mm，并设置防裂钢丝网片。

（6）为适应地面的热胀冷缩变形，对于面积较大的楼地面，应从垫层开始设置变形缝。室内一般设置纵向和横向伸缩缝，缝的间距应符合设计要求。

（7）在结构设计上应尽量避免基础沉降量过大，特别要避免出现不均匀沉降；采用的预制构件应有足够的刚度，不准出现过大的挠度。

（8）在使用过程中，要尽可能避免局部楼地面集中荷载过大。

（9）水泥砂浆（或混凝土）面层中如果需要掺加外加剂，最好通过试验确定其最佳掺量，在施工中严格按规定控制掺用量，并注意加强养护。

五、保温板出现脱落

地面节能工程中的保温板出现脱落，这也是一种常见的质量问题，其主要是对地面的节能效果有较大影响。

1. 原因分析

（1）在保温板正式施工前，未按规定向操作人员进行技术交底，施工者不明白保温板脱落的危害。

（2）在保温板的施工过程中，监理人员对保温板的粘贴施工不重视，或者监理旁站不到位，从而使施工质量达不到设计要求。

（3）在保温板的施工过程中，施工者不按规定进行操作，导致保温板与基层之间、各构造层之间黏结不牢固，缝隙不严密。

绿色建筑节能工程监理

2. 预防措施

（1）在保温板正式施工前，监理和施工单位技术人员应向操作人员进行技术交底，使施工者明白保温板粘贴的具体施工工艺。

（2）在保温板的施工过程中，监理人员应加强旁站监理，严格控制施工质量，对不符合设计要求的部位，必须要求重新返工。

（3）施工人员要加强责任心，高度重视地面保温层的施工，认真按设计要求操作。

第八章

采暖节能监理质量控制

采暖是指通过对建筑物及防寒取暖装置的设计，使建筑物室内获得适当的温度。冬季采暖是中国北方地区城镇居民的基本生活要求。测试结果表明，建筑采暖系统能耗是建筑能耗的主要组成部分，全面推进建筑采暖节能工作，有利于节约能源，减少温室气体排放，改善环境质量，有利于加快建设资源节约型、环境友好型社会。

建筑室内采暖的方式很多，例如普通的热水采暖系统、地板辐射采暖系统、热风采暖系统、发热电缆与电热膜采暖系统等。目前集中热水供暖仍是城市供暖的主力军，热水集中式供暖安全、可靠，使用方便，全天供暖。室内集中热水采暖系统包括散热设备、管道、保温设备、阀门、仪表等。另外，在降低房屋热负荷的同时还要充分利用太阳能、低温地热能、风能等绿色能源，通过合理设计，使房屋满足人们冬暖夏凉居住舒适的需求。

第一节　采暖节能监理质量控制概述

一、我国采暖节能的发展

中国开展建筑节能已经有 20 多年了，从准备到逐步推进"热改"也已经有 10 多年了。20 多年来，我们经历了前所未有的加强围护结构保温性能、供热采暖系统节能、热计量方式、改变燃料结构以及供热方式多元化的全过程，为寻找适合中国的采暖节能技术路线，各级政府和建筑节能工作者都做了极大的努力。

推进建筑节能与供热采暖系统节能同步发展的最初几年，由于刚起步，缺乏经验，对供热采暖系统的节能重视不够，节能建筑的围护结构保温性能提高了，而室内采暖系统依然如故，热负荷偏大导致室温过高，用户开窗放热。后来才逐步有了改进。

当前，既有非节能建筑的改造已提到日程上来，我们更应当十分重视新建与改造二者同步的问题，我们一定要引以为戒，不能再次出现同样的失误。

众所周知，供热采暖系统由锅炉房、管网和室内采暖系统组成。系统节能效果如何，包括用户的"行为节能"在内，最终都会反映在锅炉热效率和管网输送效率这两个能放指标上。中国的现实状况，恰恰是这两个能效指标与国际先进水平有很大差距，但是，遗憾的是，在过去的 10 年中，我们并没有下大力气，在提高锅炉房和管网的两个能效上下功夫（包括技术上和政策上），而是几乎把全部的注意力投向了住宅室内采暖系统。一方面，努力寻求适合中国、能满足"节能"和"热改"需要的新的室内采暖系统形式；另一方面，忙于引进和开发相应的硬件。

现在看来，在推进采暖节能上，我们欠缺了对供热采暖系统的综合考虑，忽视了锅炉房、管网的节能。实际上，欧洲各国在推进供热采暖系统的节能过程中，一直是坚持按整个系统综合考虑，他们始终如一地重视供热能效的提高，早就有了很好的基础，在 20 世纪 70年代初推进建筑节能过程中，进一步把"行为节能"也作为一项重点工作来抓，取得了明显的效益。"行为节能"可以激励用户的积极性，确定是节能的一个重要环节，但又不是全部，因此对其节能预期值不宜估计过高。

近年来，中国建筑科学研究院空调所完成的一些测试结果，正在提示我们，在中国节能住宅的现实状况下，由于户间传热、建筑热惰性等因素影响，实测的行为节能值比预期值低很多，这表明完全没有必要一律采用户用热表计量到户，而应该多种热计量方式并存。因此，我们认为，供热采暖系统的节能一定要按整个系统综合考虑，在中国要十分重视提高锅炉效率和管网输送效率，因为这是最大潜力之所在，要尽快行动，不能再等。当前实现"行为节能"难度较大，在"热改"初期宜先易后难，稳步推进。

在"建筑节能"和"热改"的推动下，为探索和选择符合中国国情的计量供热方式，我们整整走过了 10 年，至今在新建和既有住宅中采用何种方式计量，在各地都有试点，但皆尚无定论，也没有真正实施计量收费制度。在选择计量方式的过程中，最初人们接触的是在欧洲有悠久历史的丹麦模式，即采用楼栋热表与散热器热量分配表相结合的分摊热费方法，但人们普遍认为这种方法适合既有住宅的改造，新建住宅似乎应选择更完美一些的方法，最终基本定位于采用进口或国产的户用热表。随后即用了很大的精力去探索能够配装户用热表的室内采暖系统。

2000 北京市率先发布了《新建集中供热住宅分户热计量设计技术规程》，规定采用共用立管的分户独立系统，并设置户用热表。此后在实践中逐渐暴露出此种方式计量成本太高，各类故障等问题较多，特别是按常规要按两部制计算热费，使人们认识到户用热表不仅有别于水、电表不可能直接按计量来收费，而且也同热量分配表一样，仍是一种热费分摊工具，因此采用户用热表计量收费的"优势"不多。随后又出现过"温度法计量""热水表计量"等方案。近年来不少业内人士认为"芬兰模式"，即设楼栋表，各户按面积分摊，比较简单，似乎更适合中国"热改"的初期阶段采用。

二、室内采暖系统的分类方法

室内采暖系统根据热传递媒介、结构、流程和安装位置不同的分类方法，主要有按采暖范围不同分类和按热煤种类不同分类。

1. 按采暖范围不同分类

按照采暖范围不同分类，可分为局部采暖系统、独立采暖系统、集中采暖系统和区域采暖系统。

(1) 局部采暖系统 局部采暖系统是指热源、管道与散热器连成整体而不能分离的采暖系统，仅用于一个房间，即每套采暖住房均有一个热源。在没有集中采暖和集中供热的地方，单栋的住宅或房间常常采用局部采暖系统。最古老和最简单的局部采暖，在国内主要是采用木炭盆、火坑和煤炉，在国外多采用壁炉取暖。现代局部采暖的形式多种多样，常见的主要有家用燃气壁挂炉、家用电锅炉、电缆辐射采暖、蓄热炉、煤气取暖器、热风式瓷砖炉等。

(2) 独立采暖系统 独立采暖系统是指仅为一户或几户住宅而设置的采暖系统，独立采暖系统是从欧美发达国家引进的，技术先进，每户或几户住宅为独立系统，可单独控制开关。其功能主要是为家居生活提供温暖。

目前该系统分为水地暖与电地暖两种：水地暖是以温度不高于 60℃ 的热水为热媒，在埋置于地面以下填充层中的加热管内循环流动，加热整个地面地板，通过地面地板以辐射和对流的热传递方式向室内供热的一种采暖方式；电地暖是将外表面允许工作温度上限为 65℃ 的发热电体埋设于地面地板下，以发热电体为热源加热地面地板，以温控器控制室温或地板温度，实现地面辐射供暖的采暖方式。

(3) 集中采暖系统 集中采暖系统是指采用锅炉或水加热器对水集中加热，通过管道向一幢或数幢房屋供应热能的采暖系统。

(4) 区域采暖系统 区域采暖系统是指以集中供热的热网作为热源，用以满足一个建筑群或一个区域需要的采暖系统，其供热规模比集中采暖大得多，我国北方地区很多城市利用热电厂或区域锅炉采暖。

2. 按热媒种类不同分类

按照热媒种类不同分类，可分为热水采暖系统、蒸汽采暖系统和热风采暖系统。

(1) 热水采暖系统 热水采暖系统的供水，温度高于 100℃ 的水称为高温水，温度在 65~95℃ 之间的水称为中温水，温度低于 65℃ 的水称为低温水。在中、小型采暖系统中一般宜采用中温水或低温水，区域供热以高温水作为热媒比较好。

(2) 蒸汽采暖系统 蒸汽采暖系统分为高压蒸汽系统和低压蒸汽系统。蒸汽压力大于 70kPa 的为高压蒸汽系统，常用于大型厂房和大型公共建筑的热风和加热系统；蒸汽压力小于等于 70kPa 的为低压蒸汽系统，可用于厂区或公共建筑的采暖。蒸汽采暖系统与热水采暖系统比较具有如下特点。

① 某些工艺只能采用蒸汽采暖系统，在为生产创造条件的同时兼作其他热用户的热媒。

② 在散热设备中，蒸汽靠凝结放热，热水靠温差放热。蒸汽的汽化潜热比水的温差放热大得多。对于同样的热负荷，蒸汽采暖的蒸汽用量比热水供暖所需的水量少得多。因而凝结水管流量小、管径小，使得蒸汽系统节省管道投资。

③ 由于蒸汽采暖散热设备的温度是蒸汽的饱和温度，而热水采暖则是供、回水温度的平均值，蒸汽采暖散热器表面温度高，因此低压蒸汽采暖的散热设备比低温水系统要少 30% 左右。

④ 蒸汽系统的设计计算和运行管理复杂，易出现跑、冒、滴、漏现象，解决不当时会降低蒸汽供热系统的经济性。

⑤ 蒸汽密度比水小得多，用于高层建筑高区（特别是高度大于 160m 的特高层建筑），

不会使建筑物底部的散热器和设备超压。

⑥ 蒸汽系统热惰性小，热得比较快，冷得也比较快，所以室温波动较大。

⑦ 采用蒸汽采暖时，散热器表面有机灰尘的分解和升华不利于提高室内空气质量。

⑧ 管道内部反复与蒸汽、空气接触，很容易被锈蚀，管道和疏水器等设备也容易损坏，维修量比较大。

⑨ 由于蒸汽管道温度高，所以无效热损失大。

（3）热风采暖系统 热风采暖系统是指以热空气作为传热媒介的采暖系统。一般指用暖风机、空气加热器将室内循环空气或从室外吸入的空气加热的采暖系统。热风采暖系统由热源、空气换热器、风机和送风管道组成，由热源提供的热量加热空气换热器，用风机强迫温室内的部分空气流过换热器，当空气被加热后进入温室内进行流动，如此不断地进行循环，从而加热整个室内的空气。

热风采暖系统与蒸汽、热水采暖系统相比，采暖效率可提高 60％以上，节约能源可达70％以上，投资维修率可降低 60％左右，具有明显的经济效益。其主要特点表现在以下几个方面。

① 适合大型空间采暖。由于热风炉输出的热风温度高，输送热量大，特别适合大型空间采暖。如工业厂房、车间、部队营房、商场、超市、体育场馆、游泳馆、娱乐场及矿山、矿井的通风采暖。

② 采暖效果好。热风采暖系统可满足任何采暖温度的要求。大型生产车间常规采暖温度 5～10℃能够轻松达到，有生产工艺要求的行业如塑编车间采暖温度 20℃以上，某特种养殖行业要求车间温度 28～32℃，热风采暖同样可以达到。热风采暖升温速度快，且采暖空间内温度均匀，不留死角。

③ 设备投资少。工程设计和施工实践表明，热风采暖系统的总投资远远低于集中供暖和水源热泵供暖系统，略低于热水锅炉供暖和辐射供暖系统。

④ 运行费用低。热风采暖系统与传统的采暖方式相比较，最大的特点就在于传热方式的改变。传统的采暖方式都是把介质所携带的热量通过散热装置以自然对流或辐射的方式向外传递，采暖空间升温速度慢，所需供暖时间长，消耗大量能源。而热风采暖则不同，它是以强制对流的方式使冷热空气迅速混合在一起，采暖空间升温速度快，所需供暖时间短，自然就节省燃料。

⑤ 热风采暖的另一个显著特点是它以空气作为传热介质，在供热的同时又向采暖空间注入了大量的空气，采暖空间所流失的热空气就不需要外界的冷空气来补充。而其他的采暖方式都是只提供热量，没有热空气的注入，采暖空间流失的热空气就只能由外界的冷空气来补充，这样一来就需要不断地对补充进来的冷空气进行加热，增加了采暖费用。这一点在有排风换气的厂房中表现得尤为突出。

三、热水采暖系统的主要制式

机械循环热水采暖系统与自然循环的主要区别在于系统中设置了循环水泵，靠水泵的机械能，使热水在系统中强制循环。由于热水在系统中强制循环，所以必然增加系统的经常运行电费和维修工作量。但由于水泵所产生的作用压力很大，因而供暖范围可以扩大。机械循环热水采暖系统既可用于单幢建筑物，也可用于多幢建筑物，甚至可以发展为区域热水采暖系统。

机械循环热水采暖系统的布置方式可分为垂直式与水平式；按供回水干管可分为单管系统和双管系统；按供、回水干管敷设的位置可分为上分式、中分式和下分式；按回水的方向可分为上回式和下回式；按膨胀水箱的结构可分为开式和闭式系统。在实际的机械循环热水采暖系统中，其布置方式往往是以上几种形式的组合。

1. 双管上分下回式

双管上分下回式系统，供水管设在上部，各层散热器并联在立管上，可用支管上的阀门对散热器进行单独调节，以满足不同供热温度的需要。由于自然循环作用压力的存在，所以也存在上热下冷的失调现象，尤其是在四层以上的建筑中垂直方向的失调现象更明显。

2. 双管下分下回式

双管下分下回式系统，供水管设在下部，通常采用以下两种方法进行排气：一种是供水立管的上部设置空气管，通过集气罐或膨胀水箱排气，这种方法通常适用于作用半径小或系统压力降小的采暖系统中；另一种是在建筑顶层的散热器上部设置放气阀排除空气。

双管下分下回式系统与双管上分下回式系统相比，可以减少采暖系统主立管的长度，管路的热损失较小，不同楼层散热环路的阻力比较容易平衡。但是，这种采暖系统的排气比较复杂，管材与阀件的用量有所增加。

3. 中分式系统

中分式系统的供水干管敷设于建筑的中间楼层，下部系统呈上供下回式，上部系统呈下供下回式。这种布置形式减轻了上供下回式楼层过多、容易出现垂直方向失调的现象，但上部系统需要增加一定量的排气装置。中分式系统主要适用于原有建筑物加建楼层，或者上部建筑面积少于下部的"品"字形建筑。

4. 单管水平式

单管水平式系统又可分为顺流式和跨越式两种类型。

水平顺流式也叫水平串联式，它是用一条水平管把住户室内的各组散热器串联在一起，热水按先后顺序流经各组散热器，水温由近至远逐渐降低，但不会有太大影响，因为每一根水平管上串联散热器的组数不会太多。

水平跨越式，也叫水平并联式。它是在每组散热器下部敷设一条水平管道，用支管分别与散热器连接。在支管上设有阀门，当单组散热器有漏水、堵塞现象时，可以关闭支管上的阀门，维修起来很方便，并且也可以适当调节散热器的流量和散热量。

试验结果表明，如果采用垂直单管跨越式采暖系统，不仅可以降低工程造价，易于进行调节，而且还可以保证系统的运行效果良好，满足设计的室温要求。

相比来说，单管水平式施工对住户的破坏小，而且节省管材，但供热效果不如双管上分下回式；双管上分下回式供热效果较好，但其施工对住户的破坏较大，并且在改造时对管道坡度的要求较高。

5. 单管上分下回式

由于单管水平顺流式不能对每组散热器进行流量调节和用热量计算，目前在新建居住建筑中已规定不再采用。单管跨越式中跨越管的管径计算比较复杂，现在国内在设计计算时也往往省略；如果跨越管管径与立管相同，容易造成水力短路、热能浪费，热力调节也比较困难。即使采用顺流式与跨越式混合的系统，热力调节效果也不理想。

在国外的某些采暖工程中，为了便于单管系统的热力调节，该系统需要采用特殊的阀门，但这种阀门价格较高，所以一般很少采用单管上分下回式。我国的采暖节能工程中基本不采用这种供热系统。

6. 下分上回式

下分上回式系统的供水干管在下部，回水干管在上部，水自下而上进行流动，经膨胀水箱返回锅炉中，所以这种系统也称为倒流式系统。下分上回式系统的主要优点是：水的流向与空气的浮升方向一致，便于排除管道中的空气；供水的总立管比较短，热损失较小，水温下高上低，对于缓解多层建筑上热下冷的现象有一定作用。下分上回式系统的主要缺点是：散热器的传热系数比上分下回式低，散热面积需要增大。另外，该系统不能用于单管跨越式，以避免热水直接经跨越管流入回水管。

7. 上分上回式

上分上回式系统的供水和回水干管均在上部敷设，该系统结构简单、施工容易、便于布置，但要特别注意解决好上部排气、下部泄水的问题。该系数一般多用于工业厂房。

第二节　采暖节能监理的主要流程

采暖节能工程的质量和节能效果在于设计、施工和监理的共同努力，尤其是监理工程质量的监督者和管理者，对于采暖节能工程的成败起着决定性作用。因此，在采暖节能工程的施工过程中，监理人员应根据采暖节能工程的实际情况，按照其监理流程认真履行自己的职责，使采暖节能工程最终达到设计要求。

采暖节能工程监理的主要流程如图 8-1 所示。采暖节能工程监理的实施要点如下。

（1）在采暖节能工程施工前，监理工程师应组织设计图纸会审，并参加施工图纸的设计交底会，熟悉采暖节能工程的施工图纸，了解工程设计特点和工程质量要求。主要包括系统图、平面图和大样图；掌握系统制式与管道、设备安装的技术要求，将设计图纸中出现的差错和影响工程质量的问题汇总，呈报建设单位，及时组织设计交底会。

（2）在采暖节能工程施工前，监理工程师应审核安装施工单位提交的施工方案及技术交底单。施工单位编制的施工方案必须经监理工程师审核确认后，方可正式进行施工。施工方案一经批准，施工单位必须认真执行，不得擅自改变。

（3）在采暖节能工程施工前，监理工程师应对于工程分包单位的资质、施工管理人员和技术人员的资格、特殊技术工种工人的上岗证进行审核，必须符合工程施工的需要和有关规定。

（4）在采暖工程正式安装之前，应对相关主体工程的基面进行质量验收，对基面的外形尺寸、标高、坐标、坡度以及预留洞、预埋件等对照施工图纸进行校验，对发现的问题应及时加以纠正。

（5）监理工程师应对进场材料和设备的质量验收与质保书进行审核，确认合格并符合设计文件的要求后，签署材料和设备报验申请表，方可允许材料和设备使用。

（6）监理工程师应根据采暖工程的实际情况，编制采暖节能工程监理实施细则，并编制监理过程中检查记录所采用的各种表式。

（7）监理工程师应督促承包单位建立和完善工序质量控制体系。把影响工序质量的全部因素都纳入质量管理范围。对于重要的工序应建立质量控制点，及时检查或审核各分包单位提交的质量统计分析资料和质量控制图表。

（8）监理工程师应严格要求承包单位按照批准的施工组织设计（或施工方案）组织施工。在施工过程中，当承包单位对已批准的施工组织设计（或施工方案）进行调整、补充或变动时，应经专业监理工程师审查，并由总监理工程师签认后才能实施。

（9）监理工程师应按照质量计划目标的要求，督促承包单位加强施工工艺管理，认真执行现行的工艺标准和操作规程，以提高采暖工程质量的稳定性。

（10）加强对设备安装单位施工质量管理体系的监督和检查，主要抓住各个施工阶段安装设备的技术条件和安装工艺方面的技术要求。在施工工艺、施工质量、施工工序等方面加强监督，同时按照设备安装的质量控制要点进行现场检查和监督，对关键部位进行旁站督导、中间检查和技术复核，防止出现质量隐患。对于不符合质量标准的，要提出整改报告，及时进行处理。

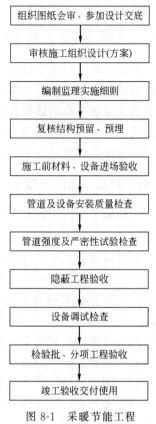

图 8-1　采暖节能工程监理主要流程

组织图纸会审、参加设计交底

审核施工组织设计(方案)

编制监理实施细则

复核结构预留、预埋

施工前材料、设备进场验收

管道及设备安装质量检查

管道强度及严密性试验检查

隐蔽工程验收

设备调试检查

检验批、分项工程验收

竣工验收交付使用

（11）监理工程师应认真检查承包单位是否严格按照现行国家施工规范和设计图纸的要求进行施工。为确保工程的施工质量，监理工程师应经常深入现场巡视检查工程质量，如果发现有不按照规范和设计要求施工从而而影响工程质量的情况时，应及时向承包单位负责人提出书面整改通知，要求承包单位限期整改，并检查整改结果。

（12）监理工程师应及时检查调试准备情况，检查设备和管线是否已按照设计要求完成，线缆导通、绝缘及电气性能测试是否合格。在审查调试大纲时，主要对调试的组织机构、人员配备、材料准备、调试方案、操作规程等的合理性，以及调试现场的清理及安全措施的落实情况进行全面审查，以便发现问题、及时纠正。

（13）监理工程师代表业主监控工程质量，是业主和承包商、各专业施工队伍之间的桥梁，监理工程师不仅应懂得工程技术知识、成本核算和建筑法规，而且还应善于协调施工过程中各专业施工队伍的配合。

（14）监理工程师应督促调试人员按照已批准的调试大纲的顺序，依次进行单体设备调试、单项系统调试和系统联动调试，并记录调试的结果。

第三节　采暖节能监理控制要点及措施

在采暖节能工程的监理过程中，监理工程师应根据工程实际掌握控制要点，采取相应的技术措施，使工程质量达到设计要求和有关标准规定。

一、采暖节能工程施工质量控制

根据采暖工程施工监理的经验，施工质量控制主要包括：对材料及设备的质量要求；对进场材料及设备的复验、采暖工程干管安装要求；采暖工程立管安装要求；采暖工程支管安装要求；采暖工程散热器安装要求；采暖工程附属设备及附件安装、低温热水地面辐射供暖系统安装、采暖系统热力入口装置的安装要求；对采暖管道保温层和防潮层施工、采暖系统的试压和试运行要求；对平行检测项目和旁站监理项目、对采暖工程成品保护监理要点等。

1. 对材料及设备的质量要求

工程施工中所用材料、配件及设备的质量如何，是工程质量能否达到设计要求的基础，也是能否实现采暖工程节能效果的关键，监理工程师必须足够重视。采暖工程施工所用的材料、配件及设备，应经过监理工程师的验收。

（1）管材的质量要求　采暖系统中所用的碳素钢管、无缝钢管、镀锌碳素钢管，应有产品出厂合格证，管材不得弯曲、锈蚀，不应有飞刺及凹凸不平，也不应有镀层不均匀等缺陷。

（2）管件的质量要求　采暖系统中所用的管件要符合国家标准，应有产品出厂合格证，无偏扣、方扣、断丝和角度不准等质量缺陷。

（3）阀门的质量要求　采暖系统中所用的各类阀门，应有产品出厂合格证，其规格、型号、强度和严密性试验应符合设计要求。丝扣完整，铸造无毛刺、无裂纹，开关灵活严密，手轮无损伤。

（4）附属装置的质量要求　采暖系统中所用的减压器、疏水器、补偿器、散热器、法兰等附属装置，均应符合设计要求，并应有产品出厂合格证。

（5）散热器的质量要求　采暖系统中所用的散热器，其型号、规格、使用压力必须符合设计要求，并应有产品出厂合格证。散热器不得有砂眼，对口面不得有偏口、裂缝和上下口中心距不一致等现象。翼型散热器的翼片应完好，整组炉片不翘楞。

（6）散热器零件和管件质量要求　采暖系统中散热器所用的零件和管件应配套，并符合质量要求，无偏扣、方扣、乱扣和断扣等质量缺陷，丝扣应端正，松紧较适宜。所用的石棉橡胶垫以 1mm 厚为宜，最厚不超过 1.5mm，并符合采暖系统使用压力的要求。

（7）仪表的质量要求　采暖系统中所用的仪表，是判断整个系统运转情况、采暖效果、系统安全性的工具，也是采暖系统中的关键部件。因此，仪表应有产品质量合格证及相关性能检验报告。

（8）保温材料的质量要求　保温材料的质量关系到采暖系统的节能效果，应有产品质量合格证和材质检测报告，检测报告必须是有效期内的抽样检测报告。建筑物内使用的保温材料还应有防火等级的检测报告。

2. 对进场材料及设备的复验

为了确保用于采暖节能工程的材料及设备的质量，在材料及设备进场后要进行复验，复核其是否符合设计要求和规范规定。根据采暖节能工程的实际情况，进场材料进行复验的是保温材料，进场设备进行复验的是散热器。进场应进行复验的材料及设备见表 8-1。

表 8-1 进场应进行复验的材料及设备

序号	进场应进行复验的材料及设备名称	进行复验的指标与性能	应当抽检比例
1	保温材料	热导率、材料表观密度、吸水率	同一厂家、同材质不得少于 2 次
2	散热器	单位散热量、金属热强度	同一厂家、同材质、同规格的散热器,按其数量 500 组及以下时,各抽检 2 组,500 组以上时,各抽检 3 组;由同一施工单位施工的同一建设单位的多个单位工程(群体建筑),当使用同一生产厂家、同材质、同规格、同批次的散热器时,可合并计算按 $1.0 \times 10^5 \text{m}^2$ 建筑各抽检 3 组

3. 采暖工程干管安装要求

(1)采暖系统干管从热力入口或系统分支点开始,在正式安装干管前,监理工程师应认真检查管道内是否有杂物,管材是否需要进行调直,做好安装的准备工作。

(2)按照施工图纸的要求在墙和柱上定出管道的走向、位置和标高,确定支架位置。

(3)安装支架时应根据确定好的支架位置,把已经预制好的支架栽到墙上或焊接在预埋的铁件上。方法是:首先确定支架的位置、标高和间距,把栽入墙内的深度标在墙上,再进行打洞;打好的洞应清洗干净,并用水冲浸透,用 1:3 的水泥砂浆把支架栽入洞中。有条件时也可用电锤打眼、埋膨胀螺栓或用射钉枪将射钉打入墙内、柱内、梁内或楼板内,固定支架。

(4)将管道预制加工在建筑物墙体上,应依据施工图纸,按照测线方法,绘制各管段加工图,划分出加工管段,分段下料,并标好序号、打好坡口以备组对。

(5)管道在需要穿越墙体时,监理工程师应注意督促安装人员放置套管。

(6)管道就位后把预制好的管段对号入座,摆放到栽好的支架上。根据管段的长度、质量,适当地选用各种机具吊装。注意摆在支架上的管道要采取临时固定措施,以防掉落。

(7)将管道牢固地固定在支架上,把管段对好口,按要求焊接、丝接或用其他方法连接,连成系统。

(8)根据设计规定的管道连接方式,监理工程师应督促施工人员严格执行操作规程逐段进行安装,严禁在规定禁止的范围内乱设管道的焊口。

(9)将干管连接成为系统后,应检查校对其坡度及坡向是否正确。检查完全合格后,把干线固定在支架上。

(10)横向干管的坡度和坡向,要按照设计图纸的要求和施工验收规范的规定,便于管道的排气和泄水。

(11)干管的弯曲部位、有焊口的部位不允许接支管。设计上如要求接支管时,应注意按规范要求避开焊口规定的距离(不小于 1 个管径,且不小于 100mm)。

(12)热水管和冷水管上下重叠平行安装时,热水管应安装在冷水管的上方,千万不要安装错位置。

(13)凡是需要隐蔽的干管,均应当按设计要求或规范规定进行单体压力试验,并办理隐蔽工程验收手续。

4. 采暖工程立管安装要求

(1)在立管安装前,监理工程师应根据施工图纸,首先核对各层立管的预留孔洞位置是否准确、垂直，然后吊线、剔眼、栽卡子。将预制好的管道按编号顺序运至安装地点。

（2）上供下回式的采暖系统，从顶层干管预留口处开始，自上而下安装至终点；其他制式的采暖系统，从下部的干管预留立管处开始，自下而上安装至终点。监理工程师应重点检查管道安装工艺的顺序是否正确、质量是否合格。

（3）安装立管前先卸下阀门盖，如有钢套管的先穿到管上，按编号从第一节开始安装，在立管丝口处涂抹铅油、缠麻丝，对准接口转动入扣，用一把管钳咬住管件，另一把管钳拧立管，拧至松紧适度，以丝口外露2~3扣、预留口平正为宜。清除接口处外露的麻丝，然后再安装下一节，直至立管全部安装完毕。

（4）检查立管的每个预留口标高、方向、半圆弯等是否准确、平正。将事先栽好的管卡松开，把管放入卡内拧紧螺栓，用吊杆、线坠从第一节管开始找好垂直度，扶正钢套管，最后填堵孔洞，预留口必须加好临时丝堵。

（5）由于立管都要穿越各个楼层，施工时应检查各层楼板预留孔洞的中心线或管道井内的立管测绘线是否垂直；如果中心线位置不对或不垂直，监理工程师应督促施工人员重新进行弹线。

（6）由于采暖系统的立管距离墙体较近，干管距离墙体较远，在安装立管的施工中，监理工程师应督促施工人员采取消除热膨胀对立管产生影响的措施。

（7）管道在需要穿越墙体时，监理工程师应注意督促安装人员放置套管，并检查套管高出装修地面的高度是否符合要求。

（8）末端立管与干管的连接非常重要，监理工程师应注意施工人员的安装是否正确，不能因安装不正确而导致立管上的散热器被堵塞。

5. 采暖工程支管安装要求

（1）检查散热器的安装位置及立管预留口是否准确，支管穿墙时应预先安装好套管。然后测量支管尺寸和灯叉弯（束回弯）的大小（散热器中心距墙与立管预留口中心距墙之差）。

（2）支管与散热器可通过灯叉弯与活接头连接，必要时也可使用柔性接头连接。

（3）配支管，按照量出支管的尺寸减去灯叉弯量，然后断管、套丝、炽灯叉弯和调直。将灯叉弯两头涂抹铅油、缠麻丝，装好油任（活接头），连接好散热器，并把麻丝头清理干净。

（4）暗装或半暗装的散热器灯叉弯必须与炉片槽角相适应，以达到美观的效果。

（5）用钢尺、水平尺、线坠校正支管的坡度和平行距墙的尺寸，并复查立管及散热器有无移动。合格后，将穿墙套管进行固定，并用水泥砂将缝隙堵严抹平。

（6）按照设计或规定的压力进行系统试压及冲洗，打压合格后方可办理验收手续，并将管内的水放干净。

（7）立、支管变径，不宜使用铸铁补芯，应使用变径管箍或采用焊接法。

6. 采暖工程散热器安装要求

暖气系统总体装修的技术含量虽然不高，但具有一定的风险性。如果暖气系统选择或施工不当，可能会给家庭造成损失，这是一个不容忽视的问题。在采暖工程中的散热器系统具有技术含量高、使用时间长、出现问题易造成连带损失等特点，所以安装质量将成为采暖系统的第二生命。在散热器的安装中监理工程师应做到以下几个方面。

（1）检查散热器的安装条件。在散热器安装前，监理工程师应检查散热器的安装条件是否满足，即建筑主体工程已完工，进入室内抹灰施工阶段，且安装散热器的墙面抹灰经质量检查合格，采暖系统的供水和回水干管已施工完毕或正在安装。

（2）建筑室内已给出地面标高线或地面相对水平线，或者地面找平层已施工完成，这样就能很容易地确定散热器的安装位置。

（3）检查每组散热器的出厂中文质量合格证，检验注册商标、规格、数量、安装方式、出厂日期、工作压力、试验压力；选用的散热器必须有制造厂家的注册商标。

（4）钢制散热器一般宜在工厂内组对完成，运至施工现场直接就位安装；铸铁散热器需要先将各片散热器进行组对。

（5）散热器安装固定完成后，监理工程师应对照施工图纸检查散热器的安装形式、位置，以及散热器与支管的连接方式，考核其是否符合设计要求和有利于散热。

（6）当散热器表面涂以不同性质、不同颜色的涂料时，由于涂料的辐射黑度不同，从而导致散热器的辐射换热也不同，因此，监理工程师应检查散热器外表面的涂料性质和颜色是否符合设计要求。

7. 采暖工程附属设备及附件安装

采暖节能工程的附属设备及附件，是采暖工程安装施工中不可缺少的组成部分，对于采暖工程的施工质量也起着重要作用。在采暖工程附属设备及附件的安装过程中，监理工程师应做好如下控制工作。

（1）采暖节能工程所用的附属设备主要有膨胀水箱、排气装置、散热器温控阀、除污器、过滤器、采暖计量装置等。在这些附属设备安装前，应检查其型号、规格、数量、性能等方面是否符合设计要求。

（2）在施工现场组装膨胀水箱或开孔接管后，应及时检查膨胀水箱内是否有污物，监理工程师应督促施工人员进行清理；膨胀水箱必须焊接牢固，经试水不得有渗漏现象；系统试运行时，应及时将信号管上的阀门打开，注意观察膨胀水箱内的满水情况。

（3）监理工程师在附属设备安装中，应重点检查散热器温控阀的安装质量，必须保证散热器和供水管加热的空气不能靠近温控阀，散热器的热辐射不能对温控阀的传感器产生影响，室内的温度传感器不能被窗台板、窗帘、家具等遮挡。

8. 低温热水地面辐射供暖系统安装

近年来，在采暖工程中低温热水地面辐射供暖系统普及得较快，这种采暖系统是将采暖热水管道埋在地面下，进行低温热水循环的供暖系统。它以地面为散热面，与传统的暖气片供热相比，具有诸多优点，所以在住宅、公共建筑中的应用越来越多。

（1）低温热水地面辐射供暖的主要优点

① 散热科学，温暖舒适。该采暖方式由地面进行散热，室内空气对流弱，减少了人体表面的蒸发，室内温度垂直地面的分布曲线与人体感受舒适时的温度曲线一致，靠近地面的温度比暖气片供暖温度高 8~10℃；地表温度不超过 25℃，使头凉脚热，感觉舒服，符合健身要求。在夏季高温时，供热管内还可循环冷水，进行室内制冷。

② 节约能源，有利环保。由于垂直地面的温度分布梯度与暖气片供暖的温度梯度相反，人们的活动大都在距地面 1.8m 范围内，而地面辐射供暖这一区域温度较高，与暖气片相

比，在设计上温度相应可降低 2～3℃，即设计室内温度比暖气片供暖的标准低 2～3℃，由此可以节约供热能源。另外，地面辐射供暖的供水温度只要求进水 60℃、回水 50℃ 即可，这样也可节省大量燃料。地面供暖的蓄热能力强，间歇供热也能保持室内温度基本恒定，供热地面垫层及苯板保温层还有利于楼板的隔声。因此不间断供热不仅可节省能源，同时又保护环境。

③ 省空间，造价合理。地面辐射供暖由于管道铺设在地下，因此不占室内空间，室内物品摆放更加随意，既省去了包装暖气片的二次装修费用，又节省了部分面积。经计算100m² 以上的住宅，采用该供暖系统的造价更加合理。随着该项技术的普及、材料的大批生产及技术上的改进，工程造价还会下降。

④ 分户供暖，有利收费。当前各物业部门因为收缴取暖费难，所以到了供暖期而迟迟不能供暖，用户拖欠取暖费，个别用户交了取暖费也因有不交的而挨冻。地面辐射供暖由于用分水器控制各户的供暖开关，有利于分户供暖计量和分户供暖控制，有利于物业部门的管理及供暖收费管理。各分户室内房间的温度也可以用分水器上的各回路开关调整。

⑤ 光滑耐用，防腐抗压。地面低温辐射供暖的管材是 PEX 胶聚乙烯管材，在 50～60℃范围，可保证使用 50 年以上。另外，管材本身难以与介质发生反应，稳定性和耐腐蚀性好。在使用安装后，经打压试验可达 8atm（1atm＝101325Pa）而不漏水，重物压过管材也不破裂。

⑥ 安全卫生，易于施工。由于此管材质量轻，是钢材的 1/8，搬运方便。硬度小，切割容易。布管易弯曲，施工方便。因地面以下管材无接口，分水器接口少，减少了漏水隐患，安装后运行期内修理维护方便。另外，比暖片供热安全卫生，供热时无噪声，不结垢积灰，不扬尘，不在墙面上留灰尘印迹。地面辐射供热均匀，无死角也无烫伤之忧。

（2）低温热水地面辐射供暖系统安装质量控制

① 为了避免地面下的管道出现渗漏现象，再进行维修非常困难，在地面下敷设的盘管埋地部分，应当是一根整体管子，不得有任何接头，因此，在埋管前必须按照图纸计算长度，下料时要准确无误。

② 为检验盘管的质量确实合格，在进行盘管隐蔽前必须进行水压试验，试验水压应为工作压力的 1.5 倍，且不小于 0.6MPa。

③ 需要加热的盘管弯曲部分不得出现硬折弯现象，不同材质盘管的曲率半径应符合下列规定：a. 塑料管的管径不应小于管道外径的 8 倍；b. 复合管的管径不应小于管道外径的 5 倍。

④ 低温热水地面辐射供暖系统所用的分水器、集水器的型号、规格、公称压力，以及安装位置、高度等应符合设计要求。

⑤ 低温热水地面辐射供暖系统所用的加热盘管管径、间距和长度应符合设计要求，其间距偏差不得超过±10mm。

⑥ 低温热水地面辐射供暖系统的防潮层、防水层、隔热层及伸缩缝均应符合设计要求。

⑦ 低温热水地面辐射供暖系统的填充层强度应符合设计要求。

⑧ 室内温控装置的传感器应安装在避开阳光直接照射和有发热设备的内墙面上，其距离地面的高度一般为 1.4m。

9. 采暖系统热力入口装置的安装

采暖系统热力入口装置是采暖系统的主要组成部分，其安装质量不仅关系到采暖系统的能量消耗，而且关系到整个采暖系统的运行安全，根据国家标准《建筑节能工程施工质量验收规范》（GB 50411—2007）中的规定，在进行采暖系统热力入口装置的安装时应符合下列规定。

（1）热力入口装置的种类、规格、型号、数量等，应符合施工图设计要求。

（2）热计量装置的安装位置、方向应正确，并便于观察、维护。

（3）水力平衡装置的安装位置、方向应正确，并便于调试操作。安装完毕后，应根据系统水力平衡的要求进行调试并做出标志。

（4）过滤器、压力表、温度计及各种阀门应齐全可靠，其安装位置、方向应正确，并便于观察和维护。

10. 采暖管道保温层和防潮层施工

（1）采暖管道的保温层应采用不燃或难燃材料，以保证管道的安全性，其材质、规格及厚度等应符合设计要求。

（2）采暖管道的保温管壳粘贴应牢固，铺设应平整；硬质或半硬质的保温管壳，每节至少应用防腐金属丝、难腐织带或专用胶带进行捆扎或粘贴 2 道以上，其间距为 300～350mm，并且捆扎或粘贴紧密，不出现滑动、松弛及断裂现象。

（3）硬质或半硬质保温管壳的拼接缝隙不应大于 5mm，缝隙要用黏结材料勾缝填满；各层保温管壳的纵缝应相互错开，外层的水平接缝应设在侧下方，以避免水从接缝处渗入。

（4）松散或软质的保温材料，应按规定的密度压缩其体积，并做到疏密均匀；毡类保温材料在管道上包扎时，搭接处不应有空隙。

（5）采暖管道的防潮层应紧贴在保温层上，并要做到封闭良好，不得出现虚粘、气泡、褶皱、裂缝等质量缺陷。

（6）采暖系统立管上的防潮层，应当由管道的低端向高处敷设。环向搭接缝应朝向低端；纵向搭接缝应位于管道的侧面。

（7）选用防水卷材的防潮层，当采用螺旋形缠绕的方式敷设时，防水卷材的搭接宽度宜为 30～50mm，并且要贴紧、缠牢。

（8）监理工程师应特别重视采暖系统的阀门及法兰部位的保温层施工质量，督促施工人员要将这些部位的保温层结构扎严密，并做到能单独拆卸且不得影响其操作功能。

11. 采暖系统的试压、冲洗和试运行

在国家标准《建筑给水排水及采暖工程施工质量验收规范》（GB 50242—2002）中规定：“采暖系统安装完毕，管道保温之前应进行水压试验，试验压力应符合设计要求。系统试压合格后，应对系统进行冲洗并清扫过滤器及除污器。系统冲洗完毕后应充分加热，进行试运行和调试。”因此，采暖系统的试压、冲洗和试运行是一项非常重要的工作，在进行过程中监理工程师应着重做好以下几个方面。

（1）进行室内采暖管道试压的前提，必须是管道全部安装完毕，能看到管道上所有焊口和连接点；水源、电源、汽源已全部接通；管道试压的机具准备好；已对试压人员进行技术、责任、安全、质量等方面的交底。

（2）在正式进行采暖管道试压前，监理工程师应根据水源位置和采暖系统管道的实际情况，督促施工单位制订试压程序和试压技术组织措施；对于高层建筑采暖系统，试压应分系

统、分区域、分楼层进行。

（3）在正式进行采暖管道试压前，监理工程师应同试压人员一道，认真检查整个系统中的管道、阀门、各种管件、固定支架等，安装是否齐全、牢固、位置正确；检查法兰的垫片是否正确，螺栓是否拧紧；系统中阀门的开断状态是否符合要求；试压管段与非试压管段的连接处应予以隔断。

（4）在进行试压时，应从水源进口阀门开始，逐个打开管道系统的阀门，开始向管内灌水；然后开启试压管段上高出的排气阀。排除系统中的气体，待排气阀中只向外流水而不再冒气泡时，即可关闭排气阀。

（5）在试压管道中满水后，关闭水源总进水阀，此时通知各负责段的试压人员，检查该段管道上的阀件、管件是否有渗水现象，如果有渗水现象，应根据实际情况，采取相应的措施进行处理。

（6）待以上检查符合试压要求后，打开连接加压泵的阀门，用电动泵或手动泵经临时管路向试压系统加压；同时拧开压力表上的旋塞，观察压力升高是否平稳；加压一般分 2～3 次使其升至试验压力，每次加压至一定数值后停下来，进行一次全面认真的检查，无异常时再继续进行升压。

（7）试压时先将其加压至试验压力，然后停止加压；在稳压 10min 后，如果压力下降不小于 0.02MPa，然后降至工作压力，并进行全面巡视检查，对渗漏水和滴水处做上明显的记号，以便进行维修处理。

（8）采暖系统试压合格后，拆除试压中所有的临时连接管路，将入口处的供水管用盲板临时封堵严密。

（9）通过关闭阀门控制暂不冲洗或已冲洗的管段，凡是不允许冲洗的附件，如带旁通管的除污器、过滤器、疏水器等，关闭进口阀，打开旁通管；对流量调节量、流量孔板和分户热计量表、温度计、压力表等，应先拆下来用短管临时接通。

（10）水平供水干管和总供水立管的冲洗，是管道冲洗中的重点。首先将自来水管接到供水干管的末端，关闭暂不冲洗的水平干管，将总供水立管的入口处接至下水管道；打开排出口阀门和自来水进水阀门，反复进行冲洗，按顺序分别冲洗各个系统或分路系统的供水水平干管，关闭分路上的阀门，隔开已经冲洗好的水平干管。

（11）水平回水干管及立管的冲洗：冲洗某个分路上的立管时，关闭其他分路上的阀门，将自来水接至此分路水平干管的末端，排出口的连接管改成从总回水干管的出口引入下水管道；在进行冲洗时，先打开排水口的阀门，再打开离供水总立管最近的第一根立支管上的全部阀门，接着再打开自来水入口阀门，冲洗第一分支立管和散热器；依次冲洗其他的所有立支管及散热器。

（12）所有的管道冲洗合格后，再以 1.0～1.5m/s 的流速进行全系统循环冲洗，反复连续进行冲洗，直到排出口处冲洗水的色度、透明度与入口处的水相同。

（13）当供暖季节到来时，可以对采暖系统进行送热效果的调试，主要包括系统的充水、系统的通热、系统的初调节、用户系统的初调节；直至竣工验收，交付用户使用。

12. 平行检测项目和旁站监理项目

在采暖节能工程的施工监理过程中，除了采用巡视检查的常用方法外，还要明确平行检测项目，并有针对性地对关键工序进行旁站监理，这是非常必要的监理工程质量的控制方法与措施。在采暖节能工程的施工过程中，一般应对安装和施工质量采用平行检测的监理方法，旁站平行检测的内容见表8-2；对于系统的试压、冲洗与调试，采用旁站监理的方法。旁站监理的项目内容见表8-3。

表 8-2　旁站平行检测的内容

序号	平行检测内容	检测方法
1	系统制式	核对施工图纸,进行现场检查
2	散热设备、阀门、温度计、过滤器、仪表等安装质量、位置和方向、安装方式	核对施工图纸和技术文件,现场观测检查和统计
3	散热器外表面涂料	观察检查
4	保温层厚度	钢针刺入保温层检查、尺量
5	系统运行后的房间温度	用温度计测量

表 8-3　旁站监理项目内容

序号	旁站监理内容	旁站时机
1	隐蔽工程	施工过程中
2	系统试压与冲洗	试压与冲洗全过程
3	系统送暖调试	送暖调试的全过程

13. 对采暖工程成品保护的监理要点

为保证采暖工程安装完毕后不受任何损坏，应加强对成品的保护工作，对成品保护的监理要点主要包括以下几个方面。

（1）安装好的采暖系统的管道要加强保护，不允许在管道上吊拉负荷，不准蹬、踩、爬或作为脚手架的支撑。

（2）采暖系统的管道安装好后，应把阀门手轮、仪表卸下保管好，竣工验收时应将这些配件统一安装好。

（3）采暖系统的管道配件和设备，应防止装修施工时污染损坏，污染的应进行清洗，损坏的要进行维修。

（4）散热器组对并试压后，防止在搬运堆放中受损、生锈，未涂刷涂料前应防雨、防锈。

二、采暖节能工程施工质量监理控制要点

（一）散热器安装监理控制要点

1. 散热器的选型及安装

采暖系统应选用节能型的散热器，并能按照设计要求的类型、规格、数量及安装方式等全部安装到位，这是实现采暖系统节能的必要条件。在散热器的选型及安装中一般应遵循下列原则。

（1）每组散热器的压力的类型、规格及安装方式应符合设计要求，散热器的工作压力应

满足系统的工作压力，并符合国家现行有关产品标准的规定。

（2）散热器要具有良好的传热性能，散热器的外表面应涂刷非金属性涂料。

（3）民用建筑宜采用外形美观、易于清扫的散热器；放散粉尘或防尘要求较高的工业建筑，应当采用易于清扫的散热器；具有腐蚀性气体的工业建筑或相对湿度较大的房间，应当采用耐腐蚀的散热器。

（4）在选用钢制散热器和铝合金散热器时，应有可靠的内防腐处理，同时应满足产品对水质的要求。

（5）在选用铸铁散热器时，应选用内腔无粘砂型散热器。

（6）供暖系统采用热分配表进行计量时，所选用的散热器应具备安装热分配表的条件。强制对流式散热器不适合热分配表的安装和计量。

（7）散热器一般宜布置在外墙的窗台下，当需要布置在内墙时，应与室内设施和家具的布置协调。两道外门之间的门斗内不应设置散热器。

（8）散热器可以明装，非特殊要求散热器不应设置装饰罩。采用暗装时装饰罩应设有合理的气流通道和足够的通道面积，并且应方便维修。

（9）散热器的布置应尽量缩短户内管系统的长度，以便于管系统的布置和降低造价。

（10）每组散热器上均应设置手动或自动跑风门。有冻结危险场所的散热器前不得设置调节阀。

2. 散热器监理控制要点

（1）检查散热器的安装条件。在散热器安装之前，监理工程师应检查散热器安装的条件是否满足，即建筑主体工程已经完工，进入室内抹灰施工阶段，且安装散热器的墙面抹灰经质量检查合格，采暖系统的供水和回水干管已施工完毕或正在安装。

（2）建筑室内的地面标高线或地面相对水平线已测定，或者地面找平层已施工完成，这样就比较容易确定散热器的安装位置。

（3）检查每组散热器的出厂中文质量合格证，检验其注册商标、规格、数量、安装方式、出厂日期、工作压力等；选用的散热器必须有制造厂家的注册商标。

（4）钢制散热器一般宜在工厂中组装完成，运至施工现场直接进行就位安装；铸铁散热器需要先将各片散热器进行组对。

（5）散热器安装固定完成后，监理工程师应对照施工图纸检查散热器的安装形式、位置以及散热器与支管的连接方式，考核其是否符合设计要求和有利于散热。

（6）铸铁散热器的安装，严格控制散热器中心与墙面的距离，与窗口中心线取齐；安装在同一层或同一房间的散热器，应安装在同一水平高度。

（7）水平安装的圆翼型散热器，其纵翼应竖向安装；用热采暖，两端应使用偏心法兰；用蒸汽采暖，回水必须使用偏心法兰。

（8）为便于维修和更换，各种形式的散热器与管道的连接，必须安装可拆装的连接件。

（9）散热器支、托架的安装位置应正确，并应符合下列要求：①片数相等的散热器支、托架的安装位置应相同；②支、托架的排列应整齐、美观，尽可能对称布置；③所有支、托架与散热器接触应紧密，不允许有不接触现象；④散热设备安装在支、吊、托架上应平稳、牢固，不能有动摇现象；⑤各种散热器的支、托架安装数量应符合表 8-4 的要求。

表 8-4　支、托架安装数量

散热器类型	每组片数	固定卡/个	下托钩/个	合计/个
各种铸铁及钢制柱型炉片铸铁辐射对流散热器，M123 型	3～12	1	2	3
	13～15	1	3	4
	16～20	2	3	5
	21 片及以上	2	4	6
铸铁圆翼型	每个散热器均按 2 个托钩计			
各种钢制闭式散热器	高 300mm 及以下规格焊 3 个固定架，高 300mm 以上焊 4 个固定架；小于或等于 300mm 每组 3 个固定螺栓，大于 300mm 每组 4 个固定螺栓			
各种板式散热器	每组装 4 个固定螺栓			

（10）当散热器表面涂以不同颜色的涂料时，由于涂料的辐射黑度不同，从而导致散热器的辐射换热也不相同，因此监理工程师应检查散热器外表面的涂料性质和颜色是否符合设计要求。

（二）恒温阀安装监理控制要点

1. 恒温阀的选型及安装

恒温阀是一种自力式调节控制阀，用户可以根据对室温高低的要求，设定并调节室温。这样恒温控制阀就可以确保各房间的室温，避免了立管水量不平衡，以及双管系统上热下冷的垂直失调问题。同时，更重要的是当室内获得"自由热"，如阳光照射、室内热源（炊事、照明、电器及人体等散发的热量），而使室温有升高趋势时，恒温阀会及时减少流经散热器的水量，不仅保持室温合适，同时可以达到节能目的。恒温阀的选型及安装，一般应遵循以下原则。

（1）为了实现建筑采暖工程节能的目的，新建和改造等工程中散热器的进水支管上均应安装恒温阀。

（2）恒温阀的特性及其选用，应符合现行行业标准《散热器恒温控制阀》（GB/T 29414— 2012）的规定，且应根据室内采暖系统的制式选择恒温阀的类型，垂直单管系统应采用低阻力恒温阀，垂直双管系统应采用高阻力恒温阀。

（3）垂直单管系统可以采用双通恒温阀，也可以采用三通恒温阀，垂直双管系统应采用两通恒温阀。

（4）采用低温热水地面辐射供暖系统时，每一个分支环路应设置室内远传型自力式恒温阀，或电子式恒温阀或电子式恒温控制阀等温控装置，也可在各房间的加热管上设置自力式恒温阀。

（5）恒温阀感温元件的类型应与散热器安装情况相适应。散热器采用明装时，恒温阀感温元件应采用内置型；散热器采用暗装时，恒温阀感温元件应采用外置型。

（6）在进行恒温阀的选型时，应按照通过恒温阀的水量和压差确定其规格。

（7）为确保恒温阀在严寒气候下能正常运行，应具备防冻设定功能。

（8）明装散热器的恒温阀不应被窗帘或其他障碍物遮挡，且恒温阀的阀头（温度设定器）应水平安装；暗装散热器恒温阀的外置型感温元件应安装在空气流通，且能正确反映房间温度的位置。

（9）低温热水地面辐射供暖系统室内温控阀的温控器，应安装在避开阳光直射和有发热设备且距地面 1.4m 处的内墙面上。

2. 恒温阀监理控制要点

（1）所选用的恒温阀的规格、性能和数量等均应符合设计要求。

（2）明装散热器恒温阀不应安装在狭小和封闭的空间，恒温阀的阀头应水平安装，且不应被散热器、窗帘或其他障碍物遮挡。

（3）暗装散热器的恒温阀应采用外置式温度传感器，并应安装在空气流通且能正确反映房间温度的位置上。

（三）热水采暖系统安装监理控制要点

1. 热水采暖系统的安装规定

（1）热水采暖系统的制式，应符合设计要求。

（2）散热设备、阀门、过滤器、温度计及其他仪表应安装齐全，不得随意增减和更换。

（3）室内温度调控装置、热计量装置、水力平衡装置以及热力入口装置的安装位置和方向应符合设计要求，并便于观察、操作和调试。

（4）温度控制器和热计量装置安装完毕后，采暖系统能实现设计要求的分室（区）温度调控、分栋热计量和分户或分室（区）热量分摊的功能。

2. 热水采暖系统监理控制要点

（1）干管安装监理控制要点

① 干管从热力入口或系统分支点开始，安装前监理工程师应检查管道内是否有杂物和垃圾，对管道内的杂物和垃圾一定要清理干净；管材是否还需要进行调直。

② 在地沟、地下室、技术层或吊顶内，先将吊卡或托架按照间距与坡度方向调整好，将管道一次放入管卡内固定牢靠；监理工程师应重点检查、测量管道安装坡度是否符合设计要求。

③ 当管道需要穿越墙体时，监理工程师应督促安装单位放置套管。

④ 支、吊、托架在安装和调整时，必须朝着热位移方向偏离、预留 1/2 的收缩量；应分段检查管道坐标、标高、甩口位置和变径是否正确，检查直管道是否安装正直。

⑤ 根据设计中规定的管道连接方式，督促安装单位严格执行操作规程、逐段进行安装；严禁在规范禁止的范围内乱设管道焊口。

⑥ 凡是需要隐蔽的干管，均应当按照设计或规范进行单体压力试验，并办理隐蔽工程验收手续。

（2）立管安装监理控制要点

① 上供下回式系统，从顶层干管预留口开始，自上而下安装至终点；其他制式的系统，从下部的干管预留立管开始，自下而上安装至终点。监理工程师应检查管道安装工艺的顺序是否正确、妥当。

② 因立管距离墙体比较近，干管距离墙体比较远，监理工程师应督促安装单位采取消

除热膨胀对立管产生不良影响的措施。

③ 因立管需要穿越楼层，应检查各层楼预留孔洞的中心线或管道井内的立管测绘线是否垂直；如果不垂直或测绘线不清晰，应督促安装单位重新进行弹线。

④ 管道在穿越楼板时，监理工程师应督促安装单位放置套管；并检查套管高出装修地面的高度是否合格。

⑤ 末端立管与干管的连接，应注意避免因安装不正确而造成立管上的散热器被堵塞。

（3）支管安装监理控制要点

① 用钢直尺检查并核对散热器的安装位置及立管甩口是否准确，支管在穿墙处应先安装好套管。

② 支管与散热器可以通过灯叉弯与活接头进行连接，也可使用软接头进行连接。

③ 预制好的管段可先在立管和散热器之间试安装，如果不合适，再用弯管器调整角度。

④ 用钢尺、水平尺、线坠校核支管的坡度和平行方向距离墙体的尺寸，复查立管及散热器有无移位。合格后将穿墙套管固定，用水泥砂浆将缝隙堵严抹平。

（4）附属设备与附件安装监理控制要点

① 附属设备主要有膨胀水箱、循环泵、排气装置、散热器温控阀、除污器与过滤器、采暖计量装置等。

② 在现场组装水箱或开孔接管之后，应及时检查水箱内是否有污物，并督促安装单位及时清理；水箱必须焊接牢固，经过试水不渗、不漏；系统试运行时应及时将信号管上的阀门打开，观察膨胀水箱内的满水情况。

③ 监理工程师应重点检查散热器温控阀的安装，必须保证散热器和供水管加热的空气不能靠近温控阀，散热器的热辐射不能对温控阀的传感器产生影响，室内的温度传感器不能被窗台板、窗帘、家具等遮挡。

（四）低温热水地面辐射供暖系统安装监理控制要点

（1）为了避免地面下的管道出现渗漏现象，再进行维修和更换非常困难，在地面敷设的盘管埋地部分应当是一根整体管子，不得有任何接头，因此在埋管前必须按照图纸计算管道的长度，下料时要准确无误。

（2）为检验盘管的质量确实合格，在进行盘管隐蔽前必须进行水压试验，试验水压应为工作压力的 1.5 倍，且不应小于 0.6MPa，在试压或冲洗完毕后应采用压缩空气将加热盘管中的水全部吹出，以防止冻坏管路。

（3）需要加热的盘管弯曲部分不得出现硬折弯现象，不同材质盘管的曲率半径应符合下列规定：塑料管不应小于管道外径的 8 倍；复合管不应小于管道外径的 5 倍。

（4）低温热水地面辐射供暖系统所用的分水器、集水器的型号、规格、公称压力以及安装位置、高度等，均应符合设计要求、分水器、集水器的位置设在便于控制且有排水管道处，如厕所、厨房等处，不宜设在卧室、起居室，更不宜设在储藏室内。

（5）低温热水地面辐射供暖系统所用的加热盘管管径、间距和长度应符合设计要求，其间距偏差不得超过 ±10mm。

（6）低温热水地面辐射供暖系统的防潮层、防水层、隔热层及伸缩缝应符合设计要求。

（7）低温热水地面辐射供暖系统的填充层强度应符合设计要求。

（8）室内温控装置的传感器应安装在避开阳光直射和有发热设备的内墙面上，其距离地面的高度一般为1.4m。

（9）在加热盘管的上部或下部宜布置钢丝网。

（10）每个分进水管上应设置过滤器。

（11）地板预留伸缩缝，为了确保地面在供暖工程中正常工作，当房间跨度大于6m时应设置地面缝，缝宽以大于或等于5mm为宜，且加热盘管穿越伸缩缝时，应设长度不小于100mm的柔性套管。

（五）保温层和防潮层的施工监理控制要点

（1）采暖管道的保温层应采用不燃或难燃的材料，以保证管道的安全性，管道的材质、规格及厚度等应符合设计要求。

（2）采暖管道的保温管壳的粘贴应牢固，铺设应平整。硬质或半硬质的保温管壳每节至少应用防腐金属丝、难腐织带或专用胶带等进行绑扎或粘贴2道以上，其间距为300～350mm，并且捆扎或粘贴紧密，不出现滑动、松动及断裂现象。

（3）硬质或半硬质保温管壳的拼接缝隙不应大于5mm，缝隙要用黏结材料勾缝填满；各层保温管壳的纵缝应相互错开，外层的水平接缝应设在侧下方，以避免水从接缝处渗出。

（4）松散或软质保温材料应按照规定的密度压缩其体积，并做到疏密均匀；毡类保温材料在管道上进行包扎时，搭接处不应有缝隙。

（5）采暖管道的防潮层应紧贴在保温层上，并做到封闭良好，不得出现虚粘、气泡、褶皱、裂缝等质量缺陷。

（6）采暖系统立管上的防潮层应当由管道的低端向高端敷设，环向搭接缝应朝向低端；纵向搭接缝应位于管道的侧面。

（7）选用防水卷材的防潮层，当采用螺旋形缠绕的方式敷设时，防水卷材的搭接宽度宜为30～50mm，并且要贴紧、缠牢。

（8）监理工程师应特别重视采暖系统阀门及法兰部位的保温层施工质量，督促施工人员要将这些部位的保温层结构绑扎严密，并做到能单独拆卸且不得影响其他操作功能。

（六）采暖节能工程热力入口安装监理控制要点

采暖节能工程热力入口是指外热网与室内采暖系统的连接及其相应的入口装置，一般是设在建筑物楼前的暖气沟或地下室等处。热力入口装置通常包括阀门、水力平衡阀、总热计量表、过滤器、压力表、温度计等。

在实际工程中，很多采暖系统的热力入口只有开关阀门和旁通阀门，没有按照设计要求安装水力平衡阀、热计量装置、过滤器、压力表、温度计等入口装置。有些工程虽然安装了入口装置，但空间比较狭窄，过滤器和阀门无法操作，热计量表、过滤器、压力表、温度计等仪表很难观察读取。因此，热力入口装置常常起不到过滤、热能计量及调节水力平衡等功能，从而起不到节能的作用。

1. 新建集中采暖系统热力入口的要求

（1）热力入口供水管和回水管均应设置过滤器。供水管应设两级过滤器，顺水流方向第一级为粗滤，滤网的孔径不宜大于3.0mm；第二级为精过滤，滤网规格宜为60目；进入热计量装置流量计前的回水管应设过滤器，滤网规格不宜小于60目。

（2）供水管和回水管应设置必要的压力表或压力表管口。

（3）无地下室的建筑物，宜在室外管沟入口或楼梯间下部设置小室，室外管沟小室宜有防水和排水措施。小室净高应不低于1.4m，操作面净宽应不小于0.7m。

（4）有地下室的建筑物，宜设在地下室可锁闭的专用空间内，空间净高度应不低于2.0m，操作面净宽应不小于0.7m。

2. 平衡阀的选型及安装位置的要求

（1）室内采暖为垂直单管跨越式系统，热力入口的平衡阀应选用自力式流量控制阀。

（2）室内采暖为双管系统，热力入口的平衡阀应选用自力式压差控制阀。

（3）自力式压差控制阀或流量控制阀两端压差不宜大于100kPa，也不应小于8.0kPa，具体规格应通过计算确定。

（4）管网系统中所有需要保证设计流量的热力入口处均应安装一只平衡阀，可以安在供水管路上，也可以安在回水管路上，设计如无特殊要求，从降低工作温度、延长其工作寿命等角度考虑，一般应安装在回水管路上。

3. 热计量装置的选型和安装

（1）热计量装置的选型 无论是住宅建筑还是公共建筑，无论建筑物采用何种热计量方式，其热力入口处均应设置热计量装置——总热量表，作为房屋产权单位（物业公司）的住户结算时分摊热量费用的依据。从防止堵塞和提高计量的准确度等方面考虑，该总热量表宜采用超声波型热量表。

（2）热计量装置的安装和维护

① 热力入口装置中总热量表的流量传感器宜安装在回水管上，以延长其使用寿命、降低故障、降低计量成本；进入热量计量装置流量计前的回水管上，应设置滤网规格不宜小于60目的过滤器。

② 总热量表的规格应符合设计要求，并应严格按产品说明书的要求进行安装。

③ 对总热量表要定期进行检查维护。主要包括：检查铅封是否完好；检查仪表工作是否正常；检查有无水滴落在仪表上，或将仪表浸没；检查所有的仪表电缆是否连接牢固可靠，是否因环境温度过高或其他原因导致电缆损坏或失效；根据需要检查、清洗或更换过滤器；检查环境温度是否在仪表的使用范围内。

（七）采暖系统试运转和调试监理控制要点

1. 采暖节能工程调试相关规定

在现行国家标准《建筑给水排水及采暖工程施工质量验收规范》（GB 50242—2002）中，对采暖节能工程的调试质量作了以下具体规定。

（1）室内采暖系统水压试验及调试的具体方法如下。

1）采暖系统安装完毕，管道保温工序操作前应进行水压试验，试验压力应符合设计要求，当设计中未注明具体要求时应符合下列规定。

① 蒸汽、热水采暖系统，应以系统顶点工作压力加0.1MPa进行水压试验，同时在系统顶点的试验压力不小于0.3MPa。

② 高温热水采暖系统，试验压力应为系统顶点工作压力加 0.4MPa。

③ 使用塑料管及复合管的热水采暖系统，应以系统顶点工作压力加 0.2MPa 进行水压试验，同时，在系统顶点的试验压力不小于 0.4MPa。

检验方法：使用钢管及复合管的采暖系统，应在试验压力下 10min 内压力下降不大于 0.02MPa，降至工作压力后进行检查，未出现渗漏为合格。

使用塑料管的采暖系统，应在试验压力下 1h 内压力下降不大于 0.05MPa，然后降至工作压力的 1.15 倍，稳压 1.5h，压力下降不大于 0.03MPa，同时各连接处未出现渗漏为合格。

2）系统试压合格后，应对系统进行冲洗并清理过滤器及除污器。

检验方法：现场观察，直至排出的水不含泥沙、铁屑等杂质，且水色不浑浊为合格。

3）系统冲洗完毕后应充水、加热，进行试运行和调试。

检验方法：观察、测量，室温应满足设计要求。

（2）室外供热管网系统水压试验及调试的具体方法如下。

① 供热管道的水压试验压力应为工作压力的 1.5 倍，但不得小于 0.6MPa。

检验方法：在试验压力下，10min 内压力下降不大于 0.05MPa，然后降至工作压力检查，未出现渗漏为合格。

② 管道试压合格后应进行冲洗。

检验方法：现场观察，以水色不浑浊为合格。

③ 管道冲洗完毕应通水、加热，进行试运行和调试。当不具备加热条件时，应当延期进行。

检验方法：测量各建筑物热力入口处供水和回水的温度及压力。

2. 室内采暖系统试压

（1）试压程序　室内采暖系统的试压主要包括 2 个方面，即一切需隐蔽的管道及附件在隐蔽前必须进行水压试验；系统安装完毕后，系统的所有组成部分必须进行系统水压试验。前者称为隐蔽性试验，后者称为最终试验。两种试验均应做好水压试验及隐蔽试验记录，经试验合格后方可进行验收。

室内采暖管道用试验压力 P_s 进行强度试验，以系统工作压力 P 进行严密性试验，其试验压力应符合表 8-5 的规定。系统工作压力按循环水泵的扬程确定，试验压力由设计确定，以不超过散热器承压能力为原则。

表 8-5　室内采暖系统试验压力

管道类别	工作压力 P /MPa	试验压力 P_s/MPa	
		P_s	同时要求
低压蒸汽管道	—	顶点工作压力的 2 倍	底部压力不小于 0.25
低温水及高压蒸汽管道	小于 0.43	顶点工作压力加 0.1	顶部压力不小于 0.30
高温水管道	小于 0.43	$2P$	—
	0.43～0.71	$1.3P+0.30$	—

（2）水压试验管路连接

① 根据水源的位置和工程系统的实际情况，制订出试压程序和技术措施，再测量出各连接管的尺寸，标注在管路连接图上。

② 根据以上确定的管路连接图，进行断管、套螺纹、上管件及阀件，做好连接管路的准备工作。

③ 连接管路一般选择在系统进户入口供水管的接头处，连接至加压泵的管路。

④ 在试压管路的加压泵端和采暖系统的末端安装压力表及表弯管。

（3）灌水前的检查

① 检查采暖全系统的管路、设备、阀件、固定支架、套管等，必须做到安装无误，各类连接处均无遗漏。

② 根据采暖全系统试压或分系统试压的实际情况，检查各系统上各类阀门的开、关状态，不得漏检。

③ 检查试压用的压力表的灵敏度，以保证试压试验的精度符合要求。

④ 在进行水压试验时，全系统的阀门都应处于关闭状态，待试压中需要开启时再打开。

（4）管道水压试验

① 打开水压试验管路中的阀门，开始按照试验规定向供暖系统注水。

② 开启系统上各高处的排气阀，使管道及供暖设备里的空气全部排出。待水灌满后关闭排气阀和进水阀，停止向系统中供水。

③ 打开连续加压泵的阀门，用电动打压泵或手动打压泵通过管道向系统中加压，同时打开压力表上的旋塞阀，观察压力逐渐升高的情况，一般分2～3次升至试验压力。在此过程中，每加压至一定数值时，应停下来对管道进行全面检查，无异常现象方可继续加压。

④ 高层建筑其系统低点如果大于散热器所能承受的最大试验压力，则应当分层进行水压试验。

⑤ 在水压试验过程中，用试验压力对管道进行预先试压，其延续时间应不少于10min。然后将压力降至工作压力，进行全面的外观检查。在检查中，对发现的渗水或漏水接口应做上记号，便于返修。在5min内压力下降不大于0.02MPa为合格。

⑥ 系统试压达到合格验收标准后，可放掉管道内的全部存水。试压不合格时，应待返修后再按以上所述方法二次试压。

⑦ 拆除试压的连接管路，将入口处的供水管用盲板临时封堵严实。

3. 管道系统的冲洗

为保证采暖管道系统内部清洁，在正式投入使用前应对管道进行全面的清洗或吹洗，以清除管道系统内部的灰砂、焊渣等污物。此项工作是采暖系统施工过程中的组成工序，是施工规范中规定必须认真实施的重要技术环节。

（1）清洗前的准备工作

① 对照施工图纸，根据管道系统的组成情况，确定管道分段清洗方案，对于暂不清洗的管段，通过分支管阀门加以关闭。

② 不允许吹扫的附件，如孔板、调节阀、过滤器等，应暂时将其拆下以短管代替；对减压阀、疏水器等，应关闭进水阀，打开旁通阀，使其不参与清洗，以防止污物堵塞。

③ 不允许吹扫的设备和管道，应暂时用盲板将其隔开。

④ 吹出口的设置：用气体吹扫时，吹出口一般应设置在阀门前，以保证污物不进入关闭的阀体内；用水清洗时，清洗口设于系统各低点泄水阀处。

（2）管道清洗的方法

管道清洗一般可按照总管→干管→支管的顺序依次进行。当支管数量较多时，可根据具体情况，关闭某些支管，逐根进行清洗，也可数根支管同时进行清洗。

在确定管道清洗方案时，应考虑所有需要清洗的管道全部能清洗到，不留死角。清洗介质应具有足够的流量和压力，以保证清洗的速度；管道固定应十分牢固；排放应安全可靠。为增强清洗的效果，可用小锤敲击管子的外壁，特别是焊口和转角处。

清洗或吹洗合格后，应及时填写清洗记录，封闭排放口，并将拆卸下的仪表及阀件复位。

1）水清洗。

① 采暖系统在正式使用前，应用水进行冲洗。冲洗水应选用饮用水或工业用水。

② 在冲洗前，应将管道系统内的流量孔板、温度计、压力表、调节阀芯、止回阀芯等拆除，待清洗完毕后再重新装上。

③ 在冲洗时，以系统可能达到的最大压力和流量进行，并保证冲洗水的流速不小于1.5m/s。冲洗应连续进行，直到排出口处水的色度和透明度与入口处相同，且无粒状物为合格。

2）蒸汽吹洗。

① 蒸汽管道应采用蒸汽进行吹扫。蒸汽吹洗与蒸汽管道的通汽运行同时进行，即先进行蒸汽吹洗，吹洗后封闭各吹洗排放口，随即正式通汽运行。

② 蒸汽吹洗应先进行管道预热。预热时，应开小阀门用少量蒸汽缓慢预热管道，同时检查管道的固定支架是否牢固，管道伸缩是否自如，待管道末端与首端的温度相等或接近时，预热过程结束即可开大阀门增大蒸汽流量进行吹洗。

③ 蒸汽吹洗应当从总汽阀开始，沿蒸汽管道中蒸汽的流向逐段进行。一般每一吹洗管段只设一个排汽口。排汽口附近管道的固定应牢固，排汽管应接至室外安全的地方，管口朝上倾斜，并设置明显的标记，严禁无关人员接近。

④ 排汽管的截面积应不小于被吹洗管道截面积的75％。

⑤ 排汽管道吹洗时，应关闭减压阀、疏水器的进口阀，打开阀前的排泄阀，以排泄管作为排出口，打开旁通管阀门，使蒸汽进入管道系统进行吹洗。

⑥ 用总阀控制吹洗蒸汽流量，用各分支管上的阀门控制各分支管道的吹洗流量。

⑦ 蒸汽吹洗压力应尽量控制在管道设计工作压力的75％左右，最低不能低于设计工作压力的25％。

⑧ 吹洗流量应为设计流量的40％～60％。每一排汽口的吹洗次数不应少于2次，每次吹洗时间为15～20min，并按照升温→暖管→恒温→吹洗的顺序反复进行。

⑨ 蒸汽阀的开启和关闭都应当缓慢操作，不要过急，以免引起水击从而损伤阀件。

⑩ 蒸汽吹洗的检验，可用刨光的木板置于排汽口处进行检查，以板上无锈点和脏物为合格。对可能留存污物的部位，可以人工加以清除。

⑪ 在蒸汽吹洗的过程中，不应使用疏水器来排除系统中的凝结水，而应使用疏水器旁通管疏水。

4. 暖通试运转及调试

（1）试运转前准备工作

① 对采暖系统（包括锅炉房或换热站、室外管网、室内采暖系统）进行全面检查，例

如，工程项目是否全部完成，工程质量是否全部达到合格；在试运行时各组成部分的设备、管道及附件、热工测量仪表等是否完整无缺；各组成部分是否处于运行状态（有无敞口处，阀件该关的是否都关闭严密，该开的是否开启，开度是否合适，锅炉的试运转是否正常，热介质是否达到系统运转参数等）。

② 系统在试运转前，应制订可行性试运转方案，且要有统一指挥，明确分工，并对参与试运转的人员进行技术交底。

③ 根据制订的试运转方案，做好试运转前的材料、机具和人员的准备工作。水源、电源试运转应能正常进行。暖通试运转一般在冬季进行，对气温突变的影响，要有充分估计，加之系统在不断升压、升温的条件下，可能发生的突然事故，均应有可行的应急预案。

④ 冬季气温低于−3℃时，暖通系统应采取必要的防冻措施，例如封闭门窗及洞口；设置临时取暖措施，使室温保持在5℃左右；升高供水和回水的温度。如室内采暖系统较大（如高层建筑），则在通暖过程中，应严密监视阀门、散热器以及管道的通暖运行情况，必要时采取局部辅助升温（如喷灯烘烤）的措施，以严防冻裂事故的发生；监视各手动排气装置，一旦满水，应有专人负责关闭。

⑤ 试运转的组织工作。在系统试运转时，锅炉房内、各用户入口应有专人负责操作与监控；室内采暖系统应分环路或分片包干负责。在试运转进入正常状态前，工作人员不得擅离岗位，并且应不断巡视，发现问题应及时报告并迅速抢修。

为加强联系，便于统一指挥，在高层建筑进行试运转时，应配置必要的通信设备。

（2）暖通试运转

① 对于系统较大、分支路较多并且管道复杂的采暖系统，应分系统进行通暖，通暖时应将其他支路的控制阀门关闭，并打开放气阀。

② 检查通暖各支路或系统的阀门是否打开，如试运转人员少可分立管进行。

③ 打开总入口处的回水管阀门，同时也打开总入口的供水阀门，使热水在系统内形成循环，检查有无漏水处。

④ 在冬季进行通暖时，刚开始应将阀门开小些，使进水的速度慢些，防止管道因骤热而产生裂纹，待管道预热后再开大阀门。

⑤ 如果散热器的接头处漏水，可以关闭立管上的阀门，待检修好后再进行通暖。

（3）暖通后调试

① 采暖系统安装完毕后，应在采暖期内分热源进行联合试运转和调试。联合试运转和调试结果应符合设计要求。采暖房间的温度不得低于设计温度2℃，且不应高于1℃。

② 通暖后调试的主要目的是使每个房间达到设计温度，对系统远近的各个环路应达到阻力平衡，即每个小环路冷热均匀，如果近的环路过热，末端环路不热，可用立管阀门进行调整。对单管顺序式的采暖系统，如顶层过热，底层不热或达不到设计温度，可以调整顶层闭合管的阀门；如各支路冷热不均匀，可以用控制分支路的回水阀门进行调整；最终达到设计要求的温度。在调试过程中，应测试热力入口处热媒的温度及压力是否符合设计要求。

③ 采暖系统的工程竣工如果是在非采暖期，即还不具备各热源条件时，施工单位和建设单位应在工程（保修）合同中进行约定，在具备热媒条件后的第一采暖期间再补做联合试运转及调试。补做的联合试运转及调试报告应经监理工程师（建设单位代表）签字确定后以补充完善资料。

（八）平行检测项目和旁站监理控制要点

在采暖节能工程的监理过程中，除了采用巡视检查的方法外，明确平行检测项目，并针对性地对关键工序进行旁站监理，是重要的工程质量控制方法与措施。一般对于安装和施工质量，采用平行检测的监理方法，平行检测项目见表8-6；对于系统试压、冲洗与调试，采用旁站监理的方法，旁站监理项目见表8-7。

表 8-6　平行检测项目

序号	平行检测内容	检测方法
1	系统制式	核对图纸,现场检查
2	散热设备、阀门、温度计、过滤器、仪表等安装数量、位置和方向、安装方式	核对图纸和技术文件,现场观察检查和统计
3	散热器外表面涂料	观察检查,核对出厂资料
4	保温层厚度	钢针刺入检查、尺量
5	系统运行后的房间温度	温度计测量

表 8-7　旁站监理项目

序号	旁站监理内容	旁站时机
1	隐蔽工程	施工过程中
2	系统试压与冲洗	全过程
3	系统送暖调试	全过程

第四节　采暖节能工程质量标准与验收

采暖节能工程的施工质量如何，是确保采暖系统安全运行和实现节能的主要影响因素，所以在施工过程中，应当严格按照国家标准《建筑给水排水及采暖工程施工质量验收规范》（GB 50242—2002）和《建筑节能工程施工质量验收规范》（GB 50411—2007）中的规定进行操作和质量验收。

一、采暖节能分项工程质量标准

1. 采暖节能分项工程质量的主控项目

（1）采暖系统节能工程采用的散热设备、阀门、仪表、管材、保温材料等产品进场时，应按设计要求对其类型、材质、规格及外观等进行验收，并应经监理工程师（建设单位代表）检查认可，且形成相应的验收记录。各种产品和设备的质量证明文件和相关技术资料应齐全，并应符合国家现行的有关标准和规定。

检验方法：观察检查；核查质量证明文件和相关技术资料。

检查数量：全数检查。

（2）采暖系统节能工程采用的散热器和保温材料等进场时，应对其下列技术性能参数进行复验，复验应为见证取样送检：①散热器的单位散热量、金属热强度；②保温材料的热导率、密度、吸水率。

检验方法：现场随机抽样送检；核查复验报告。

检查数量：同一厂家、同一规格的散热器按其数量的1%进行见证取样送检，但不得少于2组；同一厂家、同材质的保温材料见证取样送检的次数不得少于2次。

（3）采暖系统的安装应符合下列规定：

① 采暖系统的制式，应符合设计要求；

② 散热设备、阀门、过滤器、温度计及仪表应当按照设计要求安装齐全，不得随意增减和更换；

③ 室内温度调控装置、热计量装置、水力平衡装置以及热力入口装置的安装位置和方向应符合设计要求，并便于观察、操作和调试；

④ 温度调控装置和热计量装置安装后，采暖系统应能实现设计要求的分室（区）温度调控、分栋热计量和分户或分室（区）热量分摊的功能。

检验方法：观察检查。

检查数量：全数检查。

（4）散热器及其安装应符合下列规定：

① 每组散热器的规格、数量及安装方式应符合设计要求；

② 散热器外表面应刷非金属性涂料。

检验方法：观察检查。

检查数量：按散热器组数抽查5%，不得少于5组。

（5）散热器的恒温阀及其安装应符合下列规定：

① 恒温阀的规格、数量应符合设计要求；

② 明装散热器恒温阀不应安装在狭小和封闭的空间，其恒温阀的阀头应水平安装，且不应被散热器、窗帘或其他障碍物遮挡；

③ 暗装散热器的恒温阀应采用外置式温度传感器，并应安装在空气流通且能正确反映房间温度的位置上。

检验方法：观察检查。

检查数量：按总数抽查5%，不得少于5个。

（6）低温热水地面辐射供暖系统的安装除了应符合《建筑给水排水及采暖工程施工质量验收规范》（GB 50242—2002）中第9.2.3条的规定外，尚应符合下列规定：

① 防潮层和绝热层的做法及绝热层的厚度应符合设计要求；

② 室内温控装置的传感器应安装在避开阳光直射和有发热设备且距地1.4m处的内墙面上。

检验方法：防潮层和绝热层隐蔽前观察检查；用钢针刺入绝热层、尺量；观察检查、尺量室内温控装置传感器的安装高度。

检查数量：防潮层和绝热层按检验批抽查5处，每处检查不少于5点；温控装置按每个检验批抽查10个。

（7）采暖系统热力入口装置的安装应符合下列规定：

① 热力入口装置中各种部件的规格、数量，应符合设计要求；

② 热计量装置、过滤器、压力表、温度计的安装位置、方向应正确，并便于观察、维护；

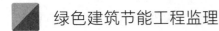

③ 水力平衡装置及各类阀门的安装位置、方向应正确，并便与操作和调试。安装完毕后，应根据系统的水力平衡要求进行调试并做出标志。

检验方法：观察检查；核查进场验收记录和调试报告。

检查数量：全数检查。

（8）采暖管道保温层和防潮层的施工应符合下列规定。

① 保温层应采用不燃或难燃的材料，其材质、规格及厚度等应符合设计要求。

② 保温管壳的粘贴应牢固、铺设应平整；硬质或半硬质的保温管壳每节至少应用防腐金属丝或难腐织带或专用胶带进行捆扎或粘贴 2 道，其间距为 300～350mm，且捆扎、粘贴应紧密，无滑动、松弛及断裂现象。

③ 硬质或半硬质保温管壳的拼接缝隙不应大于 5mm，并用黏结材料勾缝填满；纵缝应错开，外层的水平接缝应设在侧下方。

④ 松散或软质保温材料应按规定的密度压缩其体积，疏密应均匀；毡类材料在管道上包扎时，搭接处不应有空隙。

⑤ 防潮层应紧密粘贴在保温层上，封闭良好，不得有虚粘、气泡、皱褶、裂缝等缺陷。

⑥ 防潮层的立管应由管道的低端向高端铺设，环向搭接缝应朝向低端；纵向搭接缝应位于管道的侧面，并顺水。

⑦ 卷材防潮层采用螺旋形缠绕的方式施工时，卷材的搭接宽度宜为 30～50mm。

⑧ 阀门及法兰部位的保温层结构应严密，并能单独拆卸且不得影响其他操作功能。

检验方法：观察检查；用钢针刺入保温层、尺量。

检查数量：按数量抽查 10％，且保温层不得少于 10 段、防潮层不得少于 10m、阀门等配件不得少于 5 个。

（9）采暖系统应随施工进度对于节能有关的隐蔽部位或内容进行验收，并应有详细的文字记录和必要的图像资料。

检验方法：观察检查；核查隐蔽工程验收记录。

检查数量：全数检查。

（10）采暖系统安装完毕后，应在采暖期内与热源进行联合试运转和调试。联合试运转和调试的结果应当符合设计要求，采暖房间的温度相对于设计计算温度不得低于 2℃，且不高于 1℃。

检验方法：检查室内采暖系统的试运转和调试记录。

检查数量：全数检查。

2. 采暖节能分项工程质量的一般项目

采暖系统过滤器等配件的保温层应密实、无空隙，且不得影响其他操作功能。

检验方法：观察检查。

检查数量：按类别数量抽查 10％，且不得少于 2 件。

二、采暖节能分项工程质量验收

1. 验收一般规定

采暖系统节能工程的验收，可按系统、楼层等进行，并应符合《建筑节能工程施工质量验收规范》（GB 50411—2007）中的规定。

2. 隐蔽工程验收

采暖系统应随施工进度对与节能有关的隐蔽部位或内容进行验收，并应有详细的文字记录和必要的图像资料。

检验方法：观察检查；核查隐蔽工程验收记录。

检查数量：全数检查。

第五节　采暖常见质量问题及预防措施

在采暖工程的施工过程中，如果不严格按照设计要求和《建筑节能工程施工质量验收规范》（GB 50411—2007）中的规定进行施工，必然会出现这样那样的质量问题，有些甚至存在安全隐患。因此，监理工程师应加强对采暖工程全过程的监理工作，并要针对常见的质量问题，采取相应的预防措施。

一、管道在施工中堵塞

管道堵塞是常见的质量问题，也是影响采暖系统正常运转的因素之一，特别在压力较高的管道中还有一定的危险。

1. 原因分析

（1）在进行管道安装时，由于管口封堵不及时或封堵不严，使杂物进入管道从而堵塞。

（2）在进行管道安装时，由于采用气割方式割口，熔渣落入管内未及时取出从而堵塞。

（3）在进行管道焊接时，由于对口间隙过大，焊渣流入管道内，聚集在一起堵塞管道。

（4）在管道加热弯管时，残留在管内的砂子未清理干净，使砂子集中在一起堵塞管道。

（5）铸铁炉片内的砂子未清理干净，通水后流入管道从而堵塞。

（6）供热管道安装完毕后，系统没有按规定要求进行吹（冲）洗，管内污物没有排出。

（7）由于安装不合格，阀门的阀芯自阀杆上脱落，使管道堵塞。

2. 防治措施

（1）在进行管道安装时，应随时将管口封堵，特别是立管更应及时堵严，以防止交叉施工时异物落入管内。

（2）管道安装尽量不采用气焊割口，如必须采用这种方法时，必须及时将割下的熔渣清出管道。

（3）管道的焊接无论采用电焊还是气焊，均应保持合格的对口间隙。

（4）当管道采用灌砂方法加热弯管时，弯管后必须彻底清除管内的砂子。

（5）铸铁炉片在进行组对前，应经敲打清除炉片内在翻砂时残留的砂子，并认真检查是否清除干净。

（6）采暖系统安装完毕后，应按要求对系统进行压缩空气吹污，或打开泄水阀用水冲洗，以清除系统内的杂物。

（7）在开启管道系统内的阀门时，应当通过手感判断阀芯是否旋启，如果发现阀芯脱落，应拆下修理或更换。

二、采暖干管安装质量问题

1. 质量问题

（1）干管的坡度不均匀或出现倒坡现象，严重影响水或汽的正常循环，致使管道局部不热，达不到设计要求。

（2）干管的甩口位置留设不合理，造成干管与立管的连接不直，水或气在管道内不能正常循环。

（3）管道的支架或吊架设置位置不合理，结果导致管道局部塌腰，从而影响管道的正常伸缩。

（4）在安装干管之前，未认真清理管中的杂物和焊渣，导致异物或铁锈堵塞干管阀门、弯头等处。

（5）水平管道的变径设计不合理，如焊接变径处不符合偏心焊接的要求，变径位置不对。

2. 原因分析

（1）在干管安装之前，施工者未对管道进行认真的检查，导致局部有弯折的管子未调直，在安装中也不注意对管子的质量进行检验，因此安装后就会出现坡度不均匀或倒坡的现象。

（2）在干管安装后，对叉开口和接口未进行调直，或者安装时吊卡松紧不一致。

（3）因干管安装的尺寸不准确，在校正时因推拉立管导致立管不垂直，从而使水或汽在管道内不能正常循环。

（4）由于在采暖工程的管道设计中，对水平管道的承重弯曲变形未认真进行计算，从而导致支架、托架或吊架的间距过大，管道中部受到的弯矩值过大，结果管道局部出现塌腰现象，从而影响管道的正常伸缩。

（5）在进行试压及调试时，管道内掉入异物从而堵塞。管道除锈、防腐、清理灰浆不彻底，防腐、漆面的涂刷遍数不够，以及局部有漏刷现象。

3. 预防措施

（1）在进行干管安装时，要严格按照设计要求控制坡度，在管道穿过多道隔墙时，其坡度和标高一定要准确。

（2）在进行干管安装前，首先认真检查每根管子，对于有弯折的要加以调直；支架和吊架的间距要进行计算，做到受力和设置合理；固定支架的位置要准确，安装要牢固。

（3）管道变径处要精心设计计算，连接的变径要合理；同时要注意阀门安装方向一定要正确，千万不能把方向弄反。

（4）保证干管甩口的位置正确，必须在安装现场实际量测，弹出安装墨线，并按照弹线进行安装。

（5）在干管安装之前，要派专人认真进行管道内壁的清洗工作，在甩口处随时将甩口临时封堵，以避免杂物掉入管道内。

三、采暖立管安装质量问题

1. 质量问题

（1）立管与干管的接管方式不正确，影响立管的自由伸缩，致使立管严重变形或热媒流量大幅度减少，影响整个系统的采暖效果。

（2）由于立管甩口与暖气散热器连接管接口的位置不准，支管的坡度不符合设计要求，甚至出现倒坡现象，严重影响供暖效果。

2. 原因分析

（1）当立管与干管的接管方式采用螺纹连接时，管子丝扣旋入管件太多，由于连接不符合要求，从而不能使立管自由伸缩。

（2）当立管与干管的接管方式采用焊接连接时，干管开孔后没有按规定制作"管颈"，直接将立管插入孔中。

（3）管道的坡向不利于散热器的排气和泄水，这样使供暖系统的循环不良，必然会影响供暖效果。

3. 预防措施

（1）从干管上往下连接各立管时，必须遵照现行施工规范的连接方式进行连接。

（2）立管的甩口开孔尺寸要适合支管的坡度要求，立管与支管连接后能使系统的循环较好，从而达到设计的要求。

（3）为了减小地面标高偏差的影响，散热器尽量采取挂式安装。

四、散热器组对的质量问题

1. 质量问题

（1）片式散热器组对后，在其组对处发生漏水现象；散热器表面及内部清砂不彻底，从而影响其的正常使用。

（2）在进行散热器组对时，两组的对口处不平，对丝、补心及丝堵的螺纹不规整。

（3）在进行散热器组对时，两组对口处选用的衬垫不符合介质要求。

2. 原因分析

（1）片式散热器组对完成后，没有按规定的水压进行严密性试验，从而导致通水后出现漏水的现象。

（2）在进行片式散热器组对时，未用钢丝刷除净对口及内丝等处的铁锈，也未将散热器内部的砂子清除干净，从而影响散热器的正常使用。

（3）在进行散热器组对时，未按规定由两人操作，或者两人操作不符合组对工艺要求，从而出现对口处不平，对丝、补心及丝堵的螺纹不规整的现象。

（4）两组对口处选用的衬垫材质不当，未采用石棉橡胶垫片或垫片没有用机油浸泡。

3. 预防措施

（1）片式散热器在组对之前，首先对其进行外观检查，选用合格的散热器进行组对，不合格的散热器不得凑合组对。

（2）片式散热器在组对后应当按照设计规定的水压进行压力试验，以便发现渗漏的部位和原因，针对情况及时进行修理。

（3）片式散热器组对所用的垫片应符合介质的要求，宜采用石棉橡胶垫片或将垫片用机油浸泡。

（4）多片散热器在搬运时应当轻装轻放，需要堆放时要立放，以免接口处受到损坏，造成漏水的现象。

五、散热器安装的质量问题

1. 质量问题

（1）散热器安装不牢固，托钩的数量和位置不符合规定要求。托钩栽入墙内的深度不够，托钩的洞内填塞不严实。

（2）散热器安装时距离墙面的间距不符合规定要求。

（3）落地式散热器安装时，带腿的暖器片着地不实、不稳。

2. 原因分析

（1）散热器的固定采用挂钩或专门支座，安装完毕后未用仪器或工具检验其水平度、垂直度、中心线和标高等。

（2）安装时没有考虑散热器背面与墙面之间的距离。

（3）落地式散热器安装时，其落地未采取任何固定措施，从而使散热器安装不牢固、不垂直。

3. 预防措施

（1）固定散热器的托钩数量及位置应符合设计要求，托钩栽入深度必须满足施工图纸的规定，托钩的孔洞应用水泥砂浆堵塞严密。

（2）散热器的安装要保证与墙面的间距符合规定要求，在栽埋托钩时应考虑墙面的装修要求，在散热器安装后再进行必要的调整，然后以散热器位置为基准进行配管连接。

（3）落地式散热器的下部炉片均应使其着地，地面不平时可用铅垫片将散热器垫平、垫牢。

六、采暖系统出现渗漏从而导致热量不足

1. 原因分析

采暖系统出现渗漏或导致系统热量不足，其主要原因有以下几点。

（1）水压强度试验、严密性试验未按照规定的水压进行，尤其是试验水压小于规定压力时，在供暖时就很容易出现渗漏现象。

（2）在水压试验中，有漏试区或漏试系统，正常运行后就会出现系统渗漏现象，导致局部或系统不热。

2. 预防措施

（1）对于高层建筑的采暖系统，应按照规定的顺序、时间和范围，分系统、分区域、分楼层进行水压试验，并认真填写压力试验记录表，作为采暖工程验收的依据。

（2）在进行水压试验时，应按以下试验程序进行：水压先升至试验压力，待稳压 10min 后，系统的压力降不小于 0.02MPa，然后降至工作压力，并进行全面巡视检查，在渗水、漏水和滴水的地方做上记号，根据实际情况进行整改。

七、采暖系统操作维修不当从而导致系统不热

1. 原因分析

（1）采暖房间的温度控制装置被遮挡，无法测定室内的实际温度。

（2）采暖系统的水力平衡装置因安装空间狭小而无法进行调节，明明需要调节却不能正常进行，结果会导致热量不均衡，出现局部不热现象。

（3）热力入口装置的安装空间比较狭窄，过滤器和阀门无法正常操作，热计量装置、温度计和压力表难以读取数据。

（4）热力入口装置设计不当或施工不合格，起不到过滤、计量和水力平衡的功能，因此导致系统不热。

（5）为室内装修美观，将散热器安装在装修罩内，散热量会大幅度减少，传热损失大大增加，且影响温控阀的正常工作和功能。

2. 预防措施

（1）采暖工程应协调建筑与装修设计人员，保证采暖系统的温控装置、水力平衡装置等设置有足够的安装空间。

（2）全面考虑热力入口装置的设备、管线等的综合布置，做到布置合理、设置科学，要确实保证设备运行、维护空间。

（3）在采暖系统初期进行调节与试运行时，要做好调试过程和数据记录，并出具调试报告，调试合格后方可交付使用。在正常运行期间，应当由熟练的专业工人和技术人员进行管理和定期维护。

（4）对于安装在装修罩内的散热器要移出；未经专业人员设计和允许，不准擅自装修遮盖散热器。

八、热力入口以外的缺陷引起用户系统不热

1. 原因分析

（1）管道的保温效果不好，保温材料的性能不符合设计要求，保温层的厚度不够或遭受水的浸渍，使保温材料失去保温作用。

（2）在增加新的采暖用户后，未根据实际增加的用热量进行调节，结果使热负荷超过设

计值，导致原用户供热量不足，室内温度下降。

（3）初调节受到人为的破坏，热力入口处的阀门开启度发生变化，从而改变了采暖系统的水力工况，使室内采暖温度发生变化。

（4）由用户供暖系统出现空气滞留现象而引起。如集气罐安装和操作不当；管道或散热器中有气囊；充水时过快造成空气未完全排出。

2. 预防措施

（1）保温材料应选用湿阻因子指标合格的防水产品，或采取措施防止保温材料被水浸渍，定期巡视保温层，以便及时了解保温层的情况。

（2）在增加新的用户时，应根据实际热负荷计算需要增加的供热量，并按增加的数量重新调试。

（3）热力入口装置是采暖系统关键且重要的部位，防止非专业人员随意调节热力入口装置，有关维修人员要定期进行巡视，以便发现问题及时解决。

（4）集气罐对产生局部阻力的部位保持 $500\sim800\mathrm{mm}$ 的距离，当集气罐的排气管较长时，排气管向外流水时不应立即关闭，因为集气罐顶部积有空气。

（5）观察气囊产生的部位，分析气囊产生的原因，根据出现气囊的实际情况采取必要的技术措施，消除气囊产生的条件。

第九章

通风与空调节能监理质量控制

通风除尘和空气调节在实际的建筑工程中起着改善生活和工作环境、保护人们的身体健康和提高生产力的重要作用。用通风的方法改善生产劳动环境，简单地说，就是把污浊的或不符合卫生标准的室内空气排至室外，把新鲜空气或经过处理的空气送入室内，不断地更换室内的空气，使室内的空气保持新鲜。这些可以通过通风的方式来实现。

自改革开放以来，我国的经济建设迅速发展，大、中城市及沿海开发区的高层、高级建筑迅速增多，人们生活水平不断提高，而对生活的标准也不断有更新、更高的需求。在现代化城市中，如何创造出一个与室外器械声隔绝，空气清闲无污染，温、湿度适宜的良好居住、办公、娱乐的环境，是人们迫切需求的。这些可以通过空气调节的方法来实现。

第一节　通风与空调节能监理质量控制概述

工程监理的实践表明，通风与空调节能工程监理的工作范围，是通风系统与空气调节系统节能工程施工质量的控制与系统验收。通风系统节能工程监理是指包括风机、消声器、风口、风管、风阀等部件在内的整个送、排风系统的节能工程质量控制与系统验收。空气调节系统节能工程监理，包括空调风系统和空调水系统。空调风系统包括末端空调设备、消声器、风管、风口、风阀等部件在内的整个空调送、回风系统及新风系统的质量控制与系统验收。空调水系统是指除了空调冷、热源和其辅助设备与机房管道及室外管网以外的整个空调水系统的质量控制与系统验收。

一、通风与空调系统的作用与组成

"通风"是使室内人员具有良好的生活、工作和劳动条件，使生产能正常运行和保证产品质量，延长机械设备和使用年限，提高劳动生产率，加速经济增长速度的一种活动，这就是通风的意义及其重要性。通风主要是利用自然通风或机械通风的方法，为某房间提供新鲜空气，满足室内人员的需要，稀释有害气体的浓度，并不断排出有害物质及气体。

空气调节简称空调，主要是通过空气处理，向房间送入净化的空气，并通过空气的过滤净化、加热、冷却、加湿、去湿等工艺过程满足人体及生产的需要，对温度及湿度能实行控制，并提供足够的净化新鲜空气量。空气调节过程是在建筑物封闭状态下来完成的，采用人工的方法，创造和保持一定要求的空气环境。

通风与空调系统由通风系统和空调系统组成，通风与空调工程主要包括：送排风系统、防排烟系统、防尘系统、空调系统、净化空气系统、制冷设备系统、空调水系统等7个子分部工程。通风系统由送排风机、风道、风道部件、消声器等组成。而空调系统由空调冷热源、空气处理机、空气输送管道输送与分配，以及空调对室内温度、湿度、气流速度及清洁度的自动控制和调节等组成。

通风系统的主要功能是送风和排风，例如防排烟系统、正压送风系统、人防通风系统、厨房排油烟、卫生间排风等，通过风管和部件连接，采取防振消声等措施，从而达到除尘、排毒、降温的目的。空调系统的主要功能是通过空气处理，实现送排风、制冷、加热、加湿、除湿、空气净化等项目，提高空气品质，满足室内对温度、湿度、气流速度及清洁度的要求。

二、通风与空调系统节能工程

通风与空调系统节能工程的验收，一般可以分为系统制式、通风与空调设备、阀门与仪表、绝热材料与系统调试等几个验收内容。通风系统是包括风机、消声器、风口、风管、风阀等部件在内的整个送风及排风系统。空调系统包括空调风系统和空调水系统，空调风系统是指包括空调末端设备、消声器、风管、风口、风阀等部件在内的整个空调送风及回风系统；空调水系统是指除了空调冷热源和其他辅助设备与管道及室外管网以外的空调水系统。

为了保证通风与空调系统节能工程送、排风系统及空调风系统、空调水系统节能的效果，首先要求设计人员将其设计成为具有节能的系统形式，并在各系统中要选用节能的设备和设置一些必要的自控阀门与仪表；其次在设备、自控阀门与仪表进场时对其热工等技术性能参数进行核查。

通风与空调系统节能工程的实际进行表明：许多空调工程由于所选用空调末端设备的冷量、热量、风量、风压及功率高于或低于设计要求，从而造成了空调系统的能耗或空调效果较差等不良后果。风机是通风与空调系统运行的动力，如果设计中选择不当就有可能加大其动力和单位风量的耗功量，从而导致能源的浪费。

在空调系统中设置自控阀门与仪表，是实现系统节能运行的必要条件。工程的实践表明，许多工程为了降低造价，不考虑日后的节能运行和减少运行费用等问题，未经设计人员同意，就擅自去掉一些自控阀门与仪表，或将自控阀门更换为不具备主动节能的手动阀门等，最终导致了空调系统无法进行节能运行，使能耗及运行费用大大增加。

另外，风管系统制作和安装的严密性、风管和管道、设备绝热保温措施、防冷（热）桥措施等的有效性都会对空调通风系统的节能性造成明显的影响。需要特别强调的是，通风与空调系统节能工程完成后，为了达到系统正常运行和节能的预期目标，规定必须进行通风空调设备的单机试运转调试和系统联动调试，其调试结果是否符合设计的预定参数要求，直接关系到系统日后正常运行的节能效果。

根据以上所述，在通风与空调系统节能工程的实施中，监理人员应紧紧围线上述几个方面的特点，科学地运用质量保证资料审查、材料见证取样复试、施工过程抽查实测、调试过程旁站监督、隐蔽工程验收签证等监理手段，对系统节能施工的质量进行严格监督，以取得良好的节能效果。

三、通风与空调工程同其他专业的配合

通风与空调工程施工的主要内容：①风管、风管部件、消声器、除尘器等制作与安装。②风管及部件、制冷管道防腐保温。③空气处理机（室）、风机盘管和诱导器、通风机、制冷管道、冷水机组或冷热水机组等安装。

通风与空调工程从加工、安装到试运转，都与有关专业的配合与协调分不开。特别是进入装修及机电安装以后，专业的配合与协调如果处理不当，往往会出现很多预想不到的问题。由于水电安装项目大多是业主指定专业的施工单位来完成，与土建及其他专业单位之间交叉施工往往会出现一些问题。到了工程施工后期，由于这些问题，导致出现返工现象，造成工程投资的极大浪费，影响工期，有些还会影响到建筑物的使用功能，甚至还会引发质量问题和安全隐患。因此，在通风与空调工程的整个施工过程中，监理工程师要特别重视与其他专业的配合问题。根据工程实际，在通风空调工程与其他专业的配合方面，应注意以下几个方面。

1. 施工现场配合要点

（1）通风与空调工程同结构工程的配合　土建结构工程施工时，通风与空调的主要任务是预留风管和冷热水管道的孔洞、预埋套管和铁件。预埋铁件主要用于大口径风道和冷热水管道做吊支架固定。

① 预留孔洞和预埋套管与铁件，需配合土建施工进度及时确定标高、坐标位置、孔洞几何尺寸。

② 应提前统计预留孔洞需做木盒（箱）的数量、规格尺寸，自行预制加工或委托土建协助加工制作。

③ 配合土建墙体、楼板钢筋绑扎及时安装木盒（箱），需要预留的孔洞应提前与土建技术负责人确定。由土建施工单位安装木盒（箱），通风空调单位负责检查木盒（箱）标高、坐标、几何尺寸等是否符合设计要求。经检验合格后通知土建可做混凝土浇灌施工。

④ 结构钢筋不允许随意切割，需要切割时应向土体技术负责人报告，经确定补救方案后再施工。

⑤ 通风与空调工程预留的孔洞较大、较多，经常同给排水、消防喷淋、消火栓、强弱电管线与线槽等碰撞。应及时组织各专业协调会，提出施工图中标高、坐标位置、孔洞几何尺寸过大、管路平行敷设或垂直敷设过多、过密、碰撞等问题，合理调整标高和坐标位置，并应及时进行设计变更洽商。

⑥ 通风与空调工程的设备基础较多，机房多，管线多，需及时提出各机房设备基础的几何尺寸和做法，提供给土建协助施工。

⑦ 防排烟用结构风道由土建施工完毕，应及时进行检查，防止建筑垃圾遗留在结构风道内，同时要求土建砌筑人员用水泥砂浆把风道内壁抹平，把缝隙封堵严实，防止漏风。

⑧ 屋顶通风空调设备，如屋顶风机、冷却水塔等设备体积较大、荷载重。在建筑物结构封顶、土建拆塔吊之前，应将这些大型设备利用塔吊运到屋顶的安装部位。

⑨ 土建做屋面防水层之前，通风空调专业应把防排烟风机基础位置图的做法提供给土建专业，由其负责施工。

⑩ 屋面做防水层之前，通风空调在屋面的设备电源管和控制管，都应敷设在防水层下面的找平层内（隔热保温层内），电源、控制线、防雷保护地线同时接到位，甩口到电机或控制箱接口处。

⑪ 将各种风口标高、坐标位置、几何尺寸、数量提供给土建施工方，同时配合土建检查各种风口是否符合设计规定。

（2）通风与空调工程同装修施工配合

① 中央空调系统的主机房有冷、热源设备房，即冷冻机房和热交换站（包括水泵），空调机房、风机房，检查设备基础尺寸是否符合设计要求和规定，给排水管、电源线管和控制线管是否按设备工艺图施工接口到位，发现问题及时找相关施工单位解决。

② 检查通风和空调机组预留的新风进口的风口百叶、数量、规格尺寸、位置应符合设计要求规定。如果有出入，要及时调整加工订货。

③ 检查落实通风与空调工程预留的孔洞、预埋铁、套管（有钢套管或防水套管）、标高、坐标位置、孔洞的几何尺寸，检查预埋铁件的间距是否符合设计要求规定，数量准确。如发现遗漏及时找土建商议，剔凿修补。

④ 通风管、静压箱、消声器、风机盘管在吊顶中施工时，应及时与土建技术负责人落实屋顶至吊顶内侧面的间距、吊顶对地面的标高和做法。依据通风空调的施工图，同土建专业和其他各专业进行协调，确定风道以及其他设备的最佳位置及合理走向。

⑤ 支管风管的甩口位置与各种风口的甩口位置，是依据吊顶做法分格图进行布置的。土建吊顶龙骨未安装时，风道应先把保温层施工完。土建封吊顶、顶板时，配合土建施工将风口逐个调整顺直，然后用木框固定好风口。

⑥ 在没有吊顶的部位，管道需要保温时，需等土建墙面、顶棚抹灰、油浆等湿作业施工完毕后，再安排保温施工，防止土建施工人员蹬踏管道、污染管道，从而影响保温质量。

⑦ 在设有吊顶的部位，如果安装风道后影响装修人员的操作空间，可先将吊支架安装完毕，风道暂时不装，等待装修施工完后再安装风道。

⑧ 风机盘管安装的高度和位置，应依据施工图和土建吊顶的高度确定，考虑向下或侧向风口的安装。同时与其他专业协调配合，确定连接进、出水管的标高、凝结水管的坡度等后再进行安装。

⑨ 卧式暗装风机盘管电机与屋面有 15cm 以上的净距离，保证电机电源线的安装距离。

⑩ 利用膨胀螺栓固定吊杆安装风机盘管时，应保持风机盘管的水平度，调整垂直平行，使其均匀受力，安装牢固。发现膨胀螺栓孔在顶板上炸裂，使吊杆固定不牢固，应及时修理孔洞或移位解决。

⑪ 风机盘管安装时，应注意进、出水方向的判断方法，应面对出风口，若进（出）水

口在其左侧即为左进（出）水，在其右侧即为右进（出）水，一般立式明装盘管多为后进（出）水。总之，进、出水口均在一侧布置，进、出口顺序是下进上出，注意安装时不得接错位置。

⑫ 冷却塔安装前应复核塔的混凝土基础，应符合设计施工图的尺寸规定，同时还应与设备厂家提供的型号的样本基础尺寸相符。

⑬ 检查人防新风风管，排风风管的穿墙洞和穿楼板洞的洞口尺寸、标高、坐标位置应符合设计要求与规定时方可进行管道施工。

⑭ 检查人防测压管是否采用直径 20mm 以上的钢管，从人防指挥中心引至 ±0cm 以上，室外距散水上 30cm 处，两端安装接线盒，室外盒子安装算子。

⑮ 检查滤毒室的穿墙洞数量、孔洞尺寸，应符合设计规定。

⑯ 预留孔洞位置不准，标高过低或过高，位置偏移或歪斜，需剔凿修复。先检查统计数量，报告土建后再行剔凿。遇到需割钢筋的问题时，需及时请示土建技术人员与设计准许，落实方案后施工。

⑰ 预留孔洞处由于土建楼面或墙面抹灰层超过设计规定的厚度，需要扩孔时，应及时统计数量配合土建修改洞口尺寸。

⑱ 冷却水塔进、出水管道应由土建设置支墩和支架。由电工配合敷设的电线管接口设置到电机接线盒位置处，接地线引至金属构架上，连接牢固可靠。

⑲ 各种管道和风道在吊顶内安装时，空调水管宜安装在靠墙一侧，平行进行敷设，并留出足够保温的操作距离，同时考虑与其他各专业管道和金属线槽的施工顺序，以防止相互碰撞。

（3）通风与空调工程施工同消防的配合

① 虽然 70℃ 防火阀、280℃ 排烟防火阀、正压送风口和排烟风口属于通风系统订货，但消防报警需在上述设备上获取联动控制辅助控制接点，应由建设单位、电气专业单位、通风单位、消防施工单位和设备供应厂家共同商定，确保消防联动功能实现。

② 70℃ 防火阀、280℃ 排烟防火阀、正压送风口和排烟风口在竣工验收前要各施工单位参加联合检查，其功能应当符合《高层建筑混凝土结构技术规程》（JGJ 3—2010）中的有关规定。

（4）通风与空调工程施工同其他的配合

① 楼宇自控系统需由通风空调系统进行，将温度、流量、压力、湿度、电量等参数经模拟传感器、数字传感器进行微机集中控制。因此，要求各专业相互协调，商议加工订货，确定各专业设备应提供给自控用的有源接点数和无源接点数，确保楼宇的自控功能顺利实现，并符合现行国家标准和规范。

② 通风空调施工应向给排水专业提供需要的供水点、需要的管径大小和供水点位置，同时提供泄水点的具体位置。

③ 通风空调施工单位，应向电气专业提供电源容量、电压、电流大小、管径、导线截面、供电点设备接口的具体位置。

④ 室内吊顶送风口与回风口经常与照明灯具、感烟或感温探测器等相碰撞时，各专业应及时到现场协调解决。

⑤ 走道吊顶内各专业管道集中处，风道风口、照明灯具、感烟探头、强弱电线槽、给

排水管道、消防喷淋管道、喷淋头等经常相碰，在施工前为避免各专业管道之间相碰，应及时召开协调会，安排各专业管道标高错开，位置错开。通风管道尽量向墙的一侧靠，给其他各专业管道留出余量。其他管道首先给无压管道让路，有压管道和电线管道穿插在其中。综合协调应在现场核实实际尺寸，这样对调整布局最有把握。

2. 加强协调管理的措施

现代建筑工程在监理过程中，要真正做到"四控制、三管理、一协调"，即进度控制、质量控制、成本控制、安全控制，现场（要素）管理、资源管理、合同管理和项目组织协调。由此可见，加强通风与空调工程施工过程中的协调工作，也是监理工程师的一项重要工作。通风空调工程施工中的协调管理，主要包括技术协调、管理协调和组织协调。

（1）技术协调　图纸会审与交底也是技术协调工作中的重要环节。在进行图纸的会审时，应将各专业的交叉与协调工作列为会审重点。通过图纸会审进一步找出设计中存在的技术问题，再通过修改图纸解决问题。然后做好技术交底工作，让施工班组充分理解设计意图，明白施工各个环节的重点和难点，从而减少施工中的交叉协调问题。

（2）管理协调　协调工作不仅要从技术下功夫，更要建立一整套健全的管理制度，通过管理以减少施工中各专业的配合问题。要全面了解、掌握各专业的工序、设计的要求。这样才有可能统筹安排施工，保证施工的每一个环节有序到位。

管理协调还应建立问题责任制度，建立由管理层到班组逐级的责任制度，并要在建立责任制度的基础上建立奖惩制度，以便提高施工人员的责任心和积极性，这是施工企业和进行监理的一项有效措施。

（3）组织协调　组织协调是监理工作的一项重要任务，适度协调可以使各种意见统一，使各方矛盾向有利的方向转化，从而使监理项目的实施、运行顺利，是实施监理工作成败的关键。监理工程师，采用相应的组织形式、手段和方法，对监理过程中产生的各种关系进行疏导，对产生的干扰和障碍予以排除，以便理顺各种关系，使监理的全过程处于良好、顺畅的运行状态，其目的是排除障碍，解决矛盾，处理争端，实现所监理的项目质量好、投资省、工期短，确保监理总目标的实现。

在通风与空调工程的施工过程中，要建立专门的协调会议制度。如定期组织和召开协调会议，解决施工中需要协调的问题。对于比较复杂的部位，在施工前应组织专门的协调会，使各专业团队进一步明确施工顺序和责任。无论是会签、会审还是隐蔽验收，所有制订的制度决不能只是一个形式，而应是实实在在的，或者说所有的技术管理人员对自己的工作、签名应承担相关的责任。

第二节　通风与空调节能监理的主要流程

通风与空调节能工程在施工过程中的质量，是决定其使用功能和节能效果的关键。监理工程师应根据通风与空调工程的特点，遵照其监理的主要流程，对工程严格进行监控，使通风与空调工程的质量达到设计要求。通风与空调节能工程监理的流程如图9-1所示。

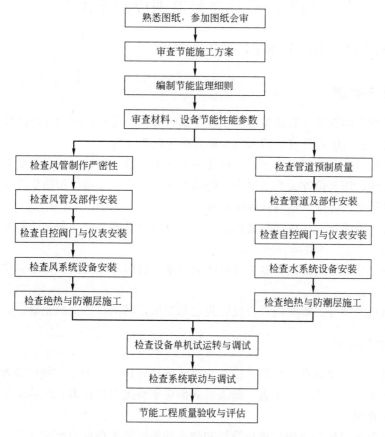

图 9-1　通风与空调节能工程监理的流程

第三节　通风与空调节能监理控制要点及措施

通风与空调节能工程监理的工作范围，是通风系统与空气调节系统节能工程施工质量的控制与系统的控制。通风系统节能工程监理控制是指包括风机、消声器、风口、风管、风阀等部件在内的整个送风、排风系统的节能工程质量控制。空气调节系统的节能工程监理，包括空调风系统节能工程监理和空调水系统节能工程监理。空调风系统质量监理包括末端空调设备、消声器、风管、风口、风阀等部件在内的整个空调送风、回风系统及新风系统的质量控制。空调水系统质量监理是指除了空调冷、热源和其他辅助设备与机房管道及室外管网以外的整个空调水系统的质量控制。

通风与空调节能工程质量控制要点的内容是：①对通风与空调节能工程所使用的设备、管道、阀门、仪表、绝热材料进行进场验收，对产品技术性能参数进行核查；②对风机盘管机组、绝热材料进行现场见证取样送检，复验其技术性能参数；③送风与排风系统、空调风系统、空调水系统安装制式的核查，安装质量的控制与验收；④通风与空调设备安装质量控制；⑤阀门与仪表安装配置检查与质量控制；⑥风系统、水系统绝热施工质量控制；⑦单机试运转与系统调试；⑧对通风与空调系统的节能效果做出评价。

一、材料、设备、部件等产品质量监理控制要点

（一）通风与空调设备产品质量监理控制要点

1. 材料及设备的质量

（1）通风与空调设备应有装箱清单、设备说明书、产品合格证书和产品性能检测报告等随机文件，进口设备还应具有商检部门检验合格的证明文件。

（2）在通风与空调工程安装过程中所使用的各类材料、垫料、五金用品应有出厂合格证或有关证明文件，外观检查无严重损伤及锈蚀等缺陷。法兰连接使用的垫料应按照设计要求选用，并满足防火、防潮、耐腐蚀性能的要求。

（3）设备地脚螺栓的规格、长度以及平、斜垫铁的厚度、材质和加工精度，均应满足设备安装的要求。

（4）设备安装所采用的减振器或减振垫的规格、材质和单位面积的承载率应符合设计和设备安装的要求。

（5）通风机的型号、规格应符合设计规定和要求，其出口方向应正确。

2. 设备进场后的验收

（1）通风与空调设备在进场后，应按装箱清单核对设备的型号、规格及附件的数量。

（2）设备的外形应规则、平直，圆弧形表面应平整无明显偏差，结构应完整。焊缝应饱满，无缺损和孔洞。

（3）金属设备的构件表面应进行除锈和防腐处理，外表面的色调应一致，且无明显的划伤、锈斑、伤痕、气泡和剥落等现象。

（4）非金属设备的构件材质应符合使用场所的环境要求，表面保护涂层应完整。

（5）通风机运抵现场后应进行开箱检查，必须有装箱清单、设备说明书、产品质量合格证书和产品性能检测报告等随机文件，进口设备还应具有商检部门检验合格的证明文件。

（6）设备的进出口应封闭良好，随机的零部件应齐全无缺损。

（二）空调制冷系统设备质量监理控制要点

1. 材料及设备的质量

（1）制冷设备、制冷附属设备的型号、规格和技术参数必须符合设计要求，并具有产品合格证书、产品性能检验报告。

（2）空调制冷系统所采用的管道和焊接材料应符合设计规定，并具有出厂合格证明或质量鉴定文件。

（3）制冷系统中所用的各类阀门必须采用专用产品，并具有出厂合格证。

（4）铜管的内、外壁均应光洁，无疵孔、裂缝、结疤、层裂或气泡等缺陷。管材不应有分层现象，管的端部应平整无毛刺。铜管在加工、运输、储存过程中应无划伤、压入物、碰伤等缺陷。

（5）管道的法兰密封面应光洁，不得有毛刺及径向沟槽，带有凹凸面的法兰应能自然嵌

合，凸面的高度不得小于凹槽的深度。

（6）螺栓及螺母的螺纹应完整，无伤痕、毛刺、残断丝等缺陷。螺栓与螺母应配合良好，无松动或卡涩现象。

（7）非金属垫片，如石棉橡胶板、橡胶板等应质地柔韧，无老化变质或分层现象，表面不应有折损、皱纹等缺陷。

2. 设备进场后的验收

（1）根据设备装箱清单说明书、产品合格证、检验记录和必要的装配图及其他技术文件，监理工程师应核对设备型号、规格以及全部零件、部件、附属材料和专用工具进行核验。

（2）检查设备主体和零部件等表面有无缺损和锈蚀等情况。

（3）设备填充的保护气体应无泄漏，油封应完好。在开箱检查后，设备应采取保护措施，不宜过早或任意拆除，以免设备受到损坏。

（三）绝热材料质量监理控制要点

1. 绝热材料的选择

通风与空调设备所用的绝热材料，宜选择成型的制品，其性能应具备热导率小、吸水性小、密度较小、强度较高，允许其使用温度高于设备或管道内热介质的最高运行温度，另外还应具有阻燃、无毒等性能。对于内绝热的材料除满足以上要求外，还应具有灭菌性能，并且价格合理、施工方便。对于需要经常维护、操作的设备和管道附件，应采用便于拆卸的成型绝热结构。

（1）技术性能要求：绝热材料的选择要满足设计文件上技术参数的要求。

（2）消防规范有关防火性能的要求：根据工程类别选择不燃或难燃的材料，当工程选用的绝热材料为难燃材料时，必须对其难燃性能进行检验，合格后方可使用。

（3）为了防止电加热器可能引起保温材料的燃烧，电加热器前后 800mm 风管的绝热材料必须使用不燃材料。

（4）为了杜绝相邻区域发生火灾从而通过风管，或管道外的绝热材料成为传递的通道，凡穿越防火隔墙两侧 2m 范围内的风管、水管，其绝热材料必须使用不燃材料。

（5）绝热材料的选择除要符合上述设计参数和消防规范防火性能的要求外，还要注意影响绝热质量的其他因素。

（6）采用松散的绝热材料时，监理工程师要根据材料的出厂合格证书或试验报告核对以下内容：①颗粒的粒度；②密度；③含水率；④热导率。

（7）采用板块状和卷材绝热材料时，监理工程师要根据材料的出厂合格证书或试验报告核对以下内容：①密度；②棉的纤维平均直径；③棉的渣球含量；④含水率；⑤热导率；⑥强度；⑦几何尺寸等。

2. 附属材料的选用

（1）玻璃丝布不要选择太稀松的，径向和纬向密度（纱根数/cm）要满足设计要求。

（2）所用的保温钉、胶黏剂等附属材料均应符合防火和环保要求，并要与绝热材料相匹配，不可产生溶蚀现象。

（3）施工中所用的胶黏剂、防火涂料等，必须是在保质期内的合格品。

3. 材料进场检验及保管

（1）材料进场时，监理工程师要严格执行验收标准，检查材料的出厂合格证书、消防检测报告等资料。

（2）在现场可进行测量的项目如规格、厚度，可按规定数量进行观察抽检，对可燃性进行点燃试验。

（3）绝热材料应放在干燥的场所内妥善进行保管，材料堆放时下面要垫高，码放要整齐，采取有防水、防潮、防火、防挤压变形的技术措施。

二、通风与空调节能工程施工过程质量监理控制要点

通风与空调节能工程的监理工作范围，是通风系统与空气调节系统节能工程施工质量的控制与系统验收。通风系统节能工程监理是指包括风机、消声器、风口、风管、风阀等部件在内的整个送、排风系统的节能工程质量控制与系统验收。空气调节系统节能工程监理，包括空调风系统和空调水系统的节能工程质量控制与系统验收。

（一）风管制作与安装质量监理控制要点

1. 风管制作质量监理控制要点

（1）金属风管的材料品种、规格、性能与厚度等应符合设计和现行国家产品标准的规定。当设计无规定时，应按《通风与空调工程施工质量验收规范》（GB 50234—2002）执行。

钢板或镀锌钢板的厚度不得小于表 9-1 中的规定；不锈钢板的厚度不得小于表 9-2 中的规定；铝板的厚度不得小于表 9-3 中的规定。

表 9-1　钢板风管的厚度　　　　　　　　　　　　单位：mm

风管直径 D 或边长 b	圆形风管	矩形风管		除尘系统风管
		中、低压系统	高压系统	
$D(b)\leqslant320$	0.50	0.50	0.75	1.50
$320<D(b)\leqslant450$	0.60	0.60	0.75	1.50
$450<D(b)\leqslant630$	0.75	0.60	0.75	2.00
$630<D(b)\leqslant1000$	0.75	0.75	1.00	2.00
$1000<D(b)\leqslant1250$	1.00	1.00	1.00	2.00
$1250<D(b)\leqslant2000$	1.20	1.00	1.20	按设计要求
$2000<D(b)\leqslant4000$	按设计要求	1.20	按设计要求	按设计要求

表 9-2　高、中、低压系统不锈钢板风管钢板厚度　　　　单位：mm

风管直径或长边尺寸	不锈钢板厚度	风管直径或长边尺寸	不锈钢板厚度
$D(b)\leqslant500$	0.50	$1120<D(b)\leqslant2000$	1.00
$500<D(b)\leqslant1120$	0.75	$2000<D(b)\leqslant4000$	1.20

表 9-3　高、中、低压系统铝板风管板材厚度　　　　　　单位：mm

风管直径或长边尺寸	铝板的厚度	风管直径或长边尺寸	铝板的厚度
$D(b) \leqslant 320$	1.00	$630 < D(b) \leqslant 2000$	2.00
$320 < D(b) \leqslant 630$	1.50	$2000 < D(b) \leqslant 4000$	按设计要求

（2）非金属风管的材料品种、规格、性能与厚度等，应符合设计和现行国家产品标准的规定。当设计无规定时，应按照现行国家标准《通风与空调工程施工质量验收规范》（GB 50234—2002）执行。

硬聚氯乙烯风管板材的厚度，不得小于表 9-4 或表 9-5 中的规定；有机玻璃钢风管板材的厚度，不得小于表 9-6 中的规定；无机玻璃钢风管板材的厚度应符合表 9-7 中的规定，相应玻璃布层数不应少于表 9-8 中的规定，其表面不得出现返卤或严重泛霜的现象。用于高压风管系统的非金属风管厚度应按设计规定。

表 9-4　中、低压系统聚氯乙烯圆形风管板材厚度　　　　　　单位：mm

风管直径 D	板材的厚度	风管直径 D	板材的厚度
$D \leqslant 320$	3.00	$630 < D \leqslant 1000$	5.00
$320 < D \leqslant 630$	4.50	$1000 < D \leqslant 2000$	6.00

表 9-5　中、低压系统聚氯乙烯矩形风管板材厚度　　　　　　单位：mm

风管长边尺寸 b	板材的厚度	风管长边尺寸 b	板材的厚度
$b \leqslant 320$	3.00	$800 < b \leqslant 1250$	6.00
$320 < b \leqslant 500$	4.00	$1250 < b \leqslant 2000$	8.00
$500 < b \leqslant 800$	5.00	—	—

表 9-6　中、低压系统有机玻璃钢风管板材厚度　　　　　　单位：mm

风管直径或长边尺寸	板材的厚度	风管直径或长边尺寸	板材的厚度
$D(b) \leqslant 200$	2.50	$630 < D(b) \leqslant 1000$	4.80
$200 < D(b) \leqslant 400$	3.20	$1000 < D(b) \leqslant 2000$	6.20
$400 < D(b) \leqslant 630$	4.00	—	—

表 9-7　中、低压系统无机玻璃钢风管板材厚度　　　　　　单位：mm

风管直径或长边尺寸	板材的厚度	风管直径或长边尺寸	板材的厚度
$D(b) \leqslant 300$	2.50～3.50	$500 < D(b) \leqslant 1000$	5.50～6.50
$300 < D(b) \leqslant 500$	3.50～4.50	$1000 < D(b) \leqslant 2000$	6.50～7.50
$400 < D(b) \leqslant 630$	4.50～5.50	>2000	7.50～8.50

（3）防火风管的本体、框架与固定材料、密封垫料必须为不燃材料，其耐火等级应符合设计的规定。

（4）复合材料风管的覆面材料必须为不燃材料。内部的绝热材料应为不燃或难燃 B1 级材料，且对人体无害。

表 9-8　中、低系统无机玻璃钢风管玻璃纤维布厚度与层数　　　　单位：mm

圆形风管直径 D 或矩形风管边长 b	风管管体玻璃纤维布厚度		风管法兰玻璃纤维布厚度	
	0.30	0.40	0.30	0.40
	玻璃布的层数			
$D(b)\leqslant300$	5	4	8	7
$300<D(b)\leqslant500$	7	5	10	8
$500<D(b)\leqslant1000$	8	6	13	9
$1000<D(b)\leqslant1500$	9	7	14	10
$1500<D(b)\leqslant2000$	12	8	16	14
>2000	14	9	20	16

（5）风管必须通过工艺性能的检测或验证，其强度和严密性要求应符合设计或下列规定。

① 风管的强度应能满足在 1.5 倍工作压力下接缝处无开裂。

② 矩形风管的允许漏风量应符合以下规定：

低压系统风管　　　　　　　　　$Q_L\leqslant0.1056P^{0.65}$

中压系统风管　　　　　　　　　$Q_M\leqslant0.0352P^{0.65}$

高压系统风管　　　　　　　　　$Q_H\leqslant0.0117P^{0.65}$

式中　Q_L、Q_M、Q_H——分别为低压、中压和高压系统风管在相应工作压力下单位面积风管单位时间内的允许漏风量，$m^3/(h\cdot m^2)$；

　　　　P——指风管系统的工作压力，Pa。

检验数量：按照风管系统类别（高、中、低压）与材质不同分别进行抽查，不得少于 3 件或 15m²。

检查方法：检查测试报告或按照《通风与空调工程施工质量验收规范》（GB 50234—2002）附录 A 规定的测试方法进行进风、漏风量测试，应达到规定的标准。

2. 风管安装质量监理控制要点

（1）在风管安装的过程中，要按照有关规定检查风管与部件、风管与土建风道，以及风管间的连接严密性和牢固性是否符合规范的要求。

（2）风管安装完毕后，应认真进行风管系统的漏风量检验，并应符合以下规定。

① 低压系统风管的严密性检验应采用抽检方式，抽检率为 5%，且不得少于 1 个系统。在加工工艺得到保证的前提下，可采用漏光法进行检测。当检测不合格时应按规定的抽检率做漏风量测试。

② 中压系统风管的严密性检验，应在漏光法检测合格后，对系统漏风量测试进行抽检，抽检率为 20%，且不得少于 1 个系统。

③ 高压系统风管的严密性检验，应对全数系统漏风量进行测试。

④ 系统风管严密性检验的被抽检系统，如全数合格，则视为通过；如有不合格的则应再加倍进行抽检，直至全数合格。

⑤ 净化空调系统风管的严密性检验，1～5 级的系统均按高压系统风管的规定执行，6～9 级按系统的实际压力等级情况执行。

（3）为确保节能效果符合设计要求，要认真检查绝热风管与金属支架间、复合风管及需要绝热的非金属风管的连接、内部支撑以及支撑加固等处的防断热桥措施。

（4）风管与部件进行安装时，应采取减小阻力损失的控制措施。在风管中采取的减小阻力损失的控制措施，主要有以下几个方面。

① 当采用矩形风管时，其宽高比一般不宜大于4，在特殊情况下最大也不应超过10。

② 风管弯头曲率过小或者需要采用直角弯头时，管内应设置导流叶片，以防止形成不利的风势，造成对风管的损伤。

③ 风管需要改变其直径时，应将变径处做成渐扩或渐缩形，其每边的扩大或收缩角度不宜大于30°。

④ 风管需要改变方向、变径及分路时，不应过多使用矩形箱式管件代替弯头、渐扩管、三通等管件；必须使用分配气流和静压箱时，其断面风速不宜大于1.5m/s。

⑤ 弯头、三通、调节阀、变径管等管件之间的间距，一般应当保持5~10倍管径长的直管段。

⑥ 风机入口与风管的连接，应有大于风口直径的直管段，当弯头与风机入口的距离过近时，应在弯头内加设导流片。

⑦ 风管与风机出口连接：靠近风机出口处的转弯应和风机的旋转方向一致，风机出口处到转弯处的距离，应有不小于3D（D为风机入口的直径）的直管段。

（二）风系统节能的质量监理控制要点

1. 检查风系统制式的相符性

（1）工程实践证明，空调送风系统一般宜采用单风道系统，这种风系统制式有利于节能。

（2）风系统除了有严格的温度和湿度精度要求外，在同一空气处理系统中不应当同时有加热和冷却的过程。

（3）在人员密度相对较大且变化较大的房间，宜采用新风需求制式控制。即在不能利用新风作为冷源的季节，根据室内二氧化碳（CO_2）浓度的检测值来增加或减少新风量，在二氧化碳浓度符合现行卫生标准的前提下，减少新风冷热的负荷。

（4）建筑顶层或者吊顶上部存在较大发热量，或者吊顶空间距离较大时，不宜直接从吊顶进行回风。

（5）空气调节风系统不应将土建风道作为空气调节系统的送风道，也不应作为经过冷、热处理后的新风的送风道。

2. 风系统自控阀门与仪表控制

（1）风系统的送风机与新风、回风电动阀能够联锁运行，并且运行非常正常。

（2）风系统在进行停机时，回风阀全部开启，新风阀全部关闭。

（3）防火系统和风机能够联锁运行，当发生火警时空调机能自动停机。

（4）风系统中的风机与冷冻水阀能够联锁运行，当风机停止时，冷冻水阀能自动关闭。

（5）应检查风系统中通过时间程序对空调机进行定时启动与停止的设定。

（6）用室内设定的温度能够控制回风和新风的混合风比例，使室内温度符合设计要求。

（7）DDC 直接数字控制器，将检测的新风温度和室外温度设定经过比例计算逻辑判断后，调节合适的新风阀和回风阀开度，以保证在四季能提供足够的新风量，而在新风温度接近室内温度设定的情况下更能尽量引入新风，使其达到节能的功效。

（8）在空调机组、新风机组送风总管上设置温度传感器，其所测风温与设定值比较后，输出电信号，调整回水管比例及分电动调节阀的开度，调节水的流量，保证回风温度在设定的波动范围内。

（三）水系统节能的质量控制

1. 检查水系统制式的相符性

（1）建筑物所有区域同时在夏季供冷、冬季供热时，一般宜采用两管制的空调水系统。

（2）当建筑物内只有部分区域需要全年供冷时，宜采用分区两管制的空调水系统。

（3）当建筑物内供冷和供热工况交替频繁或同时使用时，宜采用四管制的空调水系统。

2. 水系统自控阀门与仪表控制

水系统各分支管路上的水力平衡装置、自控装置与仪表的安装位置、方向，应当符合设计要求，并且应便于观察、操作和调试。具体控制措施主要包括以下几个方面。

（1）水力平衡装置的安装 水力平衡装置即水力平衡阀，亦称自力式平衡阀、流量调节阀、流量控制器、动态平衡阀、流量平衡阀，是一种直观简便的流量调节控制装置，管网中应用水力平衡阀时可直接根据设计来设定流量，阀门可在水的作用下，自动消除管线的剩余压头及压力波动所引起的流量偏差，无论系统压力怎样变化均保持设定流量不变，该阀的这些功能使管网流量调节一次完成，把调网工作变为简单的流量分配，有效地解决管网水力失调的问题。对于水力平衡装置的安装，主要应采取如下控制措施。

① 一般安装在回水管路上。水系统中的水力平衡阀可以安装在回水管路上，也可以安装在供水管路上，每个环路中只需要安装一处。对于一次环路来说，为了方便平衡调试，宜将水力平衡阀安装在水温较低的回水管路上。总管上的水力平衡阀宜安装在供水总管的水泵后。

② 尽可能安装在直线段上。由于水力平衡阀具有流量计量的功能，为使流经阀门前后的水流比较稳定，保证水量测量的精度，应尽可能将水力平衡阀安装在直线管段处。

③ 注意新增加系统与原有系统水流量的平衡。水力平衡阀具有良好的调节性能，其阻力系数要高于一般的截止阀。当有水力平衡阀的新增加系统连接于原供热或供冷系统时，必须注意新增加系统与原有系统水流量的分配平衡问题，以免安装了水力平衡阀的新增加系统的水阻力比原有系统高，这样就达不到应有的水流量。

④ 不要随意变动水力平衡阀的开度。管网系统安装完毕，并具备测试条件后，应使用专用智能仪表对全部水力平衡阀进行调试整定，并将各个水力平衡阀的开度锁定，使管网实现水力工况平衡，达到设计的节能效果及良好的供热（冷）品质。在管网系统正常运行的过程中，不应随意变动水力平衡阀的开度，特别是不要变动开度的锁定装置。

⑤ 不需要再安装截止阀。由于水力平衡阀是一种直观简便的流量调节控制装置，所以在检修某一环路时，可将该环路上的水力平衡阀关至"0"位，此时水力平衡阀可以起到截止阀截断水流的作用，待检修完毕后再将其恢复到原来锁定的位置。因此，水系统中安装水

力平衡阀后，就不必再安装截止阀。

⑥ 当系统增设或取消环路时应当重新调试整定。在管网系统中需要增设或取消环路时，除了应增加或关闭相应的水力平衡阀外，原则上所有新设户水力平衡阀及原有系统环路上的平衡阀，均应重新调试整定，这样才能获得最佳的供热（冷）效果和节能效果，但对原环路中的支管水力平衡阀不必重新调试。

⑦ 进行水力平衡阀现场调试。在水系统中，水力平衡阀、末端装置都是通过串联和并联的方式连接成为一个整体，调节任何一点都会引起整个系统各个节点压力和流量的变化。调节某一个水力平衡阀时，可能会改变原来已经调整好的平衡处的流量，所以必须对每台水力平衡阀按照一定顺序进行反复的调整，直至完全符合要求。水力平衡阀的调整是关系到整个系统功能如何的大事，监理工程师应进行全过程旁站检查监督和平行记录。

（2）自控装置与仪表控制

1）冷冻水系统的自控。楼宇自动化系统通过 DDC 直接数字控制器来实现对各机组的启动与停止，对冷水机组数量及各相关设备的联锁进行控制，其主要控制要点包括以下方面。

① 根据系统中实际的冷热负荷控制冷水机组及水泵的运行台数，以达到节能效果。

② 按顺序启动和停止冷冻系统，以保证系统的正常运行。在制冷系统中，各台冷冻水泵可互为备用，当任何一台冷冻水泵出现故障后，DDC 直接数字控制器会根据有关水泵的运行时间积累，投入运行时间最短的水泵来运行，以此来补足需要的冷冻水量。

③ 当系统检测到任何一个冷冻水的水流开关报警后，将会停止有关机组的运行，并投入另一机组运行。

④ DDC 直接数字控制器根据制冷机组的运行累积时间，每次启动累积时间最少的一台制冷机组，以达到各台机组运行时间的平衡。冷冻水系统中总供水、总回水之间的压差值与系统中的压差设定值进行比较后，控制旁通阀的开度，以维持冷冻水系统压力处于合理的水平。

⑤ 控制中心微机上的检测，并实时显示以下技术参数：机组的启停时间、运行时间累计；冷冻水供水与回水的压差、温度、流量、冷量；冷冻机组的运行状态、过载报警等。

2）冷却水系统的自控。为了使机组在过度季节冷却水的水温低于 18℃ 时仍能正常运行，在冷却水、供回水总管间设置电动调节阀，当水温低于 18℃ 时电动调节阀按比例开启，一部分循环水由旁通管流回与低温水混合，从而提高冷却水的温度，保证机组能正常运行。

3）末端设备水系统自控。对于末端设备水系统的自控，主要应注意控制以下要点。

① 空调机组、新风机组送风总管上设置温度传感器，其所测得的风温与设定值比较后，输出电信号，调整回水管比例及分电动调节阀的开度，调节水的流量，保证回风温度在设定的波动范围内。

② 风机盘管采用温控开关来控制回水管上电动两通阀的开关状态，以此达到控制室内温度的目的。

（四）设备安装节能质量控制要点

1. 各种空调机组的安装质量控制要点

（1）组合式空调机组、柜式空调机组、新风机组、单元式空调机组的规格、数量和技术性能应符合设计要求。

（2）各种空调机组的安装位置要正确，与风管、送风静压箱、回风箱间的连接应严密。

（3）现场组装的组合式空调机组的漏风率测试应符合国家标准《组合式空调机组》（GB/T 14294—2008）中的规定。

（4）机组内的空气热交换器翅片和空气过滤器应当清洁、完好，且安装位置和方向正确；过滤器的效率和初阻力应符合设计要求和产品标准规定。

2. 风机盘管机组的安装控制要点

（1）风机盘管机组的规格、数量应符合设计要求和产品规定的标准。

（2）风机盘管机组的安装位置、高度和方向应正确，同时应便于维护和保养。

（3）风机盘管机组与风管接口的连接应严密、可靠。

（4）风机盘管机组的空气过滤器安装应便于拆卸和清理。

3. 风机的安装控制要点

（1）风机的规格、数量应符合设计要求和产品规定的标准。

（2）风机的安装位置、高度和方向应正确，与风管接口的连接应严密、可靠。

4. 双向换气装置和排风热回收装置的安装控制要点

（1）带热回收功能的双向换气装置和排风热回收装置的规格、数量及安装位置应符合设计要求。

（2）带热回收功能的双向换气装置和排风热回收装置的进风、排风管的连接应正确、严密、可靠。

（3）室外进风、排风口的安装位置、高度、水平距离应符合设计要求。

（五）风系统绝热层与防潮层节能控制要点

（1）风系统绝热层应采用不燃或难燃的材料，其材质、规格和厚度应符合设计要求。

（2）风系统绝热层与风管、部件及设备的连接应严密、牢固、可靠，无裂缝、空隙等质量缺陷，且纵横向的接缝应相互错开。

（3）绝热层表面应平整，当采用卷材或板材时，其厚度允许偏差为 5mm；采用涂抹或其他方式时，其厚度允许偏差为 10mm。

（4）风管法兰绝热层的厚度应符合设计要求，且不应低于风管绝热层厚度的 80%。

（5）风管穿墙和穿楼板等处的绝热层应连续不间断。

（6）当风管绝热层采用黏结的方法固定时施工中应符合下列规定。

① 所用胶黏剂的技术性能应符合使用温度的要求，也要符合《室内装饰装修材料 胶黏剂中有害物质限量》（GB 18583—2008）的规定，并且与绝热材料相匹配。

② 黏结材料宜均匀地涂在风管、部件或设备的外表面上，绝热材料与风管、部件及设备表面应紧密贴合，不得有裂缝和空隙。

③ 绝热层纵向和横向的接缝应相互错开，搭接宽度应符合设计要求。

④ 绝热层粘贴后，如果需要进行包扎或捆扎，包孔的搭接处应均匀、贴紧，捆扎应松紧适度，不得损坏绝热层。

（7）当风管绝热层采用保温钉连接固定时应符合下列规定。

①　保温钉具有抗老化、抗温度骤变、防腐、耐寒耐热、承载力高、高承压、抗拉性能好、加载后不容易变形、防潮、缓振、吸收噪声和良好的绝缘性等特点，矩形风管或设备应采用保温钉进行固定。

②　保温钉与风管、部件及设备表面的连接，可采用黏结或焊接的方式，结合应牢固可靠，不得出现脱落现象，焊接后应保持风管的平整，并且不影响镀锌钢板的防腐性能。

③　矩形风管或设备保温钉的分布应均匀，其数量底面每平方米不应少于 16 个，侧面不应少于 10 个，顶面不应少于 8 个，首行保温钉至风管或保温材料的边缘距离应小于 120mm。

④　风管的法兰部位，绝热层的厚度应符合设计要求，一般不应低于风管绝热层的 0.8 倍。

⑤　带有防潮隔汽层绝热材料的拼缝处，应用粘胶带加以封严，粘胶带的宽度不应小于 50mm，粘胶带应牢固地粘贴在防潮面层上，不得有胀裂和脱落等质量缺陷。

（8）防潮层（包括绝热层的端部）应比较完整，且封闭完好，其搭接缝应为顺水方向。

（9）风管系统部件的绝热，不得影响其他操作功能。

（六）水系统绝热层与防潮层节能控制要点

（1）绝热层应采用不燃或难燃材料，绝热材料的材质、规格和厚度应符合设计要求；监理工程师对绝热层厚度可采用钢针刺入或尺量检查的方式进行随机抽查。

（2）硬质或半硬质绝热管壳的粘贴应牢固、可靠，铺贴应平整，拼接应严密，具体应符合以下要求。

①　检查绝热管壳的粘贴牢固程度。每节管壳至少应采用防腐金属丝或难腐织带或专用胶带进行捆扎，一般不得少于 2 道，其间距控制在 300～350mm。

②　检查绝热管壳的拼接质量。管壳的拼接缝隙要满足：要求保温时不应大于 5mm，要求保冷时不应大于 2mm，并要用粘贴材料勾缝填满。纵缝应错开，外层的水平接缝应设在侧下方。

（3）对松散或松软保温材料的疏密均匀性进行检查。在保温层施工的过程中，松散或松软保温材料应按规定的密度压缩其体积，保证这种保温材料疏密均匀，以达到最佳的保温效果。

（4）防潮层与绝热层的结合应紧密，封闭应严密。在进行质量检查时，应注意不得有虚粘、气泡、褶皱、裂缝等缺陷，以免影响防潮效果，导致绝热层的绝热性能降低。

（5）对卷材防潮层的搭接宽度控制。水系统卷材防潮层采用螺旋形缠绕施工时，卷材的搭接宽度宜为 30～50mm。

（6）防潮层的立管应由管道的低端向高端敷设，环向搭接缝应朝向低端，纵向搭接缝应位于管道的侧面，并顺水流方向。

（7）冷热水管穿楼板和墙体处的绝热层处理，应当符合下列要求。

①　冷热水管穿楼板和墙体处的绝热层，应保证其连续不间断，这样才能达到设计效果。

②　绝热层与套管之间应选用不燃材料进行填实，不得有空隙。

③　穿楼板和墙体处设置的套管两端应进行密封封堵，以防止外界腐蚀介质进入。

（8）对可拆卸部件绝热层的控制。对管道阀门、过滤器及法兰部位的绝热结构，应能够单独拆卸，且不得影响其他操作功能。

（9）管道与支架之间的绝热措施，即防止"冷桥"或"热桥"的措施一定要可靠。检查绝热衬垫的设置宽度、厚度、表面平整度及绝热材料之间的空隙是否填实。

三、设备单机试运转节能监理控制要点

（1）单机试运转和调试的结果，应当符合设计的节能要求。

（2）通风机、空调机组中的风机的叶轮旋转方向正确、运转平稳、无异常振动与声响，其电机运行功率应符合设备技术文件的规定。

（3）风机在额定转速下连续运转 2h 后，滑动轴承外壳的最高温度不得超过 70℃；滚动轴承外壳的最高温度不得超过 80℃。

（4）风机、空调机组、风冷热泵等设备运行时，产生的噪声不宜超过产品性能说明书中的规定值。风机盘管机组的三速、温控开关动作应正确，并与机组运行状态一一对应。

（5）在通风机运转前必须加上适度的机械油，检查各项安全措施；盘动叶轮应无卡阻和碰壳问题，叶轮旋转方向应正确；在额定转速下试运转的时间不得少于 2h。

（6）设备在试运转中应无异常振动，滑动轴承的最高温度不得超过 70℃，滚动轴承的最高温度不得超过 80℃。

（7）制冷机组的试运转应符合设备技术文件的要求，同时应符合现行国家标准《制冷设备、空气分离设备安装工程施工及验收规范》（GB 50274—2010）中的有关规定，正常运转时间不应少于 8h。

（8）水泵叶轮的旋转方向正确，无异常振动和声响，紧固连接部位无松动，其电机运行功率值符合设备技术文件中的规定。在设计负荷下连续运转 2h 后，滑动轴承外壳的最高温度不得超过 70℃；滚动轴承外壳的最高温度不得超过 75℃。轴封填料的温升应正常，在无特殊要求的情况下，普通填料的泄漏量不得大于 60mL/h，机械密封的泄露量不得大于 5mL/h。

（9）冷却塔本体应稳固、无异常振动，其噪声应符合设备技术文件的规定。

（10）冷却塔风机与冷却水系统循环试运行的时间不得少于 2h，运行应无异常情况。

（11）系统中的电控防火、排烟风阀（口）的手动操作应灵活、可靠，信号输出正确。

（12）其他设备的试运转可以参照"水泵"和"通风机"的试运转规定。

四、系统无生产负荷联动试运转及调试

联动试运转应当在设备单机试运转合格后进行。各专业及各工种必须密切合作，做到水通、电通、风通。设备主要部件的联动应符合设计要求。

1. 通风工程系统无生产负荷联动试运转及调试

（1）通风工程系统的连续试运转时间不应少于 2h。在系统联动试运转中，设备及主要部件的联动必须符合设计要求，动作协调、正确，无异常。

（2）系统各风口的风量测定与调整，实测与设计风量的偏差不应大于 15%。系统总风量调试结果与设计风量的偏差不应大于 10%。

（3）通风工程系统（尤其是工业除尘）中应注意除尘工作，湿式除尘器的供水与排水系统运行应正常。

（4）防排烟系统联合试运行与调试的结果（风量及正压），必须符合设计与消防的规定。

2. 空调工程系统无生产负荷联动试运转及调试

（1）各种自动计量检测元件和执行机构的工作应正确，满足建筑设备自动化（如 BA、FA 等）系统被测定参数进行检测和控制的要求。

（2）空调室内的噪声应符合设计规定的要求。

（3）有压差要求的房间、厅堂与其他相邻房间之间的压差，舒适性空调正压为 0～2.5Pa；工艺性的空调应符合设计的规定。

（4）有环境噪声要求的场所，制冷、空调机组应按现行国家标准《采暖通风与空气调节设备噪声声功率级的测定——工程法》（GB 9068—88）中的规定进行测定。洁净室内的噪声应符合设计的要求。

（5）舒适空调的温度、湿度应符合设计要求。恒温、恒湿房间的室内空气温度、湿度及波动范围应符合设计规定。

（6）空调工程水系统应冲洗干净，不含任何杂物。并排除管道系统中的空气，系统连续运行应达到正常、平稳的状态；水泵的压力和水泵电机的电流不应出现大幅波动的现象。系统平衡调整后，各空调机组的水流量应符合设计要求，允许偏差为 20%。

（7）当多台冷却塔并联运行时，各冷却塔的进水量和出水量应达到均匀一致。

（8）空调冷热水、冷却水总流量的测试结果应符合设计要求，与设计流量的偏差不应大于 10%。

3. 通风与空调工程的控制和监测设备

通风与空调工程的控制和监测设备，应能与系统的检测元件和执行机构正常沟通，系统的状态参数应能正确显示，设备联动、自动调节、自动保护应能正确进行。

第四节 通风与空调节能工程质量标准与验收

根据国家标准《通风与空调工程施工质量验收规范》（GB 50243—2002）中的规定，在进行通风与空调工程施工质量验收时应符合下列要求。

一、通风与空调工程施工质量验收的基本规定

（1）通风与空调工程施工质量的验收，除应符合《通风与空调工程施工质量验收规范》（GB 50243—2002）中的规定外，还应按照被批准的设计图纸、合同约定的内容和相关技术标准的规定进行。施工图纸修改必须有设计单位的设计变更通知书或技术核定签证。

（2）承担通风与空调工程项目的施工企业，应具有相应工程施工承包的资质等级及相应的质量管理体系。

（3）施工企业承担通风与空调工程施工图纸深化设计及施工时，还必须具有相应的设计资质及其质量管理体系，并应取得原设计单位的书面同意或签字认可。

（4）通风与空调工程施工现场的质量管理，应当符合《建筑工程施工质量验收统一标准》（GB 50300—2013）中的有关规定。

（5）通风与空调工程所使用的主要原材料、成品、半成品和设备在进场时，必须对其进行验收。验收应经监理工程师认可，并应形成相应的质量记录。

（6）通风与空调工程的施工，应把每一个分项施工工序作为工序交接检验点，并形成相应的质量记录。

（7）通风与空调工程在施工过程中，当发现设计文件有差错时，应及时提出修改意见或更正建议，并形成书面文件及归档。

（8）当通风与空调工程作为建筑工程的分部工程施工时，其子分部与分项工程的划分应按《通风与空调工程施工质量验收规范》（GB 50243—2002）中的表 3.0.8 规定执行。当通风与空调工程作为单位工程独立验收时，子分部上升为分部，分项工程的划分同上。

（9）通风与空调工程的施工应按规定的程序进行，并与土建及其他专业工种互相配合；与通风与空调系统有关的土建工程施工完毕后，应由建设或总承包、监理、设计及施工单位共同会检。会检的组织应由建设、监理或总承包单位负责。

（10）通风与空调工程分项工程施工质量的验收，应按本规范对应分项的具体条文规定执行。子分部中的各个分项，可根据施工工程的实际情况一次验收或数次验收。

（11）通风与空调工程中的隐蔽工程，在隐蔽前必须经监理人员验收及认可签证。

（12）通风与空调工程中从事管道焊接施工的焊工，必须具备操作资格证书和相应类别管道焊接的考核合格证书。

（13）通风与空调工程竣工的系统调试，应在建设和监理单位的共同参与下进行，施工企业应具有专业检测人员和符合有关标准规定的测试仪器。

（14）通风与空调工程施工质量的保修期限，自竣工验收合格日起计算为 2 个采暖期、供冷期。在保修期内发生施工质量问题的，施工企业应履行保修职责，责任方承担相应的经济责任。

（15）净化空调系统洁净室（区域）的洁净度等级应符合设计的要求。洁净度等级的检测应按《通风与空调工程施工质量验收规范》（GB 50243—2002）中附录 B 第 B.4 条的规定，洁净度等级与空气中悬浮粒子的最大浓度限值（C_n）的规定，见《通风与空调工程施工质量验收规范》（GB 50243—2002）中附录 B 表 B.4.6-1。

（16）分项工程检验批的验收合格质量应符合下列规定：

① 具有施工单位相应分项合格质量的验收记录；

② 主控项目的质量抽样检验应全数合格；

③ 一般项目的质量抽样检验，除有特殊要求外，计数合格率不应小于 80%，且不得有严重缺陷。

二、通风与空调设备安装

1. 通风与空调设备安装的一般规定

（1）通风与空调设备安装的规定适用于工作压力不大于 5kPa 的通风机与空调设备安装质量的检验与验收。

（2）通风与空调设备应有装箱清单、设备说明书、产品质量合格证书和产品性能检测报告等随机文件，进口设备还应具有商检合格的证明文件。

（3）设备安装前，应进行开箱检查，并形成验收文字记录。参加人员为建设、监理、施工和厂商等各方单位的代表。

（4）设备就位前应对其基础工程进行验收，合格后方能安装。

（5）设备的搬运和吊装必须符合产品说明书的有关规定，并应做好设备的保护工作，防止因搬运或吊装而使设备损伤。

2. 通风与空调设备安装的主控项目

（1）通风机的安装应符合下列规定：

① 型号、规格应符合设计规定，其出口方向应正确；

② 叶轮旋转应平稳，停转后不应每次停留在同一位置上；

③ 固定通风机的地脚螺栓应拧紧，并有防松动措施。

检查数量：全数检查。

检查方法：依据设计图核对、观察检查。

（2）通风机传动装置的外露部位以及直通大气的进、出口，必须装设防护罩（网）或采取其他安全设施。

检查数量：全数检查。

检查方法：依据设计图核对、观察检查。

（3）空调机组的安装应符合下列规定：

① 型号、规格、方向和技术参数应符合设计要求；

② 现场组装的组合式空气调节机组应做漏风量的检测，其漏风量必须符合现行国家标准《组合式空调机组》（GB/T 14294—2008）中的规定。

检查数量：按总数抽检20%，不得少于1台。净化空调系统的机组，1～5级全数检查，6～9级抽查50%。

检查方法：依据设计图核对，检查测试记录。

（4）除尘器的安装应符合下列规定：

① 型号、规格、进出口方向必须符合设计要求；

② 现场组装的除尘器壳体应做漏风量检测，在设计工作压力下允许漏风率为5%，其中离心式除尘器为3%；

③ 布袋除尘器、电除尘器的壳体及辅助设备接地应可靠。

检查数量：按总数抽查20%，不得少于1台；接地全数检查。

检查方法：按图核对，检查测试记录和观察检查。

（5）高效过滤器应在洁净室及净化空调系统进行全面清扫和系统连续试车12h以上后，在现场拆开包装并进行安装。

安装前需进行外观检查和仪器检漏。目测不得有变形、脱落、断裂等破损现象；仪器抽检检漏应符合产品质量文件的规定。

合格后立即安装，其方向必须正确，安装后的高效过滤器四周及接口应严密不漏；在调试前应进行扫描检漏。

检查数量：高效过滤器的仪器抽检检漏按批抽5%，不得少于1台。

检查方法：观察检查，按《通风与空调工程施工质量验收规范》（GB 50243—2002）中附录B的规定扫描检测或查看检测记录。

（6）净化空调设备的安装还应符合下列规定。

① 净化空调设备与洁净室围护结构相连的接缝必须密封。

② 风机过滤器单元（FFU与FMU空气净化装置）应在清洁的现场进行外观检查，目测不得有变形、锈蚀、漆膜脱落、拼接板破损等现象；在系统试运转时，必须在进风口处加

装临时中效过滤器作为保护装置。

检查数量：全数检查。

检查方法：按设计图核对，观察检查。

（7）静电空气过滤器金属外壳接地必须良好。

检查数量：按总数抽查 20%，不得少于 1 台。

检查方法：核对材料，观察检查或电阻测定。

（8）电加热器的安装必须符合下列规定：

① 电加热器与钢构架间的绝热层必须为不燃材料；外露的接线柱应加设安全防护罩；

② 电加热器的金属外壳接地必须良好；

③ 连接电加热器的风管的法兰垫片，应采用耐热不燃材料。

检查数量：按总数抽查 20%，不得少于 1 台。

检查方法：核对材料，观察检查或电阻测定。

（9）干蒸汽加湿器的安装，蒸汽喷管不应朝下。

检查数量：全数检查。

检查方法：观察检查。

（10）过滤吸收器的安装方向必须正确，并应设独立支架，与室外的连接管段不得有泄漏现象。

检查数量：全数检查。

检查方法：观察或检测。

3. 通风与空调设备安装的一般项目

（1）通风机的安装应符合下列规定：

① 通风机的安装应当符合表 9-9 中的规定，叶轮转子与机壳的组装位置应正确；叶轮进风口插入风机机壳进风口或密封圈的深度，应符合设备技术文件的规定，或为叶轮外径值的 1/100。

表 9-9 通风机安装的允许偏差

项次	项目		允许偏差	检验方法
1	中心线的平面位移		10mm	经纬仪或拉线和尺量检查
2	标高		±10mm	水准仪或水平仪、直尺，拉线和尺量检查
3	皮带轮轮宽中心平面偏移		1mm	在主、从动皮带轮端面拉线和尺量检查
4	传动轴水平度		纵向：0.2/1000 横向：0.3/1000	在轴或皮带轮 0 和 180 的两个位置上用水平仪检查
5	联轴器	两轴芯径向位移	0.05mm	在联轴器互相垂直的 4 个位置上用百分表检查
		两轴线倾斜	0.2/1000	

② 现场组装的轴流风机叶片安装角度应一致，使其在同一平面内运转，叶轮与筒体之间的间隙应均匀，水平度允许偏差为 1/1000。

③ 安装隔振器的地面应平整，各组隔振器承受荷载的压缩量应均匀，高度误差应小于 2mm。

④ 安装风机的隔振钢支、吊架，其结构形式和外形尺寸应符合设计或设备技术文件的

规定；焊接应牢固，焊缝应饱满、均匀。

检查数量：按总数抽查 20%，不得少于 1 台。

检查方法：尺量、观察或检查施工记录。

（2）组合式空调机组及柜式空调机组的安装应符合下列规定：

① 组合式空调机组各功能段的组装，应符合设计规定的顺序和要求；各功能段之间的连接应严密，整体应平直；

② 机组与供、回水管的连接应正确，机组下部冷凝水排放管的水封高度应符合设计要求；

③ 机组应清扫干净，箱体内应无杂物、垃圾和积尘；

④ 机组内空气过滤器（网）和空气热交换器的翅片应清洁、完好。

检查数量：按总数抽查 20%，不得少于 1 台。

检查方法：观察检查。

（3）空气处理室的安装应符合下列规定：

① 金属空气处理室壁板及各段的组装位置应正确，表面平整，连接严密、牢固；

② 喷水段的本体及其检查门不得漏水，喷水管和喷嘴的排列、规格应符合设计的规定；

③ 表面式换热器的散热面应保持清洁、完好。当用于冷却空气时，在下部应设有排水装置，冷凝水的引流管或槽应畅通，冷凝水不外溢；

④ 表面式换热器与围护结构间的缝隙，以及表面式热交换器之间的缝隙，应封堵严密；

⑤ 换热器与系统供、回水管的连接应正确，且严密不漏。

检查数量：按总数抽查 20%，不得少于 1 台。

检查方法：观察检查。

（4）单元式空调机组的安装应符合下列规定：

① 分体式空调机组的室外机和风冷整体式空调机组的安装，固定应牢固、可靠；除应满足冷却风循环空间的要求外，还应符合环境卫生保护有关法规的规定；

② 分体式空调机组的室内机的位置应正确并保持水平，冷凝水的排放应畅通。管道穿墙处必须密封，不得有雨水渗入；

③ 整体式空调机组管道的连接应严密、无渗漏，四周应留有相应的维修空间。

检查数量：按总数抽查 20%，不得少于 1 台。

检查方法：观察检查。

（5）除尘设备的安装应符合下列规定：

① 除尘器的安装位置应正确、牢固平稳，允许误差应符合表 9-10 的规定。

表 9-10　除尘器允许偏差和检验方法

项次	项目		允许偏差	检验方法
1	平面位移		≤10mm	用经纬仪或拉线、尺量检查
2	标高		±10mm	用水准仪、直尺、拉线和尺量检查
3	垂直度	每米	≤2mm	吊线和尺量检查
		总偏差	≤10mm	

② 除尘器的活动或转动部件的动作应灵活、可靠，并应符合设计要求。

③ 除尘器的排灰阀、卸料阀、排泥阀的安装应严密，并便于操作与维护修理。

检查数量：按总数抽查 20％，不得少于 1 台。

检查方法：尺量、观察检查及检查施工记录。

（6）现场组装的静电除尘器的安装，还应符合设备技术文件及下列规定：

① 阳极板组合后的阳极排平面度允许偏差为 5mm，其对角线允许偏差为 10mm；

② 阴极小框架组合后主平面的平面度允许偏差为 5mm，其对角线允许偏差为 10mm；

③ 阴极大框架的整体平面度允许偏差为 15mm，整体对角线允许偏差为 10mm；

④ 阳极板高度小于或等于 7m 的电除尘器，阴、阳极间距允许偏差为 5mm。阳极板高度大于 7m 的电除尘器，阴、阳极间距允许偏差为 10mm；

⑤ 振打锤装置的固定应可靠；振打锤的转动应灵活；锤头方向应正确；振打锤头与振打砧之间应保持良好的线接触状态，接触长度应大于锤头厚度的 0.7 倍。

检查数量：按总数抽查 20％，不得少于 1 组。

检查方法：尺量、观察检查及检查施工记录。

（7）现场组装的布袋除尘器的安装，还应符合下列规定：

① 外壳应严密、不漏，布袋接口应牢固；

② 分室反吹袋式除尘器的滤袋安装，必须平直。每条滤袋的拉紧力应保持在 25～35N/m；与滤袋连接接触的短管和袋帽，应无毛刺；

③ 机械回转扁袋袋式除尘器的旋臂，转动应灵活可靠；净气室上部的顶盖，应密封、不漏气，旋转应灵活，无卡阻现象；

④ 脉冲袋式除尘器的喷吹孔，应对准文氏管的中心，同心度允许偏差为 2mm。

检查数量：按总数抽查 20％，不得少于 1 台。

检查方法：尺量、观察检查及检查施工记录。

（8）洁净室空气净化设备的安装，应符合下列规定：

① 带有通风机的气闸室、吹淋室与地面间应有隔振垫；

② 机械式余压阀的安装，阀体、阀板的转轴均应水平，允许偏差为 2/1000；余压阀的安装位置应在室内气流的下风侧，且不应在工作面高度范围内；

③ 传递窗的安装应牢固、垂直，与墙体的连接处应密封。

检查数量：按总数抽查 20％，不得少于 1 件。

检查方法：尺量、观察检查。

（9）装配式洁净室的安装应符合下列规定：

① 洁净室的顶板和壁板（包括夹芯材料）应为不燃材料；

② 洁净室的地面应干燥、平整，平整度允许偏差为 1/1000；

③ 壁板的构配件和辅助材料的开箱，应在清洁的室内进行，安装前应严格检查其规格和质量；壁板应垂直安装，底部宜采用圆弧或钝角交接；安装后的壁板之间、壁板与顶板间的拼缝，应平整严密，墙板的垂直允许偏差为 2/1000，顶板水平度的允许偏差与每个单间的几何尺寸的允许偏差均为 2/1000；

④ 洁净室吊顶在受荷载后应保持平直，压条全部紧贴；洁净室壁板若为上、下槽形板时，其接头应平整、严密；组装完毕的洁净室中的所有拼接缝，包括与建筑的接缝，均应采取密封措施，做到不脱落、密封良好。

检查数量：按总数抽查 20％，不得少于 5 处。

检查方法：尺量、观察检查及检查施工记录。

（10）洁净层流罩的安装应符合下列规定：

① 应设独立的吊杆，并有防晃动的固定措施；

② 层流罩安装的水平度允许偏差为 1/1000，高度的允许偏差为 ±1mm；

③ 层流罩安装在吊顶上，其四周与顶板之间应设有密封及隔振措施。

检查数量：按总数抽查 20%，且不得少于 5 件。

检查方法：尺量、观察检查及检查施工记录。

（11）风机过滤器单元（FFU、FMU）的安装应符合下列规定。

① 风机过滤器单元的高效过滤器安装前应按《通风与空调工程施工质量验收规范》（GB 50243—2002）中第 7.2.5 条的规定检漏，合格后进行安装，方向必须正确；安装后的 FFU 或 FMU 机组应便于检修。

② 安装后的 FFU 风机过滤器单元，应保持整体平整，与吊顶衔接良好；风机箱与过滤器之间的连接，过滤器单元与吊顶框架间应有可靠的密封措施。

检查数量：按总数抽查 20%，且不得少于 2 个。

检查方法：尺量、观察检查及检查施工记录。

（12）高效过滤器的安装应符合下列规定。

① 高效过滤器采用机械密封时，须采用密封垫料，其厚度为 6～8mm，并定位贴在过滤器边框上，安装后垫料的压缩应均匀，压缩率为 25%～50%。

② 采用液槽密封时，槽架的安装应水平，不得有渗漏现象，槽内无污物和水分，槽内密封液高度宜为 2/3 槽深，密封液的熔点宜高于 50℃。

检查数量：按总数抽查 20%，且不得少于 5 个。

检查方法：尺量、观察检查。

（13）消声器的安装应符合下列规定：

① 消声器安装前应保持干净，做到无油污和浮尘；

② 消声器安装的位置、方向应正确，与风管的连接应严密，不得有损坏与受潮；两组同类型消声器不宜直接串联；

③ 现场安装的组合式消声器，消声组件的排列、方向和位置应符合设计要求；单个消声器组件的固定应牢固；

④ 消声器、消声弯管均应设独立的支、吊架。

检查数量：整体安装的消声器，按总数抽查 10%，且不得少于 5 台；现场组装的消声器全数检查。

检查方法：手扳和观察检查、核对安装记录。

（14）空气过滤器的安装应符合下列规定：

① 安装平整、牢固，方向正确；过滤器与框架、框架与围护结构之间应严密、无穿透缝；

② 框架式或粗效、中效袋式空气过滤器的安装，过滤器四周与框架应均匀压紧，无可见缝隙，并应便于拆卸和更换滤料；

③ 卷绕式过滤器的安装，框架应平整，展开的滤料应松紧适度，上下筒体应平行。

检查数量：按总数抽查 10%，且不得少于 1 台。

检查方法：观察检查。

（15）风机盘管机组的安装应符合下列规定：

① 机组安装前宜进行单机三速试运转及水压检漏试验，试验压力为系统工作压力的 1.5

倍，试验观察时间为 2min，不渗漏为合格；

②　机组应设独立的支、吊架，安装的位置、高度及坡度应正确，且固定牢固；

③　机组与风管、回风箱或风口的连接，应严密、可靠。

检查数量：按总数抽查 10%，且不得少于 1 台。

检查方法：观察检查、查阅检查试验记录。

（16）转轮式换热器安装的位置、转轮旋转方向及接管应正确，运转应平稳。

检查数量：按总数抽查 20%，且不得少于 1 台。

检查方法：观察检查。

（17）转轮去湿机的安装应牢固，转轮及传动部件应灵活、可靠，方向正确；处理空气与再生空气接管应正确；排风水平管须保持一定的坡度，并坡向排出方向。

检查数量：按总数抽查 20%，且不得少于 1 台。

检查方法：观察检查。

（18）蒸汽加湿器的安装应设置独立支架，并固定牢固；接管尺寸正确、无渗漏。

检查数量：全数检查。

检查方法：观察检查。

（19）空气风幕机的安装，位置和方向应正确、牢固可靠，纵向垂直度与横向水平度的偏差均不应大于 2/1000。

检查数量：按总数 10% 的比例抽查，且不得少于 1 台。

检查方法：观察检查。

（20）变风量末端装置的安装，应设单独的支、吊架，与风管连接前宜做动作试验。

检查数量：按总数抽查 10%，且不得少于 1 台。

检查方法：观察检查、查阅检查试验记录。

三、空调制冷系统安装

1. 空调制冷系统安装的一般规定

（1）空调制冷系统安装的一般规定适用于空调工程中工作压力不高于 2.5MPa，工作温度在 −20~150℃ 的整体式、组装式及单元式制冷设备（包括热泵）、制冷附属设备、其他配套设备和管路系统安装工程施工质量的检验和验收。

（2）制冷设备、制冷附属设备、管道、管件及阀门的型号、规格、性能及技术参数等必须符合设计要求。设备机组的外表应无损伤，密封应良好，随机文件和配件应齐全。

（3）与制冷机组配套的蒸汽、燃油、燃气供应系统和蓄冷系统的安装，还应符合设计文件、有关消防规范与产品技术文件的规定。

（4）空调用制冷设备的搬运和吊装，应符合产品技术文件和现行国家标准《通风与空调工程施工质量验收规范》（GB 50243—2002）中第 7.1.5 条的规定。

（5）制冷机组本体的安装、试验、试运转及验收还应符合现行国家标准《制冷设备、空气分离设备安装工程施工及验收规范》（GB 50274—2010）中有关条文的规定。

2. 空调制冷系统安装的主控项目

（1）制冷设备与制冷附属设备的安装应符合下列规定。

① 制冷设备、制冷附属设备的型号、规格和技术参数必须符合设计要求，并具有产品合格证书、产品性能检验报告。

② 设备的混凝土基础必须进行质量交接验收，合格后方可安装。

③ 设备安装的位置、标高和管口方向必须符合设计要求；用地脚螺栓固定的制冷设备或制冷附属设备，其垫铁的放置位置应正确、接触紧密；螺栓必须拧紧，并有防松动措施。

检查数量：全数检查。

检查方法：查阅图纸，核对设备型号、规格；产品质量合格证书和性能检验报告。

（2）直接膨胀表面式冷却器的外表应保持清洁、完整，空气与制冷剂应呈逆向流动状态；表面式冷却器与外壳四周的缝隙应堵严，冷凝水的排放应畅通。

检查数量：全数检查。

检查方法：观察检查。

（3）燃油系统的设备与管道，以及储油罐及日用油箱的安装，位置和连接方法应符合设计与消防要求。

燃气系统设备的安装应符合设计和消防要求。调压装置、过滤器的安装和调节应符合设备技术文件的规定，且应可靠接地。

检查数量：全数检查。

检查方法：按图纸核对；观察；查阅接地测试记录。

（4）制冷设备的各项严密性试验和试运行的技术数据，均应符合设备技术文件的规定。对组装式的制冷机组和现场充注制冷剂的机组，必须进行吹污、气密性试验、真空试验和充注制冷剂检漏试验，其相应的技术数据必须符合产品技术文件和有关现行国家标准、规范的规定。

检查数量：全数检查。

检查方法：旁站观察、检查和查阅试运行记录。

（5）制冷系统管道、管件和阀门的安装应符合下列规定。

① 制冷系统的管道、管件和阀门的型号、材质及工作压力等必须符合设计要求，并应具有出厂合格证、质量证明书。

② 法兰、螺纹等处的密封材料应与管内介质的性能相适应。

③ 制冷剂液体管不得向上装成"Ω"形；气体管道不得向下装成倒"Ω"形（特殊回油管除外）；液体支管引出时，必须从干管底部或侧面接出；气体支管引出时，必须从干管顶部或侧面接出；有两根以上的支管从干管引出时，连接部位应错开，间距不应小于2倍支管直径，且不小于200mm。

④ 制冷机与附属设备之间制冷剂管道的连接，其坡度与坡向应符合设计及设备技术文件要求。当设计无规定时，应符合表9-11的规定。

表9-11 制冷剂管道坡度与坡向

管道名称	坡向	坡度
压缩机吸气水平管（氟）	压缩机	≥10/1000
压缩机吸气水平管（氨）	蒸发器	≥3/1000
压缩机排水水平管	油分离器	≥10/1000
冷凝器水平供液管	储液器	(1~3)/1000
油分离器至冷凝器水半管	油分离器	(3~5)/1000

⑤ 制冷系统投入运行前，应对安全阀进行调试校核，其开启和回座压力应符合设备技术文件的要求。

检查数量：按总数抽检20％，且不得少于5件；对第⑤项的安全阀全数检查。

检查方法：核查合格证明文件、观察、水平仪测量、查阅调校记录。

（6）燃油管道系统必须设置可靠的防静电接地装置，其管道的法兰应采用镀锌螺栓连接或在法兰处用铜导线进行跨接，且接合良好。

检查数量：系统全数检查。

检查方法：观察检查、查阅试验记录。

（7）燃气系统管道与机组的连接不得使用非金属软管。燃气管道的吹扫和压力试验应为压缩空气或氮气，严禁用水。当燃气供气管道的压力大于0.005MPa时，焊缝无损检测的执行标准应为设计规定。当设计无规定，且采用超声波探伤时，应全数检测，以质量不低于Ⅱ级为合格。

检查数量：系统全数检查。

检查方法：观察检查、查阅探伤报告和试验记录。

（8）氨制冷剂系统的管道、附件、阀门及填料不得采用铜或铜合金材料（磷青铜除外），管内不得镀锌。氨系统的管道焊缝应进行射线照相检验，抽检率为10％，以质量不低于Ⅲ级为合格。在不易进行射线照相检验操作的场合，可用超声波检验代替，以不低于Ⅱ级为合格。

检查数量：系统全数检查。

检查方法：观察检查、查阅探伤报告和试验记录。

（9）输送乙二醇溶液的管道系统，不得使用内镀锌的管道及配件。

检查数量：按系统的管段抽查20％，且不得少于5件。

检查方法：观察检查、查阅安装记录。

（10）制冷管道系统应进行强度、气密性试验及真空试验，且必须合格。

检查数量：系统全数检查。

检查方法：旁站、观察检查和查阅试验记录。

3. 空调制冷系统安装的一般项目

（1）制冷机组与制冷附属设备的安装应符合下列规定：

① 制冷设备及制冷附属设备安装位置、标高的允许偏差应符合表9-12的规定。

表9-12　制冷设备与制冷附属设备安装允许偏差和检验方法

项次	项目	允许偏差	检验方法
1	平面位移	≤10mm	用经纬仪或拉线、尺量检查
2	标高	±10mm	用水准仪、直尺、拉线和尺量检查

② 整体安装的制冷机组，其机身纵、横向水平度的允许偏差为1/1000，并应符合设备技术文件的规定。

③ 制冷附属设备安装的水平度或垂直度允许偏差为1/1000，并应符合设备技术文件的规定。

④ 采用隔振措施的制冷设备或制冷附属设备，其隔振器的安装位置应正确；各个隔振

器的压缩量应均匀一致，偏差不应大于 2mm。

⑤ 设置弹簧隔振的制冷机组，应设有防止机组运行时水平位移的定位装置。

检查数量：全数检查。

检查方法：在机座或指定的基准面上用水平仪、水准仪等检测；尺量与观察检查。

（2）模块式冷水机组单元多台并联组合时，接口应牢固且严密不漏。连接后机组的外表应平整、完好，无明显的扭曲。

检查数量：全数检查。

检查方法：尺量、观察检查。

（3）燃油系统油泵和蓄冷系统载冷剂泵的安装，纵、横向水平度允许偏差为 1/1000；联轴器两轴芯的轴向倾斜允许偏差为 0.2/1000，径向位移为 0.05mm。

检查数量：全数检查。

检查方法：在机座或指定的基准面上，用水平仪、水准仪等检测；尺量；观察检查。

（4）制冷系统管道、管件的安装应符合下列规定：

① 管道、管件的内外壁应清洁、干燥；铜管管道支吊架的型式、位置、间距及管道安装标高应符合设计要求，连接制冷机的吸、排气管道应设单独支架；管径小于等于 20mm 的铜管道，在阀门处应设置支架；管道上下平行敷设时，吸气管应在下方。

② 制冷剂管道弯管的弯曲半径不应小于 3.5D（管道直径），其最大外径与最小外径之差不应大于 0.08D，且不应使用焊接弯管及皱褶弯管。

③ 制冷剂管道的分支管应按介质流向弯成 90°弧度与主管连接，不宜使用弯曲半径小于 1.5D 的压制弯管。

④ 铜管切口应平整，不得有毛刺、凹凸等缺陷；切口允许倾斜偏差为管径的 1%；管口翻边后应保持同心，不得有开裂及皱褶现象，并应有良好的密封面。

⑤ 采用承插式钎焊焊接连接的铜管，其插接深度应符合表 9-13 的规定，承插的扩口方向应迎介质流向。当采用套接钎焊焊接连接时，其插接深度应不小于承插连接的规定。采用对接焊缝时组对管道的内壁应齐平，错边量不大于 0.1 倍壁厚，且不大于 1mm。

表 9-13　承插式焊接的铜管承口的扩口深度　　　　　　　　单位：mm

铜管规格	≤DN15	DN20	DN25	DN32	DN40	DN50	DN65
承插口的扩口深度	9～12	12～15	15～18	17～20	21～24	24～26	26～30

⑥ 管道穿越墙体或楼板时，管道的支吊架和钢管的焊接应按照本规范第 9 章的有关规定执行。

检查数量：按系统抽查 20%，且不得少于 5 件。

检查方法：尺量、观察检查。

（5）制冷系统阀门的安装应符合下列规定。

① 制冷剂阀门安装前应进行强度和严密性试验。强度试验压力为阀门公称压力的 1.5 倍，时间不得少于 5min；严密性试验压力为阀门公称压力的 1.1 倍，持续时间 30s 不漏为合格。合格后应保持阀体内干燥。如进、出口封闭破损或阀体锈蚀的阀门还应进行解体清洗。

② 位置、方向和高度应符合设计要求。

③ 水平管道上的阀门手柄不应朝下；垂直管道上的阀门手柄应朝向便于操作的地方。

④ 自控阀门安装的位置应符合设计要求。电磁阀、调节阀、热力膨胀阀、升降式止回阀等的阀头均应向上；热力膨胀阀的安装位置应高于感温包，感温包应装在蒸发器末端的回气管上，与管道接触良好，绑扎紧密。

⑤ 安全阀应垂直安装在便于检修的位置，其排气管的出口应朝向安全地带，排液管应装在泄水管上。

检查数量：按系统抽查 20%，且不得少于 5 件。

检查方法：尺量、观察检查、旁站或查阅试验记录。

（6）制冷系统的吹扫排污应采用压力为 0.6MPa 的干燥压缩空气或氮气，以浅色布检查 5min，无污物为合格。系统吹扫干净后，应将系统中阀门的阀芯拆下清洗干净。

检查数量：全数检查。

检查方法：观察、旁站或查阅试验记录

四、空调水系统管道与设备安装

1. 空调水系统管道与设备安装的一般规定

（1）空调水系统管道与设备安装的一般规定适用于空调工程水系统安装子分部工程，包括冷（热）水、冷却水、凝结水系统的设备（不包括末端设备），以及管道和附件施工质量的检验及验收。

（2）镀锌钢管应采用螺纹连接。当管径大于 DN100 时，可采用卡箍式、法兰或焊接连接的方式，但应对焊缝及热影响区的表面进行防腐处理。

（3）从事金属管道焊接的企业，应具有相应项目的焊接工艺评定，焊工应持有相应类别焊接的焊工合格证书。

（4）空调用蒸汽管道的安装，应按现行国家标准《建筑给水排水及采暖工程施工质量验收规范》（GB 50242—2002）的规定执行。

2. 空调水系统管道与设备安装的主控项目

（1）空调工程水系统的设备与附属设备、管道、管配件及阀门的型号、规格、材质及连接形式应符合设计规定。

检查数量：按总数抽查 10%，且不得少于 5 件。

检查方法：观察检查外观质量并检查产品质量证明文件、材料进场验收记录。

（2）管道安装应符合下列规定。

① 隐蔽管道必须按《通风与空调工程施工质量验收规范》（GB 50243—2002）中的第 3.0.11 条的规定执行。

② 焊接钢管、镀锌钢管不得采用热煨弯的方法。

③ 管道与设备的连接，应在设备安装完毕后进行，与水泵、制冷机组的接管必须为柔性接口。柔性短管不得强行对口连接，与其连接的管道应设置独立支架。

④ 冷热水及冷却水系统应在系统冲洗、排污合格（目测：以排出口的水色和透明度与入水口对比相近，无可见杂物）后，再循环试运行 2h 以上，且水质正常后才能与制冷机组、空调设备相贯通。

⑤ 固定在建筑结构上的管道支、吊架，不得影响结构的安全。管道穿越墙体或楼板处

应设钢制套管，管道接口不得置于套管内，钢制套管应与墙体饰面或楼板底部平齐，上部应高出楼层地面 20～50mm，并不得将套管作为管道支撑。保温管道与套管四周的间隙应使用不燃绝热材料填塞紧密。

检查数量：系统全数检查；每个系统管道、部件按数量抽查 10%，且不得少于 5 件。

检查方法：尺量，观察检查，旁站或查阅试验记录、隐蔽工程记录。

（3）管道系统安装完毕，外观检查合格后，应按设计要求进行水压试验。当设计无规定时应符合下列规定。

① 冷热水、冷却水系统的试验压力，当工作压力小于等于 1.0MPa 时，为 1.5 倍工作压力，但最低不小于 0.6MPa；当工作压力大于 1.0MPa 时，为工作压力加 0.5MPa。

② 对于大型或高层建筑垂直位差较大的冷（热）媒水、冷却水管道系统宜采用分区、分层试压和系统试压相结合的方法。一般建筑可采用系统试压方法。分区、分层试压是指对相对独立的局部区域的管道进行试压。在试验压力下，稳压 10min，压力不得下降，再将系统压力降至工作压力，在 60min 内压力不得下降、外观检查无渗漏为合格。

系统试压是指在各分区管道与系统主、干管全部连通后，对整个系统的管道进行系统地试压。试验压力以最低点的压力为准，但最低点的压力不得超过管道与组成件的承受压力。压力试验升至试验压力后，稳压 10min，压力下降不得大于 0.02MPa，再将系统压力降至工作压力，外观检查无渗漏为合格。

③ 各类耐压塑料管的强度试验压力为 1.5 倍工作压力，严密性工作压力为 1.15 倍的设计工作压力。

④ 凝结水系统采用充水试验的方法，不渗漏为合格。

检查数量：系统全数检查。

检查方法：旁站观察或查阅试验记录。

（4）阀门的安装应符合下列规定。

① 阀门的安装位置、高度、进出口方向必须符合设计要求，连接应牢固、紧密。

② 安装在保温管道上的各类手动阀门，手柄均不得向下。

③ 阀门安装前必须进行外观检查，阀门的铭牌应符合现行国家标准《通用阀门标志》（GB 12220—1989）中的规定。对于工作压力大于 1.0MPa 及在主干管上起到切断作用的阀门，应进行强度和严密性试验，合格后方准使用。其他阀门可不单独进行试验，待在系统试压中检验。强度试验时，试验压力为公称压力的 1.5 倍，持续时间不少于 5min，阀门的壳体、填料应无渗漏。

严密性试验时，试验压力为公称压力的 1.1 倍；试验压力在试验持续的时间内应保持不变，时间应符合表 9-14 的规定，阀瓣密封面无渗漏为合格。

表 9-14　阀门压力持续时间

公称直径 DN /mm	最短试验持续时间/s		公称直径 DN /mm	最短试验持续时间/s	
	严密性试验			严密性试验	
	金属密封	非金属密封		金属密封	非金属密封
≤50	15	15	250～450	60	30
65～200	30	15	≥500	120	60

检查数量：1、2款抽查5％，且不得少于1个。水压试验按每批（同牌号、同规格、同型号）数量抽查20％，且不得少于1个。对于安装在主干管上起切断作用的闭路阀门，全数检查。

检查方法：按设计图核对、观察检查；旁站或查阅试验记录。

（5）补偿器的补偿量和安装位置必须符合设计及产品技术文件的要求，并应根据设计计算的补偿量进行预拉伸或预压缩。

设有补偿器（膨胀节）的管道应设置固定支架，其结构形式和固定位置应符合设计要求，并应在补偿器的预拉伸（或预压缩）前固定；导向支架的设置应符合所安装产品技术文件的要求。

检查数量：抽查20％，且不得少于1个。

检查方法：观察检查，旁站或查阅补偿器的预拉伸或预压缩记录。

（6）冷却塔的型号、规格、技术参数必须符合设计要求。对含有易燃材料的冷却塔的安装，必须严格执行施工防火安全的规定。

检查数量：全数检查。

检查方法：按图纸核对，监督执行防火规定。

（7）水泵的规格、型号、技术参数应符合设计要求和产品性能指标。水泵正常连续试运行的时间不应少于2h。

检查数量：全数检查。

检查方法：按图纸核对，实测或查阅水泵试运行记录。

（8）水箱、集水缸、分水缸、储冷罐的满水试验或水压试验必须符合设计要求。

储冷罐内壁防腐涂层的材质、涂抹质量、厚度必须符合设计或产品技术文件的要求，储冷罐与底座必须进行绝热处理。

检查数量：全数检查。

检查方法：尺量、观察检查，查阅试验记录。

3. 空调水系统管道与设备安装一般项目

（1）当空调水系统的管道采用建筑用硬聚氯乙烯（PVC-U）、聚丙烯（PP-R）、聚丁烯（PB）与交联聚乙烯（PEX）等有机材料管道时，其连接方法应符合设计和产品技术要求的规定。

检查数量：按总数抽查20％，且不得少于2处。

检查方法：尺量、观察检查，验证产品合格证书和试验记录。

（2）金属管道的焊接应符合下列规定。

① 管道焊接材料的品种、规格、性能应符合设计要求。管道焊接口的组对和坡口形式等应符合表9-15的规定；对口的平直度为1/100，全长不大于10mm。管道的固定焊口应远离设备，且不宜与设备接口的中心线相重合。管道对接焊缝与支、吊架的距离应大于50mm。

② 管道焊缝表面应清理干净，并进行外观质量的检查。焊缝外观质量不得低于现行国家标准《现场设备、工业管道焊接工程施工及验收规范》（GB 50236—2011）中第11.3.3条的Ⅳ级规定（氨管为Ⅲ级）。

检查数量：按总数抽查20％，且不得少于1处。

表 9-15　管道焊接坡口形式和尺寸

项次	厚度 T/mm	坡口名称	坡口尺寸		
			间隙 C/mm	钝边 P/mm	坡口角度/(°)
1	1～3	I 型坡口	0～1.5	—	—
	3～6		1～2.5		
2	6～9	V 型坡口	0～2.0	0～2.0	65～75
	9～26		0～3.0	0～3.0	55～65
3	2～30	T 型坡口	0～2.0	—	—

注：内壁错边量≤0.1T，且≤2mm；外壁≤3mm。

检查方法：尺量、观察检查。

（3）螺纹连接的管道，螺纹应清洁、规整，断丝或缺丝不大于螺纹全扣数的 10％；连接牢固；接口处根部外露螺纹为 2～3 扣，无外露填料；镀锌管道的镀锌层应注意保护，对局部的破损处，应做防腐处理。

检查数量：按总数抽查 5％，且不得少于 5 处。

检查方法：尺量、观察检查。

（4）法兰连接的管道，法兰面应与管道中心线垂直，并同心。法兰对接应平行，其偏差不应大于其外径的 1.5/1000，且不得大于 2mm；连接螺栓长度应一致，螺母在同侧，均匀拧紧。螺栓紧固后不应低于螺母平面。法兰的衬垫规格、品种与厚度应符合设计的要求。

检查数量：按总数抽查 5％，且不得少于 5 处。

检查方法：尺量、观察检查。

（5）钢制管道的安装应符合下列规定。

① 管道和管件在安装前，应将其内、外壁的污物和锈蚀清除干净。当管道安装间断时，应及时封闭敞开的管口。

② 管道弯制弯管的弯曲半径，热弯不应小于管道外径的 3.5 倍，冷弯不应小于 4 倍；焊接弯管不应小于 1.5 倍；冲压弯管不应小于 1 倍。弯管的最大外径与最小外径的差不应大于管道外径的 8/100，管壁减薄率不应大于 15％。

③ 冷凝水排水管的坡度应符合设计文件的规定。当设计无规定时其坡度宜大于或等于 8‰；软管连接的长度不宜大于 150mm。

④ 冷热水管道与支、吊架之间，应有绝热衬垫（承压强度能满足管道重量的不燃、难燃硬质绝热材料或经防腐处理的木衬垫），其厚度不应小于绝热层厚度，宽度应大于支、吊架支承面的宽度。衬垫的表面应平整、衬垫接合面的空隙应填实。

⑤ 管道安装的坐标、标高和纵、横向的弯曲度应符合表 9-16 的规定。在吊顶内的暗装管道的位置应正确，无明显偏差。

（6）钢塑复合管道的安装，当系统工作压力不大于 1.0MPa 时，可采用涂（衬）塑焊接钢管螺纹连接，与管道配件的连接深度和扭矩应符合表 9-17 的规定；当系统工作压力为 1.0～2.5MPa 时，可采用涂（衬）塑无缝钢管法兰连接或沟槽式连接，管道配件均为无缝钢管涂（衬）塑管件。

表 9-16　管道安装允许偏差与检验方法

项次	项目			允许偏差	检验方法
1	坐标	架空及地沟	室外	25	按系统检查管道的起点、终点、分支点和变向点及各点之间的直管用经纬仪、水准仪、液体连通器、水平仪、拉线和尺量检查
			室内	15	
		埋地		60	
2	标高	架空及地沟	室外	±20	
			室内	±15	
		埋地		±25	
3	水平管道平直度		$DN \leqslant 100mm$	$2L‰$最大 40	用直尺、拉线和尺量检查
			$DN > 100mm$	$3L‰$最大 60	
4	立管垂直度			$5L‰$最大 25	用直尺、线锤、拉线和尺量检查
5	成排管段间距			15	用直尺尺量检查
6	成排管段或成排阀门在同一平面上			3	用直尺、拉线和尺量检查

注：L 为管道的有效长度，mm。

表 9-17　钢塑复合管螺纹连接深度及紧固扭矩

公称直径/mm		15	20	25	32	40	50	65	80	100
螺纹连接	深度/mm	11	13	15	17	18	20	23	27	33
	牙数/个	6.0	6.5	7.0	7.5	8.0	9.0	10.0	11.5	13.5
扭矩/N·m		40	60	100	120	150	200	250	300	400

　　沟槽式连接的管道，其沟槽与橡胶密封圈和卡箍套必须为配套合格产品；支、吊架的间距应符合表 9-18 的规定。

表 9-18　沟槽式连接管道的沟槽及支、吊架的间距

公称直径/mm	沟槽深度/mm	允许偏差/mm	支、吊架的间距/m	端面垂直度允许偏差/mm
65～100	2.20	0～+0.3	3.5	1.0
125～150	2.20	0～+0.3	4.2	
200	2.50	0～+0.3	4.2	1.5
225～250	2.50	0～+0.3	5.0	
300	3.00	0～+0.5	5.0	

注：1. 连接管的端面应平整光滑、无毛刺；沟槽过深，应作为废品，不得使用。

　　2. 支、吊架不得支承在连接头上，水平管的任意两个连接头之间必须有支、吊架。

　　检查数量：按总数抽查 10％，且不得少于 5 处。

　　检查方法：尺量、观察检查、查阅产品合格证明文件。

　　（7）风机盘管机组及其他空调设备与管道的连接，宜采用弹性接管或软接管（金属或非金属软管），其耐压值应大于等于 1.5 倍的工作压力。软管的连接应牢固，不应有强扭和瘪管现象。

　　检查数量：按总数抽查 10％，且不得少于 5 处。

检查方法：观察、查阅产品合格证明文件。

（8）金属管道的支、吊架的型式、位置、间距、标高应符合设计或有关技术标准的要求。设计无规定时应符合下列规定。

① 支、吊架的安装应平整牢固，与管道接触紧密。管道与设备的连接处，应设独立的支、吊架。

② 冷（热）媒水、冷却水系统中管道机房内总、干管的支、吊架，应采用承重防晃管架。与设备连接的管道管架宜有减振措施。当水平支管的管架采用单杆吊架时，应在管道起始点、阀门、三通、弯头及长度每隔 15m 处设置承重防晃的支、吊架。

③ 无热位移的管道吊架，其吊杆应垂直安装；有热位移的，其吊杆应向热膨胀（或冷收缩）的反方向偏移安装，偏移量通过计算确定。

④ 滑动支架的滑动面应清洁、平整，其安装位置应从支承面中心向位移反方向偏移 1/2 位移值或符合设计文件规定。

⑤ 竖井内的立管，每隔 2～3 层应设导向支架。在建筑结构负重允许的情况下，水平安装管道支、吊架的间距应符合表 9-19 的规定。

⑥ 管道支、吊架的焊接应由合格持证的焊工施焊，并不得有漏焊、欠焊或焊接裂纹等缺陷。支架与管道焊接时，管道侧的咬边量应小于 0.1 倍的管壁厚。

检查数量：按系统支架数量抽查 5%，且不得少于 5 个。

检查方法：尺量、观察检查。

表 9-19　钢管道支、吊架的最大间距

公称直径/mm		15	20	25	32	40	50	70	80	100	125	150	200	250
支架的 最大间距/m	L_1	1.5	2.0	2.5	2.5	3.0	3.5	4.0	5.0	5.0	5.5	6.5	7.5	8.5
	L_2	2.5	3.0	3.5	4.0	4.5	5.0	6.0	6.5	6.5	7.5	7.5	9.0	9.5
	对大于 300mm 的管道可参考 300mm 管道													

注：1. 适用于工作压力不大于 2.0MPa、不保温或保温材料密度不大于 200kg/m³ 的管道系统。

2. L_1 用于保温管道，L_2 用于不保温管道。

（9）采用建筑用硬聚氯乙烯（PVC-U）、聚丙烯（PP-R）与交联聚乙烯（PEX）等管道时，管道与金属支、吊架之间应有隔绝措施，不可直接接触。当为热水管道时，还应加宽其接触的面积。支、吊架的间距应符合设计和产品技术要求的规定。

检查数量：按系统支架数量抽查 5%，且不得少于 5 个。

检查方法：观察检查。

（10）阀门、集气罐、自动排气装置、除污器（水过滤器）等管道部件的安装应符合设计要求，并应符合下列规定。

① 阀门安装的位置、进出口方向应正确，并便于操作；连接应牢固紧密，启闭灵活；成排阀门的排列应整齐美观，在同一平面上的允许偏差为 3mm。

② 电动、气动等自控阀门在安装前应进行单体的调试，包括开启、关闭等动作试验。

③ 冷冻水和冷却水的除污器（水过滤器）应安装在进机组前的管道上，方向正确且便于清污，与管道连接牢固、严密，其安装位置应便于滤网的拆装和清洗。过滤器滤网的材质、规格和包扎方法应符合设计要求。

④ 闭式系统管路应在系统最高处及所有可能积聚空气的高点设置排气阀，在管路最低点应设置排水管及排水阀。

检查数量：按规格、型号抽查 10％，且不得少于 2 个。

检查方法：对照设计文件尺量、观察和操作检查。

(11) 冷却塔的安装应符合下列规定：

① 基础标高应符合设计的规定，允许误差为±20mm。冷却塔地脚螺栓与预埋件的连接或固定应牢固，各连接部件应采用热镀锌或不锈钢的螺栓，其紧固力应一致、均匀。

② 冷却塔安装应水平，单台冷却塔安装的水平度和垂直度允许偏差均为 2/1000。同一冷却水系统的多台冷却塔安装时，各台冷却塔的水面高度应一致，高差不应大于 30mm。

③ 冷却塔的出水口及喷嘴的方向和位置应正确，积水盘应严密、无渗漏；分水器布水均匀。带转动布水器的冷却塔，其转动部分应灵活，喷水出口按设计或产品要求安装，方向应一致。

④ 冷却塔风机叶片端部与塔体四周的径向间隙应均匀。对于可调整角度的叶片，角度应一致。

检查数量：全数检查。

检查方法：尺量、观察检查，积水盘做充水试验或查阅试验记录。

(12) 水泵及附属设备的安装应符合下列规定：

① 水泵的平面位置和标高允许偏差为±10mm，安装的地脚螺栓应垂直、拧紧，且与设备底座接触紧密。

② 垫铁组放置位置正确、平稳，接触紧密，每组不超过 3 块。

③ 整体安装的泵，纵向水平偏差不应大于 0.1/1000，横向水平偏差不应大于 0.20/1000；解体安装的泵，纵、横向安装水平偏差均不应大于 0.05/1000。

水泵与电机采用联轴器连接时，联轴器两轴芯的允许偏差，轴向倾斜不应大于 0.2/1000，径向位移不应大于 0.05mm；小型整体安装的管道水泵不应有明显偏斜。

④ 减震器与水泵及水泵基础连接牢固、平稳，接触紧密。

检查数量：全数检查。

检查方法：扳手试拧、观察检查，用水平仪和塞尺测量或查阅设备安装记录。

(13) 水箱、集水器、分水器、储冷罐等设备的安装及支架或底座的尺寸、位置符合设计要求。设备与支架或底座接触紧密，安装平正、牢固。平面位置允许偏差为 15mm，标高允许偏差为±5mm，垂直度允许偏差为 1/1000。膨胀水箱安装的位置及接管的连接，应符合设计文件的要求。

检查数量：全数检查。

检查方法：尺量、观察检查，旁站或查阅试验记录。

第五节　通风与空调常见质量问题及预防措施

通风与空调工程是现代大型建筑群体和公用建筑的必备设施，如果在选材、制作、安装和调试等方面存在质量问题，不但影响施工进程和施工质量，处理不好还会影响用户的正常使用，加上通风与空调工程大部分是隐蔽工程，一旦交付使用发现质量问题时也不便于维修，所以在施工中要严把质量关，并要针对质量问题采取必要的预防措施。

一、空调水系统运行不正常

1. 原因分析

空调水系统运行不正常，主要表现在水系统阻力增大、水泵的能耗过多，产生这种质量问题的主要原因有以下2点。

（1）施工中所用的麻丝、铁屑粉末等杂物在管道中未彻底清理干净，从而造成这些杂物堵塞管道使水系统阻力增大、水泵的能耗过多。

（2）在设计中未充分考虑安装电子除垢装置，在管网最低处也未设置口径适宜的排污阀，在相应的位置也未安装过滤器。

2. 预防措施

（1）在进行空调水系统的设计时，应考虑在系统中安装电子除垢装置，并在管网的最低处设置大口径排污阀，以便在水系统清洗时顺利排污。

（2）在水系统的主要设备及末端装置进水管上设置"Y"形过滤器，避免管网内的杂物进入设备及末端装置，防止引起堵塞从而报废。

（3）在主要设备的进水管和出水管之间，可以安装适量的短路阀，在进行管道冲洗时关闭进水阀和出水阀，打开短路阀即可对整个管网进行系统冲洗，避免管网出现堵塞从而导致水系统运行不正常。

（4）在每层水平干管上设置排空阀，这样可以根据出现问题的具体部位，进行分层冲洗排空及以后的日常维护。

二、风管系统存在的质量问题

1. 原因分析

风管系统会因为安装的风管不平、不直、不正、中心偏移，法兰连接不严密，而使风量大大减小，不能满足系统用风量的要求。出现这些质量问题的原因主要有以下几点。

（1）各风管支架、吊卡位置的标高不一致，间距不相等，风管受力不均，在其自重的作用下安装后发生弯曲变形现象，从而影响风管中的风量。

（2）在风管安装的过程中，由于法兰与风管中心轴线不垂直，法兰的互换性比较差，法兰管口翻边的宽度较小，法兰平整度差等，从而影响了风管中的正常输风量。

（3）法兰连接所用螺栓的间距过大，安装时螺栓的松紧度不一致；法兰之间所用的垫料较薄，使接口处有缝隙，从而会使风量在法兰处渗漏。

（4）风管的咬口处有开裂缺陷，或者室外安装的风管，其咬口缝处有渗水现象，均会影响风管中的风量。

2. 预防措施

（1）按照风管系统的质量标准，经过计算确定和调整风管支架或吊卡的位置标高，加长吊杆的丝扣长度，最终使托、吊卡受力均匀，风管安装后不出现弯曲变形现象。

（2）当法兰与风管的垂直度偏差较小时，可以加厚法兰垫片控制法兰螺栓的松紧度；当

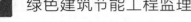
法兰与风管的垂直度偏差较大时，应当对法兰重新加工铆接。

（3）当法兰连接所用螺栓的间距过大时，适当增加法兰螺栓孔的数量，也可将螺栓孔扩孔1~2mm。

（4）加厚法兰垫料，以便调整螺栓的松紧度。弹性小的垫料可作整体垫或制成45°对接，并用密封胶进行黏结，弹性大的垫料可采用搭接的方式。

（5）为防止管内的风从风管与法兰的接头缝隙处渗漏，在风管与法兰的接头缝隙处要用密封胶加以封闭。

（6）在风管的咬口开裂处用铆钉铆接后，再用密封胶封闭或焊接。

（7）进行室外风管的安装时，其咬口缝应在底部。圆形弯头为单立咬口时，应双口在上、单口在下，对于漏雨处可进行焊接或用万能胶进行粘补。

三、柜式空调机组冷量不足

1. 原因分析

框式空调机组经调试后仍然存在冷量不足，不能满足系统正常运转的需要。存在这种质量问题的主要原因有：制冷机的效率较低；制冷剂充灌量不足；蒸发器表面全部结露；冷凝器中冷却水温度偏高；膨胀阀开启过大或过小等。

2. 预防措施

（1）当制冷机的效率较低时，应立即检修制冷机组，根据检修的实际情况，更换适宜的零件，以提高制冷机的效率。

（2）制冷剂又称制冷工质，它是在制冷系统中不断循环并通过其本身的状态变化以实现制冷的工作物质。在制冷机中必须按设计要求加足制冷剂，以确保制冷机的效率。

（3）认真检验风机叶轮的旋转方向，调整三角带的松紧度，清洗空气过滤器，调整新风、回风和送风阀门的开启度，使其达到制冷机的最佳工作状态。

（4）当确认原因为冷凝器中冷却水温度偏高时，应采取加大水量或调整冷却水温度的措施。

（5）按照设计蒸发温度调节膨胀阀的开启程度，使其达到最佳开启度。

四、风管法兰连接存在的问题

1. 原因分析

风管法兰连接存在的质量问题主要有：风管法兰连接处漏风；风管系统的噪声增大；增加了风管系统冷、热量的损耗。出现以上质量问题的主要原因有以下几个方面。

（1）通风、空调系统选用的法兰垫片，其材质不符合设计要求，不能使法兰接缝处严密，从而导致漏风。

（2）通风、空调系统选用的法兰垫片，其厚度不满足要求，因而严重影响垫片的弹性和紧固程度，也会导致法兰接缝处漏风。

（3）在进行法兰安装时，由于施工操作不细心、用力不正确，导致法兰垫片凸入风管内，接缝因无垫片而漏风。

（4）在进行法兰安装时，法兰的周边螺栓压紧程度不一致，使比较松的一侧出现缝隙从而导致漏风。

2. 预防措施

（1）通风、空调系统选用的法兰垫片，其材质一定要符合设计要求，在材料进场时要严格进行核查，不符合设计要求的垫片不能用于工程中。

（2）在进行法兰的正式安装前，要按设计要求认真检查法兰垫片的厚度，对于厚度不够的垫片，要坚决将其剔出，不得用于法兰安装。

（3）在进行法兰安装时，操作人员要注意观察紧固中垫片的变化，不使法兰垫片凸入风管内。

（4）在进行法兰安装时，操作人员要均匀紧固周边螺栓，避免压紧程度不一致，使紧固松的一侧出现缝隙从而导致漏风。

五、系统存在漏风的其他问题

1. 原因分析

在通风与空调系统中，无法兰风管连接的严密性不符合要求；风管与插条法兰的间隙过大，系统运转后有较大的漏风现象，从而使运行的能耗大幅度增加。产生这样质量问题的主要原因有以下几个方面。

（1）风管插条式法兰连接装置，由风管、连接件、法兰扣、插条和密封件组成。法兰扣的一端与风管相连，法兰扣的另一端设有凹槽，端面嵌设密封件，风管四周的法兰扣定位后，分别将插条插入法兰扣的凹槽内，把风管连接构成整体。这种连接装置的密封性如何，关键在于压制的插条法兰形状是否规则，如果形状不规则必然会导致系统漏风。

（2）风管插条式法兰有多种断面形式和尺寸，不同的结构形式用于不同的场合，如果选用不当，其严密性必然达不到设计要求。

（3）当采用 U 形插条进行连接时，风管的翻边尺寸不准确，也会使风管与插条之间有缝隙，从而有漏风现象。

（4）在进行风管与插条法兰的连接时未采取涂抹密封胶等密封措施，也会出现漏风现象。

2. 预防措施

（1）在进行风管与插条法兰的连接前，首先应仔细检查插条法兰的制作质量是否符合设计要求，不合格的插条法兰不得用于工程中。

（2）按照国家标准《通风与空调工程施工质量验收规范》（GB 50243—2002）中的有关规定，选用正确的结构形式。

（3）当采用 U 形插条进行连接时，应认真检查风管的翻边尺寸是否符合要求。

（4）在进行风管与插条法兰的连接时，应根据工程的实际情况，正确采取密封措施。

六、组合式空调器存在的问题

1. 原因分析

组合式空调器安装质量较差，表面凹凸不平整，各空气处理段的连接有缝隙存在，空气处理部件与壁板之间有明显的缝隙，减振效果不理想，排水管出现漏风现象，影响空气处理的效果，增大冷热源的消耗，空调系统运行中的噪声增加。出现以上问题的主要原因有以下几个方面。

（1）组合式空调器的坐标位置偏差过大，其允许偏差不符合设计要求。

（2）组合式空调器各空气处理段为散件现场组装，使得壁板表面凹凸不平整，几何尺寸偏差过大。

（3）组合式空调器各空气处理段之间连接的密封垫厚度不够，从而导致各空气处理段的连接有缝隙。

（4）组合式空调器内的空气过滤器、表面冷却器、加热器与空调器箱体连接的缝隙未按要求加以封闭。

（5）挡水板的片距不等，折角与设计要求不相符，安装出现颠倒。

（6）空调器未采取减振措施，排水管无水封装置。

2. 预防措施

（1）严格按照现行规范标准操作，控制空调器的安装精度，使安装允许偏差达到：平面位置±10mm；标高±（10～20）mm。

（2）组合式空调器的各空气处理段之间，应当采用具有一定弹性的垫片，使连接处的缝隙严密。

（3）应保证折角符合设计要求，挡水板的长度和宽度偏差不大于2mm，片与片之间的距离一般应控制在25mm。

（4）在一般情况下，空调器与基础之间应垫厚度不小于5mm的橡胶板，以达到较好的减振效果。

（5）排水管水封的高度应根据空调系统的风压来确定。

七、风机的电机运转存在的问题

1. 原因分析

风机的电机运转电流与额定电流相差较多，系统总风量过小，不能满足正常运转的需要。空调或洁净房间的湿温度或洁净度无法保证。出现以上问题的主要原因有以下几个方面。

（1）风机转数丢转过多。

（2）风机的实际转数与设计要求的转数不符。

（3）风机的叶轮反转。

（4）系统的总、干、支管及风口（风量）调节阀没有全部开启。

（5）风管系统设计不合理，局部阻力过大。

（6）设计选用的风机压力过小。

2. 预防措施

（1）在风机正式安装前，要进行试运转试验，确保风机的转数满足设计要求。

（2）认真检查一下风机的叶轮是否反转。

（3）检查所有风口（风量）的调节阀是否全部开启。

八、正压送风达不到要求

1. 原因分析

有防火要求的楼梯间和楼梯间前室，经测定，正压送风的风压和风量达不到要求，满足不了发生火灾时人员安全疏散的要求。正压送风达不到设计要求的原因有以下几个方面。

（1）在进行通风与空调节能工程的设计时，设计人员未进行计算而根据以往经验选型，结果造成正压送风机选型过小，不能满足设计要求。

（2）采用砖砌或混凝土风道，风道内表面未按要求进行抹灰，这样不仅使其表面比较粗糙，甚至缝隙处会发生漏风现象。

（3）前室和楼梯间未安防火门或防火门的密闭性差，使其不能保持余压或余压值达不到要求。

2. 预防措施

（1）在进行通风与空调节能工程的设计时，设计人员应严格按照规范要求，经计算后选用合适的正压送风机。

（2）如果砖或混凝土风道尺寸过小从而使抹灰困难时，应采取边砌砖边抹灰的方法，不能以未抹灰的竖井作为风道。

（3）作为消防通道的疏散楼梯和楼梯间前室，应安装密闭性较好的防火门，才能使其内保持应有的正压值。

第十章

配电与照明节能监理质量控制

自 20 世纪 90 年代开始,随着国民经济的发展和城市的不断扩展,城乡照明随之飞速发展,其中城市中的景观照明发展速度尤为迅猛。近年来,城市照明设施的平均增长率在 10%~20%,发达地区有些城市甚至更高;最近几年内,不少城市的景观照明设施数量迅速增长,甚至超过了功能照明的设施数量,如何科学地进行配电与照明,已成为城乡照明节能中一个重要的研究课题。

据国家能源局统计,2010 年全年全社会用电量为 41924 亿千瓦时,从分类用电量看,第一产业为 984 亿千瓦时,第二产业为 31318 亿千瓦时,第三产业为 4497 亿千瓦时,城乡居民生活为 5125 亿千瓦时,生活用电量占全社会总用电量的 12%。照明用电正以每年 13%~14% 的速度增长,预计 2020 年照明总用电量将超过 6000 亿千瓦时。由此可见,配电与照明节能已成为建筑节能的重要组成部分,在进行建筑节能工程监理中应将配电与照明作为监理的一项重要工作。

第一节 配电与照明节能监理质量控制概述

根据调查和有关资料显示,由于体制机制、法规标准、技术水平和建设管理等方面存在的问题,我国配电与照明行业的规划设计、建设管理、照明节能技术、产品产销和节能环保等各个环节,普遍存在着参差不齐、良莠混杂、缺乏约束的失控现象,已严重影响配电与照明行业的健康发展和照明节能减排工作的有效推进。

为促进我国建筑配电与照明的健康发展,做好建筑工程的配电与照明节能降耗工作,要在全面协调可持续的科学发展观的指导下,明确我国现阶段建筑配电与照明工作的目标,建立符合我国国情的建筑配电与照明管理体制和机制;运用市场方法,发展和繁荣高效、节能、环保、健康的建筑配电与照明行业。

建筑配电与照明节能工程的实践证明,电力运行能耗已成为建筑物的主要能耗,在充分满足、完善建筑物功能要求的前提下，减少建筑配电与照明系统的能源消耗是建筑节能工作的一项重要课题，而从设计源头合理地采取供配电与照明的节能设计措施，是确保其安全可靠、经济合理、灵活适用、高效节能的有效途径。工程实践也证明，在建筑配电与照明工程的施工阶段，监理单位对施工单位质量管理工作的监控，也是保证建筑配电与照明系统功能、保证节能效果的重要环节。

一、建筑配电与照明系统的节能设计

在充分满足、完善建筑物功能要求的前提下，减少能源消耗，提高能源利用率，而不是简化建筑物的功能要求，降低其功能标准。节能的途径之一是合理配置建筑设备，并对其进行有效、科学的控制与管理。

建筑电气专业的设计人员应根据建筑物的使用功能和设计标准等综合要求，合理进行供配电、电气照明、建筑设备及系统的控制设计，确保建筑的配电与照明系统安全可靠、经济合理、高效节能。

随着科技的迅速发展，节能技术、设备也将不断提高和发展，在工程设计中要不断总结经验，把握成熟的节能新技术、新设备信息，并逐步加以推广应用。

1. 建筑配电系统节能设计的主要内容

（1）配电系统电压等级的确定　一般宜选用较高的配电电压深入负荷中心，用电设备的设备容量在 100kW 及以下或变压器容量在 50kV·A 及以下者，可采用 380/220V 电压供电；特殊情况也可采用 10kV 电压供电；对于大容量用电设备（如制冷机组）宜采用 10kV 电压供电。

（2）合理选定供电中心　选定供电中心实际上就是将变压器（变电所）设置在负荷的中心，这样可以减少低压侧线路的长度，从而降低线路损耗，达到配电节能的目的。

（3）合理选择变压器　一般应选用高效低耗的变压器。在选用变压器时应根据各种用电设备的性质、容量、用途和用电时间确定最大负荷。一般情况下变压器承受的用电负荷为变压器额定容量的 90% 时，才符合实际负荷接近设计最佳负荷的要求。这样才能提高变压器的技术经济效益，减少变压器的能耗。

（4）优化变压器的经济运行方式　变压器的经济运行方式即达到最小损耗的运行方式，尤其是季节性负荷（如空调机组）或专用设备（如体育馆场地照明负荷）等，可考虑设置专用变压器，以降低变压器的损耗。

（5）合理选择线路路径　线路的路径选择是配电线路施工中的一个重要部分，它直接影响到线路建设的经济性、安全可靠性和施工维护。为达到配电线路节能的目的，负荷线路应尽量短，这是降低线路损耗的主要措施。

（6）提高供电系统的功率因数、治理谐波　在电力系统中，谐波产生的根本原因是由于非线性负载，谐波可降低系统容量、缩短设备使用寿命、危害生产安全与稳定和浪费电能等。根据负荷计算总结出提高功率因数补偿要求、补偿方法、谐波的预防及治理措施，这样可以提高供电的质量，达到节约能源的目的。

2. 建筑照明系统节能设计的主要内容

照明节能设计应是在保证不降低作业面视觉要求、不降低照明质量的前提下，力求最大限度地减少照明系统中的光能损失，最大限度地采取措施利用好电能、太阳能。

（1）建筑照明系统应根据国家标准《建筑照明设计标准》（GB 50034—2013）中的要求，满足不同场所的照度、照明功率密度、视觉要求等规定。

（2）建筑照明系统应根据不同的使用场合选择合适的照明光源，在满足照明质量的前提下，尽可能地选择高效光源。

（3）在满足眩光限制的条件下，应优先选用效率高的灯具以及开启式直接照明灯具，一般室内的灯具效率不宜低于70%，开启式直接照明灯具的效率不宜低于75%，并要求灯具的反射罩具有较高的反射比。

（4）合理利用局部照明。对于高大空间的区域，在高处采用一般照明方式；对于同一个大房间中有局部小范围高照度要求的位置，应优先采用局部照明的方式来满足。

（5）在选择镇流器时，应选择电子镇流器或节能型高功率因数电感镇流器。公共建筑内，荧光灯的单灯功率因数不应小于0.90，气体放电灯的单灯功率因数不应小于0.85，并应采用能效等级高的产品。

（6）室内照明的配电线路应选用铜芯绝缘电线，配电线路导体截面的选择应合理，并可适当加大，以降低线路阻抗。

（7）照明配电系统设计应减少配电线路中的电能损耗，一般可采取如下具体措施：①选用电阻率较小的线缆；②尽量减短线缆的长度；③适当加大线缆的截面积。

（8）在满足灯具最低允许安装高度及美观要求的前提下，应尽可能降低灯具的安装高度，以节约电能。

（9）主照明电源的线路尽可能采用三相供电方式，以减少电压的损耗，并应尽量使三相照明负荷平衡，确保光源的发光效率。

（10）设置具有光控、时控、人体感应等功能的智能照明控制装置，做到需要照明时将灯具打开，不需需要照明时将灯具关闭。

（11）为实现高效节能的目标，应充分合理地利用自然光、太阳能源等。

二、配电与照明节能监理的特点及难点

（1）配电与照明系统节能效果的实现，设计将起到关键性作用。因此，监理人员协调施工人员根据节能要求，对设计图纸进行复核与会审是非常重要的。

（2）电气节能效果与选用的产品性能是密不可分的，所以监理人员应督促承包单位选择设备、材料合格的供应商，以及把好进场设备、材料的审核及验收关的工作要认真落实到位。对进场的灯具及其附属装置、线缆的技术性能，严格按照设计要求及相关节能标准的要求进行认真检查。

（3）在配电与照明系统的施工过程中，母线压接头及电缆头制作、线缆与接线端子连接质量是减少无用的能源消耗、严重时避免安全事故发生的重要工序。监理人员对这项工序要加强巡视和旁站力度，保证制作质量达到标准要求，达到节能和安全要求。

（4）配电与照明系统的调试及电源质量、负荷平衡分配的检测，是保证节能措施落实到位、实现节能目的重要一环。监理人员督促调试人员按照设计要求编制调试方案，落实调试工作措施，同时认真进行巡视、旁站及平行检测是保证设计功能要求、达到节能目的的关键。

第二节　配电与照明节能监理的主要流程

配电与照明节能监理的主要流程如图 10-1 所示。其具体实施要点如下。

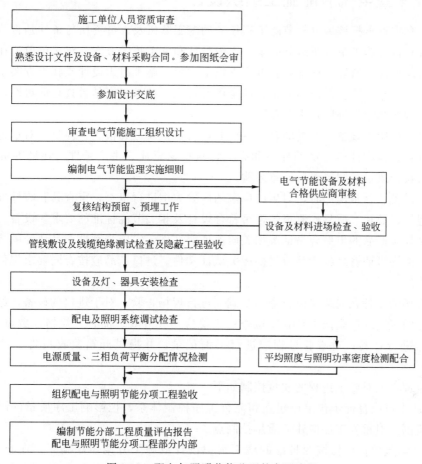

图 10-1　配电与照明节能监理的主要流程

一、配电与照明节能监理准备工作

在正式进行配电与照明节能监理前，应组织监理人员熟悉设计文件及设备、材料订购合同，做好施工图纸的会审工作。组织专业监理人员认真熟悉施工图纸及设备、材料订购合同，是监理预控的一项重要工作，其目的是熟悉施工图纸，了解工程特点、设备功能要求、设备技术参数、工程关键部位的施工方法、质量要求，以督促承包单位按照合同要求提供设备及材料，并按施工图纸进行施工，主要应做好如下工作。

（1）明确配电与照明节能工程项目的设计思想、使用功能要求、采用的设计规范、设备技术参数确定的质量等级、设计的界面等。

（2）了解对配电与照明节能工程主要设备和材料的技术要求，对所采用的新技术、新工艺、新设备的要求以及施工中需要特别注意的事项等。

（3）认真核对全套图纸及说明是否齐全、清楚，图中尺寸、坐标、标高及管线是否精确，与其他机电设备的管线是否有矛盾。

（4）认真核对各类预埋件、预留孔洞、预埋管线是否正确，对部分设备基础与安装有关的土建尺寸进行复核，并与有关专业的施工监理密切配合，统一协调处理在施工中出现的各类技术问题。

二、认真审查电气节能施工组织设计

（1）认真审查承担该项电气节能工程任务的施工队伍及人员资质与条件是否符合要求。

（2）认真审查施工单位所编制的施工组织设计和施工技术方案。对承包单位在开工前报送的施工组织设计，监理工程师应着重审查以下内容：施工组织设计或施工方案是否符合施工合同的要求；施工质量保证体系是否健全可行；主要技术组织是否具有针对性，是否安全有效；施工程序和施工进度是否合理。

（3）对工程所需设备、材料的合格供应商进行审核及进场检查、验收。对承包单位在采购主要原材料、构配件前提供的样品和有关订货厂家资质、生产条件、环境等资料进行审核，在确认符合质量控制要求后同意采购。

在主要设备、材料出厂时，对生产厂家的厂验大纲进行审查，审查其验收标准、技术参数、产品型号、数量、质量检测报告是否符合设计及相关节能标准的要求。设备、材料到货后，应及时复核产品的出厂合格证等相关质量证明文件，实施强制性产品认证的或实施生产许可证和上网许可证管理的产品应提供相关认证文件。进口产品应按合同要求提供相应的质量证明文件。

对于到场的设备在安装单位自查的基础上进行现场查验；对于进口的设备，组织工程有关各方在合同规定的期限内进行开箱检查；主要应对其外观、品种、规格、数量、原产地、随机资料等进行查验；对查验过程应进行书面记录，并提供开箱验收报告，经有关各方签认。

（4）监理人员对施工过程的质量控制如下。

① 监理人员应督促承包单位建立和完善工序控制体系，把影响工序质量的因素都纳入质量管理范围，对重要工序应建立质量控制点。

② 要求承包单位严格按照批准的施工组织设计或施工方案组织施工。在施工过程中，当承包单位对已批准的施工组织设计或施工方案需要进行调整、补充或变动时，应经专业监理工程师审查，并由总监理工程师签认后才能实施。

③ 监理工程师应按质量计划目标的要求，督促承包单位加强施工工艺管理，认真执行工艺标准和操作规程，以提高工程项目质量的稳定性。

④ 监理工程师应加强对设备安装单位施工质量管理体系的监督和检查，主要抓住各个施工阶段安装设备的技术条件和安装工艺的技术要求。在施工工艺、施工质量、施工工序等方面加强监督，同时按照设备安装的质量控制要点进行现场检查和监督，对关键部门进行旁站监督、中间检查和技术复核，防止出现质量隐患。对不符合质量标准的地方提出整改报告，及时进行纠正和处理。

⑤ 监理工程师应检查承包单位是否严格按照现行国家相关安装施工规范和设计图纸的要求进行施工。监理工程师应认真履行监督的职责，经常深入安装施工现场，有目的地对承包单位的施工过程进行巡视旁站、检测，达到预控目标。发现有不按照规范和设计要求施工从而影响施工质量的情况时，应及时向承包单位负责人提出口头或书面整改通知，要求承包单位限期进行整改，并检查整改的结果。

⑥ 监理工程师应对预埋的钢管、预埋件等进行隐蔽验收。核对预埋的钢管、预埋件等是否正确，质量是否符合要求；在验收过程中如发现施工质量不符合设计要求，应以整改通知书的形式通知承包单位，待其整改后再进行复查验收，并经监理工程师签认隐蔽工程申请表。未经验收合格，承包单位严禁进行下一道工序的施工。

⑦ 监督技术变更和会签设计变更。凡因施工现场原因需修改设计时，应通过设计单位研究确定后提出设计修改通知，经业主认可后交承包单位施工。监理工程师对发生的各种设计变更，应审查其对工程质量、进度和造价是否有不利影响，必要时应提出书面意见并向业主反映。

⑧ 行使质量监督权，下达工程暂停令。在工程施工过程中，监理工程师发现施工存在重大质标隐患，可能造成质量事故或已经造成质量事故时，应报告总监理工程师及时下达工程暂停令和签署工程复工报审表。在下达工程暂停令时，宜事先向业主报告，征得业主的同意。

⑨ 对于需要返工处理的质量事故，监理工程师应责令承包单位报送质量事故调查报告和经设计单位等相关单位认可的处理方案，监理工程师应对质量事故的处理过程和处理结果进行跟踪检查和验收。监理工程师应及时向业主提交有关质量事故的书面报告，并将完整的质量事故处理记录整理归档。

⑩ 监理工程师应组织现场质量协调会，及时分析、通报工程质量状况，保持与各实施单位的实时沟通，加强对各系统施工单位工作的协调、管理，同时注意与土建及其机电安装施工单位的协调、配合，避免出现工作面冲突现象或造成不必要的返工。

⑪ 监理工程师应参加检查调试准备情况，看设备和管线是否已按设计要求完成，线缆导通、绝缘测试及电气性能测试是否完成。审查调试大纲，主要对调试的组织机构、人员配备、材料准备、调试方案、操作规程的合理性、调试现场的清理及安全措施的落实情况等进行审查。

⑫ 监理工程师在调试中，应注意调试过程中各专业施工队伍的配合，解决它们之间出现的冲突，以保证调试工作的顺利进行。

⑬ 监理工程师应督促调试人员按已批准的调试大纲进行单体设备调试、单项系统调试、系统联动调试、系统集成调试。

⑭ 在调试工作完成经检查合格后，由专业监理工程师签认调试报告，并编写总结报告。

（5）进行施工质量检查验收。

1）监理工程师要按照规定的质量评定标准和方法，对完成的检验批、分项工程和分部工程进行检验。

2）进行工程竣工验收。根据承包单位的工程验收申请报告，总监理工程师组织有关专业监理工程师依据有关法律、法规、工程建设强制性标准、设计文件及施工合同，对承包单位报送的竣工资料进行审查，并对工程质量进行竣工预验收，竣工预验收的主要程序如下。

① 当单位工程达到竣工验收条件后，承包单位应在自审、自查、自评工作完成后，填写工程竣工报验单，并将全部竣工资料报送项目监理机构，申请竣工验收。

② 总监理工程师应组织各专业监理工程师对竣工资料及专业工程的质量情况进行全面检查，对检查出来的质量问题，督促承包单位及时进行整改。

③ 在单位工程施工完毕后，监理工程师应督促承包单位做好成品保护和现场清理工作。

④ 经项目监理部对竣工资料及实物全面检查、验收合格后，由总监理工程师签署工程

预验收报验单，并向业主提出质量评估报告。

⑤ 在竣工预验收合格的基础上，按照国家验收规范和标准，报请业主确定组织竣工验收的日期和程序，协助业主组织竣工验收工作，对验收中提出的整改问题，监理工程师要求承包单位落实整改。经复查，工程质量符合要求后，由总监理工程师会同参加验收的各方签署竣工验收报告。

⑥ 在工程质量检查验收完毕后，监理工程师应整理工程项目的监理文件资料，按照要求编目、建档。

第三节　配电与照明节能监理控制要点及措施

根据国家标准《建筑电气工程施工质量验收规范》（GB 50303—2015）和《建筑节能工程施工质量验收规范》（GB 50411—2007）中的要求，配电与照明节能工程施工质量控制的要点包括以下几个方面。

一、照明光源、灯具及附属装置进场验收质量控制

（1）配电与照明节能工程的主要设备、材料、成品和半成品进场检验结论应有记录，确认符合设计要求，才能在工程中应用。

（2）对于有质量异议的设备、材料、成品和半成品，应送有资质的试验室进行检测，试验室应出具检测报告，确认符合设计要求后，才能在工程中应用。

（3）对于进口电气设备、器具和材料的进场验收，应同时提供商检证明和中文的质量合格证明文件、规格、型号、性能检测报告，以及中文的安装、使用、维修和试验要求等技术文件。

（4）依照法定程序批准进入市场的新电气设备、器具和材料的进场验收，应同时提供安装、使用、维修和试验要求等技术文件。

（5）照明光源、灯具及附属装置等应符合下列规定。

1）照明光源、灯具及附属装置的选择必须符合设计要求，进场验收时应对下列技术性能进行核查，并经监理工程师（建设单位代表）核查认可，形成相应的验收、核查记录。质量证明文件和相关技术资料应齐全，并应符合国家现行的有关标准和规定。

① 荧光灯灯具和高强度气体放电灯灯具的效率不应低于表 10-1 中的规定。

表 10-1　荧光灯灯具和高强度气体放电灯灯具的效率允许值

灯具出光口形式	开敞式	保护罩（玻璃或塑料）		格栅	格栅或透光罩
		透明	磨砂、棱镜		
荧光灯灯具	75%	65%	55%	60%	—
高强度气体放电灯灯具	75%	—	—	60%	60%

② 管型荧光灯镇流器的能效限定值应不小于表 10-2 中的规定。

③ 照明设备的谐波含量限值应符合表 10-3 中的规定。

2）照明光源、灯具及附件应符合下列规定。

表 10-2　管型荧光灯镇流器能效限定值

标称功率/W		18	20	22	30	32	36	40
镇流器能效因数 （BEF）/W⁻¹	电感型	3.154	2.952	2.770	2.232	2.146	2.030	1.992
	电子型	4.778	4.370	3.998	2.870	2.678	2.402	2.270

表 10-3　照明设备谐波含量限值

谐波次数 （n）	基波频率下输入电流百分比数表示 的最大允许谐波电流/%	谐波次数 （n）	基波频率下输入电流百分比数表示 的最大允许谐波电流/%
2	2	7	7
3	30λ	9	5
5	10	11≤n≤39	3

注：1. λ 是电路功率因数。

2. 谐波次数 n 仅有奇次谐波。

① 外观检查：灯具涂层完整、无损伤，附件齐全。防爆灯具铭牌上有明显的防爆标志和防爆合格证号，普通灯具应有安全认证标志。

② 对成套灯具的绝缘电阻、内部接线等性能进行现场抽样检测。灯具的绝缘电阻值应不小于2MΩ，内部接线为铜芯绝缘电线，芯线截面面积不小于 $0.5mm^2$，橡胶或聚氯乙烯（PVC）绝缘电线的绝缘层厚度不小于 0.6mm。对于游泳池和类似场所的灯具（水下灯及防水灯具）的密闭和绝缘性能有异议时，按批抽样送有资质的试验室进行检测。

（6）开关、插座、接线盒和风扇及其附件应符合下列规定。

1）查验以上各种电气用具的合格证，防爆产品应有防爆标志和防爆合格证号，实行安全认证制度的产品应有安全认证标志。

2）外观检查：开关、插座的面板及接线盒的盒体应完整、无碎裂，零件应齐全，风扇无损坏，涂层完整，调速器等附件合适。

3）对开关、插座的电气和机械性能应进行现场抽样检测，其检测应符合下列规定。

① 不同极性带电部件间的电气间隙和爬电距离不应小于 3mm。

② 绝缘电阻值不应小于 5MΩ。

③ 用自攻锁紧螺钉或自切螺钉安装的，螺钉与软塑固定件旋合长度应不小于 8mm，软塑固定件在经受 10 次拧紧退出试验后，不得有松动或掉渣现象，螺钉及螺纹无损坏现象。

④ 金属间相旋合的螺钉、螺母，拧紧后完全退出，反复 5 次仍能正常使用。

4）对开关、插座、接线盒及其面板等塑料绝缘材料的阻燃性能有异议时，按批抽样送有资质的试验室进行检测。

二、低压配电系统电缆与电线截面复验

（1）低压配电系统选择的电缆、电线截面不得低于设计值，进场时应对其截面和每芯导体的电阻值进行见证取样送检。每芯导体电阻值应符合表 10-4 中的规定。

检验方法：进场后按要求抽样送检，验收时核查检验报告。施工单位应按照有关材料设备进场的规定提交监理或甲方相关资料，得到认可后购进电线、电缆，并在监理工程师的监督下进行见证取样，送到具有国家认可检验资质的检验机构进行检验，并出具检验报告。

表 10-4　不同标称截面的电缆、电线每芯导体最大电阻值

标称截面/mm²	20℃时导体最大电阻/(Ω/km) 圆铜导体(不镀金属)	标称截面/mm²	20℃时导体最大电阻/(Ω/km) 圆铜导体(不镀金属)
0.50	36.0	35.0	0.524
0.75	24.5	60.0	0.387
1.00	18.1	75.0	0.268
1.50	12.1	95.0	0.193
2.50	7.41	120.0	0.153
4.00	4.61	150.0	0.124
6.00	3.08	185.0	0.0991
10.0	1.83	240.0	0.0754
16.0	1.15	300.0	0.601
25.0	0.727	—	—

检查数量：同厂家各种规格总数的 10%，且不得少于 2 种规格。规格的分类依据电线、电缆内导体的材料类型，相同截面、相同材料导体和相同芯数为同规格，如 VV3×185 与 VJV3×185 为同规格。

（2）在符合表 10-4 中规定的同时，电缆、电线还应符合下列规定。①按批查验合格证，合格证上应有生产许可证编号，按《额定电压 450/750V 及以下聚氯乙烯绝缘电缆》（GB/T 5023.1—5023.7）标准生产的产品有安全认证标志。②外观检查：包装应完好，抽检的电线绝缘层完整无损，厚度均匀。电缆无压扁、扭曲现象，铠装不松卷。耐热、阻燃的电线、电缆外护层有明显的标识和制造厂标。③按照制造标准，现场抽样检测绝缘层厚度和圆形线芯的直径；线芯直径误差不应大于标称直径的 1%；在建筑电气工程中常用的 BV 型绝缘电线的绝缘层厚度不应小于表 10-5 中的规定。④对电线、电缆的绝缘性能、导电性能和阻燃性能有异议时，按批抽样送有资质的试验单位进行检测。

表 10-5　BV 型绝缘电线的绝缘层厚度

序号	1	2	3	4	5	6	7	8	9	10	11	12	13	14	15	16	17
电线芯线标称截面积/mm²	1.5	2.5	4.0	6.0	10	16	25	35	50	70	95	120	150	185	240	300	400
绝缘层厚度规定值/mm	0.7	0.8	0.8	0.8	1.0	1.0	1.2	1.2	1.4	1.4	1.6	1.6	1.8	2.0	2.2	2.4	2.6

（3）封闭母线、插接母线应符合下列规定。①对封闭母线、插接母线应查验合格证和随带的安装技术文件。②外观检查：母线的防潮密封良好，各段编号标志清晰，附件齐全，外壳不变形，母线螺栓搭接面平整，镀层覆盖完整、无起皮和麻面；插接母线上的静触头无缺损、表面光滑、镀层完整。

（4）裸母线、裸导体应符合下列规定。①查验产品的合格证书，无合格证的裸母线、裸导体不允许用于建筑电气工程中。②外观检查：包装应完好，裸母线平直，表面无明显划痕，测量厚度和宽度应符合制造标准；裸导体表面应无明显划伤，不松股、扭折和断股

（线），测量线径应符合制造标准。

（5）电缆头部件及接线端子应符合下列规定。①查验产品的合格证书，无合格证的电缆头部件及接线端子不允许用于建筑电气工程中。②外观检查：部件齐全，表面无裂纹和气孔，随带的袋装涂料或填料不泄漏。

三、配电与照明节能工程施工准备阶段的监理工作

（1）组织监理人员认真审阅设计文件，熟悉施工图纸，全面理解设计人员的设计意图；了解设备、材料的订购合同；熟悉工程特点、材料和设备的功能要求、技术参数；关键部位的施工方法、质量控制重点。具体主要应做好如下工作。

① 明确配电与照明节能工程项目的设计思想、设计方法、使用功能要求、采用的设计规范、设备技术参数确定的质量等级、设计的界面等。

② 了解对配电与照明节能工程主要设备和材料的技术要求及所采用的新技术、新工艺、新设备的要求，以及在施工过程中需要特别注意的事项等。

③ 核对全套施工图纸及说明是否齐全、清楚，图中尺寸、坐标、标高及管线是否精确，与其他机电设备和管线是否矛盾等。

④ 核对施工中的各类预埋件、预留孔洞、预埋管线是否正确，对部分设备基础与安装有关的土建尺寸进行复核，并与有关专业的监理人员密切配合，统一协调处理在施工中出现的各类技术问题。

（2）监理人员应参加图纸会审，明确各专业之间的施工界面及作业范围、交接点；列出图纸会审发现的问题，并参加技术交底工作。

（3）审查施工单位编制的电气节能施工组织设计，主要审查承包单位及人员资质与条件是否符合要求，审查施工组织设计和施工技术方案是否可行。

对承包单位在开工前报送的施工组织设计（方案）着重审查以下方面：是否符合设计、规范和施工合同的要求；质量保证体系是否健全；主要技术措施是否有针对性并能达到预期的效果；施工程序和施工进度是否合理。

（4）对施工中所用主要原材料、设备与配件的供货厂商资质、生产条件等进行审核，必须符合要求。

对承包单位在采购主要原材料、构配件前提供的样品和有关订货生产厂家的资质、生产条件、信誉等资料进行审核，在确认符合质量控制要求后同意采购或订货。在设备和材料到货后，应及时复核产品的出厂合格证等相关质量证明文件。进口产品应按照合同要求提供相应的质量证明文件。对到场的设备在安装单位自查的基础上进行现场查验，对进口设备应组织工程有关各方在合同规定的期限内进行开箱查验；主要对外观、品种、型号、规格、数量、随机资料等进行查验；对查验过程应进行书面记录，并提供开箱验收报告，经有关各方签认。

四、配电与照明节能工程监理特点及难点

（1）工程实践充分证明，对配电与照明系统节能效果的实现来说，设计将起到关键性的作用。因此，监理人员应协调施工人员根据建筑节能要求，对设计图纸进行复核与会审是非常重要的，必须认真做好这项工作。

（2）电气的节能效果如何与选用产品的性能是密不可分的，所以监理人员应督促承包单

位选好设备、材料的合格供应商；以及把好进场设备、材料的审核和验收关的工作要认真落实到位。对于进场的灯具及其附属装置、线缆的技术性能，严格按照设计要求及相关节能标准的要求进行认真检查，不合格的设备和材料决不能用于工程中。

（3）在配电与照明系统的施工过程中，母线压接头及电缆头制作、线缆与接线端子连接的质量，是减少无用的能源消耗、严重时避免安全事故发生的重要工序。监理工程师对这项工作一定要加强巡视和旁站的力度，保证制作质量符合相关标准的规定，达到节能和安全要求。

（4）配电与照明系统的调试及电源质量、负荷平衡分配的检测，是保证节能措施落实到位、实现节能目的重要一环。监理工程师应督促调试人员按照设计要求编制调试方案，落实调试工作措施，同时认真进行巡视、旁站及平行检测，这是保证配电与照明系统设计功能要求、达到节能目的的关键。

五、配电与照明节能工程监理质量控制

根据现行国家标准《建筑电气工程施工质量验收规范》（GB 50303—2015）和《建筑节能工程施工质量验收规范》（GB 50411—2007）中的要求，配电与照明节能工程监理质量控制的要点包括以下几个方面。

1. 配电母线安装及电缆敷设施工质量控制

（1）裸母线、封闭母线、插接式母线的安装应按以下程序进行。

① 变压器、高低压成套配电柜、穿墙套管及绝缘子等的安装就位，必须经检查合格后才能安装变压器、高低压成套配电柜的母线。

② 封闭、插接式母线的安装，在结构封顶、室内底层地面施工完成或已确定地面标高、场地清理、层间距离复核后才能确定支架设置的位置。

③ 与封闭、插接式母线安装位置有关的管道、空调及建筑装修工程的施工基本结束，确认扫尾施工不会影响已安装的母线后才能进行母线安装。

④ 封闭、插接式母线的每段母线组对接续前，绝缘电阻应测试合格，绝缘电阻值大于20MΩ，才能进行安装组对。

⑤ 母线支架和封闭、插接式母线的外壳接地（PE）或接零（PEN）连接完成，母线绝缘电阻测试和交流工频耐压试验合格后才能正式通电。

（2）母线与母线或母线与电器接线端子，当采用螺栓搭接连接时应符合下列规定。

① 母线各类搭接连接的钻孔直径和搭接长度，应符合《建筑电气工程施工质量验收规范》（GB 50303—2015）附录 C 的规定；用力矩扳手拧紧钢制连接螺栓的力矩值，应符合《建筑电气工程施工质量验收规范》（GB 50303—2015）附录 D 的规定。

② 母线接触面应保持清洁，涂电力复合脂，螺栓孔周边应无毛刺。

③ 连接螺栓两侧有平垫圈，相邻垫圈间有大于 3mm 的间隙，螺母侧装有弹簧垫圈或锁紧螺母。

④ 螺栓应受力均匀，不使电器的接线端子受到额外应力。

（3）封闭、插接式母线的安装应符合下列规定。

① 母线与其外壳应当同心，允许偏差为 ±5mm。

② 当段与段连接时，两相邻段的母线与外壳应对准，连接后不使母线与外壳受额外

应力。

③ 母线的连接方法应符合产品技术文件的要求。

（4）母线的支架与预埋铁件采用焊接方式固定时，焊缝应当饱满；采用膨胀螺栓固定时，选用的螺栓应适配，连接应牢固。

（5）母线与母线、母线与电器接线端搭接，搭接面的处理应符合下列规定。

① 铜与铜：室外、高温且潮湿的室内，搭接面搪锡；干燥的室内不搪锡。

② 铝与铝：搭接面不需要做涂层处理。

③ 钢与钢：搭接面应进行搪锡或镀锌。

④ 铜与铝：在干燥的室内，铜导体搭接面搪锡；在潮湿的场所，铜导体搭接面搪锡，且采用铜铝过渡板与铝导体连接。

⑤ 钢与铜或铝：钢搭接面搪锡。

（6）母线在绝缘子上安装应符合下列规定。

① 金具与绝缘子间的固定应平整牢固，不使母线受额外应力。

② 交流母线的固定金具或其他支持金具不形成闭合铁磁回路。

③ 除了固定点外，当母线平置时，母线支持夹板的上部压板与母线间有 $1\sim1.5mm$ 的间隙；当母线立置时，上部压板与母线间有 $1.5\sim2mm$ 的间隙。

④ 母线的固定点，每段应设置 1 个，并设置于全长或两母线伸缩节的中点处。

⑤ 母线采用螺栓搭接时，连接处距绝缘子的支持夹板边缘不应小于 50mm。

（7）封闭、插接式母线的组装和固定位置应正确，外壳与底座间、外壳各连接部位和母线的连接螺栓应按产品技术文件的要求正确选择，连接紧固。

（8）桥架、线槽、导管内电线、电缆的敷设应按以下程序进行。

① 桥架、线槽、导管经检查合格后才能敷设线缆。

② 电线、电缆在敷设前，经绝缘测试合格后才能进行敷设。

③ 电线、电缆的电气交接试验合格，且对接线去向、相位和防火隔堵措施等经检查确认后，才能正式通电。

（9）电缆敷设严禁有纹拧、铠装压扁、护层断裂和表面严重划伤等质量缺陷。

（10）桥架内的电缆敷设应符合下列规定。

① 大于 45°倾斜敷设的电缆，应当每隔 2m 处设一固定点。

② 电缆在出入电缆沟、竖井、建筑物、柜（盘）、台处以及管子管口处等，应当进行密封处理。

③ 电缆敷设应排列整齐，水平敷设的电缆，首尾两端、转弯两侧及每隔 $5\sim10m$ 处应设固定点；敷设在垂直桥架内的电缆固定点间距，不应大于表 10-6 中的规定。

表 10-6 电缆桥架电缆固定点的间距   单位：mm

电缆种类		固定点间距
电力电缆	全塑型电缆	1000
	除全塑型以外的电缆	1500
控制电缆		1000

（11）三相或单相的交流单芯电缆，不得单独穿于钢导管内。

（12）不同回路、不同电压等级和交流与直流的电线，不应穿于同一导管内；同一交流回路电线应穿于同一金属管内，且管内的电线不得有接头。

（13）爆炸危险环境照明线路的电线和电缆额定电压不得低于750V，且电线必须穿于钢导管内。

（14）电线、电缆穿管前，应清除管内杂物和积水。管口应有保护措施，不进入接线盒（箱）的垂直管口穿入电线、电缆后，管口应密封。

（15）当采用多相供电时，同一建筑物、构筑物的电线绝缘层颜色应一致，即保护地线（PE线）应是黄绿相间色，零线用淡蓝色；相线用A相——黄色、B相——绿色、C相——红色。

（16）线槽敷线应符合下列规定。

① 电线在线槽内有一定余量，不得有接头。电线按回路编号分段绑扎，绑扎点间距不应大于2m。

② 同一回路的相线和零线，敷设于同一金属线槽内。

③ 同一电源的不同回路，无抗干扰要求的线路可敷设于同一线槽内；敷设于同一线槽内有抗干扰要求的线路用隔板隔离，或采用屏蔽电线且屏蔽护套一端接地。

（17）电缆沟内和电缆竖井内电缆的敷设固定应符合下列规定。

① 垂直敷设或大于45°倾斜敷设的电缆在每个支架上固定。

② 交流单芯电缆或分相后的每相电缆固定用的夹具和支架，不形成闭合铁磁回路。

③ 电缆排列应整齐，尽量少交叉；当设计无要求时电缆支持点的间距不大于表10-6中的规定。

④ 当设计无要求时，电缆与管道的最小净距应符合《建筑电气工程施工质量验收规范》（GB 50303—2015）中的有关规定。

⑤ 敷设电缆的电缆沟和竖井，按照设计要求设置，并具有防火隔堵措施。

（18）电缆头的制作和接线应按以下程序进行。

① 电缆连接位置、连接长度和绝缘测试，应经检查确认后才能制作电缆头。

② 控制电缆经绝缘电阻测试和校验合格后才能正式接线。

③ 电线、电缆经交接试验和相位核对合格后才能正式接线。

（19）高压电力电缆直流耐压试验，必须按照现行国家标准《电气装置安装工程电气设备交接试验标准》（GB/T 50510—2009）第3.1.8条的规定交接试验合格。

（20）低压电线和电缆，线间和线与地间的绝缘电阻必须大于0.5MΩ。

（21）铠装电力电缆头的接地线应采用铜绞线或镀锡铜编织线，其截面积不应小于《建筑电气工程施工质量验收规范》（GB 50303—2015）中的有关规定。

（22）电线和电缆的接地必须准确，并联运行的电线或电缆的型号、规格、长度、相位应当一致。

（23）芯线与电器设备的连接应符合下列规定要求。

① 截面积在10mm² 及以下的单股铜芯线和单股铝芯线直接与设备、器具的端子连接。

② 截面积在2.5mm² 及以下的多股铜芯线拧紧搪锡或连接端子后与设备、器具的端子连接。

③ 截面积大于2.5mm² 的多股铜芯线，除设备自带插接式端子外，接续端子后与设备或器具的端子连接；多股铜芯线与插接式端子连接前，端部拧紧搪锡。

④ 多股铝芯线接续端子后与设备、器具的端子连接。

⑤ 每个设备和器具的端子接线不应多于 2 根电线。

（24）交流单芯电缆或分相后的每相电缆宜呈"品"字形（三叶形）进行敷设，且不得形成闭合铁磁回路。

交流单相或三相单芯电缆如果并排敷设或用铁制卡箍固定后会形成铁磁回路，易造成电缆发热，从而增加损耗并形成安全隐患。尤其是采用预制电缆头做分支连接时，要防止分支处电缆芯线做单相固定时，采用的夹具和支架形成闭合铁磁回路。

2. 照明光源、灯具及其附属装置安装的质量监理控制要点

（1）普通灯具的安装固定及附件的安装应符合下列规定。

① 当灯具的重量不大于 3kg 时，可以固定在螺栓或预埋吊钩上。

② 对于软线吊灯，灯具的质量在 0.5kg 以下时，可采用软电线自身吊装；质量大于 0.5kg 的灯具可采用吊链，将软电线编叉在吊链内使电线不受力。

③ 灯具的固定应牢固可靠，不得使用木楔，每个灯具的固定螺栓或螺钉不应少于 2 个，当绝缘台直径在 75mm 以下时，也可采用 1 个螺栓或螺钉固定。

④ 花灯的吊钩圆钢直径不应小于灯具挂销直径，同时不应小于 6mm。大型花灯的固定及悬吊装置，应按灯具重量的 2 倍进行过载试验，以确保花灯的固定具有安全性。

⑤ 当用钢管做灯杆时，钢管的内径不应小于 10mm，钢管的厚度不应小于 1.5mm。

⑥ 固定灯具带电部件的绝缘材料以及提供防止触电保护的绝缘材料，应耐燃烧和防明火。

（2）应急照明灯的安装应符合下列规定。

① 应急照明灯的电源除了正常电源外，还应另有一路电源供电；或者是由独立于正常电源的柴油发电机组供电；或由蓄电池柜供电或选用自带电源型应急灯具。

② 应急照明在正常电源断电后，电源转换时间应为：疏散照明≤15s；备用照明≤15s（金融商店交易所≤1.5s）；安全照明≤0.5s。

③ 疏散照明由安全出口标志灯和疏散标志灯组成，安全出口标志灯距地面高度不低于 2m，且安装在疏散出口和楼梯口里侧的上方。

④ 疏散标志灯安装在安全出口的顶部、楼梯间、疏散走道及其转角处，应安装在 1m 以下的墙面上。不易安装的部位可安装在上部。疏散通道上的标志灯间距一般不大于 20m（人防工程不大于 10m）。

⑤ 疏散标志灯的设置，不能影响正常通行，并且不能在其周围设置容易混同为疏散标志灯的其他标志牌等。

⑥ 应急照明灯具、运行中温度大于 60℃的灯具，当需靠近可燃物时，应采取可靠的隔热、散热等防火措施。当采用白炽灯、卤钨灯等光源时，不要直接安装在可燃的装修材料或可燃物件上。

⑦ 应急照明线路在每个防火分区应有独立的应急照明回路，穿越不同防火分区的线路应有防火隔堵措施。

⑧ 疏散照明线路宜采用耐火电线、电缆，穿管明敷或在非燃烧体内穿刚性导管暗敷，暗敷保护层的厚度不小于 30mm，电线应采用额定电压不低于 750V 的铜芯绝缘电线。

（3）建筑物彩灯的安装应符合下列规定。

① 建筑物顶部的彩灯位于建筑物外部，必须采用有防雨性能的专用灯具，灯罩一定要

拧紧。

② 彩灯配线管路应按明配管敷设，且应具有防雨功能。管路间、管路与灯头盒间螺纹连接，金属导管及彩灯的构架、钢索等可接近裸露导体必须接地（PE）或接零（PEN）应可靠。

③ 垂直彩灯悬挂挑臂宜采用不小于 10 号的槽钢。端部吊挂钢索用的吊钩螺栓直径应不小于 10mm，螺栓在槽钢上固定，两侧有螺帽，且加平垫及弹簧垫圈紧固。

④ 悬挂彩灯用的钢丝绳直径不小于 4.5mm，底部圆钢的直径不小于 16mm，地锚采用架空外线用的拉线盘，埋设深度应大于 1.5m。

⑤ 垂直彩灯应采用防水吊线灯头，下端灯头距离地面应高于 3m。

（4）霓虹灯的安装应符合下列规定。

① 霓虹灯是依靠灯光两端的电极头在高压电场下将灯管内的稀有气体击燃工作的，因此，安装的霓虹灯必须保持完好，无任何破裂缺陷。

② 灯管宜采用专用的绝缘支架固定，并且应牢固可靠。灯管固定后，与建筑物、构筑物表面的距离应不小于 20mm。

③ 霓虹灯的专用变压器应采用双圈式，所供灯管的长度不大于允许负载长度，露天安装的变压器应有防雨措施。

④ 霓虹灯专用变压器的二次电线和灯管之间的连接线，宜采用额定电压大于 15kV 的高压绝缘电线。二次电线与建筑物、构筑物表面的距离应不小于 20mm。

（5）建筑物景观照明灯具的安装应符合下列规定。

① 每套建筑物景观照明灯具的导电部分对地的绝缘电阻值应大于 2MΩ。

② 在人行道等人员来往比较密集的场所安装的落地式灯具，当无围栏防护时，安装高度距地面应 2.5m 以上。

金属构架和灯具的可接近裸露导体及金属软管必须接地（PE）或接零（PEN）应可靠，且有明显的标识。

（6）庭院灯安装应符合下列规定。

① 每套庭院照明灯具的导电部分对地的绝缘电阻值应大于 2MΩ。

② 立柱式路灯、落地式路灯、特种园艺灯等灯具，与基础的固定应可靠，地脚螺栓备帽齐全。灯具的接线盒或熔断器盒，盒盖的防水密封垫应完整。

③ 金属立柱及灯具的可接近裸露导体必须接地（PE）或接零（PEN）可靠。接地线单设干线，干线沿庭院灯的布置位置应形成环网状，且不少于 2 处与接地装置的引出线连接。由干线引出支线与金属灯柱及灯具的接地端子连接，且有明显的标识。

（7）照明开关的安装应符合下列规定。

① 同一建筑物、构筑物的照明开关应采用同一系列产品，开关的通断位置一致，操作灵活，接触可靠。

② 相线经开关控制；民用住宅用软线引至床边的床头开关。

（8）插座的安装应符合下列规定。

1）当交流、直流或不同电压等级的插座安装在同一场所时，应有明显的区别，并且必须选择不同结构、不同规格和不能互换的插座；配套的插头应当按照交流、直流或不同电压等级区别使用。

2）插座的接线应符合下列规定：

① 单相两孔插座，面对插座的右孔或上孔与相线进行连接，左孔或下孔与零线进行连

接；单相三孔插座，面对插座的右孔与相线进行连接，左孔与零线进行连接。

② 单相三孔、三相四孔及三相五孔插座的接地（PE）或接零（PEN）线接在上孔。插座的接地端子不与零线端子连接。同一场所的三相插座，接线的相序一致。

③ 接地（PE）或接零（PEN）线的插座间不串联。

六、低压配电系统调试和检测质量监理控制要点

1. 配电及照明节能工程系统调试和功能检测

（1）安装有变频器的设备、铁磁设备、电弧设备、电力电子设备等，应进行单机试运转合格；照明回路及控制系统已带负荷运转合格，并进行三相负荷调整。

（2）进行低压配电电源质量检测。

（3）工程安装完毕后应对配电系统进行调试，调试合格后应对配电系统的电压偏差和功率因数进行检测。

① 用电单位受电端的电压允许偏差：三相供电电压允许偏差为标称系统电压的 $\pm 7\%$；单相电压 220V 为 $+7\%$、-10%。

② 正常运行情况下用电设备端子处的电压允许偏差：室内照明为 $\pm 5\%$，一般用途电动机为 $\pm 5\%$，电梯电动机为 $\pm 7\%$，其他无特殊规定的设备为 $\pm 5\%$。

③ 10kV 以下配电变压器的低压侧，功率因数应不低于 0.90；高压侧的功率指标，应符合当地供电部门的规定。

④ 谐波电流不应超过表 10-7 中规定的允许值。

表 10-7　谐波电流允许值

标准电压/kV	基准短路容量/MVA	谐波次数及谐波电流允许值/A											
		2	3	4	5	6	7	8	9	10	11	12	13
		78	62	39	62	26	44	19	21	16	28	13	24
0.38	10	谐波次数及谐波电流允许值/A											
		14	15	16	17	18	19	20	21	22	23	24	25
		11	12	9.7	18	8.6	16	7.8	8.9	7.1	14	6.5	12

⑤ 三相电压的不平衡度允许值为 2%，短时不得超过 4%。

2. 照明系统节能性能的检测

在通电试运行的过程中，应测试并记录照明系统的照度和功率密度值，并应符合下列要求：①照度值不得小于设计值的 90%；②功率密度值应符合现行国家标准《建筑照明设计标准》（GB 50034—2013）或设计的规定。

监理工程师应重点对公共建筑和建筑公共部位的照明进行检查。照度值检验应当与功率密度值检验同时进行。

3. 三相照明配电干线负荷平衡的检测

三相照明配电干线负荷平衡的检测，其最大相负荷不宜超过三相负荷平均值的 115%，

最小相负荷不宜超过三相负荷平均值的85％。

4. 检测工作质量的控制要点

（1）配电与照明节能工程必须已按照设计要求完成，并经承包单位自检合格。

（2）系统功能检验工作应有经过监理工程师审批的方案，方案主要包括检验组织机构、人员配备情况、检验仪器配备、检验内容及方案操作规程、检验计划安排等。

（3）各项功能检验的技术指标合格标准必须符合设计及现行规范的要求。

（4）用于节能电气工程的检测仪器、仪表规格和量程应符合要求且在有效期内。

（5）各项的检测必须符合现行标准的要求，其检测的方法必须按照规范的要求进行。

（6）各项的检测必须符合现行标准的要求，其检测的数量不得少于规范的要求。

（7）检测和监理人员应对检测结果负责，检测结果必须真实记录、汇总，并对不符合之处落实整改。

第四节 配电与照明节能工程质量标准与验收

一、主控项目质量要求

电气照明设备安装主控项目的质量要求应当符合表10-8中的规定。

表10-8 电气照明设备安装主控项目的质量要求

项目	验收质量要求
普通灯具安装固定	普通灯具安装固定应符合下列规定。 (1)灯具的质量大于3kg时,固定在螺栓或预埋吊钩上; (2)软线吊灯,灯具质量在0.5kg及以下时,采用软线自身吊装;大于0.5kg的灯具采用吊链安装,且软电线编叉在吊链内,使电线不受力; (3)灯具固定牢固可靠,不应使用木楔。每个灯具至少用2个螺钉或螺栓固定;当绝缘台直径在75mm及以下时,可用1个螺钉或螺栓固定
普通灯具安装附件	(1)花灯吊钩圆钢直径不应小于灯具挂销直径,且不应小于6mm;大型花灯的固定及悬吊装置,应按灯具质量的2倍做过载试验; (2)用钢管做吊杆时,钢管内径不应小于10mm,厚度不应小于1.5mm; (3)固定灯具带电部件的绝缘材料以及防触电保护所用的绝缘材料,应耐燃和防明火
安装高度要求	当设计无要求时,灯具的安装高度和使用电压等级应符合下列规定。 (1)一般敞开式灯具,灯头距地面的距离不小于下列数值(采用安全电压者除外):室外墙上安装时2.5m;厂房2.5m;室内2.0m;软吊线带升降器灯具在吊线展开后0.8m; (2)危险性较大及特殊危险场所,当灯具距地面高度小于2.4m时,应使用额定电压为36V及以下的照明灯具或有专用保护设备; (3)当灯具距地面高度小于2.4m时,灯具的可接近裸露导体必须接地或接零可靠,并有专用接地螺栓且标识清楚
行灯安装规定	36V及以下的行灯变压器及行灯安装高度必须符合下列规定。 (1)行灯电压不大于36V,潮湿场所或导电良好的地面上以及工作地点狭窄、行动不便的场所,行灯电压不大于12V; (2)行灯变压器外壳、铁心和低压侧的任一端或中性点,必须接地或接零可靠; (3)行灯灯体与手柄绝缘良好、坚固、耐热、耐潮湿;灯头与灯体结合紧密,灯泡外部有金属保护网、反光罩和悬吊挂钩,挂钩固定在绝缘手柄上; (4)行灯变压器为双绕组变压器,电源侧和负荷侧均有熔断器保护,熔丝额定电流不大于相应侧的额定电流

项目	验收质量要求
应急照明灯安装规定	应急照明灯的安装应符合下列规定。 (1)应急照明灯的电源除正常电源外,另有一路电源供电,选用独立于正常电源的柴油发电机组供电或选用自带电源型应急灯; (2)应急照明灯在正常电源断电后,电源转换时间为:疏散照明≤15s;备用照明≤15s(金属商店交易所≤1.5s);安全照明≤0.5s; (3)疏散照明由安全出口标志灯和疏散照明灯组成,安全出口标志灯距地高度不低于2m,且安装在疏散出口和楼梯口内侧上方; (4)疏散标志灯安装在安全出口的顶部,楼梯间、疏散走道及其转角处应安装在1m以下的墙面上,不易安装的部位可安装在顶部;疏散通道上标志灯间距不大于20m,人防工程不大于10m; (5)疏散标志灯的设置不得影响正常通行,且不应在其周围设置容易混同为标志灯的其他标志牌; (6)应急照明灯具、运行温度大于60℃的灯具,当其靠近可燃物时,应采取隔热、散热等防火措施;采用白炽灯、卤钨灯等光源时,不可直接安装在可燃装修材料或可燃物体上; (7)应急照明线路在防火分区有独立应急照明回路,穿越不同防火分区的线路应有防火隔堵措施; (8)疏散照明线采用耐火电线和电缆,穿管明敷或在非燃烧体内穿刚性管道暗敷,暗敷时保护层厚度不小于30mm;电线应采用额定电压不低于750V的铜芯绝缘电线
防爆灯具安装规定	防爆灯具的安装应符合下列规定。 (1)灯具的防爆标志、外壳防护等级和温度组别与爆炸危险环境应相适配,当设计无要求时,灯具种类和防爆结构选型应符合下表的规定: *(下表见下方)* 注:○为适用;△为慎用;×为不适用。 (2)灯具配套齐全,不用非防爆零件代替灯具配件(金属护网、灯罩、接线盒等)。 (3)灯具的安装位置离开释放源,且不在各种管道的泄压口及排放口的上、下方安装灯具。 (4)灯具及开关安装牢固可靠,灯具吊管及开关与接线盒的螺纹啮合扣数不少于5扣,螺纹加工光滑、完整、无锈蚀,并在螺纹上涂以电力复合脂或导线性防锈脂。 (5)开关安装位置应便于操作,安装高度一般为1.3m
建筑物彩灯安装规定	建筑物彩灯的安装应符合下列规定。 (1)建筑物顶部的彩灯应采用有防雨性能的专用灯具,灯罩要拧紧。 (2)彩灯配线管路按明配管敷设且有防雨功能;管路以及管路与灯头盒间采用螺纹连接,金属导管及彩灯的构架、钢索等可接近裸露导体要接地或接零可靠。 (3)垂直彩灯悬挂挑臂采用不小于10号的槽钢;端部吊挂钢索用的吊钩螺栓直径不小于10mm,螺栓在槽钢上固定,两侧有螺母,且加平垫和弹簧垫圈紧固。 (4)悬挂钢丝绳直径不小于4.5mm,底部圆钢直径不小于16mm,地锚采用架空外线用的拉线盘,埋设深度不大于1.5m。 (5)垂直彩灯采用防水吊线灯头,下端灯头距地高3m

照明设备种类	爆炸危险区 Ⅰ区		Ⅱ区	
固定式灯	○	×	○	○
移动式灯	△	—	○	—
携带式电池灯	○	—	○	—
镇流器	○	×	○	○

项目	验收质量要求
建筑景观灯安装规定	建筑景观照明灯的安装应符合下列规定。 (1)每套灯具的导电部分对地的绝缘电阻大于 2MΩ。 (2)在人行道等人员来往密集场所安装的落地式灯具,无围栏防护的安装高度距地面应 2.5m 以上。 (3)金属构架和灯具的可接近裸露导体及金属软管要接地或接零可靠,且有标识
霓虹灯安装规定	霓虹灯的安装应符合下列规定。 (1)霓虹灯管完好,无破裂。 (2)灯管采用专用的绝缘支架固定,且牢固可靠;灯管固定后,与建筑物、构筑物表面的距离不小于 20mm。 (3)霓虹灯专用变压器采用双圈式,所供灯管长度不大于允许负载长度,露天安装时应当具有可靠的防雨措施。 (4)霓虹灯专用变压器的二次电线和灯管间的连接线应采用额定电压大于 15kV 的高压绝缘电线,二次电线与建筑物、构筑物表面的距离不小于 20mm
航空障碍标志灯安装规定	航空障碍标志灯的安装应符合下列规定。 (1)灯具应装设在建筑物、构筑物的最高部位,当最高部位平面面积较大或为建筑群时,除在最高端装设外,还要在其外侧转角顶端分别装设灯具。 (2)当灯具在烟囱上装设时,安装在低于烟囱口 1.5～3m 的部位且呈三角形排列。 (3)灯具选型根据安装高度而定,距地面 60m 及以下装设低光强红色灯,其有效光强大于 1600cd;距地面 150m 以上装设高光强白色灯,有效光强随背景亮度而定。 (4)灯具的电源按主体建筑中最高负荷等级要求供电。 (5)灯具安装牢固可靠,且应有维修和更换光源的设施
照明开关安装规定	照明开关的安装应符合下列规定。 (1)同一建筑物、构筑物的开关应采用同一系列的产品,开关通断位置一致,操作灵活且接触可靠。 (2)相线经开关控制;民用住宅不设床头开关
插座安装规定	插座的安装应符合下列规定。 (1)当交、直流或不同电压等级的插座安装在同一场所时,应有明显区别,且必须选择不同结构、不同规格和不能互换的插座;配套的插头应按交、直流或不同电压等级区别使用。 (2)插座接线应符合下列规定:①单相两孔插座,面对插座的右孔或上孔与相线连接,左孔或下孔与零线连接;单相三孔插座,面对插座的右孔与相线连接,左孔与零线连接;②单相三孔、三相四孔及三相五孔插座的 PE 或 PEN 线接在上孔;插座的接地端子不与零线端子连接;同一场所的三相插座,接线的相序要一致。 (3)PE 或 PEN 线在插座间不串联连接。 (4)特殊情况下插座安装还应注意:当插接有触电危险的家用电器时,应采用可断开电源的带开关插座,开关断开相线;潮湿场所应采用密封型并带保护地线触头的保护型插座,且安装高度不低于 1.5m
电扇安装规定	吊扇的安装应符合下列规定。 (1)吊扇挂钩安装应牢固,其直径不应小于吊扇挂销的直径,且不小于 8mm;有防振橡胶垫,挂销的防松零件齐全。 (2)吊扇扇叶距地面高度不应小于 2.5m。 (3)吊扇组装时不得改变扇叶角度,扇叶的固定螺栓和防松零件齐全。 (4)吊杆间、吊杆与电动机间螺纹连接,啮合长度不小于 20mm,且防松零件齐全紧固。 (5)吊扇接线正确,运转时扇叶无明显颤动和异常声响。 壁扇安装应符合下列规定。 (1)壁扇底座应采用尼龙塞或膨胀螺栓固定;尼龙塞或膨胀螺栓的数量不得少于 2 个,且直径不小于 8mm,固定牢固。 (2)壁扇的防护罩扣紧,运转时扇叶和防护罩无明显颤动或异常声响

项目	验收质量要求
照明系统通电试运行	照明系统的通电试运行应符合下列规定。 (1)照明系统通电试运行,灯具回路控制应与照明配电箱及回路标识一致;开关与灯具控制顺序相对应,风扇的转向及调速开关正常。 (2)公共建筑照明系统的通电试运行时间为 24h,民用住宅照明系统的通电连续运行时间为 8h;所有照明灯具均应开启,且每 2h 记录一次运行状态,连续运行时间内应无故障

二、一般项目质量要求

电气照明设备安装的一般项目质量要求应当符合表 10-9 中的规定。

表 10-9 电气照明设备安装一般项目的质量要求

项目	验收质量要求			
	引向每个灯具的导线线芯最小截面面积应符合下列规定			
	灯具安装场所及用途	线芯最小截面积/mm²		
		铜芯软线	铜线	铝线
普通灯具安装接线	灯头线 民用建筑室内	0.5	0.5	2.5
	灯头线 工业建筑室内	0.5	1.0	2.5
	灯头线 室外	1.0		2.5
	灯具外形、灯头及接线应符合以下规定: (1)灯具及其配件齐全,无机械损伤、变形、涂层脱落、灯罩破裂等缺陷; (2)软线吊灯的软线两端做保护扣,两端的芯线应搪锡;当装有升降器时,应套塑料管并采用安全灯头; (3)除敞开式灯具外,其他类灯具的灯泡容量在 100W 及以上者均应采用瓷质灯头; (4)当连接灯具的软线盘扣、搪锡压线,采用螺口灯头时,相线应当连接于螺口灯头中间的端子上; (5)灯头的绝缘外壳不应破损和漏电;带有开关的灯头其开关手柄应无裸露的金属部分; (6)变电所内所有高、低压配电设备以及裸母线的正上方不应安装灯具; (7)装有白炽灯泡的吸顶灯安装时灯泡不应紧贴灯罩;当灯泡与绝缘台间距离小于 5mm 时灯泡与绝缘台间应采取隔热措施; (8)安装在重要场所的大型灯具的玻璃罩应有防止玻璃罩破碎后向下溅落的措施; (9)投光灯的底座及支架应固定牢固,枢轴应沿需要的光轴方向拧紧固定; (10)安装在室外的壁灯应有泄水孔,绝缘台与墙面之间应有防水措施			
专用灯具安装规定	(1)36V 及以下行灯变压器和行灯的安装应符合下列规定:①行灯变压器的固定支架安装牢固,油漆完整;②携带式局部照明灯的电线宜采用橡胶套软线。 (2)应急照明灯的安装应符合下列规定:疏散照明采用荧光灯式白炽灯;安全照明灯采用卤钨灯或瞬时可靠点燃的荧光灯;安全出口标志灯和疏散标志灯装有玻璃或非燃材料的保护罩,面板亮度均为 1∶10(最低∶最高),保护罩应完整、无裂纹。 (3)防爆灯具的安装应符合下列规定:灯具及开关的外壳应完整,无损伤、凹陷或沟槽,灯罩无裂纹,金属护网无扭曲变形,防爆标志清晰;灯具及开关的紧固螺钉无松动、锈蚀、密封垫圈完好			

项目	验收质量要求
景观灯具等的安装规定	(1)建筑物彩灯的安装应符合下列规定。建筑物顶部彩灯的灯罩应完整,无碎裂现象;彩灯电线导管的防腐应完好,敷设应平整、顺直,符合设计要求。 (2)霓虹灯的安装应符合下列规定。霓虹灯变压器明装时,高度应不小于3m,如果低于3m要采取防护措施;霓虹灯变压器安装位置应方便检修,且隐蔽在不易被非检修人员触及的场所,不得装在吊平顶内;当橱窗内装有霓虹灯时,橱窗门与霓虹灯变压器一次侧开关有联锁装置,确保开门时霓虹灯变压器的电源断开;霓虹灯变压器二次侧电线采用玻璃制品支持物固定时,支持点间距不大于下列数值:水平段为0.50m,垂直段为0.75m。 (3)建筑物景观照明灯具的构架应牢固可靠,地脚螺栓确实拧紧,螺帽齐全;灯具螺栓紧固、无遗漏,灯具外露电线或电缆应当用柔性金属导管保护。 (4)航空障碍标志灯的安装应符合下列规定:同一建筑物或建筑群灯具间的水平距离和垂直距离均不应大于45m;航空障碍标志灯灯具的自动通、断电源控制动作应准确
开关、插座安装规定	照明开关的安装应当符合下列规定。 (1)开关安装位置应便于操作,开关边缘距门框边缘的距离为0.15～0.20m,距地面高度为1.3m;拉线开关距地面高度为2～3m,当层高小于3m时,拉线开关距顶板不小于100mm,拉线出口垂直向下。 (2)相同型号的开关并列安装以及同一室内开关的安装高度应一致,且控制有序不错位;并列安装的拉线开关相邻间距不小于20mm。 (3)暗装的开关面板应紧贴墙面,四周无缝隙,安装牢固,表面光洁、无裂纹、划伤,装饰帽齐全。 插座的安装应符合下列规定。 (1)当采用普通插座时,在托儿所、幼儿园、小学校等儿童活动场所的安装高度不小于1.8m。 (2)暗装插座面板应紧贴墙面,四周无缝隙,安装牢固,表面光洁、无裂纹、划伤,装饰帽齐全。 (3)车间、实验室插座的安装高度距地面不小于0.3m;特殊场所暗装插座距地面不低于0.15m,同一室内插座的安装高度应一致。 (4)地插座面板与地面齐平或紧贴地面,盖板要牢固,密封要良好
电扇安装规定	吊扇安装时,应涂层完整,表面无划痕、无污染,吊杆上下和扣碗安装牢固到位;同一室内并列安装的吊扇开关高度应一致,且控制有序不错位。 壁扇安装时,壁扇下侧边缘距地面高度不小于1.8m;应涂层完整,表面无划痕、无污染,防护罩无变形

第五节　配电与照明常见质量问题及预防措施

建筑配电与照明系统的安全运行不仅直接关系到整个系统的工作是否正常,而且也直接关系到工作人员和设备的安全。为保证建筑电气系统和各种电气设备的正常运行,一方面要加强巡视检查,做好维护工作;另一方面,发生异常时,应能迅速判断并正确处理。建筑电气系统故障的检查与维护、判断与处理是一件非常复杂的技术工作,不仅是技术技能的问题,大多数还有经验的问题。在一般条件下,建筑电气设计、施工和管理工作者,应学会利用观察方法来判断建筑的电气故障,即利用人的眼、鼻、耳、手来判断故障的方法。

一、变配电装置的故障与处理

变配电装置是用电系统的电源中心,一旦发生故障则会影响整个系统供电,且修复需要的时间较长,将会给用户和系统带来很大损失。因此,在产品制造、工程设计安装及运行维修上都有严格的要求和规程，进而保证变配电装置运行的可靠性和安全性。

但是，任何完美的东西都会由于一些无法预测的外界因素或运行维护的不当，造成难以预料的故障。因此，变配电装置运行维护中的严格检查、巡视保养，成为避免发生故障的重要手段，也是运行维护的主要内容。

1. 电力变压器异常运行及缺陷的处理方法

运行值班人员发现变压器有异常现象时，应当设法尽快加以排除，并报告上级且写入值班运行记录中。除按照有关规定的情况立即停止变压器的运行外，其他应按下述方法处理。

（1）变压器负荷超过允许值和允许时间时，应及时调整和限制负荷，可按负荷的重要程度卸除掉一部分负荷，或将部分负荷接在另外一台备用变压器上或者其他负荷较小的变压器上。

（2）变压器的油温超过允许限度时，应当认真分析原因，采取措施降低油温，同时应检查以下内容：①温度表是否正常，可用备用温度表同时测试比较；②变压器通风是否良好；③冷却装置运行是否正常、良好。

（3）当变压器油位显著降低时，应立即进行补油，并解除气体继电器的掉闸回路。因温度上升而使油面升高到极限位置时，应随时进行放油，以免油溢出从而发生事故。

（4）气体保护装置（气体继电器）动作时，应尽快查明原因；变压器的断路器掉闸后，如证明不是由于变压器内部故障引起的，则故障排除后可重新加入运行，否则应进行内部检查。

（5）变压器发生火灾后，首先将一次侧、二次侧的断路器和隔离开关都立即断开，然后再进行灭火，同时将备用变压器投入运行。

（6）在变压器运行中，当一次熔丝熔断后应立即进行停电检查，包括外部有无闪络、接地、短路及过负荷现象，同时应测量绝缘电阻。

（7）变压器的电流已超过额定值，但油温和油位均不高，除应用备用表测试电流和油温外，变压器可继续运行，但应加强监视；当备用表测得的值与盘上表的数值不一致时，应减荷或倒闸，必要时应卸下变压器进行检查；数值一致时可继续运行，但应加强监视。

2. 低压配电系统异常运行及缺陷的处理方法

低压配电系统异常运行和缺陷的处理方法，首先是要加强日常的巡视检查和周期检修，使故障隐患在萌芽状态时即被解决和处理。此外，在进行中还应注意以下几个方面。

（1）低压母线和设备的连接点超过允许温度时，应先迅速停下次要的负荷，以控制温度上升，然后再停下缺陷设备进行检修。遇到异常现象时，除了应做紧急停电处置外，还应立即报告电气工程的主管。

（2）各种电器触头和接点过热时，应检查触头压力及接触处连接点的紧固程度，消除氧化层，打磨接触点，调整好压力，拧紧连接处。

（3）电磁铁噪声过大，应检查铁心接触面是否平整、对齐，有无污垢、杂质和铁心锈蚀；检查短路环有无断裂，检查电压是否过低，并采取相应的修复措施。

（4）低压电器内部发生放电声响，应立即停止运行并取下灭弧罩或外壳，检查触头的接触情况，并测量对地及相间绝缘电阻是否合格。

（5）如灭弧罩损坏或掉落，无论是几相，均应停止该设备的运行，待修复后方可再使

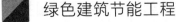

用。灭弧罩内沉积的金属颗粒应及时清除，如金属隔栅烧毁较严重的应予以更换。

（6）接地线损坏或掉落时，应先检查设备是否漏电，必要时应停电进行修复，否则应用带绝缘的工具进行修理。

（7）三相电源电压发生缺相时，或者电流互感器发生二次开路时，应当及时停电进行处理。

（8）断路器或熔断器发生越级动作时，应校验整定值和熔丝规格，否则应重新整定。

（9）低压配电支路送电时立即跳闸送不出去者，应先检查开关自身有无缺路或吸合线圈吸不住、过流整定太小、机械挂钩不灵及其他有碍合闸的故障，必要时可将负荷线临时拆掉，然后再检查负荷线有无短路或带负荷过大等问题。

（10）送电或正常运行时，某个部位如果发生打火现象，妨碍正常运行，则应立即停电修理，一般是由于虚接或错接所致。

（11）低压配电室必须保持良好的通风，特别是在夏季的用电高峰时间，必要时应设置机械通风装置，以减少事故的发生。

（12）配电室有直接控制的大型电动机起动时，应密切注意电流、电压及各连接部位的变化情况，如果一旦发生意外，应紧急停车，并检查故障点。

（13）低压配电室与高压配电所一样，应当是一个井井有条、整洁卫生、保卫严密、通信方便、道路畅通的场所，并始终保持"六防三通"：即防火、防水、防漏、防雨、防盗、防小动物，通风良好、道路畅通、电话畅通。

3. 低压配电系统低压电器运行中的注意事项

低压电器在运行维修中必须保证所有接点与导线的连接紧固可靠，应在停运行或停电时经常检查并紧固；低压电器更换时，必须使用与原先元件规格相同的合格产品，不得随意更改。如果没有合适备件而采用其他规格的代用时，必须经电气技术部门批准。各类低压电器在运行中应注意如下事项。

（1）刀开关的注意事项

① 没有灭弧罩的刀开关，不能切断负荷电流，只能切断较小的负荷电流或空载电流。因此，一般应与断路器、熔断器或接触器配合使用，在进行送电时，应先合刀开关，再合断路器或接触器；停电时，应先拉断路器或接触器，再拉刀开关。

② 带灭弧罩的刀开关，可以切断额定电流，但不能频繁操作。

③ 带灭弧罩的刀熔开关，可以切断额定电流，并用熔断器切断短路电流，是一种组合电器，一般与接触器配合使用。

④ 除刀熔开关外，刀开关可与熔断器配合使用。刀开关与接触器配合使用时，必须装设熔断器或者直接使用刀熔开关。刀开关断开的负荷电流，不应大于允许的额定电流，其所配用的熔断器和熔丝的额定电流，不得大于刀开关的额定电流。

⑤ 采用刀开关与熔断器组合时，只能控制 10kW 以下的小型电动机或负荷。

⑥ 用带有灭弧罩的刀开关切断负荷电流时，必须迅速进行拉闸。

（2）断路器的注意事项

① 断路器的整定分为过负荷整定和短路整定两种，运行时应按周期核校整定值。

② 运行过程中应保证灭弧罩的完好，严禁在运行过程中无灭弧罩或出现已破损的灭弧罩。

③ 框架式断路器的结构比较复杂，除接线正确可靠外，机械传动机构应灵活可靠，运行中可在转动部位涂少许机油；脱扣线圈吸合不好时，可在线圈铁心的下面垫上薄片，以减小衔铁与铁心的距离从而增大引力。

（3）转换开关的注意事项

转换开关应与熔断器配合使用；转换开关手柄的位置指示应与相应的触片位置对应，定位机构应可靠；转换开关的接线应按说明书进行，并正确可靠；转换开关是以角度区别的，不得任意更改；转换开关一般不宜拆开，因为组装时触片的装配很难掌握。如确实需要打开时，必须做详细记录并画图表示，以免出现装配错误现象。

（4）热继电器的注意事项

热继电器主要用来对电动机起过负荷保护或断相保护的作用，电流大于 20A 时宜采用经电流互感器的接线方式。运行中应保证热继电器的安装位置周围温度不超过室温，以免引起误动作。热继电器动作后，如自动复位应有一个延时，一般为 3min；如需要手动复位时可按动手动复位按钮。当热继电器的断相保护功能不能满足运行需要时，应增设断相保护器。

（5）交流接触器的注意事项

① 运行中必须保证接线正确可靠、保证灭弧罩的完整。

② 接触器可与按钮、控制继电器、变阻器、自耦减压变压器、频敏变阻器等，组成各种复杂而功能齐全的起动设备，选用时必须按负荷的起动电流和额定电流兼顾选取。

③ 运行过程中必须保证电磁铁铁心的清洁和对齐，保证触头吸合的紧密可靠，不得有过大的交流声。

（6）断路器的注意事项

断路器主要作为短路保护设备，在没有冲击负荷时可兼作为过载保护设备，因此只适用于 10kW 以下小型电动机的过负荷保护。断路器种类很多，使用时要注意三相设备，以免造成单相运行。

低压断路器、热继电器、交流接触器、电磁继电器、半导体继电器、电磁铁、自耦减压起动器的常见故障及排除方法，见表 10-10～表 10-16。

表 10-10　低压断路器常见的故障及排除方法

故障原因	可能原因	排除方法
手动操作断路器,触头不能闭合,手动拉闸不能断开	(1)失压脱扣器无电压或线圈烧坏; (2)储能弹簧变形,导致闭合力减小; (3)反作用弹簧力过大; (4)机构不能复位再扣; (5)传动机构不灵活	(1)检查线路,施加电压或更换线圈; (2)更换储能弹簧; (3)重新调整; (4)调整再扣接触面至规定值; (5)传动点上加少许机油
电动操作断路器,触头不能闭合	(1)操作电源电压不符; (2)电源容量不够; (3)电磁铁拉杆行程不够或衔铁间隙过大; (4)电动机操作定位开关失灵; (5)控制器中整流管或电容器损坏	(1)更换电源; (2)增大操作电源容量; (3)重新调整或更换拉杆或垫高铁心使间隙减少; (4)重新调整; (5)更换
有一相触头不能闭合	(1)一般为断路器的一相连杆断裂; (2)限流元件传动机构角度不合适	(1)更换连杆; (2)调整至原技术条件规定的要求

续表

故障原因	可能原因	排除方法
分励脱扣器不能使断路器分断	(1)线圈短路； (2)电源电压太低； (3)脱扣器铁心接触面太大； (4)螺钉松动	(1)更换线圈； (2)升高或更换电源电压； (3)重新调整； (4)拧紧
失压脱扣器不能使断路器分断	(1)反力弹簧变小； (2)如为储能释放,则储能弹簧变小； (3)机构卡死	(1)调整弹簧； (2)调整储能弹簧； (3)消除卡死原因并加少许机油
起动电动机时断路器立即分断	(1)过电流脱扣器瞬动整定电流太小； (2)断相保护或其他保护动作	(1)调整过电流脱扣器瞬动整定弹簧及其他保护； (2)如为空气式脱扣器,则可能阀门失灵或橡皮膜破裂,查明后更换
断路器闭合后,一定时间(约1h)自行分断	(1)过电流脱扣器长延时整定值不对； (2)热元件或半导体延时电路元件变质损坏	(1)重新调整； (2)更换
失压脱扣器噪音	(1)反力弹簧力太大； (2)铁心工作面上有油污； (3)短路环断裂	(1)重新调整； (2)清除油污； (3)更换衔铁或铁心
断路器温升过高	(1)触头压力过分降低； (2)触头表面过分磨损或接触不良； (3)两个导电零件连接螺钉松动	(1)调整触头压力或更换弹簧； (2)更换触头或清理接触面,不能更换者只好更换整台断路器； (3)拧紧
辅助开关发生故障	(1)辅助开关的动触桥卡死或脱落； (2)辅助开关传动杆断裂或滚轮脱落	(1)拨正或重新装好触桥； (2)更换传动杆和滚轮或更换整只辅助开关
半导体过电流脱扣器误动作使断路器断开	仔细寻找故障确认半导体脱扣器本身无损坏后,大多数情况下可能是外界电磁干扰	仔细寻出引起误动作的原因,例如邻近大型电磁铁的操作、接触器的分断、电焊等,予以隔离或更换线路

表 10-11　热继电器常见的故障及排除方法

故障原因	可能原因	排除方法
热继电器误动作	(1)整定值小； (2)电动机启动时间过长； (3)反复短时工作操作次数过多； (4)强烈的冲击振动； (5)用于不适合的工作制(如通断频率过高)； (6)连接导线过细	(1)合理调整整定值,如果热继电器额定电流或热元件号不符要求则应更换产品； (2)按电动机启动时间的要求,选择具有合适可返回时间(t_F)级数的热继电器或从线路上采取措施(如匙动过程中热继电器短接)； (3)正确合理选用； (4)对有强烈冲击振动的场合应选用带防冲装置的专用热继电器； (5)正确合理选用； (6)按技术条件的规定选用标准导线
热继电器不动作	(1)整定值偏大； (2)触头接触不良； (3)热元件烧断或脱焊； (4)动作机构卡死； (5)导板脱出； (6)连接导线过粗	(1)合理调整整定值,如果热继电器额定电流或热元件号不符要求则应更换产品； (2)去除触头上的尘垢； (3)更换产品； (4)修理(但用户不得随意调整,否则会导致动作特性变化)； (5)重新放入,推动几次看动作是灵活； (6)按技术条件的规定选用标准导线

故障原因	可能原因	排除方法
热元件烧断	(1)负载侧短路,电流过大; (2)反复短时工作操作次数过多; (3)机构故障,在起动过程中热继电器不能动作	(1)检查电路,排除故障或更换产品; (2)正确合理使用; (3)更换产品

表 10-12　交流接触器常见的故障及排除方法

故障原因	可能原因	排除方法
吸不上或吸力不足(即触头已闭合而铁心尚未完全吸合)	(1)电源电压过低或波动过大; (2)操作回路电源容量不足或发生断线、配线错误及控制触头接触不良; (3)线圈技术参数与使用条件不符; (4)产品本身受损(如线圈断线或烧毁,机械可动部分被卡住,转轴生锈或歪斜等); (5)触头弹簧压力与超程过大	(1)调高电源电压; (2)增加电源容量,更换线路,修理控制触头; (3)更换线圈; (4)更换线圈,排除卡住故障,修理受损零件,传动部分加少许机油; (5)按要求调整触头参数
不释放或释放缓慢	(1)触头弹簧压力过小; (2)触头熔焊; (3)机械可动部分被卡住,转轴生锈或歪斜; (4)反力弹簧损坏; (5)铁心截面有油污或尘埃粘着; (6)E形铁心,当寿命终了时,因去磁气隙消失,剩磁增大,使铁心不释放	(1)调整触头参数或更换弹簧; (2)排除熔焊故障,修理或更换触头; (3)排除卡住现象,修理受损零件,传动部分加少许机油; (4)更换反力弹簧; (5)清理铁心截面; (6)更换铁心
线圈过热或烧损	(1)电源电压过低或过高; (2)线圈技术参数(如额定电压、频率、通电持续率及适用工作制等)与实际使用条件不符; (3)操作频率(交流)过高; (4)线圈制造不良或由于机械损伤、绝缘损坏等; (5)使用环境条件特殊:如空气潮湿,含有腐蚀性气体或环境温度过高; (6)运动部分卡住; (7)交流铁心截面不平或中间气隙过大; (8)交流接触器派生直流操作的双线圈,因常合联锁触头,熔焊不释放,而使线圈过热	(1)调整电源电压; (2)调换线圈或接触器; (3)选择其他合适的接触器; (4)更换线圈,排除引起线圈机械损伤的故障; (5)采用特殊设计的线圈; (6)排除卡住现象并加油; (7)清理截面或调换铁心; (8)调整联锁触头的参数及更换烧坏的线圈
电磁铁(交流)噪声大	(1)电源电压过低; (2)触头弹簧压力过大; (3)磁系统歪斜或机械上卡住,使铁心不能吸平; (4)截面生锈或因异物(如油垢、尘埃)侵入铁心截面; (5)短路环断裂; (6)铁心截面磨损过度而不平	(1)提高操作回路电压; (2)调整触头弹簧压力; (3)排除机械卡住故障; (4)清理铁心截面; (5)调换铁心或短路环; (6)更换铁心

绿色建筑节能工程监理

续表

故障原因	可能原因	排除方法
触头熔焊	(1)操带频率过高或产品超负载使用; (2)负载侧短路; (3)触头弹簧压力过小; (4)触头表面有金属颗粒突起或异物; (5)操作回路电压过低或机械上卡住,致使吸合过程中有停滞现象,触头停顿在刚接触的位置上; (6)产品不合格,属于伪劣品	(1)调换合适的接触器; (2)排除短路故障,更换触头; (3)调整触头弹簧压力; (4)清理触头表面或更换触头; (5)提高操作电源电压,排除机械卡住故障,使接触器吸合可靠; (6)调换
触头过热或灼伤	(1)触头弹簧压力过小; (2)触头上有油污,或表面高低不平,有金属颗粒突起; (3)环境温度过高或在密闭控制箱中使用; (4)铜触头用于长期工作制; (5)操作频率过高,或工作电流过大; (6)触头的超程太小	(1)调整触头弹簧压力; (2)清理触头表面或更换触头; (3)接触器降容使用; (4)接触器降容使用; (5)调换容量较大的接触器; (6)调整触头超程或更换触头
触头过度磨损	(1)接触器选用欠妥,在以下场合时容量不足:①反接制动;②有较多密接操作;③操作频率过高; (2)三相触头动作不同步; (3)负载侧短路	(1)接触器降容使用或改用适于繁重任务的接触器; (2)调整至同步; (3)排除短路故障,更换触头
相间短路	(1)可逆转换的接触器联锁不可靠,由于误动作,使两台接触器同时投入运行从而导致相间短路,或因接触器动作过快,转换时间短,在转换过程中发生电弧短路; (2)尘埃堆积或粘有水气、油垢,使绝缘变坏; (3)产品零部件损坏(如灭弧室碎裂); (4)产品不合格,属于伪劣品	(1)检查电气联锁与机械联锁,在控制线路上加中间环节或调换动作时间长的接触器,延长可逆转换时间; (2)经常清理,保持清洁; (3)更换损坏零部件; (4)调换

表 10-13 电磁继电器常见的故障及排除方法

故障原因	可能原因	排除方法
线圈发热、烧坏、断线等	(1)环境温度超出规定值,导致线圈温升从而使绝缘损坏;由于潮湿引起绝缘强度下降;由于腐蚀引起断线或匝间短路; (2)使用维护中由于机械损伤,使线圈绝缘破坏; (3)由于线圈的电压值超过110%额定值,从而导致其变热或烧坏; (4)操作频率过高或交流线圈在其电压低于85%额定值时,因衔铁不吸合也会导致其变热或烧坏; (5)由于机械可动部件卡住,在交流线圈接入电路时,也会因衔铁不吸合导致线圈烧坏	(1)选用特殊的继电器; (2)更换线圈及其损坏部件; (3)调整电源电压,更换损坏部件; (4)选择特殊的继电器,调整电源电压,更换损坏部件; (5)排除机械可动部件故障或调换部件

288

续表

故障原因	可能原因	排除方法
触头故障	(1)触头咬合(熔焊); (2)触头接触电阻变大和不稳定; (3)负载过大或触头容量过小,或负载性质变化等引起触头不能分合电路; (4)因电压过高,触头间隙变小而出现触头间隙重复击穿的现象; (5)由于操作频率过高,触头间隙过大,使触头不能分合电路	(1)调换触头组; (2)清理触头表面或调换触头组; (3)可调换继电器或采用触头并联等办法加以解决; (4)调换继电器,调整间隙或采用触头串联等方法; (5)采用特殊的继电器或调整触头的间隙
电磁系统故障	(1)可动部分的转轴和棱角出现磨损,造成衔铁松动、卡住现象; (2)弹性元件疲劳从而使弹性减弱或失去弹性; (3)铁芯表面生锈,镀层龟裂或剥落	(1)调换损坏零件,重新调整; (2)调换有关零件; (3)清理表面或调换零件

表 10-14　半导体继电器常见的故障及排除方法

故障原因	可能原因	排除方法
半导体电路部分故障	(1)晶体管元件的失效,如放大倍数下降,晶体管 b-c 或 c-e 极间击穿、开路等; (2)其他半导体器件损坏; (3)电容等电子器件失效; (4)虚焊; (5)电位器、开关、接插件等接触不良	通过测量继电器正常及动作状态下晶体管和其他半导体器件的工作状态和有关测量点的参考电压(或波形)来查出故障部位及元件。调换损坏元件,对电位器、接插件等可进行清洗或调换处理

表 10-15　电磁铁常见的故障及排除方法

故障原因	可能原因	排除方法
线圈过热	(1)电磁铁的牵引过载; (2)在工作位置上电磁铁极面间不紧贴; (3)制动器的工作方式与线圈的特性不相符; (4)线圈的额定电压不符合线路的电压	(1)调整弹簧压力或重锤位置; (2)调整制动器的机械部分,以消除间隙; (3)更换线圈; (4)更换线圈;如为三相电磁铁可改△联结为 Y 联结
噪声过大	(1)电磁铁过载; (2)极面有污垢或生锈; (3)极面接触不正; (4)极面磨损、不平; (5)短路铜环断裂(单相电磁铁); (6)衔铁与机械部分的连接销松脱; (7)某一线圈烧坏(三相电磁铁); (8)电压太低	(1)调整弹簧压力或重锤位置; (2)清除污垢或生锈; (3)调整机械部分; (4)修正极面; (5)焊接或重做短路环并检查弹簧的压力; (6)上紧连接销; (7)更换线圈; (8)提高电压
机械磨损或断裂	(1)由于线圈电压与工作电压不符以致闭、断时的冲击力过大; (2)衔铁振动; (3)工作过于繁重; (4)润滑不良	调换配件并研究原因所在,加以消除

表 10-16　自耦减压起动器常见的故障及排除方法

故障原因	可能原因	排除方法
电动机本身没有故障,起动器能合上,但不能起动	(1)起动电压太低,转矩不够; (2)熔丝熔断	(1)测量线路电压,向供电部门反映,或将起动器抽头提高一级; (2)检查熔丝,予以更换
电动机起动太快	(1)电动机转矩太大,表现在以下方面:自耦变压器的抽头电压太高;自耦变压器有一个线圈或几个线圈短路; (2)接线出现错误	(1)如果电动机转矩太大,则采取如下措施:调整抽头的电压;检查自耦变压器中的短路线圈;更换线圈或重缠绕; (2)检查接线,核对说明书接线图
自耦变压器发出嗡嗡声	(1)变压器的铁片未夹紧; (2)变压器中有线圈接地	(1)夹紧变压器中的铁片; (2)检查接地线圈,拆开重绕或加以绝缘
起动器油箱里发出一种特殊的吱吱声	触头上跳火花,主要原因是接触不良	检查油面高度是否符合规定;用锉刀整修或更换纯铜触头
起动器里发出爆炸声,同时箱里冒烟(这时可能有一根或几根熔丝熔断)	(1)接触点有火花; (2)开关的机械部分与导体间的绝缘损坏或接触器接地	(1)整修或更换触头; (2)查出接地所在予以消除
欠电压脱扣机构停止工作	欠电压线圈烧毁或未接牢靠	检查接线是否良好,继电器触头是否良好,若线圈已烧毁应予以更换
电动机没有过载,但起动器的握柄却不能在运行位置上停留	(1)欠电压继电器吸不上和过载继电器之间接触不良; (2)过载继电器标准太低,机械机构被轧住或被移动,或弹簧里的油太薄	(1)检查欠电压继电器的电源和接线是否良好,是否有卡住现象,检查过载继电器的接触点,予以整修; (2)调整继电器,检查撞针使其灵活,或更新弹簧里的油,并加多一些
联锁机构不动作	锁片锈蚀严重或磨损	用锉刀整修或局部更换

二、照明装置的故障与处理

照明装置故障的处理方法,在照明线路的送电、试灯及日常维修中经常用到,虽然不是很复杂,但有些小故障处理起来并不简单。

1. 照明装置故障的处理要点

(1) 如果灯全部不亮应检查总开关及进线端。当总开关跳闸或总熔丝熔断时,则为线路或设备有短路或负载太大所致。如熔丝盒内黑糊糊一片或锡珠飞溅则为短路所致;如只有熔丝中间段熔断,并有锡液流滴痕迹则为过载所致。当总开关未跳闸或总熔丝未熔断时,则为进线断路,或控制箱内开关或某相接触不良、松动烧坏所致。

(2) 只有部分灯不亮,则为支路上或支路开关有上述故障的存在,应从支路进线及支路开关起开始检查。

(3) 某一个灯不亮,则为该分路上或分路开关有上述故障的存在,或灯具接线错误,或接触不良,或灯泡损坏,或开关损坏。特别是荧光灯,必须检查其所有接点是否接触良好。

(4) 灯具不能正常发亮,一般为电压太低、接触不良、线路陈旧漏电、绝缘不够,或灯泡、灯管损坏等。

（5）检查上述故障时，最好先用万用表测量一下进线端有无电压，电压是否正常。没有万用表时，也可用数字式的试电笔。另外，要准确区分相线、控制相线和零线，不要随意拆卸或打开接头，以免弄乱从而影响下步处理。

（6）在检查故障时要按顺序逐个检查回路，不得急于求成，要耐心细致。夜间处理故障时应使用临时照明，或者先用临时照明代替，等白天再进行故障处理。

（7）在处理故障时常带电操作，必须特别注意安全，除了穿绝缘鞋外，最好站在干燥的木板或凳子上。当故障原因确定后，最好应拉闸后再做进一步处理。

（8）在处理暗装线路时，最好找到原施工图或竣工图，以便准确掌握管线的走向和具体布置。暗装线路在没有确定故障原因之前，任何人不得抽取管中的导线。

2. 照明电路故障检查与处理

在照明电路中，往往由于元件的材料质量不好、安装不妥、设计有误、环境使用条件不良等因素，常会发生短路、不亮、发光不正常等事故，这些事故应当及时进行处理，以保证试灯的顺利进行。

（1）断路或开路的检查　　断路或开路包括相线或中性线断开两种。断路或开路的原因，可能是线路断线、线路接头虚接或松动，线路与开关的接线为虚接、松动或假接，开关触头接触不良或未接通等。断路的检查通常采用分段检查的方法，即先把分路开关拉闸、合上总开关的方法。

① 检查总开关上闸口是否有电，可用试电笔测试上闸口接线端子，如试电笔发光很亮，则说明供电正常，然后用万用表测试与零线的电压应为 220V；如发光较暗，则说明进线有虚接、松动现象，可将接线端子拧紧，并检查接点压接部位的绝缘层是否剥掉，有无锈蚀现象；处理后如果仍然较暗，则说明进线有误，可到上级开关的下闸口检查，如果正常，则说明故障点在线路上；可检查该段线路的接头是否良好，否则线路有断线点，可将线路的电源开关拉掉，验证无电且放电后，一端与地线封死，另一端用万用表测试，确认是否有断线。

断线的处理，如果是架空明设线路，可巡视线路后将断开点重新接好；如果是管内暗装线路，应将导线抽出，按要求更换新的导线。

如果氖气灯泡不发光，则说明进线有断路，可到上一级开关的下闸口进行检查，如经检查确定正常，则说明故障点在线路上。如果到上一级开关的下闸口检查，和在总闸上闸口的检查结果相同，则说明故障点在上一级开关或线路上。

② 若经检查总开关的下闸口不正常，则说明总开关有误、接触不良、假合、熔丝熔断等。如果总开关的下闸口正常，可在盘上、箱内检查各分路开关的下闸口是否正常，如果检查不正常，可在盘上、箱内检查线路或开关，因盘上线路较短很容易发现故障点。如果正常，则说明故障在由盘或闸箱送出的回路上。

③ 以上检查电压测量是在假定零线不断的情况下进行的，如果氖泡发光很亮，与零线间进行电压测量为零，很可能是零线断线。为了进一步证实，可在相线与地线间测量电压，有时从接地极直接引线来测量。

④ 盘上或箱内正常后，可在送出的支路上检查，最好是将各个支路上的开关全部关掉，特别是拉线开关，必须将盒盖打开才能确认是否已断开。先将距闸箱最近的一个开关闭合，看其控制的灯是否点亮。如果灯亮则说明这只灯到总闸箱这段的线正常，可继续往下再试距离这个灯最近的一个开关回路，直至最后一个回路。

如果灯不亮则说明闸箱到这只灯最近的开关回路，或上一个正常测试点到这只灯头或开关有断路现象。可将开关的盒盖打开用测电笔测试一下静触头是否有电，如果测电笔很亮，则可用万用表测试其对地电压，应为220V；如对零线电压为零，则说明这段回路中零线断线；如对零线电压正常，则说明开关虚接、开关接触不良、灯头虚接和灯头的导线断线等，这样逐一进行检查，直至找出原因。

⑤ 线路正常后，可测量插座的电压是否正常。如电压为零，可先用试电笔测其是否发光正常，如发光正常，则说明零线断线，再用与地线的电压来证实；如不发光则说明相线断线。无论哪种检查均应将盒打开，检查接线是否良好、插座进线始端接头是否良好。

⑥ 在进行支路检查时，如不将所有开关都断开，或只将部分断开而另一部分闭合，这时如用测电笔测试，相线和零线都有电且光很亮，则说明零线断线；如发光比较暗，则说明火线虚接；如不亮则说明火线断线。究竟哪段导线存在故障，还得按照④中的方法进行检查。

（2）短路故障的检查　短路故障的现象是合闸后熔丝立即出现熔断，或者断路器合闸后立即出现跳闸。产生短路故障的原因，可能是线路中相线与零线直接相碰、电具绝缘不好、相线与地相碰、接线出现错误、电具端子相连等。对于短路的检查，通常也是采用分段检查的方法，先将系统中所有的开关拉掉。

① 合上总开关，如熔丝立即熔断或断路器合上后立即跳闸，则说明总开关下闸口到分路开关上闸口的这段导线有短路现象，或从这段导线接出的回路有短路现象，或总开关下闸口绝缘不良从而直接短路，或总开关质量不合格。

如果以上检查正常，可将分路开关全部合上，如合某一开关时，熔丝立即熔断或断路器合不上，则说明该分路开关到各个支路开关前有短路现象；如果一切正常，则说明故障发生在各个支路的线路里。

② 把第一分路中第一支路距闸箱最近的一只灯的开关合上，如果分路开关跳闸或熔丝熔断，则说明故障就在这段线路里。可先检查螺口灯口内的中心舌片与螺口是否接触，有无短路电弧的痕迹，可检查灯泡灯丝是否短路，可更换灯泡或用万用表测量灯丝的电阻；然后可将管口处的导线拆开，用绝缘电阻表测量管内导线的绝缘情况。

经以上各项检查如无故障点，可检查开关的接线是否错误，将一相线和零线接在开关点上以及插座接线是否有误；检查接线盒内接头绝缘是否包扎良好，是否碰壳或零线、相线碰触，管和盒内是否潮湿有水等。短路点一般都会有短路电弧的"黑迹"；如果经检查仍无故障点，则说明是元件本身绝缘不良或因污迹造成的短路等。

如果分路开关不跳闸或熔丝不熔断，则说明故障不在这段线路里，应往下一只灯的回路检查，直至最后一只灯。

③ 如果经过检查第一支路无故障时，可往下继续查找第二支路，依次将所有支路逐一进行检查。

④ 用上述的方法，第一分路的开关拉闸，合上第二分路的开关，按支路逐一检查，直至第三分路，将所有分路检查完毕，直至找出故障点。

断路与短路的检查是一项技术性要求较高的工作，不得操之过急，严禁乱拆、乱接及不按程序检查。在检查中应特别注意安全。

（3）白炽灯故障的检查　白炽灯各种故障的检查方法如下所述。

① 短路的原因。灯口内中心舌片与螺口接触或活动，短路处有电弧的"黑迹"；灯泡的

灯丝内部短路；导线绝缘不良或露丝与零线、管壁接触；开关接错、误接或上相线下零线；接线盒内接头包扎不妥，露丝与外壳相碰，或相线接头与零线接头相碰；接线盒或管内潮湿有水；钢管内导线穿管时被划破绝缘；熔丝松动；开关或元件本身的绝缘低劣。

② 灯泡不亮的原因。灯丝断开；灯口与灯座接触不良，灯泡螺口与灯口螺口不配套，灯口中心舌片低，与灯泡不接触；开关接触不良、松动或触头有锈迹；熔丝熔断或断路器跳闸；线路断开。

③ 灯泡忽亮忽暗的原因。灯座、灯口或开关触头松动或接线松劲；熔断器中熔丝接触不良；电源电压不稳或系统中有大型动力设备经常起动；灯丝松动，忽断忽接。

④ 灯泡发强烈白光瞬时烧坏的原因。灯泡质量不合格，灯丝电阻太小；灯泡的额定电压与线路电压不符，小于线路的电压，或线路电线错接成两根相线。

⑤ 灯泡发光为暗红色的原因。电源电压太低；灯泡额定电压大于线路电压；线路有漏电处，特别是接头或线盒处；线路太长或导线太细，使末端的压降太大；开关或接头接触不良，或有锈蚀。

⑥ 接通电源后，灯泡内冒白烟的原因。灯泡质量低劣；灯泡有漏气处；电源的电压太高。

（4）荧光灯故障的处理 荧光灯、卤灯、带有镇流器的钠灯和汞灯的故障较为复杂，有些可以参照前面所述的方法进行处理，但其受到温度、环境的影响，也会出现一些故障，其中任何一个连接点的松动或接触不良，包括成套灯具的内部连接点（如灯脚、起辉器等），都会导致其不正常发光，这是非常重要的。

表 10-17 中列出了荧光灯的常见故障及处理方法，表 10-18 中列出了高压汞灯的常见故障及处理方法。

表 10-17 荧光灯常见故障及处理方法

故障现象	可能原因	处理方法
不能发光或发光困难	(1)电源电压太低或电路压降大； (2)启动器陈旧或损坏，内部电容击穿或断开； (3)接线错误，或灯脚接触不良，或其他部位接触不良； (4)灯丝已断或灯管漏气； (5)镇流器配用规格不合格或镇流器内部电路断开； (6)气温较低	(1)如有条件改用粗导线或升高电压； (2)检查后调换新的启动器或调换内部电容器； (3)改正电路或使灯脚及接触点加固； (4)用万用表检查,如灯丝已断又看到荧光粉变色,表明灯管漏气； (5)调换适当的镇流器； (6)加热、加罩
灯管抖动及灯管两头发光	(1)接线错误或灯脚等松动； (2)启动器接触点合并或内部电容击穿； (3)镇流器配用不合格或接线松动； (4)电源电压太低或线路压降较大； (5)灯丝陈旧,发射电子将完,放电作用降低； (6)气温低	(1)改正电路或加固； (2)调换启动器； (3)调换适当的镇流器或使接线加固； (4)如有条件改用粗导线或升高电压； (5)调换灯管； (6)加热、加罩
灯光闪烁或有光滚动	(1)新灯管的暂时现象； (2)单根管常有现象； (3)启动器接触不良或损坏； (4)镇流器配用规格不合格或接线不牢	(1)使用几次或将灯管两端对调； (2)有条件或需要时,改装双灯管； (3)使启动器接触点加固或调换启动器； (4)调换适当的镇流器将接线加固

故障现象	可能原因	处理方法
灯管两头发黑或生黑斑	(1)灯管陈旧； (2)若是新灯管可能因启动器损坏使两端发射物加速蒸发； (3)灯管内水银凝结是细灯管常有现象； (4)电源电压太高； (5)启动器不好或接线不牢引起长时间闪烁； (6)镇流器配用规格不合格	(1)调换灯管； (2)调换启动器； (3)起动后即能蒸发； (4)如有条件调低电压； (5)调换启动器或将接线加固； (6)调换适当的镇流器
灯光降低或色彩较差	(1)灯管陈旧； (2)气温低或冷风直吹灯管； (3)电路电压太低或电路压降较大； (4)灯管上积垢太多	(1)调换新灯管； (2)加罩或回避冷风； (3)如有条件改用粗导线或调整电压； (4)清除灯管积垢
有杂声与电磁声	(1)镇流器质量太差或其铁心钢片未夹紧； (2)电路电压过高引起镇流器发出声音； (3)镇流器过载或其内部短路； (4)启辉器不好引起开启时辉光杂声	(1)调换镇流器； (2)如有条件设法降压； (3)调换镇流器； (4)调换启动器
镇流器发热	(1)灯架内温度过高； (2)电路电压过高或过载； (3)灯管闪烁时间长或使用时间长； (4)镇流器不合格	(1)改善装置方法,保持通风； (2)如有条件调低电压或调换镇流器； (3)消除闪烁原因或减少连续使用时间； (4)调换镇流器
灯管使用时间短	(1)镇流器配用规格不合格或质量差,或镇流器内部短路致使灯管电压过高； (2)开、关次数太多或启动器不好引起长时间闪烁； (3)振动引起灯丝断掉； (4)新灯管因接线错误而烧坏	(1)调换镇流器； (2)减少开、关次数或调换启动器； (3)改善装置位置减少受振； (4)改正接线

表 10-18　高压汞灯常见故障及处理方法

故障现象	可能原因	处理方法
接通电源,灯不起辉(不发光)	(1)灯泡寿终或灯泡损坏； (2)停电； (3)电源电压太低或线路压降较大； (4)镇流器不匹配； (5)开关接线柱上的线头松动； (6)灯安装不正确； (7)供电线路严重漏电； (8)灯泡与灯座或线路中接触不良	(1)更换灯泡； (2)等待来电； (3)调整电源电压,或采用升压变压器或加粗导线； (4)调换规格合适的镇流器； (5)重新接线； (6)重新正确安装； (7)检查线路,加强绝缘； (8)旋紧灯泡或加固接线
灯光不亮	(1)汞蒸气未达到足够的压力； (2)电源电压过低； (3)镇流器选用不当或接线错误； (4)灯泡使用日久,已老化	(1)若电源、灯泡都无故障,一般通电 5min 后灯泡就会发出亮光； (2)调整电源电压或采用升压变压器； (3)调换规格合适的镇流器或纠正接线； (4)更换灯泡

故障现象	可能原因	处理方法
接通电源,灯一亮即突然熄灭	(1)电源电压过低; (2)线路断线; (3)灯座、镇流器和开关的接线松动; (4)灯泡陈旧,使用寿命即将结束	(1)调整电源电压或采用升压变压器; (2)检查线路,查明并消除断路点; (3)重新接线; (4)更换灯泡
灯忽亮忽灭	(1)电源电压波动于启动电压的临界值; (2)灯座接触不良; (3)灯泡螺口松动或镇流器有故障; (4)连接线头不紧密; (5)灯泡质量差	(1)检查电源故障,必要时采用稳压型镇流器; (2)修复或更换灯座; (3)更换灯泡或调换镇流器; (4)重新接线; (5)调换质量合格的灯泡
接通电源,灯泡发光正常,但不久灯光即昏暗	(1)电源负荷太大; (2)镇流器的沥青流出,绝缘强度降低; (3)由于振动造成灯泡损伤或接触松弛; (4)通过灯泡的电流太大,灯泡使用寿命即将结束; (5)灯泡连接线头松动	(1)检查电源负荷,降低电源负荷; (2)更换镇流器; (3)消除振动现象或采用耐振型灯具; (4)调整电源电压使其正常,或采用较高电压的镇流器,然后更换灯泡; (5)重新接线
灯熄灭后,立即接通开关,灯长时间不亮	(1)汞灯的一般特性; (2)灯罩过小或通风不良; (3)灯泡损坏; (4)电源电压不合适	(1)有碍工作时可与白炽灯或荧光灯混用; (2)更换上大尺寸灯具或改用小功率镇流器和小功率灯泡; (3)更换灯泡; (4)调整电源电压或采用适合电源电压的镇流器
灯泡有闪烁现象	(1)镇流器规格不合适或接线错误; (2)电源电压下降; (3)灯泡损坏	(1)调换规格合适的镇流器或纠正接线; (2)调整电源电压或采用升压变压器; (3)更换灯泡

三、变压器的故障与处理

建筑工程工地上所用的电力变压器,一般都是由当地供电部门管理,施工单位在使用中应加强巡视,发现问题应及时向供电部门报告,以便及早进行处理。

1. 变压器故障的基本特征

变压器的故障一般可根据以下基本特征来确定。

(1)气体继电器发出信号。根据继电器中所积聚的气体颜色和可燃性,可以确定故障的性质;如果有黑色可燃气体表示油分解;如果出现白色不燃气体表示绝缘零件故障。

(2)绝缘电阻降低。当出线套管损伤及污秽时就会出现这种故障。为了准确地判断故障位置,应使线圈与套管分开,并测定每一出线套管和线圈对外壳的绝缘电阻。

(3)空载电流增加。这种现象表示铁心装配不良,尤其是上部轭与柱间的气隙过大。

(4)空载损失增加。表示铁心的硅钢片间绝缘破坏。这种故障部件有时也可用手触摸来确定,因为在室载试验时故障位置必然会很快发热。

(5)空载电流及损失同时大大增加。这种现象表示线圈中匝间短路或由于紧固螺栓的绝缘损伤从而形成短接回路。

(6)一相或两相的绝缘电阻增加,表示线圈内或出线头的连接处焊接不良。

（7）绝缘电阻比规定值低，表示线圈中匝间短路。

（8）变压器的电压比发生改变，表示匝间短路，或者分接头间或转换开关触头间短路。

（9）变压器在运转的过程中，如果其嗡声不正常，表示变压器的紧固螺栓可能有松动现象。

2. 变压器常见故障及原因

变压器的常见故障及原因见表 10-19。

表 10-19　变压器常见故障及原因

故障现象	可能原因	检查及测试方法
线圈绝缘老化	(1)经常出现过载； (2)使用寿命已满； (3)设计结构对热梯度考虑不周全	外观检查
线圈匝间、层间或段间短路 (高压侧首部数层较多)	(1)负载有涌流现象，由于机械力损伤绝缘； (2)大气过电压(少数由于内部过电压)产生电击穿； (3)绝缘老化	空载试验时空载损耗及空载电流增大
线圈崩坏，外线圈向辐射方向松散，线圈端向铁轭崩散	(1)产品经受短路电流冲击； (2)结构夹压不紧，机械强度差	外观变形；有断线时，一侧通电另一侧没有感应电压
一、二次线圈间或线圈对地绝缘电阻下降	(1)潮气或水分侵入产品； (2)线端或引线有局部不正常通路； (3)油的介质损失过高	兆欧表测得的绝缘电阻下降为原如值的 70% 或以下
一、二次线圈间或线圈对地耐压击穿	(1)产品经受大气过电压； (2)设计的绝缘距离过小； (3)制造中有局部弱点	在绝缘电阻良好的基础上逐步提高耐压试验值
运行中异常发热，顶油温升超限	(1)负载超定额； (2)铁心与线圈间绝缘不良有起火现象； (3)大电流连接处的接触电阻过大	观察顶油温度或色谱分析

第十一章

Chapter 11

监测与控制节能监理质量控制

建筑节能工程的质量高低直接关系到人民的生命财产安全和社会的稳定发展，因此，必须保障建筑节能工程的质量符合设计和现行标准的要求。工程实践证明，在建筑节能工程的施工过程中，任何一个环节出现问题都会给建筑节能工程的整体质量带来严重后果。作为建筑节能工程系统质量监督的一个重要体系，监理对节能工程实施严格的监测与控制，是加强节能工程质量的重要控制和保证因素。

第一节　监测与控制节能监理质量控制概述

建筑节能工程的监测与控制是针对建筑耗能设备（包括供冷、供暖、通风、空调设备、生活热水、照明、电器耗能、电梯、给排水）所采取的节能措施，它的一个重要功能是对建筑能源系统进行科学管理，确保能耗系统经济运行。其内容包括参数检测、参数与设备状态显示、自动调节与控制、工况自动转换、能量计量及中央监测与管理等。

一、系统验收的规定

1. 系统验收的对象

建筑节能工程涉及的内容很多，建筑类别和自然条件不同，节能的重点也有所差别。在各类建筑能耗中，采暖、通风与空气调节，供配电及照明系统是主要的建筑耗能大户。

监测与控制系统验收的主要对象为采暖、通风与空气调节、给排水、电梯及自动扶梯和配电与照明所采用的监测与控制系统，能耗计量系统以及建筑能源管理系统。

建筑节能工程应按照不同设备、不同耗能用户设置检测计量系统，便于实施对建筑能耗的计量管理，同时也是建筑节能检测和验收的重点内容。

2. 系统验收的依据

监测与控制系统施工质量的验收，应执行现行国家标准《智能建筑工程质量验收规范》（GB 50339—2013）相关章节的规定和《建筑节能工程施工质量验收规范》（GB 50411—2007）中的规定。

建筑节能工程所涉及的可再生能源利用、建筑冷热电联供系统、能源回收利用以及其他与节能有关的建筑设备监控部分的验收，应参照《建筑节能工程施工质量验收规范》（GB 50411—2007）中监测与控制节能章节的相关规定执行。

3. 系统的验收阶段

监测与控制系统的验收分为工程实施和系统检测两个阶段。

（1）工程实施阶段由施工单位和监理单位随着工程实施的过程进行，分别对施工质量管理文件、设计符合性、产品质量、安装质量进行全面检查，及时对隐蔽工程和相关接口进行检查，同时应有比较详细的文字和图像资料，并对监测与控制系统进行不少于 168h 的不间断试运行。

（2）系统检测阶段是在系统安装完成后进行。主要是检测建筑监测与控制系统的功能是否符合设计要求。

4. 系统的检测要求

系统检测的内容应包括对工程实施文件和系统自检文件的复核，对监测与控制系统的安装质量、系统节能监控功能、能源计量及建筑能源管理等方面进行检查和检测。

系统检测的内容分为主控项目和一般项目，系统检测结果是监测与控制系统的验收依据。

对于不具备试运转条件的项目，应在审核调试记录的基础上进行模拟检测，以检测监测与控制系统的节能监控功能。

二、监测与控制系统的节能措施

建筑节能工程监测与控制系统的主要节能措施包括以下几个方面。

（1）采暖与通风空调系统。最佳启停控制、变负荷需求控制、对新风和自然冷源的控制、时间表控制、变风量控制（VAV）和变流量控制。

（2）冷热源设备（如冷水机组、锅炉等）台数群控，最佳启停控制、冷热水供水温度控制、变流量控制、蓄热运转控制。

（3）照明方面的控制。公共照明回路自动开关控制、调光控制、时间表控制、场景控制，路灯控制，窗帘控制，实现充分利用自然光和按照明需要对照明系统的节能控制。

（4）供电方面的控制。实现用电量计划管理、功率因数改善控制、自备电源负荷分配控制、变压器运行台数控制、谐波检测与处理等。

（5）给排水控制。主要包括恒定变频供水控制、中水处理与回用控制。

（6）室内温湿度及冬夏季设定值限制管理与控制。

（7）电梯及自动扶梯的控制。主要是指电梯及自动扶梯的启停管理与调度控制。

三、监测与控制节能监理的特点及难点

（1）由于监测与控制系统工程涵盖多种专业技术，涉及大量的被控设备及其相互间的接口软硬件技术，是一个比较复杂的集成系统工程。因此，要求监理人员必须具备多学科的专业知识。

（2）由于大多数监测与控制系统工程的深化设计往往滞后于建筑、机电设备的设计，而建筑、机电设备的设计往往仅凭过去的经验考虑相关内容，并且针对性不强，所以监理人员应尽早协助业主督促深化设计单位，做好与机电设备设计单位间的技术沟通，完成相互间功能匹配、软硬件合理衔接的工作，对于节能目标的实现起到关键作用。

（3）由于监测与控制系统的安装施工涉及空调、给排水、电气、电梯、土建等专业施工单位。因此，在安装施工、调试等方面交叉较多、关系密切，监理应协调各专业间的相互配合，保证监控系统工程的顺序实施。

（4）监测与控制系统检测元件的现场安装质量是否符合产品安装的要求，关系到实测数据的准确性。监理人员应根据设计或产品说明书的安装要求，认真检查检测元件的安装质量，对系统节能效果的好坏起到重要作用。

（5）监测与控制系统的调试是检验系统功能是否符合设计要求的重要环节，监理人员对调试工作应进行巡视和旁站，依据设计和招标文件对系统的各项功能要求是否能够实现进行认真核查、测试，这是完善系统功能、保证节能效果的重要环节。

第二节　监测与控制节能监理的主要流程

监测与控制节能工程，是智能建筑的一个功能部分，包括在智能建筑的"建筑设备监控系统"和"智能化系统集成"之中。其施工监理和质量验收应以智能建筑的"建筑设备监控系统"为基础，按照《建筑节能工程施工验收规范》（GB 50411—2013）及《智能建筑工程质量验收规范》（GB 50339—2013）的检测验收流程进行。

一、监测与控制节能监理流程

监测与控制节能监理流程如图 11-1 所示。

二、监测与控制节能监理要点

（1）组织监理人员与工程承包单位一起，按照智能建筑规范中的建筑节能工程监测与控制系统功能综合表的要求，对原设计中的监测与控制功能的符合性进行复核。如果复核结果不能满足节能的要求，则向原设计单位提出修改意见。

（2）组织监理人员熟悉施工图及深化设计图纸和设备、材料的采购合同，主要设备及材料功能要求、技术参数等。复核所需预留孔洞、预埋管线是否正确，线槽、桥架的走向和敷设要求是否合理，弱电井大小、中央监控室位置及尺寸平面布置是否达标，现场控制器、监控点定位及安装是否符合要求，系统配线规格及布线要求是否满足系统要求，本系统设计在通信接口上、安装界面上是否与其他专业设计有冲突或不匹配。

（3）监理人员要参加监测与控制节能工程设计交底，详细了解设计意图，采用的设计规范、技术、质量标准，选用的主要设备、材料技术要求，采用的新技术、新设备、新工

绿色建筑节能工程监理

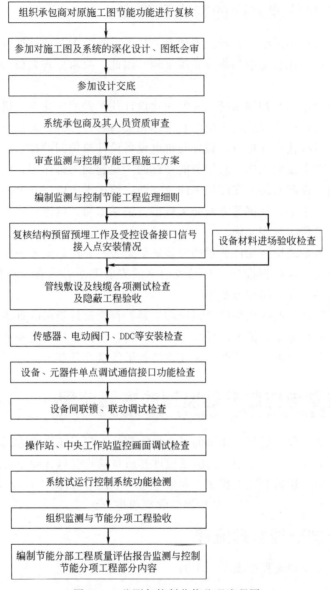

图 11-1　监测与控制节能监理流程图

艺等。

（4）监理人员要进行审查施工组织设计，主要应审查以下内容。

① 审查担任此项监测与控制节能工程任务的施工队伍及人员的资质与条件是否符合要求。

② 审查施工组织设计和施工技术方案是否符合工程实际情况，是否切实可行。

③ 对承包单位在开工前报送的施工组织设计，监理工程师应着重审查以下内容：施工组织设计或施工方案是否符合施工合同要求；质量保证体系是否健全；主要技术组织措施是否具有针对性；环保和安全措施是否有效；施工程序和施工进度是否合理。

④ 对设备材料进场进行检查验收。做好系统设备、材料的质量控制，各系统承包商在设备及材料到货后，应及时向监理工程师报送出厂合格证及有关设备材料的质量证明资料，

并经监理工程师复核认可。用于工程的主要设备，进场时必须具备质量保证书或质量合格证等，监理工程师对其应进行质量抽检。

对于进口设备、材料等必须具备海关商检证明，并组织工程有关各方进行开箱查验，对查验过程进行详细的书面记录，并出具开箱查验报告，经各方签认。

（5）设备、管线的安装是监测与控制节能工程中的主要工序，在安装过程中的质量控制主要包括以下几个方面。

① 认真核对各类预埋件、预留孔、沟槽、预埋管线是否正确，复核受拉设备接口信号接入处的安装是否符合要求。

② 加强对系统承包单位的施工质量管理体系的监督和检查，主要抓住各个施工阶段安装设备的技术条件和安装工艺的技术要求。在施工工艺、施工质量、施工工序和施工条件等方面加强监督，同时按照各系统的质量控制要点进行现场检查和监督，对关键部位进行旁站督导、中间检查和技术复核，防止质量隐患。对不符合质量标准的出具报告，及时加以处理。

③ 做好与各施工单位的实时沟通，加强对各系统施工单位工作的协调管理，同时注意与土建、装饰及其他机电安装施工单位的协调、管理，避免出现施工工作面冲突或造成不必要的返工。

④ 由于弱电系统的图纸变更是很难避免的，监理人员应督促施工单位必须按最新图纸和生效的深化设计图施工，同时还要注意更新图纸与其他图纸的冲突，及时加以调整。

⑤ 监理工程师要审查技术变更对工程质量、施工进度和工程投资是否有不利影响，必要时应提出书面意见向业主反映。

（6）设备安装完毕后，经检查合格还应按要求进行调试，设备调试过程中的质量控制主要包括以下方面。

① 检查调试的准备情况，看设备和管线是否已按设计要求完成，线缆通导、绝缘测试及电气性能是否完成。审查施工单位的调试大纲，主要对调试的组织机构、人员配备、材料准备、调试方案、操作规程的合理性，调试现场的清理及安全措施的落实情况进行审查。

② 监理工程师应督促调试人员按已批准的调试大纲的顺序进行单体设备调试、单项系统调试、子系统调试、系统联动调试、系统集成调试。

③ 调试完成经复核合格后，由监理工程师签认调试报告，并编写调试总结报告。

第三节　监测与控制节能监理控制要点及措施

根据现行国家标准《建筑节能工程施工质量验收规范》（GB 50411—2007）及《智能建筑工程质量验收规范》（GB 50339—2013）中的要求，监测与控制节能工程质量监理控制的工作、要点及措施主要包括以下方面。

一、施工准备阶段的监理工作

（1）组织监理人员与承包商按照《建筑节能工程施工质量验收规范》（GB 50411—2007）及《智能建筑工程质量验收规范》（GB 50339—2013）和现行国家标准的相关规定，对原设计中的监测与控制功能的符合性进行复核，如复核结果不能满足节能规范的要求，则应向原设计单位提出修改建议，由设计单位进行设计变更，并经原节能设计审查机构批准。

（2）组织监理人员熟悉各专业节能设计施工图、监测与控制深化设计图纸及承包施工合同，掌握和了解主要设备及材料功能要求、技术参数与品牌、产地、价位等。复核管线、桥架走向和布设是否合理，现场控制器、监控点、系统配线规格是否满足系统要求。本系统设计在通信接口上、安装界面上是否与其他专业设计有冲突或不匹配。

（3）参加设计交底，了解设计意图，明白采用的设计规范、技术质量标准，选用的主要设备、材料技术要求，采用的新技术、新设备、新工艺等。

（4）审查施工组织设计：①审查承担该项任务的施工队伍及人员的资质与条件是否符合要求；②审查施工组织设计和施工技术方案；③施工单位应根据设计文件制订系统质量控制和调试流程图及节能工程施工验收大纲；④监测与控制系统的验收分为工程实施和系统检测两个阶段，在施工组织设计中应有两个阶段的工作内容。

二、对进场设备及材料的质量控制要点

监测与控制系统采用的设备、材料及附属产品进场后，应按照合同技术文件和设计要求对其品种、规格、型号、外观和性能及软件等进行检查验收，并且应经监理工程师（或建设单位代表）检查认可，同时应形成相应的质量记录。各种设备、材料和产品附带的质量证明文件和相关技术资料应齐全，并应符合国家现行有关标准和规定。未经进场验收合格的设备、材料和附属产品，不得在工程上使用和安装。经进场验收的设备和材料应按产品的技术要求妥善进行保管。进场设备及材料的进场验收控制要点如下。

（1）产品应为列入《中华人民共和国实施强制性产品认证的产品目录》或实施生产许可证和上网许可证管理的产品，未列入强制性认证产品目录或未实施生产许可证和上网许可证管理的产品，应按规定程序通过产品检测后方可使用。

（2）产品功能、性能等项目的检测应按相应的现行国家产品标准进行；供需双方有特殊要求的产品，可按合同规定或设计要求进行检测。

（3）必须按照合同技术文件和工程设计文件的要求，对设备、材料和软件进行进场验收，进场验收应有书面记录和参加人员签字，并经监理工程师或建设单位验收人员签认。

（4）对不具备现场检测条件的产品，可要求进行工厂检测并出具检测报告。

（5）硬件设备及材料的质量检查重点应包括安全性、可靠性及电磁兼容性等项目，可靠性检测可参考生产厂家出具的可靠性检测报告。

（6）保证设备及材料外观完好，产品无损伤、无瑕疵，品种、数量、产地符合要求。

（7）软件产品的质量应按下列内容进行检查。

① 商业化的软件，如操作系统、数据库管理系统、应用系统软件、信息安全软件和网管软件等应做好使用许可证及使用范围的检查。

② 由系统承包商编制的用户软件，用户组态软件及接口软件等应用软件，除进行功能测试和系统测试之外，还应根据需要进行容量、可靠性、安全性、可恢复性、兼容可靠性、自诊断等多项功能测试，并保证软件的可维护性。

③ 所有自编软件均应提供完整的文档（包括软件资料、程序结构说明、安装调试说明、使用和维护说明书等）。

（8）系统接口的质量应按下列要求检查。

① 系统承包商应提交接口规范，接口规范应在合同签订时由合同签订机构负责审定。

② 系统承包商应根据接口规范制订接口测试方案，接口测试方案经检测机构批准后实

施。系统接口测试应保证接口性能符合设计要求，实现接口规范中规定的各项功能，不发生兼容性及通信瓶颈问题，并保证系统接口的制造和安装质量。

③ 依规定程序获得批准使用的新材料和新产品除符合本条规定外，尚应提供主管部门规定的相关证明文件。

④ 进口产品除应符合《智能建筑工程质量验收规范》（GB 50339—2013）中的规定外，还应当提供原产地证明和商检证明，配套提供的质量合格证明、检测报告及安装、使用、维护说明书等文件资料应为中文文本（或附中文译文）。

设备及材料的进场验收除按上述规定执行外，还应符合下列要求。

① 电气设备、材料、成品和半成品的进场验收应按《建筑电气工程施工质量验收规范》（GB 50303—2015）中的有关规定执行。

② 各类传感器、变送器、电动阀门及执行器、现场控制器等的进场验收要求：a. 查验合格证和随带的技术文件，实行产品许可证和强制性产品认证标志的产品应有产品许可证和强制性产品认证标志；b. 外观检查包括铭牌、附件齐全，电气接线端子完好，设备表面无缺损，涂层完整；c. 传感器进场应检查的主要性能参数包括测量范围（量程）、线性度、不重复性、滞后、精确度、灵敏度（传感器系数）、零点时间漂移、零点温度漂移、灵敏度漂移、响应速度等。

三、现场检测元器件安装质量控制要点

建筑设备的监测与控制系统主要由输入装置和输出装置组成。输入装置主要包括温度变送器、湿度变送器、压力变送器、压差变送器、压差开关、流量计、流量变送器、空气质量变送器以及其他检测现场各类参数的变送器等。输出装置主要有各类执行器，如电磁阀、电动调节阀、电动风阀执行器、变频器等。

1. 温、湿度变送器的安装

（1）温、湿度变送器的安装位置有如下要求。

① 温、湿度变送器不应安装在阳光直射的位置，远离有较强振动和较强电磁干扰的区域，其位置不能破坏建筑物的外观与完整性，室外型温、湿度变送器应有防风雨的防护罩。

② 温、湿度变送器应安装在尽可能远离门窗和出风口的地方，如果确实无法避开时则与这些地方的距离不应小于 2m。

③ 为使温、湿度变送器安装美观，并列安装的变送器，距地面的高度应一致，同一区域内安装高度应基本一致。

（2）风管式温、湿度变送器的安装有如下要求。

① 风管式温、湿度变送器应安装在风速平稳且能反映风温的位置。

② 风管式温、湿度变送器的安装应当在风管保温层完成后进行。

③ 风管式温、湿度变送器安装在风管的直管段，应避开风管死角的位置和冷热管位置。

④ 风管式温、湿度变送器应安装在便于调试和维修的地方。

（3）水管温度变送器的安装有如下要求。

① 水管温度变送器的安装应与工艺管道的预制和安装同时进行。

② 水管温度变送器的开孔和焊接施工，必须在工艺管道的防腐、管内清扫和压力试验前进行。

③ 水管温度变送器的安装位置，应在介质温度变化灵敏和具有代表性的地方。

④ 水管温度变送器不宜选择在阀门、流量计等阻力件的附近安装，应当避开水流流速死角和振动比较大的位置。

⑤ 水管温度变送器的感温段大于管道口径的 1/2 时，可以安装在管道的顶部。如果感温段小于管道口径的 1/2 时，应安装在管道的侧面或底部。

⑥ 水管温度变送器不宜安装在管道的焊缝及其边缘上，也不宜在变送器的边缘开孔和焊接。

⑦ 接线盒进线处应当进行密封，避免进水或潮气侵入，从而损坏变送器的电路。

⑧ 在水系统中需要注水，而变送器安装滞后时，应将变送器套管先安装于水管上。变送器安装时，将变送器插入充满导温介质的套管中。

2. 压力、压差变送器和压差开关的安装

测试结果表明，压力、压差变送器和压差开关的安装正确与否，将直接影响到其测量精度的准确性和变送器的使用寿命。压力、压差变送器和压差开关的安装要点如下。

（1）压力、压差变送器应当安装在温、湿度变送器的上游侧。

（2）压力、压差变送器应当安装在便于调试和维修的位置。

（3）风道压力、压差变送器的安装应在风道保温层完成后进行。

（4）风道压力、压差变送器应安装在风道的直管段，确实不能安装在直管段时，应避开风道内通风的死角位置。

（5）水管压力与压差变送器的安装，应在工艺管道预制和安装的同时进行，其开孔与焊接工作必须在工艺管道的防腐、清扫和压力试验前进行。

（6）水管压力与压差变送器不宜安装在管道的焊缝及其边缘上，水管压力与压差变送器安装完毕后，不应在其边缘开孔及焊接。

（7）水管压力与压差变送器的直压段大于管道直径的 2/3 时，可以安装在管道的顶部；直压段小于管道直径的 2/3 时，可以安装在管道的侧面或底部和水流流速稳定的位置，不宜选择在阀门等阻力部件附近，以及流水死角和振动较大的位置。

（8）在安装压差开关时，应当注意以下问题。

① 风压压差开关安装时距离地面的高度不应小于 0.50m。

② 风压压差开关的安装应在风道保温层施工完成后进行。

③ 风压压差开关应当安装在便于调试和维修的地方。

④ 风压压差开关安装后不应影响空调机本体的密封性。

⑤ 风压压差开关安装所用的连接线应通过软管加以保护。

（9）水流开关的安装应当注意以下问题。

① 水流开关的安装应在工艺管道预制和安装的同时进行。

② 水流开关的开孔与焊接工作，必须在工艺管道的防腐、清扫和压力试验之前进行。

③ 水流开关不宜安装在焊缝及其边缘处，应避免安装在侧流孔、直角弯头或阀门附近。

④ 水流开关应安装在水平管段上，不应安装在垂直管段上。

⑤ 水流开关应安装在便于调试和维修的地方。

⑥ 水流开关叶片的长度应当与水管管径相匹配。

3. 流量变送器的安装

（1）电磁流量计的安装有如下要求。

① 电磁流量计应安装在避免有较强的交流电、直流电磁场或有剧烈振动的场所。

② 电磁流量计、被测介质及工艺管道三者之间应连接成等电位，并应良好接地。

③ 电磁流量计应当安装在流量调节阀的上游。

④ 电磁流量计在垂直管道上安装时，流体流向应自下而上，以保证管道内充满被测液体，不至于产生气泡；水平安装时必须使电极处在水平方向，以保证测量的精度。

（2）涡轮式流量计的安装有如下要求。

① 涡轮式流量计应安装在便于调试和维修的地方。

② 涡轮式流量计的安装应避开管道振动、强磁场及热辐射的地方。

③ 涡轮式流量计安装时应当水平，流体的流动方向必须与流量计壳体上所示的流向标志一致。

④ 测试过程中可能会产生逆流时，在涡轮式流量计后面应装设逆止阀。

⑤ 涡轮式流量计应安装在压力变送器测压点的上游，一般为距离测压点（3.5～5.5）DN 的位置，温度变送器应设置在其下游，距离涡轮式流量计（6～8）DN 的位置。

⑥ 涡轮式流量计应安装在有一定长度的直管段上，以确保管道内的流速平稳。涡轮式流量计上游应当留有 10 倍管径长度的直管，下游应留有 5 倍管径长度的直管。若流量计前后的管道中安装有阀门、管道变径、弯管等影响流量平稳的设备，则直管段的长度还需要相应地增加。

⑦ 涡轮式流量计信号的传输线，宜采用屏蔽和绝缘保护层的电缆，并宜在控制器的一侧接地。

⑧ 为避免流体中的杂物堵塞涡轮叶片和减少轴承的磨损，安装时应在流量计前的直管段（20 倍 DN）前部安装 20～60 目的过滤器，要求通径小的目数密，通径大的目数稀。过滤器在使用一段时间后，应根据现场的具体情况，定期对过滤器进行清洗。

⑨ 对于新安装的流体管路系统，管道中不可避免地会有杂质或铁锈，为了防止杂质或铁锈进入流量计，或者堵塞过滤器，在安置管道时，先用一节管道代替涡轮式流量计，等运行一段时间确认管道中无杂质或铁锈时，再装上涡轮式流量计。

⑩ 由于涡轮式流量计上部是磁电感应线圈和前置放大器，所以不能承受过高的温度。因此，涡轮式流量计在使用时，被测介质的温度不应超过 120℃，周围环境空气的相对湿度不得大于 80%。

4. 电量变送器的安装

电量变送器通常安装在检测设备（高低压开关柜）内，或者在变配电设备附近装设单独的电量变送柜，将全部的变送器安装在该柜内。然后将相应的检测设备 CT（电流互感器）、PT（电压互感器）输出端通过电缆接入电量变送器柜，并按设计和产品说明书提供的接线图进行接线，再将其对应的输出端接入 DDC（直接数字控制）控制柜。

（1）在进行变送器接线时，严防其电压输入端短路和电流输入端开路。

（2）必须注意变送器输入、输出端的范围与设计和 DDC 控制柜所要求的信号相符。

5. 空气质量变送器的安装

（1）空气质量变送器应安装在便于调试和维修的地方，在风道保温层施工完毕后进行。

（2）空气质量变送器应安装在风道的直管段，如果确实不能安装在直管段，应避开风道内通风死角的位置。

（3）探测气体密度小的空气质量变送器应安装在风道或房间的上部，探测气体密度大的空气质量变送器应安装在风道或房间的下部。

6. 风机盘管温控器和电动阀的安装

（1）温控开关与其他开关并列安装时，距离地面的高度应当一致，其高度差不应大于1mm；与其他开关同安装于同一室内时，其高度差不应大于5mm。温控开关外形尺寸与其他开关不一样时，以底边高度为准。

（2）电动阀阀体上箭头的指向应当与水流方向一致。

（3）风机盘管电动阀应当安装在风机盘管的回水管上。

（4）四管制风机盘管的冷热水管电动阀的公用线应为零线。

（5）客房节能系统中的风机盘管温控系统应当与节能系统连接。

7. 电磁阀的安装

（1）电磁阀阀体上箭头的指向应与水流或气流的方向一致。空调机的电磁阀一般应装有旁通管路。

（2）电磁阀的口径与管道通径不一致时，应采用渐缩的管件，同时电磁阀的口径一般不应低于管道口径两个等级。

（3）有阀位指示装置的电动阀，阀位指示装置应面向便于观察的位置。

（4）电磁阀安装前应按照使用说明书的规定检查线圈与阀体间的电阻。

（5）如果条件许可，电磁阀在安装前宜进行模拟动作或试压试验。

（6）电磁阀的执行机构应固定牢靠，操作手轮应处于便于操作的位置。执行机构的机械传动应灵活，无松动或卡涩现象。

（7）电磁阀一般应安装在回水管路上。

8. 电动调节阀的安装

（1）电动阀阀体上箭头的指向应与水流方向一致。

（2）空调器的电动阀旁一般应装有旁通管道。

（3）电动阀的口径与管道通径不一致时，应采用渐缩管件，电动阀的口径一般不应小于管道通径两个等级并满足设计要求。

（4）电动阀的执行机构应固定牢靠，手动操作机构应处于便于操作的位置。

（5）电动阀应垂直安装在水平管道上，特别是大口径电动阀不能倾斜。

（6）有阀位指示装置的电动阀，阀位指示装置应面向便于观察的位置。

（7）安装在室外的电动阀应有防晒、防雨措施。

（8）电动阀在安装前宜进行仿真动作和试压试验。

（9）电动阀一般安装在回水管路上。

（10）电动阀在管道冲洗前，应完全打开，清除污物。

（11）检查电动阀门的驱动器，其行程、压力和最大关紧力（关阀的压力）必须满足设计和产品说明书的要求。

（12）检查电动调节阀的型号、材质必须符合设计要求，其阀体强度、阀芯泄漏试验必须满足产品说明书的有关规定。

（13）电动调节阀在安装时，应避免给调节阀带来附加压力，若调节阀安装在管道较长的地方，应安装支架和采取防振措施。

（14）检查电动调节阀的输入电压、输出信号和接线方式，应符合产品说明书的要求。

（15）将电动执行器和调节阀进行组装时，应保证执行器的行程和阀的行程大小一致。

9. 电动风阀执行器的安装

（1）风阀控制器上开闭箭头的指向应与风门开闭方向一致。

（2）风阀控制器与风阀门轴的连接应牢固可靠。

（3）风阀机械机构的开闭应灵活，无松动或卡阻现象。

（4）风阀控制器安装后，风阀控制器的开闭指示位应与风阀实际情况一致，风阀控制器宜面向便于观察的位置。风阀控制器应与风阀门轴垂直安装，其垂直度不小于85°。

（5）风阀控制器安装前应按安装使用说明书的规定检查线圈和阀体之间的电阻、供电电压、控制输入等，应符合设计和产品说明书的要求。

（6）风阀控制器在安装前宜进行仿真动作试验。风阀控制器的输出力矩必须与风阀所需的相匹配，且符合设计要求。

（7）风阀控制器不能直接与风门挡板轴相连接时，可通过附件与挡板轴相连，其附件装置必须保证风阀控制器的旋转角度有足够的调整范围。

10. 监测设备的安装

相应监测设备的CT（电流互感器）、PT（电压互感器）输出端通过电缆接入电量变送器柜，必须按设计和产品说明书提供的接线图进行接线，并检查其量程是否匹配（包括输入阻抗、电压、电流的量程范围），再将其对应的输出端接入DDC（直接数字控制）相应的监测端并检查量程是否匹配。

四、主要单体设备调试监理控制要点

在进行测试前，要对系统中的全部设备（包括各种变送器、执行器、接入引出的各类信号的线路敷设和接线等）进行认真检查，依据设计图纸和产品技术文件的要求逐一进行核对，没有经过检查的不允许运行，特别严禁擅自通电，以免造成设备的损坏。

各类输入信号的检查，应当按照产品说明书和设计要求，确认有源或无源的模拟量和数字量信号输入的类型、量程范围、供电电源是否符合要求；按照产品说明书和设计图纸的要求，确认各类变送器、输入信号的接线是否正确，包括与控制机和与外部设备的连接线；进行变送器的单独调试和满足产品特殊要求的检查。

各类输出信号的测试，应按照设备使用说明书和设计要求，确定各类模拟量输出和ON/OFF开关量程输出的类型、量程范围、供电电源是否符合要求；按照产品说明书和设计图纸要求，确认各类执行器、变频器及其他输出信号的接线是否正确，包括与控制机和与外部设备的连接线；进行手动检查和从现场控制模拟输出信号，检查输出装置的动作是否正常，行程是否在要求的范围。

1. 新风机组系统检测与调试

新风机组的检测调试项目包括送风温度控制、送风相对湿度控制、电气联锁以及防冻联锁控制等。

（1）检查新风机控制柜的全部电气元器件有无损坏，内部与外部接线是否正确无误。

（2）按监控点表要求，检查安装在新风机组上的温、湿度传感器，电动阀，风阀，压差开关等现场设备的位置，接线是否正确和输入/输出信号类型、量程是否和设置相一致。

（3）在手动位置，确认风机在手动状态下应运行正常。

（4）确认 DDC 控制器和 I/O 模块的地址码设置是否正确。

（5）编程器检查所有模拟量输入点（送风温度、湿度和风压）的量值，核对其数值是否正确。检查所有开关量输入点（压差开关和防冻开关等）的工作状态是否正常。强置所有开关量输出点，检查相关的风机、风门、阀门等工作是否正常。强置所有模拟量输出点、输出信号，检查相关的电动阀（冷热水调节阀）、电动风阀变频器的工作是否正常。

（6）确认 DDC 控制器送电并接通主电源开关，观察 DDC 控制器和各元件状态是否正常。

（7）启动新风机，新风机组应联锁打开，送风温度调节控制后投入运行。

（8）模拟送风温度大于送风温度设定值（一般为 3℃ 左右），热水调节阀应逐渐减小开度直至全部关闭（冬天工况），或者冷水阀逐渐加大开度直至全部打开（夏天工况）。模拟送风温度小于送风温度设定值（一般为 3℃ 左右），确认其冷热水阀运行工况与上述完全相反。

（9）需进行湿度调节时，则模拟送风湿度小于送风湿度设定值，加湿器应按预定要求投入工作，直到送风湿度趋于设定值。

（10）当新风机采用变频调速或高、中、低三速控制器时，应模拟变化风压测量值或其他工艺要求，确认风机转速能相应改变或切换到测量值并稳定在设计值，风机转速应稳定在某一点上，同时，按设计和产品说明书的要求记录 30％、50％、90％ 风机速度时对应高、中、低三速的风压或风量。

（11）停止新风机运转，则新风门、冷热水调节阀门，加湿器等应回到全关闭位置。

（12）确认按设计图纸、产品供应商的技术资料、软件功能和调试大纲规定的其他功能，以及联锁、联动都达到规定要求。

（13）单体调试完成时，应按工艺和设计要求在系统中设定其送风温度、湿度和风压的初始状态。

2. 定风量空调机组系统检测与调试

定风量空调机组系统的检测调试项目包括：回风温度（房间温度）控制、回风相对湿度（房间相对湿度）控制、电气联锁控制、阀门开度比例控制功能等。按新风机组检测与调试中（1）～（6）的要求测试检查与确认。

（1）在现场控制器（DDC）显示终端检查温度、相对湿度测量值，核对其数据是否正确，必要时可用手持式仪表测量回风温度（房间温度）和回风相对湿度（房间相对湿度），比较测量精度；检查风压开关、防冻工作状态是否正常；检查送风机、回风机及相应冷热水调节阀的工作状态；检查新风阀、排风阀、回风阀的开关状态。

（2）进行温度调节，改变回风温度设定值，使其小于回风温度测量值，一般为3℃左右，观察冷水阀开度应逐渐加大，热水阀开度应减小（冬季工况），回风温度测量值应逐步减小并接近设定值；改变回风温度设定值，使其大于回风温度测量值时，观察结果应与上述相反。检测时应注意，回风温度测量值随着回风温度设定值的改变而变化，稳定在回风温度设定值附近；系统稳定后，回风温度测量值不应出现明显的波动，其偏差不超过要求的范围。要保证系统稳定工作和满足基本的精度要求。

（3）进行湿度调节，改变回风湿度设定值，使其大于回风湿度测量值，一般为10%（相对湿度）左右，观察加湿器应投入工作或加大加湿量，回风相对湿度测量值应逐步趋于设定值。改变回风湿度设定值，使其小于回风相对湿度测量值时，过程与上述相反。相对湿度控制应满足系统稳定性和基本精度的要求。

通过以上调节及运行过程，观察运行工况的稳定性、系统响应时间及控制效果。回风温度控制精度以保持设定值为原则。当设计文件有控制精度要求时，应符合设计要求。设计文件无控制精度要求时，一般为温度设定值±2℃。相对湿度控制精度应根据加湿控制方式进行选择；检测工况的相对湿度控制效果，当设计文件有控制精度要求时，应符合设计要求。

（4）改变预定时间表，检测空调机组的自动启停功能。

（5）启动/关闭空调机组，检查各设备电气联锁。电气联锁包括送风机、回风机、新风阀、回风阀、排风阀、冷热水调节阀、加湿器等设备。启动空调风机，新风阀、回风阀、排风阀、冷热水调节阀门、加湿器等回到全关闭位置。

（6）防冻联锁功能的检测应依据设计文件要求，在冬季室外气温低于0℃的地区，除电气联锁外，还应限制热盘管电动阀的最小开度，最小开度设置应能保证盘管内水不结冰的最小水量。

（7）检测系统的故障报警功能。包括过滤器压差开关报警、风机故障报警、测控点传感器故障报警及处理。

（8）节能优化控制功能的检测。节能优化控制功能的检测包括实施节能优化的措施和达到的效果，可通过现场观察和查询历史数据来进行。

3. 变风量空调系统检测与调试

变风量空调机组系统的检测与调试项目包括：冷水量、送风温度控制，风机转速、静压点的静压控制，送风量、室内温度控制，新风量、二氧化碳浓度控制，相对湿度控制，电气联锁控制，阀门开度比例控制功能等。按新风机组（二管制）检测与调试中（1）～（6）的要求测试检查与确认。

（1）在现场控制器（DDC）显示终端检查温度、相对湿度测量值，核对其数据是否正确，必要时可用手持式仪表测量回风温度（房间温度）和回风相对湿度（房间相对湿度），比较测量精度；检查风压开关、防冻工作状态是否正常；检查送风机及回风机的调速工作状态、冷热水调节阀的工作状态；检查新风阀、排风阀、回风阀的开关状态。

（2）进行送风温度调节，改变送风温度设定值，使其小于送风温度测量值，一般为3℃左右，观察冷水阀开度应逐渐加大，热水阀开度应减小（冬季工况），送风温度测量值应逐步减小并接近设定值；改变送风温度设定值，使其大于送风温度测量值时，观察结果应与上述相反。

（3）静压控制检测，改变静压设定值，使之大于或小于静压测量值，变频风机转速应随之升高或降低，静压测量值应逐步趋于设定值。

（4）室内温度控制功能检测，改变送风量进行室内温度调节。

（5）二氧化碳浓度控制检测，改变二氧化碳浓度设定值，检查新风阀的开度变化。

（6）进行湿度调节，改变送风湿度设定值，使其大于送风湿度测量值，观察加湿器应投入工作或加大加湿量，送风相对湿度测量值应逐步趋于设定值。改变送风湿度设定值，使其小于送风相对湿度测量值时，观察结果应相反。相对湿度控制应满足系统稳定性和基本精度的要求。

通过以上调节及运行过程，观察运行工况的稳定性、系统响应时间及控制效果。温度控制精度以保持设定值为原则。当设计文件有控制精度要求时，应符合设计要求。设计文件无控制精度要求时，一般为温度设定值±2℃。相对湿度控制精度应根据加湿控制方式进行选择，检测工况的相对湿度控制效果，当设计文件有控制精度要求时，应符合设计要求。

（7）改变预定时间表，检测变风量空调机组的自动启停功能。

（8）启动/关闭变风量空调机组，检查各设备电气联锁。电气联锁包括送风机、回风机、新风阀、回风阀、排风阀、冷热水调节阀、加湿器等设备。启动空调风机，新风阀、回风阀、排风阀等联锁打开，温度、湿度、风机转速调节控制投入运行；关闭空调风机，新风阀、回风阀、排风阀、冷热水调节阀门、加湿器等回到全关闭位置。

（9）防冻联锁功能的检测应依据设计文件要求，在冬季室外气温低于0℃的地区，除电气联锁外，还应限制热盘管电动阀的最小开度，最小开度设置应能保证盘管内水不结冰的最小水量。

（10）检测系统的故障报警功能。包括过滤器压差开关报警、风机故障报警、测孔点传感器故障报警及处理。

（11）节能优化控制功能的检测，节能优化控制功能的检测包括实施节能优化的措施和达到的效果，可通过现场观察和查询历史数据来进行。

4. 空调冷热源设备检测与调试

（1）按照设计和产品说明书中的规定，在调试确认主机、冷热水泵、冷却水泵、冷却塔、风机、电动阀等相关设备单机运行正常的情况下，在DDC侧或主机侧检测该设备的全部AO、AI、DO、DI点，确认其满足设计和监控点的要求。启动自动控制方式，确认系统设备按照设计和工艺要求的顺序投入运行和关闭自动退出运行两种方式均满足要求。

（2）增加或减少空调机的运行台数，增加其冷热负荷，检验平衡管流量的方向和数量，确认能启动或停止冷热机组的台数，以满足实际负荷的需要。

（3）模拟一台设备故障停止运行以至整个机组停止运行，检验系统是否能自动启动一个备用的机组投入运行。

（4）按照设计和产品技术说明书的规定，模拟冷却水温度的变化，确认冷却水温度旁通控制和冷却塔高、低速控制的功能，并检查旁通阀动作方向是否正确。

5. 风机盘管单体调试检测

（1）检查电动阀门和温度控制器的安装和接线是否正确。

（2）确认风机和管路已处于正常运行状态。

（3）设置风机高、中、低三速和电动开关阀的状态，观察风机和阀门的工作是否正常。

（4）操作温度控制器的温度设定按钮和模拟设定按钮，风机盘管的电动阀应有相应的变化。

（5）若风机盘管控制器与DDC控制器相连，应检查主机对全部风机盘管的控制和监测功能（包括设定值修改、温度控制调节和运行参数）。

6. 空调水二次泵及压差平衡阀检测与调试

（1）若压差平衡阀门采用无位置反馈，应做如下测试：打开调节阀驱动器外罩，观察并记录阀门从全关至全开所需的时间，取两者较大的作为阀门"全行程时间"参数，输入DDC控制器输出点数据区。

（2）压差旁路控制的调节：先在负荷侧全开一定数量的调节阀，其流量应等于一台二次泵的额定流量，接着启动一台二次泵，然后逐个关闭已开的调节阀，检查压差平衡阀的动作。在上述过程中应同时观察压差测量值是否基本在设定值附近，否则应寻找不稳定的原因，并排除故障。

（3）检查二次泵的台数控制程序，是否能按预定的要求运行。其中负载侧总流量先按设备工艺参数设定，经过一年的负载高峰期可获得实际峰值，结合每台二次泵的负荷适当调整。当发生二次泵台数启/停切换时，应注意压差测量值也应基本稳定在设定值附近，否则可适当调整压差旁通控制的PID参数，试验是否能减小压差值的波动。

（4）检验系统的联锁功能：每当有一次机组在运行，二次泵台数控制便应同时投入运行，只要有二次泵在运行，压差旁通控制便应同时工作。

五、监测与控制系统功能检验监理控制要点

监测与控制系统的功能检验应以系统功能和性能检测为主，同时对施工现场安装质量、设备性能及工程实施过程中的质量记录进行抽查或复核。在现场应注意以下几个方面。

（1）监测与控制系统的检验应在系统试运行连续运行一段时间后进行。

（2）监测与控制系统的检验应依据工程合同技术文件、施工图设计文件、设计变更审核文件、设备及产品的技术文件进行。

（3）监测与控制系统的安装质量应符合以下规定。

① 传感器的安装质量应当符合现行国家标准《自动化仪表工程施工及验收规范》（GB 50093—2013）中的有关规定。

② 阀门的型号和参数应当符合设计要求，其安装位置、阀前后直管段的长度、流体方向等应符合产品安装要求。

③ 压力和压差仪表的取压点、仪表配套的阀门安装应符合产品要求。

④ 流量仪表的型号和参数、仪表前后的直管段长度等应符合设计要求。

⑤ 变频器的安装位置、电源回路的敷设、控制回路的敷设应符合设计要求。

⑥ 智能化变风量末端装置的温度设定器的安装位置应符合产品要求。

⑦ 温度传感器的安装位置、插入深度应符合产品要求。

⑧ 涉及节能控制的关键传感器应预留检测孔或检测位置，管道保温时应做明显的标注。

1. 对经过试运行的项目监测与控制系统功能检验

试运行的项目监测与控制系统的投入情况、监控功能、故障报警联锁控制及数据采集等

功能，应符合设计要求。在试运行中，对各监控回路分别进行自动控制投入、自动控制稳定性、监测控制各项功能、系统联锁和各种故障报警试验，调出计算机内的全部运行数据，通过查阅现场试运行记录和对试运行历史数据进行分析，确定监控系统是否符合设计要求。

检验方法：调用节能监控系统的历史数据、控制流程图和试运行记录，对数据进行分析。

检查数量：检查全部进行过试运行的系统。

2. 冷热源、空调水系统的监测控制系统功能检验

空调与采暖的冷热源、空调水系统的监测控制系统应成功运行，控制及故障报警功能应符合设计要求。冷热源、空调水系统因季节原因无法进行不间断试运行时，采用黑盒法检测。黑盒法是把被测试对象看成一个黑盒子，测试人员完全不考虑程序内部结构和处理过程，只在软件的接口处进行测试，根据需求规格说明书，检查程序是否满足功能要求。因此黑盒测试又称为功能测试或数据驱动测试。

检验方法：在中央工作站使用检测系统软件，或在直接数字控制器或冷热源系统自带的控制器上改变参数设定值和输入参数值，检测控制系统的投入情况及控制功能；在工作站或现场模拟故障，检测故障监视、记录和报警功能。

检查数量：全部检测。

3. 通风与空调监测控制系统的控制及故障报警功能检验

通风与空调监测控制系统的控制功能及故障报警功能应符合设计要求。因季节原因无法进行不间断试运行时，对空调系统进行节能优化控制、温湿度及新风量自动控制、预定时间表自动启停等控制功能进行检测。主要应着重检测系统测控点（温度、湿度、压差和压力等）与被控设备（风机、风阀、加湿器及电动阀门等）的控制稳定性、响应时间和控制效果，并检测设备联锁控制和故障报警的正确性。

检验方法：在中央工作站使用检测系统软件，或在直接数字控制器或通风与空调系统自带的控制器上改变参数设定值和输入参数值，检测控制系统的投入情况及控制功能；在工作站或现场模拟故障，检测故障监视、记录和报警功能。

检查数量：按总数的20%抽样检测，不足5台时全部检测。

4. 监测与计量装置的检测计量

监测与计量装置的检测计量数据应准确，并符合系统对测量准确度的要求。

检验方法：用标准仪器仪表在现场实测数据，将此数据分别与直接数字控制器和中央工作站显示的数据进行比对。

检查数量：按总数的20%抽样检测，不足10台时全部检测。

5. 供配电的监测与数据采集系统功能检验

供配电的监测与数据采集系统应符合设计要求。对变配电系统的电气参数和电气设备的工作状态进行监测，检测时应利用工作站数据读取和现场测量的方法，对电压、电流、有功（无功）功率、功率因数、用电量等各项参数的测量和记录进行准确性和真实性检查；显示的电力负荷和上述各参数的动态图形，能够比较准确地反映参数的变化情况，并对报警信号

进行验证。

检验方法：在进行试运行时，监测供配电系统的运行工况，在中央工作站检查运行数据和报警功能。

检查数量：全部检测。

6. 照明自动控制系统的功能检验

照明自动控制系统的功能应符合设计要求，当设计无要求时应实现下列控制功能。

（1）大型公共建筑的公用照明区应采用集中控制的方法，并应按照建筑使用条件和天然采光状况采取分区、分组控制措施，并根据需要采取调光或降低照度的控制措施。

（2）宾馆等建筑的每间（套）客房应设置节能控制型开关。

（3）居住建筑有天然采光的楼梯间、走廊的一般照明，应采用节能自熄开关。

（4）房间或场所设有两列或多列灯具时，应按照下列方式进行控制：①所控灯列与侧窗平行；②电教室、会议室、多功能厅、报告厅等场所，按靠近或远离讲台分组。

检验方法：①采取现场操作检查控制方式；②依据施工图，按回路进行分组，在中央工作站上进行被检测回路的开关控制，观察相应回路的动作情况；③在中央工作站改变时间表控制程序的设定，观察相应回路的动作情况；④在中央工作站采用改变光照度设定值、室内人员分布等方式，观察相应回路的控制情况。

检查数量：现场操作检查为全数检查；在中央工作站上检查按照明控制箱总数的5％检测，不足5台时全部检测。

7. 综合控制系统功能的检验

综合控制系统应对以下项目进行功能检测，检测结果应满足设计要求：①建筑能源系统的协调功能；②采暖、通风与空调系统的优化监控。

检验方法：采用人为输入数据的方法进行模拟测试，按照不同的运行工况检测协调控制和优化监控功能。

检查数量：全部检测。

8. 建筑能源管理系统功能的检验

建筑能源管理系统的能耗数据采集与分析功能、设备管理和运行管理功能、优化能源调度功能、数据集成功能应符合设计要求。

检验方法：对管理软件进行功能检测。

检查数量：全部检测。

9. 监测与控制系统的可靠性、 实时性和可维护性功能检验

监测与控制系统的可靠性、实时性和可维护性等系统性能，主要包括下列内容。

（1）控制设备的有效性，执行器的动作应与控制系统的指令一致，控制系统性能稳定，符合设计要求。

（2）控制系统的采样速度、操作响应时间、报警反应速度应符合设计要求。

（3）冗余设备的故障检测正确性及其切换时间和切换功能应符合设计要求。

（4）应用软件的在线编程（组态）、参数修改、下载功能、设备及网络故障自检测功能

应符合设计要求。

（5）控制器的数据存储能力和所占存储容量应符合设计要求。

（6）故障检测与诊断系统的报警和显示功能应符合设计要求。

（7）监测与控制系统的设备启动和停止功能及状态显示应正确。

（8）监测与控制系统的被控设备的顺序控制和联锁功能应可靠。

（9）应具备自动控制、远程控制、现场控制模式下的命令冲突检测功能。

（10）人机界面及可视化检查。

检验方法：分别在中央工作站、现场控制器和现场利用参数设定、程序下载、故障设定、数据修改和事件设定等方法，通过与设定的显示要求对照，进行上述系统的性能检测。

检查数量：全部检测。

10. 监测与控制系统的节能措施

监测与控制系统节能主要是通过分布于现场的区域控制器和智能型控制模块进行连接，通过特定的末设备，实现对建筑物的能耗设备进行有效全面的监控和管理，确保建筑物内的能耗系统处于高效、节能合理的运行状态。监测与控制系统节能的主要措施如下。

（1）采暖与通风空调系统。采暖与通风空调系统的节能措施包括：最佳启停控制、变负荷需求控制；对新风和自然冷源的控制、时间表控制、变风量控制和变流量控制。

（2）冷热源设备。冷热源设备的节能措施包括：协调设备之间的联锁控制关系进行自动启停，同时根据供回水温度、流量、压力等参数计算系统冷量，控制机组运行达到节能目的；根据供热状况确定锅炉、循环泵的开启台数，设定供水温度及循环流量，对燃烧过程和热水循环过程进行有效调节，提高锅炉效率，节省运行能耗，减少大气污染。

（3）照明控制。照明控制的节能措施包括：照明系统的控制与节能有密切的关系，与常规管理相比，节能的公共照明系统控制可节电 $30\% \sim 50\%$，主要包括门庭、走廊、庭院和停车场等处的照明回路自动开关控制、调光控制、时间表控制和场景控制，路灯控制，窗帘控制，实现充分利用自然光和根据照明需要对照明系统的节能控制。

（4）供电控制。供电控制的节能措施包括：实现用电量计量管理、功率因数改善控制、自备电源负荷分配控制、变压器运行台数控制、谐波检测与处理等。

（5）给排水控制。给排水控制的节能措施包括：根据水位及压力状态，启停相应的水泵，自动切换备用水泵；恒压变频供水控制、中水处与回用控制等；同时根据监视和设备启停状态的非正常情况进行故障报警，并实现系统的节能控制运行。

（6）室内温湿度冬夏季设定值限制管理与控制。

（7）电梯及自动扶梯控制。电梯及自动扶梯控制的节能措施包括：连接与电梯系统的网络通信，对其进行集中监测与管理。通过系统管理中心，对电梯及自动扶梯的启停进行管理并进行调度控制，当发生故障时，自动向系统管理中心报警。

第四节　监测与控制节能工程质量标准与验收

按照监测与控制节能工程质量标准，严格对建筑节能工程进行验收，才能确保建筑节能目标的实现。根据《建筑节能工程施工质量验收规范》（GB 50411—2007）中的规定，对建筑节能监测与控制系统的质量验收标准应符合下列要求。

一、建筑节能监测与控制系统质量标准

1. 建筑节能监测与控制系统质量标准的主控项目

（1）监测与控制系统采用的设备、材料及附属产品进场时，应按照设计要求对其品种、规格、型号、外观和性能等进行检查验收，并应经监理工程师（建设单位代表）检查认可，且应形成相应的质量记录。各种设备、材料和产品附带的质量证明文件和相关技术资料应齐全，并应符合国家现行的有关标准和规定。

检验方法：进行外观检查；对照设计要求核查质量证明文件和相关技术资料。

检查数量：全数检查。

（2）监测与控制系统安装质量应符合以下规定：

① 传感器的安装质量应符合《自动化仪表工程施工及验收规范》（GB 50093—2013）中的有关规定。

② 阀门型号和参数应符合设计要求，其安装位置、阀前后直管段长度、流体方向等应符合产品安装要求。

③ 压力和压差仪表的取压点、仪表配套的阀门安装应符合产品要求。

④ 流量仪表的型号和参数、仪表前后的直管段长度等应符合产品要求。

⑤ 温度传感器的安装位置、插入深度应符合产品要求。

⑥ 变频器安装位置、电源回路敷设、控制回路敷设应符合设计要求。

⑦ 智能化变风量末端装置的温度设定器安装位置应符合产品要求。

⑧ 涉及节能控制的关键传感器应预留检测孔或检测位置，管道保温时应做明显标注。

检验方法：对照图纸或产品说明书目测和尺量检查。

检查数量：每种仪表按 20％抽检，不足 10 台时全部检查。

（3）对经过试运行的项目，其系统的投入情况、监控功能、故障报警联锁控制及数据采集等功能，应符合设计要求。

检验方法：调用节能监控系统的历史数据、控制流程图和试运行记录，对数据进行分析。

检查数量：检查全部进行过试运行的系统。

（4）空调与采暖的冷热源、空调水系统的监测控制系统应成功运行，控制及故障报警功能应符合设计要求。

检验方法：在中央工作站使用检测系统软件，或在直接数字控制器或冷热源系统自带的控制器上改变参数设定值和输入参数值，检测控制系统的投入情况及控制功能；在工作站或现场模拟故障，检测故障监视、记录和报警功能。

检查数量：全部检测。

（5）通风与空调监测控制系统的控制功能及故障报警功能应符合设计要求。

检验方法：在中央工作站使用检测系统软件，或在直接数字控制器或通风与空调系统自带的控制器上改变参数设定值和输入参数值，检测控制系统的投入情况及控制功能；在工作站或现场模拟故障，检测故障监视、记录和报警功能。

检查数量：按总数的 20％抽样检测，不足 5 台时全部检测。

（6）监测与计量装置的检测计量数据应准确，并符合系统对测量准确度的要求。

检验方法：用标准仪器仪表在现场实测数据，将此数据分别与直接数字控制器和中央工作站显示的数据进行比对。

检查数量：按 20％抽样检测，不足 10 台时全部检测。

（7）供配电的监测与数据采集系统应符合设计要求。

检验方法：试运行时，监测供配电系统的运行工况，在中央工作站检查运行数据和报警功能。

检查数量：全部检测。

（8）照明自动控制系统的功能应符合设计要求，当设计无要求时应实现下列控制功能。

① 大型公共建筑的公用照明区应采用集中控制的方法，并应按照建筑使用条件和天然采光状况采取分区、分组控制措施，并按需要采取调光或降低照度的控制措施。

② 旅馆的每间（套）客房应设置节能控制型开关。

③ 居住建筑有天然采光的楼梯间、走道的一般照明，应采用节能自熄开关。

④ 房间或场所设有两列或多列灯具时，应按下列方式控制：a. 所控灯列与侧窗平行；b. 电教室、会议室、多功能厅、报告厅等场所，按靠近或远离讲台分组。

检验方法：

① 现场操作检查控制方式；

② 依据施工图，按回路分组，在中央工作站进行被检回路的开关控制，观察相应回路的动作情况；

③ 在中央工作站改变时间表控制程序的设定，观察相应回路的动作情况；

④ 在中央工作站采用改变光照度设定值、室内人员分布等方式，观察相应回路的控制情况；

⑤ 在中央工作站改变场景控制方式，观察相应的控制情况。

检查数量：现场操作检查为全数检查；在中央工作站上检查按照明控制箱总数的 5％检测，不足 5 台时全部检测。

（9）综合控制系统应对以下项目进行功能检测，检测结果应满足设计要求：

① 建筑能源系统的协调功能；

② 采暖、通风与空调系统的优化监控。

检验方法：采用人为输入数据的方法进行模拟测试，按不同的运行工况检测协调控制和优化监控功能。

检查数量：全部检测。

（10）建筑能源管理系统的能耗数据采集与分析功能、设备管理和运行管理功能、优化能源调度功能、数据集成功能应符合设计要求。

检验方法：对管理软件进行功能检测。

检查数量：全部检查。

2. 建筑节能监测与控制系统质量标准的一般项目

检测监测与控制系统的可靠性、实时性、可维护性等系统性能，主要应包括下列内容。

（1）控制设备的有效性，执行器的动作应与控制系统的指令一致，控制系统的性能稳定，完全符合设计要求。

（2）控制系统的采样速度、操作响应时间、报警反应速度等，应符合设计要求。

（3）冗余是重复配置的一些系统部件，当系统发生故障时，冗余配置的部件介入并承担故障部件的工作，由此减少系统的故障时间。冗余设备的故障检测正确性及其切换时间和切换功能等，应符合设计要求。

（4）应用软件的在线编程（组态）、多数修改、下载功能、设备及网络故障自检测功能应符合设计要求。

（5）监测与控制系统控制器的数据存储能力和所占存储容量应符合设计要求。

（6）监测与控制系统故障检测与诊断系统的报警和显示功能应符合设计要求。

（7）监测与控制系统设备启动和停止功能及状态显示应正确。

（8）监测与控制系统被控设备的顺序控制和联锁功能应可靠。

（9）监测与控制系统应具备自动控制、远程控制、现场控制模式下的命令冲突检测功能。

（10）人机界面是系统和用户之间进行交互和信息交换的媒介，它实现信息的内部形式与人类可以接受形式之间的转换。可视化是利用计算机图形学和图像处理技术，将数据转换成图形或图像在屏幕上显示出来，并进行交互处理的理论、方法和技术。监测与控制系统应具备人机界面及可视化检查的功能。

检验方法：分别在中央工作站、现场控制器和现场利用参数设定、程序下载、故障设定、数据修改和事件设定等方法，通过与设定的显示要求对照，进行上述系统的性能检测。

检查数量：全部检测。

二、建筑节能监测与控制系统质量验收

1. 建筑节能监测与控制系统验收的一般规定

（1）建筑节能监测与控制系统施工质量的验收，应严格执行现行国家标准《建筑节能工程施工质量验收规范》（GB 50411—2007）及《智能建筑工程质量验收规范》（GB 50339—2013）中的相关规定。

（2）建筑节能监测与控制系统验收的主要对象应为采暖、通风与空气调节、配电与照明所采用的监测与控制系统，能耗计量系统以及建筑能源管理系统。

建筑节能工程所涉及的可再生能源利用、建筑冷热电联供系统、能源回收利用以及其他与节能有关的建筑设备监控部分的验收，应参照建筑节能监测与控制系统的有关规定执行。

（3）建筑节能监测与控制系统的施工单位，应依据国家相关标准的规定，对施工图设计进行复核。当复核结果不能满足节能要求时，应当向设计单位提出修改意见或建议，由设计单位进行设计变更，并经原节能设计审查机构批准。

（4）建筑节能监测与控制系统的施工单位，应依据设计文件制订系统控制流程图和节能工程施工验收大纲。

2. 建筑节能监测与控制系统分项工程质量验收

（1）对于建筑节能监测与控制系统的验收，一般应分为工程实施和系统检测两个阶段。

① 工程实施阶段由施工单位和监理单位随着工程实施过程而进行，分别对施工质量管理文件、设计符合性、产品质量、安装质量等进行检查，及时对隐蔽工程和相关接口进行检查，同时应具有详细的文字和图像资料，并且对监测与控制系统应进行不少于168h的不间

断试运行。

② 系统检测的内容主要应包括：对工程实施文件和系统自检文件的复核，对监测与控制系统的安装质量、系统节能监控功能、能源计量及建筑能源管理等进行检查和检测。

系统检测内容为主控项目和一般项目，系统检测结果是监测与控制系统的验收依据。

（2）对于不具备试运行条件的项目，应在审核调试记录的基础上进行模拟检测，以检测监测与控制系统的节能监控功能。

第五节 监测与控制常见质量问题及预防措施

建筑节能监测与控制系统是建筑节能工程中重要组成部分，是判断施工、安装和运行是否正常的关键系统，在建筑节能监测与控制系统的施工过程中，由于各种原因和影响因素，会出现各种质量问题，因此在施工中应采取有效的预防措施，确保其施工质量和节能效果符合设计要求。

一、BA 系统监控内容失效

1. 原因分析

BA 是楼宇设备管理系统，由于各方面的原因，BA 系统设计监控点内容在被控设备系统中不存在，或被控设备上有控制要求，而在 BA 系统中却无此项监控点，导致功能无法实现。出现 BA 系统监控内容失效的主要原因是：设计人员对被控设备的工艺要求了解不清楚，照搬照抄其他工程 BA 系统监控的内容，或者与其他专业设计人员配合得不好。

2. 预防措施

（1）监理工程师与建筑节能监测与控制系统承包商一起，依据国家相关标准的规定对施工图进行复核，当复核的结果不能满足功能要求时，应及时向设计单位提出修改建议。

（2）经常与被控设备安装及监理人员沟通，发现问题立即提请设计修改。

二、BA 系统接口技术要求不符合要求

1. 原因分析

BA 监控系统安装后，经检查 BA 监控的设备不能提供通信接口或硬接点、信号接点。有时可提供通信接口或硬接点，但无法与 BA 控制器接口相匹配，导致设计功能无法实现。造成这种质量问题的主要原因是：在功能实施前的 BA 系统及其各受控设备的合同谈判时，没有明确双方接口的软硬件技术界面、供货界面。

2. 预防措施

监理人员应协助业主尽早落实界面划分，要求 BA 深化设计人员提供详细的接口技术要求，并与受控设备供应商讨论确定接口信息内容、通信方式、通信协议、信号量程和接口容

量等技术参数，并请业主把上述技术要求列入合同条款或补充协议条款中。

三、温度传感器安装位置不当

1. 原因分析

出现温度传感器安装位置不当的主要原因是：设计人员对需采样的区域环境不了解，造成图上位置不准确，使施工人员无法进行具体的安装；施工人员只考虑施工方便，根本不考虑采样结果。

2. 预防措施

（1）在温度传感器安装前，要加强对设计图纸的会审，避免在施工中才发现温度传感器的安装位置不明确，导致无法进行安装。

（2）在温度传感器的安装中，监理人员要加强对温度传感器安装位置的检查，如果发现施工人员安装的位置不对，要立即监督其进行改正。

四、DDC 控制箱内的配线混乱

1. 原因分析

出现 DDC 控制箱内配线混乱的主要原因是：由于 DDC 控制箱多数为非标准设计，而深化设计人员对箱内设备的布置、走线设计并不熟悉。加上箱内的模块较多，输入、输出点多，箱内的配线也很多，因此很容易造成混乱。

2. 预防措施

（1）加强对 DDC 控制箱内的配线设计工作，选择对业务熟悉、富有经验的技术人员具体地进行配线设计。

（2）加强对 DDC 控制箱的生产出厂检验和进现场验收，对箱内模块多而箱体小且不符合规范的 DDC 控制箱，不得用于监测与控制系统。

五、BA 系统无法正确控制被控设备

1. 原因分析

BA 系统输出到被控设备控制柜（箱）的控制信号正确，但却无法控制被控设备，或 BA 系统模拟输入信号正确，但从被控设备发出的监视信号不正确。出现 BA 系统无法正确控制被控设备的主要原因是：被控设备控制柜（箱）测试不完善，结果造成 BA 系统无法正确控制被控设备。

2. 预防措施

加强调试前的校线工作，找出不正确的信号点，及时提交被控设备的施工方，以便立即进行整改，在调试之前就应当完成整改。

六、中央工作站监控不满足要求

1. 原因分析

中央工作站监控不满足要求的主要原因是：由于多数 BA 系统的合同对监控画面功能要求的描述均比较简单，因而设计人员很容易忽视这一方面的设计；另外，设计的监控画面多数又是套用其他项目的监控画面，所以对实施项目缺乏针对性设计，从而造成中央工作站监控不满足要求或不便于操作。

2. 预防措施

（1）在 BA 系统合同条款上要明确对监控画面功能的要求，并对要求进行详细描述，使中央工作站监控满足功能要求。

（2）在编程人员编程画面软件的过程中，增加使用维护人员审查确认程序，同时应让使用维护人员尽早介入。

Chapter 12

建筑节能工程现场检验监理控制

在现代建筑工程的施工和使用过程中，对于节能的要求越来越高，不但要求达到建筑节能的目标，还要满足实用要求和保证质量，建筑节能的控制贯穿于建筑建造的全过程。所谓建筑节能，在发达国家最初为减少建筑中能量的散失，现在则普遍称为"提高建筑中的能源利用率"，在保证提高建筑舒适性的条件下，合理使用能源，不断提高能源利用效率。

建筑节能工程现场检验监理控制所界定的范围，主要是指建筑使用能耗，包括采暖、空调、热水供应、炊事、照明、家用电器、电梯等方面的能耗，据统计建筑能耗占城市总能耗的30%左右。总体来说，建筑节能是通过政策引导，以节能技术和产品为基础，实现建筑产品的生产过程、建筑的施工过程和建筑使用3个方面的节能目标；其中，建筑节能工程施工现场检验监理控制是建筑节能监理的重要组成部分。

第一节　围护结构现场实体检验监理控制

在建筑物的四大围护结构（门窗、墙体、屋顶和地面）中，以面积与能量损失率计，能量损失排首位的是门窗，其次是墙体，第三是屋顶，最少的是地面。因此，门窗、墙体及屋顶这三部分围护结构的节能技术就成为各国建筑界关注的重点。

实际耗能量测试结果表明，从门窗跑掉的能量约占建筑使用过程总能耗的50%，其能耗是墙体的4倍、屋顶的5倍、地面的20多倍。目前，世界各国在围护结构上的主要发展方向是：开发高效、经济的保温、隔热材料和切实可行的构造技术，以提高围护结构的保温、隔热性能和密闭性能，减少围护结构的能量损失。

一、围护结构现场实体检验监理概述

大量建筑节能工程的实践证明，围护结构节能建设的投入产出比很高。从各地的统计资

料来看，要想使建筑节能率提高 20％～40％，其增强围护结构的投入只需比总投资大约提高 3％～6％即可实现。由此可见，大力加强对围护结构的现场实体检验监理是非常必要的。

建筑围护结构施工完成后，工程监理单位应根据设计图纸和现行国家标准《建筑节能工程施工质量验收规范》（GB 50411—2007）的要求，对围护结构的外墙节能构造和夏热冬冷地区的外窗气密性进行现场实体检测，依据检测结果报告对围护结构作出建筑节能工程质量的评定。当条件具备时，也可直接对围护结构的传热系数进行检测。

建筑围护结构是指建筑物及房间各面的围挡物，一般是由外墙、内墙、外门窗、内门窗、幕墙、屋面、楼板、地面等界面构件组合而成的。建筑围护结构又可分为透明的和不透明的两部分：不透明的围护结构有墙体、屋顶和楼板地面等；透明的围护结构有窗户、天窗和阳台门等。

按照是否同室外空气直接接触以及在建筑物中的位置，又可分为外围护结构和内围护结构 2 种。外围护结构是指构成建筑空间的界面构件与大气接触的部分，如外墙、屋顶、楼板、外门和外窗等；内围护结构是指不同室外空气直接接触的围护结构，如隔墙、楼板、内门和内窗等。

总之，建筑的主要围护结构，既要满足建筑功能又要兼顾建筑美学要求，还要综合考虑建造成本和使用过程中的能耗等因素。只有如此，门窗、墙体及屋顶，才能发挥建筑节能的主体作用。

二、围护结构现场主体检测监理控制流程

围护结构现场主体检测监理控制流程如图 12-1 所示。

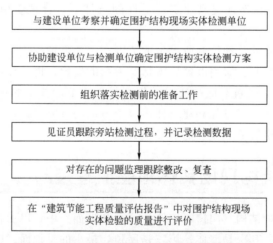

图 12-1　围护结构现场主体检测监理控制流程

三、围护结构现场主体检测监理控制要点

（1）监理人员应配合建设单位委托具备检测资质的检测机构，具体承担围护结构现场实体的检验工作。监理人员也应协助建设单位考察检测机构的企业资质、人员资质、检测能力、试验设备等方面的情况。

（2）监理人员应当与建设单位、检测单位和施工单位共同协商检测项目、检测部位、抽测数量、检测方法，并将检测方法、抽样数量、检测保温性能的合格判定标准等列在合同约

定中。

（3）监理人员应配合建设单位审核检测方案和计划的可操作性，对于不符合要求的检测方案提出修改意见或建议。

（4）为顺利开展围护结构现场主体的检测工作，监理人员应协助检测单位落实和做好检测前的各项准备工作。

（5）在开展围护结构现场主体的检测工作前，监理人员应协助检测单位检查现场设施的安全性。

（6）具备资格的监理见证人员，应在检测现场进行跟踪见证，并详细记录检测方法、检测部位、检测数据、检测时间、旁站时间及发现的问题等内容。

（7）为了确保被检验材料等的真实性和准确性，监理见证人员对需要送样的材料、构件应亲自封样。

（8）监理见证人员负责收集和统计工程材料（或构配件、设备）审核所需的合格证明文件（包括质量保证书、备案证明、交易凭证等）、工程材料复试报告和现场检验报告等试验合格的文件。

（9）监理人员应及时准确地填写"建设工程材料监理监督台账"。

（10）根据检测单位出具的检测报告，监理人员对检测中发现的不符合设计及规范要求的问题，请设计、施工单位共同协商整改方案，落实整改计划；督促整改工作的实施，并在整改后复查消项。

四、围护结构现场主体检测的要求

国家标准《建筑节能工程施工质量验收规范》（GB 50411—2007）中第14.1.1条规定："建筑围护结构施工完成后，应对围护结构的外墙节能构造和严寒、寒冷、夏热冬冷地区的外窗气密性进行实体检测。当条件具备时，也可直接对围护结构的传热系数进行检测"，监理人员是围护结构现场主体检测的组织者、协调者和见证者，必须按照对围护结构现场主体检测的要求，督促各方将检测工作落实到位。

1. 建筑热工设计分区

根据《民用建筑热工设计规范》（GB 50176—2016）中的规定，建筑热工设计分区应与工程所在时区的气候相适应，其设计要求见表12-1。

表12-1　建筑热工设计分区及设计要求

分区名称	分区指标		设计要求
	主要指标	辅助指标	
严寒地区	最冷月份平均温度不大于$-10℃$	日平均温度不大于5℃的天数不少于145d	必须充分满足冬季保温要求，一般可不考虑夏季防热
寒冷地区	最冷月份平均温度$-10\sim0℃$	日平均温度不大于5℃的天数为90～145d	应满足冬季保温要求，部分地区兼顾夏季防热
夏热冬冷地区	最冷月份平均温度0～10℃ 最热月份平均温度25～30℃	日平均温度不大于5℃的天数为0～90d 日平均温度不小于25℃的天数为40～110d	必须满足夏季防热要求，适当兼顾冬季保温

分区名称	分区指标		设计要求
	主要指标	辅助指标	
夏热冬暖地区	最冷月份平均温度大于 10℃ 最热月份平均温度 25～29℃	日平均温度不小于 25℃的天数 为 100～200d	必须充分满足夏季防热要求，一般可不考虑冬季保温
温和地区	最冷月份平均温度 0～13℃ 最热月份平均温度 18～25℃	日平均温度不大于 5℃的天数 为 0～90d	部分地区应考虑冬季保温，一般可不考虑夏季防热

2. 外墙节能构造现场实体检验的方法及目的

《建筑节能工程施工质量验收规范》（GB 50411—2007）中第 14.1.2 条规定：外墙节能构造的现场实体检验方法是"外墙节能构造钻芯检验方法"，其检验的目的有以下几个方面。

（1）验证墙体保温材料的种类是否符合设计要求。

（2）验证保温层的厚度是否符合设计要求。

（3）检查保温层的构造做法是否符合设计和施工方案要求。

3. 围护结构现场实体检验项目

围护结构现场监理人员应根据表 12-2 的检验项目，并将围护结构现场实体检验的结果记录在"围护结构现场实体检验记录"中。

表 12-2　围护结构现场实体检验项目

构件名称	验证项目	抽样数量	试验结论	验收要求	人员
外窗	气密性	合同约定数量或规范中的规定； 每个单位工程的外窗至少抽查 3 樘； 当一个单位工程外窗有 2 种以上品种、类型和开启方式时，每个品种、类型和开启方式的外窗应抽查不少于 3 樘	当出现不符合设计要求和标准规定的构件时，应扩大 1 倍数量抽样，对不符合要求的项目或参数再次检验，仍然不符合要求时应给出"不符合要求"的结论	查明不合格的原因，采取技术措施予以弥补或消除后重新进行检测，合格后方可通过验收	监理单位见证人员、施工单位的取样员、施工单位委托有资质的检测机构
外墙节能构造	墙体保温材料的种类、保温层厚度、构造做法	合同约定数量或规范中的规定； 每个单位工程的外墙至少抽查 3 处，每处一个检查点，不宜在同一个房间外墙上取 2 个或 2 个以上芯样； 当一个单位工程外墙有 2 种以上节能保温做法时，每种节能做法的外墙应抽查不少于 3 处			监理单位见证人员、施工单位的取样员、施工单位委托有资质的检测机构
围护结构	传热系数	合同约定	由建设单位委托有资质的检测机构出具	应当符合设计图纸要求	监理单位见证人员、施工单位的取样员

注：摘自《建筑节能工程施工质量验收规范》（GB 50411—2007）。

五、围护结构传热系数的检测方法

围护结构传热系数是表征围护结构传热量大小的一个物理量，是围护结构保温性能的主要评价指标，也是隔热性能的主要指标之一。但我国建筑节能工作起步较晚，至今尚无一套完善、先进、适合我国国情的建筑节能现场检测技术，这在某种程度上限制了建筑节能工作的规范发展。

为改善居住建筑室内热环境质量，提高人民居住水平，提高采暖、空调能源利用效率，贯彻执行国家可持续发展战略，我国于 2001 年颁布实施《夏热冬冷地区居住建筑节能设计标准》。该标准在提出节能 50％的同时，对建筑物围护结构的热工性能也进行了相应规定。

在《夏热冬冷地区居住建筑节能设计标准》中，虽然保证了设计阶段建筑物围护结构的热工性能达到目标要求，但并不能保证建筑物建造完成后也能达到节能要求，因为建筑的施工质量同样非常关键。因此，判定建筑物围护结构的热工性能是否达到标准要求，仅靠资料并不能给出准确的结论，需要在现场对围护结构传热系数进行实测。

根据围护结构传热系数检测的实践，其检测方法可分为实验室检测和现场检测。

（一）围护结构传热系数现场检测

建筑能耗的基本参数是围护结构传热系数，它是建筑热工法现场检测中的关键指标，传热系数越小，则证明保温性能越好。围护结构传热系数现场检测的方法有热流计法、热箱法和红外线热像法三种，其中热流计法是目前较为成熟和常用的方法，现已广泛用于围护结构传热系数的现场检测中。

1. 围护结构传热系数现场检测方法

（1）热流计法　热流计是建筑能耗测定中常用的仪表，该方法采用热流计及温度传感器测量通过构件的热流值和表面温度，通过计算得出其热阻和传热系数。其检测基本原理为：在被测部位布置热流计，在热流计周围的内、外表面布置热电偶，通过导线把所测试的各部分连接起来，将测试信号直接输入微机，通过计算机数据处理，可打印出热流值及温度读数。当传热过程稳定后，开始计量。为使测试结果准确，测试时应在连续采暖（人为制造室内外温差亦可）至少稳定 7d 的房间中进行。

热流计法主要采用热流计、热电偶在现场检测被测围护结构的热流量和其内、外表面温度，通过数据处理计算出该围护结构的传热系数，从而判定建筑物是否达到节能标准的要求。一般来讲，室内外温差越大（要求必须大于 20℃），其测量误差相对越小，所得结果亦较为精确，其缺点是受季节限制。热流计法是目前国内外常用的现场测试方法，国际标准和美国 ASTM 标准都对热流计法作了较为详细的规定。

（2）热箱法　热箱法是测定热箱内电加热器所发出的全部通过围护结构的热量及围护结构冷热表面温度的方法。其基本检测原理是用人工制造一个一维传热环境，被测部位的内侧用热箱模拟采暖建筑的室内条件并使热箱内和室内空气温度保持一致，另一侧为室外自然条件，维持热箱内温度高于室外温度 8℃以上，这样被测部位的热流总是从室内向室外传递，当热箱内的加热量与通过被测部位的传递热量达到平衡时，通过测量热箱的加热量得到被测部位的传热量，经计算得到被测部位的传热系数。

该方法的主要特点：基本不受温度的限制，只要室外平均空气温度在25℃以下，相对湿度在60%以下，热箱内温度大于室外最高温度8℃以上就可以测试。有关技术专家通过交流，认为该方法在国内尚处于研究阶段，其局限性亦是显而易见的，热桥部位无法测试，况且尚未发现有关热箱法的国际标准或国内权威机构的标准。

（3）红外线热像法 红外热像检测技术隶属无损检测技术领域，具有非接触、远距离、实时、快速、全场测量等优点，在建筑外墙饰面层粘结缺陷检测方面具有传统检测方法（锤击法、外观检测法等）无可比拟的优势。

红外线热像法是通过摄像仪远距离测定建筑物围护结构的热工缺陷，因为任何物体的表面温度高于绝对零度时都会因分子的热运动而发射红外线，且发出的红外辐射能量与物体绝对温度的四次方成正比，通过测得的各种热像图表征有热工缺陷和无热工缺陷的各种建筑构造，用于在分析检测结果时作对比参考，因此只能定性分析而不能量化指标。红外线热像法目前还在研究改进阶段。

红外线热像法的适用范围：从剥离部和正常部产生温差的热源来讲，由于基本上依靠日照、外气温变化这种自然现象，检测结果的图像清晰程度与准确性全受气候的影响，而并非任何时候都可以进行检测，如相邻的建筑物、墙面的凹凸、屋檐等原因造成阳光无法均匀地照射到墙面，照射不到的那部分都是影响检测精确程度的因素。

2. 不同地区采暖围护结构传热系数限值

不同地区采暖居住建筑各部分围护结构的传热系数限值应符合表12-3中的要求。

表12-3　不同地区采暖居住建筑各部分围护结构传热系数限值

单位：W/(m² · K)

| 采暖期室外平均温度/℃ | 代表性的城市 | 屋顶 | | 外墙 | | 不采暖楼梯间 | | 窗户含阳台门上部 | 阳台门下部门芯板 | 外门 | 地板 | | 地面 | |
		体形系数≤0.3	体形系数>0.3	体形系数≤0.3	体形系数>0.3	隔墙	户门				接触室外空气地板	不采暖地下室上部地板	周边地面	非周边地面
1.0～2.0	郑州 洛阳 宝鸡 徐州	0.80	0.60	1.10 1.40	0.80 1.10	1.83	2.70	4.70 4.00	1.70	—	0.60	0.65	0.52	0.30
0.9～1.0	西安 拉萨 济南 青岛 安阳	0.80	0.60	1.00 1.28	0.70 1.00	1.83	2.70	4.70 4.00	1.70	—	0.60	0.65	0.52	0.30
−0.1～1.0	石家庄 德州 晋城 天水	0.80	0.60	0.92 1.20	0.60 0.86	1.83	2.00	4.70 4.00	1.70	—	0.60	0.65	0.52	0.30

续表

采暖期室外平均温度/℃	代表性的城市	屋顶		外墙		不采暖楼梯间		窗户含阳台门上部	阳台门下部门芯板	外门	地板		地面	
		体形系数≤0.3	体形系数>0.3	体形系数≤0.3	体形系数>0.3	隔墙	户门				接触室外空气地板	不采暖地下室上部地板	周边地面	非周边地面
-2.0~-1.1	北京 天津 大连 阳泉 平凉	0.80	0.60	0.90 1.16	0.55 0.82	1.83	2.00	4.70 4.00	1.70	—	0.50	0.55	0.52	0.30
-3.0~-2.1	兰州 太原 唐山 阿坝 喀什	0.70	0.50	0.85 1.10	0.62 0.78	0.94	2.00	4.70 4.00	1.70	—	0.50	0.55	0.52	0.30
-4.0~-3.1	西宁 银川 丹东	0.70	0.50	0.68	0.65	0.94	2.00	4.00	1.70	—	0.50	0.55	0.52	0.30
-6.0~-5.1	张家口 鞍山 酒泉 伊宁 吐鲁番	0.70	0.50	0.75	0.60	0.94	2.00	3.00	1.35	—	0.50	0.55	0.52	0.30
-7.0~-6.1	沈阳 大同 本溪 阜新 哈密	0.60	0.40	0.68	0.56	0.94	1.50	3.00	1.35	—	0.40	0.55	0.30	0.30
-8.0~-7.1	呼和浩特 抚顺 大柴口	0.60	0.40	0.65	0.50	—	—	3.00	1.35	2.50	0.40	0.55	0.30	0.30
-9.0~-8.1	延吉 通辽 通化 四平	0.60	0.40	0.65	0.50	—	—	2.50	1.35	2.50	0.40	0.55	0.30	0.30
-10.0~-9.1	长春 乌鲁木齐	0.50	0.30	0.56	0.45	—	—	3.00	1.35	2.50	0.30	0.50	0.30	0.30
-11.0~-10.1	哈尔滨 牡丹江 克拉玛依	0.50	0.30	0.52	0.40	—	—	3.00	1.35	2.50	0.30	0.50	0.30	0.30
-12.0~-11.1	海伦 博克图	0.40	0.25	0.52	0.40	—	—	2.00	1.35	2.50	0.25	0.45	0.30	0.30

续表

采暖期室外平均温度/℃	代表性的城市	屋顶		外墙		不采暖楼梯间		窗户含阳台门上部	阳台门下部门芯板	外门	地板		地面	
		体形系数≤0.3	体形系数>0.3	体形系数≤0.3	体形系数>0.3	隔墙	户门				接触室外空气地板	不采暖地下室上部地板	周边地面	非周边地面
−14.0～−12.1	伊春 呼玛 海拉尔 满洲里	0.40	0.25	0.52	0.40	—	—	2.00	1.35	2.50	0.25	0.45	0.30	0.30

注：1. 表中外墙的传热系数阻值是指周边热析影响后的外墙平均传热系数。有些地区外墙的传热系数阻值有两行数据，上行数据与传热系数 4.70 的单层塑料窗相对应；下行数据与传热系数 4.00 的单框双玻金属窗相对应。

2. 表中周边地面一栏中 0.52 为位于建筑物周边不带保温层的混凝土地面的传热系数；0.30 为带保温层的混凝土地面的传热系数。非周边地面一栏中的 0.30 为位于建筑物周边不带保温层的混凝土地面的传热系数。

3. 本表摘自《民用建筑节能设计标准》。

3. 现场测量热流计法的具体操作

热流计法现场测量的主要内容是热流密度、室内外气温、围护结构的内外表面温度以及热流计的两表面温度。

热流计的测点应选在具有代表性的位置处，如果结构比较复杂，需按不同部位求得加权平均值，应在不同部位设置测点。在测量主体部位的传热系数时，测点位置不应靠近热桥、裂缝和有空气渗漏的部位，不应受加热、制冷装置和风扇的直接影响。

热流计应直接安装在被测围护结构的内表面，并且应当与表面完全接触，安装时尽可能采用埋入式热流计。温度传感器应在被测围护结构的两侧表面安装，内表面温度传感器应靠近热流计安装，外表面温度传感器宜在与热流计相对的位置安装。温度传感器连同 0.1m 长的引线与被测表面紧密接触，传感器表面的辐射系数应与被测表面基本相同。为了保证接触良好、装拆方便，一般可用石膏、黄油、胶液、凡士林等进行粘贴。

检测时间宜选在最冷月份无风或微风的阴寒天气，但要避开寒潮期或气温剧烈变化的天气。检测应在采暖供热系统正常运行后进行，对于一般结构连续观测时间应不少于 96h，对于厚重型结构应不少于 168h，对于轻型结构应不少于 81h。检测期间室内气温应保持基本稳定，热流计不得受阳光直射，围护结构被测区域的外表面也应避免雨雪侵袭和阳光直射。

《居住建筑节能检验标准》（JGJ/T 132—2009）规定："热流计及其标定应符合现行行业标准《建筑用热流计》（JG/T 3016—1994）的规定。""热流和温度应采用自动检测仪检测，数据存储方式应适用于计算机分析。温度测量的不确定度不应大于 0.5℃。"

围护结构的传热系数 K 可按下式计算：

$$K = \bar{q} / \Delta \bar{t} \tag{12-1}$$

式中　K——围护结构的传热系数，W/(m²·K)；

　　　$\bar{q}$——实测的热流密度平均值，W/m²，可按式(12-2)计算确定；

　　　$\Delta \bar{t}$——被测结构内、外表面的温差平均值，℃，可按式(12-3)计算确定。

$$\overline{q} = \sum q_t / n \tag{12-2}$$

$$\Delta \overline{t} = \sum \Delta t_t / n \tag{12-3}$$

式中　q_t——t 时刻的实测热流密度，W/m^2；

　　　Δt_t——t 时刻的结构内、外表面温差；

　　　n——总共测量的次数。

采用算术平均法进行数据分析时，应按式（12-4）计算围护结构的热阻，并应符合下列规定：

$$R = \frac{\sum_{j=1}^{n}(\theta_{1j} - \theta_{Ej})}{\sum_{j=1}^{n} q_j} \tag{12-4}$$

式中　R——围护结构的热阻，$m^2 \cdot K/W$；

　　　θ_{1j}——围护结构内表面温度的第 j 次测量值，℃；

　　　θ_{Ej}——围护结构外表面温度的第 j 次测量值，℃；

　　　q_j——热流密度的第 j 次测量值，W/m^2。

（1）对于轻型围护结构［单位面积比热容＜20kJ/（$m^2 \cdot K$）］，宜使用夜间采集的数据（即日落后 1h 至日出）计算围护结构的热阻。当经过连续 4 个夜间的测量之后，相邻两次测量的计算结果相差不大于 5% 时即可结束测量。

（2）对于主型围护结构［单位面积比热容＞20kJ/（$m^2 \cdot K$）］，应使用全天数据（24h 的整数倍）计算围护结构的热阻，且只有在下列条件得到满足时方可结束测量：①末次的热阻 R 计算值与 24h 之前的热阻 R 计算值相差不大于 5%。②检测期间内第 $INT(2 \times DT/3)$ 天内与最后一个同样长天数内的热阻 R 计算值相差不大于 5%（其中 DT 为检验持续天数，INT 表示取整数部分）。

在检测期间，应逐时记录热流密度和内、外表面温度。可记录多次采样数据的平均值，采样间隔宜短于传感器最小时间常数的 1/2。数据分析可采用算术平均法或动态分析法。

（二）围护结构传热系数实验室检测

1. 实验室检测的原理

实验室检测的原理是：在静态热箱上对 3.6m×2.8m 的整面墙体及其构件进行检测；也可以在实际自然状态下，在动态热箱上对实际构造的墙体和屋面进行检测。

2. 实验室检测的方法

围护结构传热系数的实验室检测，一般采用热箱法。根据所测得到的数据，按公式（12-5）可求得总传热系数 K_0，再按公式（12-6）可求得构件的传热系数 K，按公式（12-7）和公式（12-8）分别求得内表面换热系数 α_1 和表面换热系数 α_0。

$$K_0 = (Q - Q_B)/[A(t_h - t_c)] \tag{12-5}$$

$$K = (Q - Q_B)/[A(t_1 - t_2)] \tag{12-6}$$

$$\alpha_1 = (Q - Q_B)/[A(t_h - t_1)] \tag{12-7}$$

$$\alpha_0 = (Q - Q_B)/[A(t_2 - t_c)] \tag{12-8}$$

式中　Q——进入测量箱的总功率，W；

　　　Q_B——通过测量箱壁的散热量，W；

　　　A——试件测试部分的面积，m²；

t_h、t_c——测量热箱、冷箱的空气温度，℃；

t_1、t_2——试件热面和冷面的温度，℃。

3. 常用建材热物理性能计算参数

常用建材的热物理性能计算参数见表12-4。

表 12-4　常用建材热物理性能计算参数

材料名称	干密度 /(kg /m³)	标准值		修正 系数 α	计算值		使用场合及 影响因素
		热导率 /[W /(m·K)]	蓄热系数 /[W /(m²·K)]		热导率 /[W /(m·K)]	蓄热系数 /[W /(m²·K)]	
钢筋混凝土	2500	1.740	17.20	1.00	1.74	17.20	墙体及屋面
碎石、卵石混凝土	2300	1.510	15.36	1.00	1.51	15.36	墙体
水泥焦渣	1100	0.420	6.13	1.50	0.630	9.200	屋面找坡,吸湿
加气混凝土	500	0.190	2.81	1.25	0.240	3.510	墙体及屋面 板,灰缝
加气混凝土	500	0.190	2.81	1.50	0.290	4.220	屋面保温层,吸湿
加气混凝土	600	0.200	3.00	1.25	0.250	3.750	墙体及屋面 板,灰缝
加气混凝土	600	0.200	3.00	1.50	0.300	4.500	屋面保温层,吸湿
水泥砂浆	1800	0.930	11.37	1.00	0.930	11.37	抹灰层、找平层
石灰水泥砂浆	1700	0.870	10.75	1.00	0.870	10.75	抹灰层
石灰砂浆	1600	0.810	10.07	1.00	0.810	10.07	抹灰层
黏土实心砖墙	1600	0.810	10.63	1.00	0.810	10.63	墙体
黏土实心砖墙(26～36孔)	1400	0.580	7.92	1.00	0.580	7.920	墙体
灰砂砖墙	1900	1.100	12.72	1.00	1.100	12.72	墙体
硅酸盐砖墙	1800	0.870	11.11	1.00	0.870	11.11	墙体
炉渣砖墙	1700	0.810	10.68	1.00	0.810	10.63	墙体
混凝土多孔砖	1450	0.738	7.25	1.00	0.738	7.25	墙体
单排孔混凝土空心砌块	900	0.860	7.48	1.00	0.860	7.48	墙体
双排孔混凝土空心砌块	1100	0.792	8.42	1.00	0.792	8.420	墙体
三排孔混凝土空心砌块	1300	0.750	7.92	1.00	0.750	7.920	墙体
轻骨料混凝土空心砌块	1100	0.750	6.01	1.00	0.750	6.010	墙体
矿棉、岩棉、玻璃棉板	80～200	0.045	0.75	1.20	0.054	0.900	墙体保温
矿棉、岩棉、玻璃棉板	80～200	0.045	0.75	1.50	0.068	1.125	屋面保温
膨胀聚苯板	20～30	0.042	0.36	1.20	0.050	0.430	墙体保温
膨胀聚苯板	20～30	0.042	0.36	1.50	0.063	0.540	屋面保温

材料名称	干密度 /(kg /m³)	标准值		修正系数 α	计算值		使用场合及 影响因素
		热导率 /[W /(m・K)]	蓄热系数 /[W /(m²・K)]		热导率 /[W /(m・K)]	蓄热系数 /[W /(m²・K)]	
挤塑聚苯板	25～32	0.030	0.32	1.10	0.033	0.352	墙体保温
挤塑聚苯板	25～32	0.030	0.32	1.30	0.039	0.416	屋面保温
破泡聚氨酯	30～50	0.027	0.36	1.20	0.0324	0.468	墙体保温
胶粉聚苯颗粒保温浆料	230	0.060	0.95	1.20	0.072	1.140	墙体保温
腹丝穿透型钢丝网架聚苯板	20～30	0.042	0.36	1.55	0.0651	0.558	墙体保温
腹丝穿透型钢丝网架聚苯板	20～30	0.042	0.36	1.30	0.0546	0.468	墙体保温
泡沫玻璃	150～180	0.066	0.81	1.10	0.0725	0.891	墙体及屋面保温
微孔硅酸钙板	220	0.065	1.26	1.20	0.078	1.512	屋面保温
憎水珍珠岩板	400	0.120	2.03	1.20	0.144	2.435	屋面保温
水泥聚苯板	300	0.090	1.54	1.30	0.117	2.002	墙体及屋面保温

六、围护结构实体非正常验收评价控制

当外墙节能构造或外窗气密性现场实体检验出现不符合设计要求和标准规定的情况时，监理人员应建议建设单位委托有资质的检测机构扩大1倍数量抽样，对不合格项或参数再次检验。如果仍然不符合要求，应给出"不符合设计要求"的结论。

对于不符合设计要求和标准规定的围护结构节能构造应查找原因，对因此而造成的对建筑节能的影响程度进行计算或评估，采取相应的技术措施予以弥补或消除后重新进行检测，合格后方可通过验收。

国家标准《建筑工程施工质量验收统一标准》（GB 50300—2013）中第5.0.6条规定：当建筑工程质量不符合要求时，应按下列规定进行处理。

（1）经返工重做或更换器具、设备的检验批，应重新进行验收。

（2）经有资质的检测单位检测鉴定能够达到设计要求的检验批，应予以验收。

（3）经有资质的检测单位检测鉴定达不到设计要求，但经原设计单位核算认可能够满足结构安全和使用功能的检验批，应予以验收。

（4）经返修或加固处理的分项、分部工程，虽然改变外形尺寸但仍能满足安全使用要求，可按技术处理方案和协商文件进行验收。

从以上4项规定可以看出，对第一次验收未能符合规范要求质量的情况做出了明文规定，在保证最终质量的前提下，给出了"返工更换验收、检测鉴定验收、设计复核验收、加固处理验收"4种非正常验收的形式，只有在上述4种情况都不满足时可以拒绝验收。

第二节　系统节能性能检测监理控制

系统节能性检测监理控制，是建筑节能工程监理工作的一项重要任务，是建筑节能工程中的中心思想和核心所在，也是贯彻落实国家节能政策的充分体现和有力保证，是确保设备

安装工程和节能运行的最有力保证。

一、系统节能性能检测监理控制概述

1. 系统节能性能检测项目和要求

根据现行国家标准《建筑节能工程施工质量验收规范》（GB 50411—2007）中的规定，在采暖、通风与空调、配电与照明工程完成且系统联调和试运转过程中，对采暖房间的温度、通风与空调系统风口的风量、系统总风量、空调与采暖系统冷热源及管网中的供热系统室外管网的水力平衡度、供热系统的补水率、室外管网的热输送效率、空调机组的水流量、空调系统冷热水、冷却水总流量的检测，结果符合设计要求，其允许偏差或规定值符合规定要求后，由建设单位委托具有相应资质的检测机构，对系统节能性能按规范要求进行抽样检测，并出具检测报告。

采暖、通风与空调、配电与照明系统节能检测的主要项目及要求如表 12-5 所列，其检测方法应按国家现行有关标准的规定执行。

表 12-5　系统节能检测主要项目及要求

序号	检测项目	抽样数量	允许偏差或规定值
1	室内温度	居住建筑每户抽测卧室或起居室 1 间，其他建筑按房间总数抽测 10%	冬季不得低于设计计算温度 2℃，且不应高于 1℃；夏季不得高于设计计算温度 2℃，且不应低于 1℃
2	供热系统室外管网的水力平衡度	每个热源与换热站均不少于 1 个独立的供热系统	0.9～1.2
3	供热系统的补水率	每个热源与换热站不少于 1 个独立的供热系统	0.5%～1%
4	室外管网的热输送效率	每个热源与换热站均不少于 1 个独立的供热系统	≥0.92
5	各风口的风量	按风管系统数量抽查 10%，且不得少于 1 个系统	≤15%
6	通风与空调系统的总风量	按风管系统数量抽查 10%，且不得少于 1 个系统	≤10%
7	空调机组的水流量	按系统数量抽查 10%，且不得少于 1 个系统	≤20%
8	空调系统冷热水、冷却水总流量	全数	≤10%
9	平均照度与照明功率密度	按同一功能区不少于 2 处	≤10%

2. 系统节能性能主要的检测方法

（1）空气温度和表面温度测量　空气温度和表面温度的测量方法有以下几种。

1）温度测量方法。测量空气温度和表面温度通常采用接触法，即将温度计的感温元件与被测物体直接接触，由热平衡原理可知，经过足够长的时间两者达到热平衡，它们的温度必然相等。常用的温度计按测量原理的不同，可分为热膨胀、热电阻和热电偶三大类，其中热膨胀式温度计，如双金属温度计、水银玻璃温度计等，由于其感面较大，适用于测量空气温度。

热电阻和热电偶温度计，由于其感温面可以做得很小，所以既可用于测量空气温度，也可以用于测量表面温度。两者相比，热电偶温度计具有结构简单、制作方便、准确度高等优点，是建筑热工中测量温度的常用仪器。

无论采用哪种仪表测量室内温度，都应当特别注意：测量室内温度的仪表一般应设在房间中央离地面 1.5m 处。如果由于条件限制不能设在该处时，应标出实际设置仪表的温度示值与房间中央离地面 1.5m 处仪表的温度示值差，并对测试的数据进行修正。

无论采用哪种温度计或传感器测量空气温度，都应设置铝箔防辐射罩，并用铝箔覆盖温度计的感温部位。

2）测量数据处理。设一天 24h 中每小时温度的观测值为 $t_1, t_2, t_3, \cdots, t_{24}$，则日平均温度可按式(12-9) 进行计算：

$$\bar{t} = \frac{1}{24}\sum_{i=1}^{24} t_i \tag{12-9}$$

日温度变化曲线整理成随时间变化的多阶谐量为：

$$t_t = \bar{t} + \sum_{i=1}^{\infty} t_i \Theta_k \cos(k\omega)(\tau - \tau_k) \tag{12-10}$$

式中　ω——圆频率，$\omega = 2\pi/24$；

Θ_k——第 k 阶谐量振幅，可按式(12-11) 计算确定。

$$\Theta_k = \sqrt{N_k^2 + M_k^2} \tag{12-11}$$

$$N_k = \frac{1}{12}\sum_{i=1}^{24} t_i \sin(k\omega) \tag{12-12}$$

$$M_k = \frac{1}{12}\sum_{i=1}^{24} t_i \cos(k\omega) \tag{12-13}$$

$$\tau_k = 1/(k\omega)\arctan(N_k/M_k) \tag{12-14}$$

式中　τ_k——第 k 阶谐量的初相时间。

在建筑热环境的测量中，温度一般取到二阶或三阶谐量，其精度完全满足要求。

3）确定建筑物室内平均温度。

① 建筑物室内平均温度应在采暖期最冷月进行检测，且检测持续时间不应少于 168h。但当该项检测是为了配合单位采暖耗热量或者单位采暖耗煤量的检测而进行时，其检测的起止时间应符合相应项目检测方法中的有关规定。

② 温度计应设置于室内有代表性的位置，且不应受太阳辐射或室内热源的直接影响。

③ 建筑物室内平均温度应以代表性房间室内温度的逐时检测值为依据，且应按式(12-15) 进行计算：

$$t_{ia} = \frac{\sum_{j=1}^{n} t_{\tau m,j} A_{\tau m,j}}{\sum_{j=1}^{n} A_{\tau m,j}} \tag{12-15}$$

式中　t_{ia}——检测持续时间内建筑物的室内平均温度，℃；

$t_{\tau m,j}$——检测持续时间内第 j 个温度计逐时检测值的算术平均值，℃；

$A_{\tau m,j}$——第 j 个温度计所代表的采暖建筑面积，m²；

j——室内温度计的序号；

n——建筑物室内温度计的个数。

（2）供热系统效率测量　供热系统效率测量的内容包括以下几个方面。

1）供热系统补水率。供热系统在正常运行条件下，持续检测时间内系统的补水量与设计循环水量之比，称为供热系统补水率。

① 补水率的检测应在供热系统运行稳定，且室外管网水力平衡度检验合格的基础上进行。

② 供热系统补水率的检测时间不应少于 24h。

③ 总补水量应采用具有累计流量显示功能的流量计量装置测量。流量计量装置应安装在系统补水管上适宜的位置，且应符合相应产品的使用要求。

④ 供热系统补水率应按式（12-16）计算：

$$R_{mu} = \frac{G_{mu}}{G_{wt}} \times 100\% \qquad (12\text{-}16)$$

式中　R_{mu}——供热系统的补水率；

G_{mu}——持续检测时间内系统的总补水量，kg；

G_{wt}——持续检测时间内系统设计循环水量的累计值，kg。

2）室外管网水力平衡度。采暖居住建筑物热力入口处循环水量（质量流量）的测量值与设计值之比，称为水力平衡度。

① 水力平衡度的检测应在供热系统运行稳定的基础上进行。

② 在水力平衡度检测的过程中，循环水泵的运行状态应和设计相符。循环水泵出口总流量应稳定为设计值的 100%～110%。

③ 流量计量装置应安装在供热系统相应的热力入口处，且应符合相应产品的使用要求。

④ 循环水量的测量值应以相同持续检测时间（一般为 30min）内各热力入口处测得的结果为依据进行计算。

⑤ 水力平衡度应按式（12-17）进行计算：

$$HB_j = \frac{G_{wm,j}}{G_{wd,j}} \qquad (12\text{-}17)$$

式中　HB_j——第 j 个热力入口处的水力平衡度；

$G_{wm,j}$——第 j 个热力入口处循环水量的测量值，kg/s；

$G_{wd,j}$——第 j 个热力入口处循环水量的设计值，kg/s；

j——热力入口的序号。

3）室外管网输送效率。

① 室外管网输送效率的检测应在最冷月进行，且检测持续时间不应少于 24h。

② 在检测期间，供热系统应处于正常运行状态，且锅炉（或换热器）的热力工况应保持稳定，并应符合下列规定：锅炉或换热器出力的波动不应超过 10%；锅炉或换热器的进出水温度与设计值之差不应大于 10℃。

（3）热量测量要求　各个热力（包括锅炉房或热力站）入口的热量应同时进行测量，并应符合以下规定。

① 对建筑物的供热量应采用热量计量装置在建筑物热力入口处进行测量。

② 热量计量装置中温度计和流量计的安装应符合相关产品的使用规定。

③ 供回水温度测点应位于外墙外侧且距外墙轴线 2.5m 以内。

（4）室外管网输送效率的计算　室外管网的输送效率应按式（12-18）计算：

$$n_{m,t} = \sum_{j=1}^{n} (Q_{m,j}/Q_{m,t})$$ （12-18）

式中　$\eta_{m,t}$——室外管网输送效率；

$\quad Q_{m,j}$——检测持续时间内在第 j 个热力入口处测得的热量累计值，MJ；

$\quad Q_{m,t}$——检测持续时间内在锅炉或热力站总管处测得的热量累计值，MJ；

$\quad j$——热力入口的序号。

二、系统节能性能检测监理流程

系统节能性能的检测监理流程如图 12-2 所示。

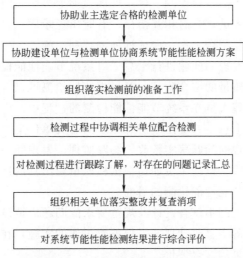

图 12-2　系统节能性能检测监理流程

三、系统节能性能检测监理工作要点

系统节能性能检测是由建设单位委托具有相应检测资质的第三方检测单位进行的，而不是由监理方或施工方来完成，为了使系统节能性能的检测顺利进行，监理单位应主动协助建设单位完成这项工作，以确保设备安装工程真正达到节能运行。

建筑节能检测是一项新兴的工作，相关的法规制度尚未健全，在执行过程中没有完善的约束、检查、处理机制，使得不规范行为有机可乘，扰乱了市场秩序，一定程度上影响了检测的质量。为了加强建筑节能检测的管理，营造一个健康有序、充满生机活力的建筑节能检测市场，必须加强市场监管，整顿市场秩序。

根据系统节能性能检测的实践，在进行系统节能性能检测监理时，监理单位主要应抓住以下工作要点。

（1）协助建设单位选择检测单位　系统节能性能检测是一项专业性很强、技术要求较高的工作，是保证工程节能效果的重要环节。监理人员应当根据所承担监理工程的实际情况，充分利用企业及个人的信息资源，协助建设单位选择具有相应资质的专业检测机构，以胜任所承担的工程系统节能性能检测工作。

（2）协助建设单位与检测单位协商系统节能性能检测方案　这是系统节能性能检测监理工作的重点，也是系统节能性能检测顺利进行的基础。监理人员应根据工程项目的情况和特点，协助建设单位与检测单位共同讨论系统节能性能检测的项目、每项的内容、抽查的数量、检测的方法以及检测计划的安排、需要相关单位配合的内容等。

检测方法应按现行标准《公共建筑节能检测标准》（JGJ/T 177—2009）和《居住建筑节能检测标准》（JGJ/T 132—2009）等执行，检测项目及抽样数量不应少于规范的规定。

（3）组织落实检测前的各项准备工作　在正式开展系统节能性能检测的工作前，监理人员应召集检测工作各相关施工单位安排人员、工具和资料准备工作，以保证系统节能性能检测按计划顺利进行，如果设备已移交接受单位，则还应邀请接受单位的相关人员共同参加。

（4）帮助协调检测过程的相关事宜　由于系统节能性能检测包括建筑保温（绝热）材料检测、建筑保温黏结材料检测、门窗工程检测、幕墙工程检测、采暖散热器检测、通风空调节能现场检测、围护结构传热系数检测、建筑玻璃检测等多个领域，检测工作涉及多专业设计、安装、调试以及使用人员，有时相互衔接，有时出现矛盾，有时需要协作，监理人员应积极协调检测工作中的各项配合工作，保证计划的顺利实施。

（5）在检测过程中对发现的问题进行汇总　对系统节能性能检测的过程，实际上是对整个设备安装节能工程施工质量的综合验证，经过规范地检测可以看出其是否真正达到设计和有关节能标准的要求，监理人员在系统节能性能检测的过程中，应从始至终全过程进行跟踪了解，对发现的问题记录汇总，并提出改进意见，向有关单位反映解决。

（6）对检测过程中发现的问题落实整改　跟踪监理、发现问题、加以汇总，仅是加强系统节能性能检测的一种手段，监理单位如何根据检测单位出具的检测报告，对检测中发现的问题落实整改，才是系统节能性能检测的目的。

监理人员对检测中发现的不符合设计及规范要求的问题应请设计、安装、调试以及使用人员共同协商整改方案，落实整改计划。督促整改工作的实施，在整改后复查合格消项，并进行系统节能性能检测效果的综合评价。

第三节　建筑节能效率检测各项技术

自进入 21 世纪以来，我国加大了全国范围内的建筑节能工作力度。在建筑节能方面制定了一系列标准、规程和规范。从理论上讲，只要从建筑节能设计的龙头工作开始，严格按照建筑节能设计标准选择使用节能材料和节能产品；在节能工程的施工过程中，控制好节能材料产品系统的施工，竣工验收的建筑节能性能就有保障。

但是，建筑节能工程的最终结果却不然，尤其是在夏热冬冷地区，多数设计人员的建筑节能相关知识比较欠缺，对新的建筑节能规范和标准的理解有待进一步提高；同时，由于建筑的建造周期长，节能施工环节较多；施工单位和开发商对建筑节能工作的重要性认识不足，施工中常常出现偏离设计和标准的现象；加之利益的驱使和社会不良风气的渗入，难免出现偷工减料现象。

针对以上种种现象，为了确保建筑节能工程的质量，必须通过相关的检测来实施建筑节能施工质量监督。从近年来的实践来看，建筑节能检测不仅会推动建筑产业的升级，而且有利于建筑节能产品的开发。从发展的角度来看，随着建筑节能工作的法制化、规范化、制度化，随着建筑行业、设备制造行业整体技术水平的提高，验证节能效果，认证节能建筑，建立一个完善、科学的节能效率检测体系，是促进节能技术发展的一个必不可少的重要环节。

一、建筑物节能检测的主要项目

根据我国所处的地理位置，按照建筑节能相关标准，将我国从北到南划分为严寒地区、寒冷地区、夏热冬冷地区和夏热冬暖地区，不同地区、不同建筑群类型（试点居住建筑、试点居住小区、非试点居住建筑、非试点居住小区）的建筑节能检测项目都有所不同。

1. 严寒和寒冷地区建筑物节能检测项目

《居住建筑节能检测标准》（JGJ 132—2009）中的规定，严寒和寒冷地区建筑物节能检测的项目，按照试点居住建筑、试点居住小区、非试点居住建筑、非试点居住小区 4 类分为必检项和宜检项。必检项是强制性的，而宜检项是推荐性的。严寒和寒冷地区建筑物节能检测项目见表 12-6。

表 12-6 严寒和寒冷地区建筑物节能检测项目

序号	范围分类	必检项	宜检项
1	试点居住建筑	(1)建筑物冬季平均室温； (2)建筑物外围护结构热工缺陷； (3)建筑物外围护结构热桥部位内表面温度； (4)建筑物围护结构主体部位传热系数； (5)建筑物外窗口整体气密性能； (6)建筑物年采暖耗热量	(1)建筑物年空调耗冷量； (2)建筑物外围护结构隔热性能
2	试点居住小区	(1)建筑物冬季平均室温； (2)建筑物外围护结构热工缺陷； (3)建筑物外围护结构热桥部位内表面温度； (4)建筑物围护结构主体部位传热系数； (5)建筑物外窗窗口整体气密性能； (6)采暖系统室外管网水力平衡度； (7)采暖系统补水率； (8)室外管网热输送效率； (9)室外管网供水降温； (10)采暖锅炉运行效率； (11)采暖系统实际耗电输热比期望值； (12)建筑物年采暖耗热量	(1)建筑物年空调耗冷量； (2)建筑物外围护结构隔热性能
3	非试点居住建筑	(1)建筑物冬季平均室温； (2)建筑物外围护结构热工缺陷； (3)建筑物外围护结构热桥部位内表面温度； (4)建筑物外窗窗口整体气密性能； (5)建筑物年采暖耗热量	(1)建筑物围护结构主体部位传热系数； (2)建筑物外围护结构隔热性能； (3)建筑物年空调耗冷量
4	非试点居住小区	(1)建筑物冬季平均室温； (2)建筑物外围护结构热工缺陷； (3)建筑物外围护结构热桥部位内表面温度； (4)建筑物外窗窗口整体气密性能； (5)采暖系统室外管网水力平衡度； (6)采暖系统补水率； (7)室外管网供水降温； (8)采暖系统实际耗电输热比期望值； (9)建筑物年采暖耗热量	(1)建筑物围护结构主体部位传热系数； (2)建筑物外围护结构隔热性能； (3)室外管网热输送效率； (4)采暖锅炉运行效率； (5)建筑物年空调耗冷量

2. 夏热冬冷地区建筑物节能检测项目

夏热冬冷地区建筑物节能检测的项目，也是按照试点居住建筑、试点居住小区、非试点居住建筑、非试点居住小区 4 类分为必检项和宜检项（标准正在编制）。夏热冬冷地区建筑物节能检测项目见表 12-7。

表 12-7　夏热冬冷地区建筑物节能检测项目

序号	范围分类	必检项	宜检项
1	试点居住建筑	(1)建筑物外围护结构隔热性能； (2)建筑物围护结构主体部位传热系数； (3)建筑物外窗口整体气密性能； (4)建筑物年采暖耗热量； (5)建筑物年空调耗冷量	(1)建筑物冬季平均室温； (2)建筑物外围护结构热工缺陷； (3)建筑物外围护结构热桥部位内表面温度； (4)建筑物外窗遮阳设施
2	试点居住小区	(1)建筑物冬季平均室温； (2)建筑物外围护结构热工缺陷； (3)建筑物外围护结构隔热性能； (4)建筑物围护结构主体部位传热系数； (5)建筑物外窗口整体气密性能； (6)采暖系统室外管网水力平衡度； (7)采暖系统补水率； (8)室外管网供水降温； (9)室外管网热输送效率； (10)采暖锅炉运行效率； (11)采暖系统实际耗电输热比期望值； (12)建筑物年采暖耗热量； (13)建筑物年空调耗冷量	(1)建筑物年空调耗冷量； (2)建筑物外围护结构隔热性能
3	非试点居住建筑	(1)建筑物外围护结构隔热性能； (2)建筑物外窗口整体气密性能； (3)建筑物年采暖耗热量； (4)建筑物年空调耗冷量	(1)建筑物冬季平均室温； (2)建筑物外围护结构热工缺陷； (3)建筑物外围护结构热桥部位内表面温度； (4)建筑物围护结构主体部位传热系数； (5)建筑物外窗遮阳设施
4	非试点居住小区	(1)建筑物外围护结构隔热性能； (2)建筑物外窗口整体气密性能； (3)采暖系统室外管网水力平衡度； (4)采暖系统补水率； (5)采暖系统室外管网实时供水降温； (6)采暖系统实际耗电输热比期望值； (7)建筑物年采暖耗热量； (8)建筑物年空调耗冷量	(1)建筑物冬季平均室温； (2)建筑物外围护结构热工缺陷； (3)建筑物外围护结构热桥部位内表面温度； (4)建筑物围护结构主体部位传热系数； (5)建筑物外窗遮阳设施； (6)室外管网热输送效率； (7)采暖锅炉运行效率

3. 夏热冬暖地区建筑物节能检测项目

夏热冬暖地区建筑物节能检测的项目，按照试点居民建筑和非试点居民建筑 2 类分为必检项和宜检项（标准正在编制）。夏热冬暖地区建筑物节能检测项目见表 12-8。

表 12-8　夏热冬暖地区建筑物节能检测项目

序号	范围分类	必检项	宜检项
1	试点居住建筑	(1)建筑物外围护结构隔热性能； (2)建筑物外窗口整体气密性能； (3)建筑物外窗遮阳设施； (4)建筑物年空调耗冷量	(1)建筑物外围护结构热工缺陷； (2)建筑物围护结构主体部位传热系数
2	试点居住小区	(1)建筑物外围护结构隔热性能； (2)建筑物外窗口整体气密性能； (3)建筑物外窗遮阳设施； (4)建筑物年空调耗冷量	建筑物围护结构主体部位传热系数

二、建筑节能效率检测原理和方法

（一）温度测量建筑节能效率原理与方法

目前，国内外评价建筑节能是否达标，一般采用两种方法：一种方法是在热源（冷源）处直接测取采暖耗煤量指标（耗电量指标），然后求出建筑物的耗热量指标（耗冷量指标），此法称为热（冷）源法；另一种方法是在建筑物处，直接测取建筑物的耗热量指标（耗冷量指标），然后求出采暖耗煤量指标（耗电量指标），此法称为建筑热工法。前一种方法由于设备效率难以确定，因而实践中较少采用。目前大多采用建筑热工法现场测量。其中最关键的一项指标是建筑保温隔热建筑墙体的传热系数。现场测量的内容包括热流密度，室内、外气温，保温隔热建筑墙体的内、外表面温度以及热流计的两表面温度。所用的仪表主要是玻璃液柱温度计、热电阻温度计和热电偶温度计。

1. 玻璃液柱温度计

玻璃液柱膨胀式温度计是利用液体体积随着温度升高而膨胀，导致玻璃管内液柱长度增长的原理而制成的。将测温液体封入带有感温包和毛细管的玻璃内，在毛细管壁加上刻度即构成玻璃液柱膨胀式温度计。

玻璃液柱膨胀式温度计，其特点为结构简单、测量准确、价格便宜、使用方便，因而得到广泛应用；其缺点为容易损坏、热惯性大，对温度波动跟随性较差，不能远传信号和自动记录。

2. 热电偶温度计

两种不同成分的导体（称为热电偶丝材或热电极）两端接合成回路，当接合点的温度不同时，在回路中就会产生电动势，这种现象称为热电效应，而这种电动势称为热电势。热电偶温度计就是利用这种原理进行温度测量的。

其中，直接用作测量介质温度的一端叫作工作端（也称为测量端），另一端叫作冷端（也称为补偿端）；冷端与显示仪表或配套仪表连接，显示仪表会指出热电偶所产生的热电势。热电偶实际上是一种能量转换器，它将热能转换为电能，用所产生的热电势测量温度。

3. 热电阻温度计

热电阻温度计是中、低温区最常用的一种温度检测器。它的主要特点是测量精度较高，性能比较稳定。热电阻温度计是基于导体或半导体的电阻值随温度的增加而增加这一特性来进行温度测量的、实现了将温度的变化转化为元件电阻的变化来测量温度的元件。热电阻温度计由热电阻体（感温元件）、连接导线和显示或记录仪表构成，这种温度计广泛被用来测量−200～850℃范围内的温度，如锅炉炉排温度、室内外空气温度和供回水温度等。

（二）围护结构传热系数检测原理与方法

围护结构传热系数检测的方法主要有热流计法、热箱法、控温箱-热流计法、常功率平面热源法等。

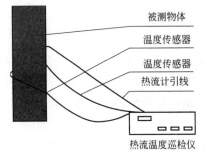

被测物体
温度传感器
温度传感器
热流计引线
热流温度巡检仪

图 12-3　热流计检测示意图

1. 热流计法

热流计是热能转移过程的量化检测仪器，是用于测量热传递过程中热迁移量的大小、评价热传递性能的重要工具。即热流（密度）的大小表征热量转移的程度。换句话说，热流计是测量在不同物质间热量传递大小和方向的仪器。

热流计法通过检测被测对象的热流 E、冷端温度 T_1 和热端温度 T_2，即可根据式（12-19）计算出被测对象的热阻和传热系数，热流计检测如图 12-3 所示。

$$K = 1/(R_i + R + R_e) \tag{12-19}$$

$$R = (T_2 - T_1)/EC \tag{12-20}$$

式中　K——被测对象的传热系数，$W/(m^2 \cdot K)$；

R_i——内表面换热绝缘系数，$(m^2 \cdot K)/W$；

R_e——外表面换热绝缘系数，$(m^2 \cdot K)/W$；

R——被测为热绝缘系数，$(m^2 \cdot K)/W$；

T_2——冷端温度，℃；

T_1——热端温度，℃；

E——热流计的读数，mV；

C——热流计的测头系数，$W/(m^2 \cdot mV)$，热流计出厂时已标定。

2. 热箱法

（1）标定热箱法　试验室标定热箱法的检测原理如图 12-4 所示。将标定热箱法的装置置于一个温度受到控制的空间内，该空间的温度可与计量箱内部的温度不同。采用高比热阻的箱壁使得流过箱壁的热流量 Q_3 尽量小，输入的总功率 Q_p 应根据箱壁热流量 Q_3 和侧面迂回热损 Q_4 进行修正。

Q_3 和 Q_4 应该用已知比热阻的试件进行标定，标定试件的厚度、比热阻范围应与被测试件的范围相同，其温度范围也应与被测试件试验的温度范围相同。用式（12-21）、式（12-22）

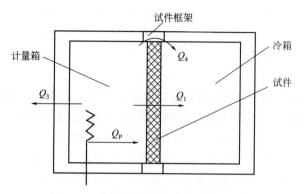

图 12-4　试验室标定热箱法原理示意图

和式(12-23)分别计算被测试件的热阻、传热阻和传热系数。

$$Q_1 = Q_p - Q_3 - Q_4 \qquad (12\text{-}21)$$
$$R = A(T_{si} - T_{se})/Q_1 \qquad (12\text{-}22)$$
$$K = Q_1/A(T_{ni} - T_{ne}) \qquad (12\text{-}23)$$

式中　Q_p——输入的总功率，W；

　　　Q_1——通过试件的功率，W；

　　　Q_3——箱壁的热流量，W；

　　　Q_4——侧面迂回热损，W；

　　　A——热箱开口面积，m^2；

　　　T_{si}——试件热侧表面温度，℃；

　　　T_{se}——试件冷侧表面温度，℃；

　　　T_{ni}——试件热侧环境温度，℃；

　　　T_{ne}——试件冷侧环境温度，℃。

（2）防护热箱法　试验室防护热箱法的检测原理如图 12-5 所示。在防护热箱法中，将计量箱置于防护箱内，控制防护箱内的温度与计量箱内的温度相同，使试件内不平衡热流量 Q_2 和流过计量箱壁的热流量 Q_3 减至最小（可以忽略）。按式(12-24)、式(12-22) 和式(12-23) 分别计算被测试件的热阻、传热阻和传热系数。

$$Q_1 = Q_p - Q_3 - Q_2 \qquad (12\text{-}24)$$

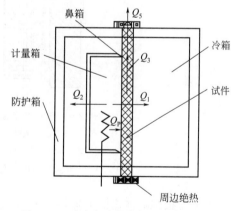

图 12-5　试验室防护热箱法原理示意图

式中　Q_2——试件内不平衡热流量，W。

3. 控温箱-热流计法

控温箱-热流计法的基本原理与热流计法的基本原理相同，利用控温箱控制温度，模拟采暖期建筑物的热工状况，用热流计法测定被测对象的传热系数。

控温箱是一套自动控温装置，可以根据检测者的要求设定温度，来模拟采暖期建筑物的热工特征。控温设备由双层框构成，层间填充发泡聚氨酯或其他高热阻的绝热材料。具有制冷和加热功能，根据季节进行双向切换使用，夏季高温时期采用制冷运行方式，春秋季采用加热运行方式。采用先进的 PID 调节方式控制箱内温度，实现精确稳定的温度控制。

在以上的这个热环境中，测量通过墙体的热流量、箱体内的温度、墙体被测部位的内外表面温度、室内外环境温度，根据式（12-19）和式（12-20）计算被测部分的热阻和传热系数。

温度由温度传感器（通常用铜-康铜热电偶或热电阻）测量，热流量由热流计测量，热流计测得的值是热电势，通过测头系数转换成热流密度。温度值和热电势值由与之相连的温度、热流自动巡回检测仪自动记录，可以设定巡检的时间间隔。

在现场检测墙体传热系数时，应选取有代表性的墙体，在对应面相应位置粘贴温度传感器，然后将温度控制箱体紧靠在墙体被测位置，使得热流计位于温度控制仪箱体的中心。等达到稳定后结束检测，巡检仪数据由专用传输软件传给微机，再用数据处理软件进行必要的数据处理，以表格、图表、曲线或数字的形式显示检测结果。

4. 常功率平面热源法

常功率平面热源法是非稳态法中的一种比较常用的方法，适用于建筑材料和其他隔热材料热物理性能的测试。常功率平面热源法现场检测的方法，是在墙体内表面人为地加上一个合适的平面恒定热源，对墙体进行一定时间的加热，通过测定墙体内表面的温度响应辨识出墙体的传热系数，其基本原理如图 12-6 所示。

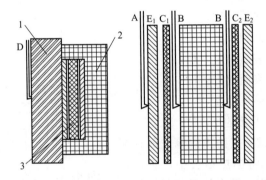

图 12-6　常功率平面热源法现场检测墙体传热系数

1—试验墙体；2—绝热盖板；3—绝热层；

A—墙体内表面测温热电偶；B—绝热层两侧测温热电偶；

C_1、C_2—加热板；D—墙体外表面测温热电偶；E_1、E_2—金属板

绝热盖板和墙体之间的加热部分由 5 层材料组成，加热板 C_1、C_2 和金属板 E_1、E_2 对称地各布置 2 块，控制绝热层两侧的温度相等，以保证加热板 C_1 发出的热量都流向墙体、金属板 E_1 对墙体表面均匀加热的作用。墙体内表面测温热电偶 A 和墙体外表面测温热电偶 D 记录逐时温度值。

该系统用人工神经网络方法（简称 ANN）仿真求解过程，一般可分为以下几个步骤。

（1）该系统设计的墙体传热过程是非稳态的三维传热过程，这一过程受到墙体内侧平面热源的作用和室内外空气温度变化的影响，有针对性地编制非稳态导热墙体的传热程序。建立墙体传热的求解模型，输入多种边界条件和初始条件，利用已编制的三维非稳态导热墙体的传热程序进行求解，可以得到加热后墙体的温度场数据。

（2）将得到的墙体温度场数据和对应的边界条件、初始条件共同构成样本集对网络进行

训练。在该研究中，由于试验能测得的墙体温度场数据只是墙体内、外表面的温度，因此将测试时间中的以下 5 个参数作为神经网络的输入样本，即室内平均温度、室外平均温度、热流密度和墙体内、外表面温度，将墙体的传热系数作为输出样本进行训练。

（3）网络经过一定时间的训练达到稳定状态，将各温度值和热流密度值输入，由网络即可映射出墙体的传热系数。

（三）围护结构热工缺陷检测原理与方法

热工缺陷是指建筑围护结构因保温材料的缺失、受潮、分布不均匀、混入杂质或围护结构存在空气渗透等原因产生的热工性能方面的缺陷，建筑物围护结构缺陷是影响建筑物节能效果和建筑物热舒适性的重要因素。建筑物外围护结构热工缺陷的检测，主要包括外表面热工缺陷检测和内表面热工缺陷检测。

建筑物外围护结构热工缺陷采用红外热像仪进行检测。红外热像仪是利用红外探测器和光学成像物镜接受被测目标的红外辐射能量分布图形，反映到红外探测器的光敏元件上，从而获得红外热像图，这种热像图与物体表面的热分布场相对应。

通俗地讲，红外热像仪就是将物体发出的不可见红外能量转变为可见的热图像。热图像上面的不同颜色代表被测物体的不同温度。用这种方法进行热工缺陷的定性检测，要求检测人员具有红外摄像和建筑热工方面的专业知识和丰富的实践经验，并掌握大量的参考热图像。

围护结构受检测外表面的热工缺陷等级，可采用相对面积来评价；围护结构受检测内表面的热工缺陷等级，可采用能耗增加比来评价。

（四）建筑外窗气密性检测原理与方法

建筑外窗气密性的检测方法，在国家标准《建筑外门窗气密、水密、抗风压性能分级及检测方法》（GB/T 7106—2008）中有明确规定，一般采用房间空气渗透量来衡量。房间空气渗透量可采用示踪气体法或鼓风门法。

示踪气体法是利用 SF_6 作为示踪气体，将其充进房间，由于室外空气通过门窗缝隙渗入室内，经过一定时间后，室内的示踪气体被稀释，采用 SF_6 气体检漏仪，测出初始浓度和稀释后的浓度，即可求出房间的空气渗透量。鼓风门法是人为地向房间加压，通过测鼓风机送入房间的风量来测量房间空气渗透量的方法。一般示踪气体法的应用较多。

（五）建筑物能耗检测原理与方法

影响建筑物能耗的因素很多，与建筑物所处的地理位置、建筑物本身的特点有关，相同面积、相同构造、相同节能措施的建筑物在不同的地方具有不同的能耗指标。对于一个特定地区的建筑物而言，影响建筑能耗的因素从大的方面分有：建筑物小区环境、建筑物构造以及采暖系统 3 个。

1. 热源法测定采暖耗煤量指标

（1）城市热网供热的节能小区　对于城市热网供热的节能小区，其采暖耗煤量指标 Q_c 可由式（12-25）计算：

$$Q_c = Q(t_{np} - t_{wp})/[Fq_c(t_n - t_w)] \tag{12-25}$$

式中 Q_c——采暖耗煤量指标，kg/m^2；

Q——小区总传热量，kJ；

t_{np}、t_{wp}——室内平均温度及采暖期室外平均温度，℃；

t_n、t_w——实测的室内和室外平均温度，℃；

F——小区供暖面积，m^2；

q_c——标准煤热值，取 $8.14 \times 10^3 (W \cdot h)/kg$。

（2）锅炉房供热的节能小区 对于锅炉房供热的节能小区，采暖耗煤量指标 Q_c 可用式（12-26）计算：

$$Q_c = 0.278 \sum B Q_{dw}(t_{np} - t_{wp})/[Fq_c(t_n - t_w)] \tag{12-26}$$

式中 B——统计时期内的耗煤量，kg；

Q_{dw}——统计时期内所耗煤的基本低位发热量，kJ/kg；

其他符号的意义同前。

2. 建筑热工法测定建筑物耗热量指标

建筑物耗热量是由围护结构耗热量 Q_{HT}、空气渗透耗热量 Q_{1NF} 和建筑物内部得热量 Q_{1H} 组成的，因此建筑物耗热量指标 Q_H 可用式（12-27）表示：

$$Q_H = (Q_{HT} + Q_{1NF} + Q_{1H})(t_{np} - t_{wp})/[F(t_n - t_w)] \tag{12-27}$$

$$Q_{HT} = KF(t_n - t_w) \tag{12-28}$$

$$Q_{1NF} = 0.278 V_w C_p \rho_w (t_n - t_w) \tag{12-29}$$

$$Q_{1H} = (Q_m + Q_f + Q_L)/24 \tag{12-30}$$

式中 K——围护结构传热系数，$W/(m^2 \cdot ℃)$；

F——围护结构的面积，m^2；

V_w——渗入室内的冷空气量，m^3/h；

C_p——空气定压比热容，$kJ/(kg \cdot ℃)$；

Q_m——人体散热，$W \cdot h$；

Q_f——炊事得热，$W \cdot h$；

Q_L——照明和家电得热，$W \cdot h$；

其他符号的意义同前。

三、建筑节能效率检测基本要求

（一）建筑物冬季平均室温检测

1. 检测时段和持续时间

建筑物平均室温应以户内平均室温的检测为基础，这里主要是分为以下 2 类情况。

（1）供热公司为了监测采暖质量，或争议的双方为了解决采暖质量纠纷，或开发商为了使所建工程评优，或试点项目为了通过审查鉴定等，要求对建筑物室内平均温度进行检测。在这种情况下，户内平均温度的检测时段和持续时间应符合表 12-9 中的规定。

表 12-9　户内平均温度的检测时段和持续时间

序号	范围分类	检测时段	持续时间
1	试点居住建筑/试点居住小区	整个采暖期	整个采暖期
2	非试点居住建筑/非试点居住小区	季度最冷月	≥72h

（2）在检测围护结构热桥的表面温度和隔热性能的过程中，都要求对室内温度进行检测，在这种情况下，检测时间应和这些物理量的检测起止时间一致。

2. 平均室温的检测数量

（1）检测面积不应少于总建筑面积的 0.5%；当总建筑面积不足 200m² 时，应全数检测；当总建筑面积大于 200m² 时，应随机抽取受检房间或受检住户，但受检房间或受检住户的建筑面积之和不应少于 200m²。

（2）对于三层以下的居住建筑，应逐层布置测点；对于三层和三层以上的居住建筑，首层、中间层和顶层均应布置测点。

（3）每层至少应选取 3 个代表房间或代表户。

3. 检测仪器和检测部位

（1）房间的平均室内温度应采用温度巡检仪进行连续检测，数据记录时间间隔最长不得超过 60min。

（2）房间平均室内温度的测点应设于室内活动区域内，且距楼面 700～1800mm 范围内恰当的位置，但不应受太阳辐射或室内热源的直接影响。

（3）检测户内平均室温时，除厨房、设有浴盆或淋浴器的卫生间、淋浴室、储物间、封闭阳台和使用面积不足 5m² 的自然间外，其他每个自然间均应布置测点，单间使用面积大于或等于 30m² 的宜设置 2 个测点。

4. 建筑物平均室温计算

（1）建筑物平均室温应以户内平均室温的检测为基础，户内平均室温应以房间平均室温的检测为基础。检测持续时间内房间平均室温 t_{rm} 可按式（12-31）计算：

$$t_{rm} = \frac{\sum_{i=1}^{p}\left(\sum_{j=1}^{n} t_{i,j}\right)}{pn} \tag{12-31}$$

（2）检测持续时间内户内平均室温 t_{hh} 可按式（12-32）计算：

$$t_{hh} = \frac{\sum_{k=1}^{m} t_{rm,k} A_{rm,k}}{\sum_{k=1}^{m} A_{rm,k}} \tag{12-32}$$

（3）检测持续时间内建筑物平均室温 t_{ia} 可按式（12-33）计算：

$$t_{ia} = \frac{\sum_{l=1}^{M} t_{hh,l} A_{hh,l}}{\sum_{l=1}^{M} A_{rm,l}} \tag{12-33}$$

式中　t_{ia}——检测持续时间内建筑物平均室温，℃；

　　　t_{hh}——检测持续时间内户内平均室温，℃；

　　　t_{rm}——检测持续时间内房间平均室温，℃；

　　　$t_{hh,l}$——检测持续时间内第 l 户受检住户的户内平均室温，℃；

　　　$t_{rm,k}$——检测持续时间内第 k 户受检房间的户内平均室温，℃；

　　　$t_{i,j}$——检测持续时间内某房间内第 i 个测点第 j 个逐时温度检测值，℃；

　　　n——检测持续时间内某房间某一测点温度巡检仪记录的有效检测温度值个数；

　　　p——检测持续时间内某房间布置的温度巡检仪的数量；

　　　m——某住户受检房间的个数；

　　　M——某栋居住建筑内受检住户的个数；

　　　$A_{rm,k}$——第 k 间受检房间的建筑面积，m^2；

　　　$A_{hh,l}$——第 l 户受检住户的建筑面积，m^2；

　　　i——某受检房间内布置的温度巡检仪的顺序号；

　　　j——某温度巡检仪记录的逐时温度检测值的顺序号；

　　　k——某受检住户中受检房间的顺序号；

　　　l——居住建筑中受检住户的顺序号。

5. 冬季平均室温合格指标

建筑物冬季平均室温应在设计范围内，且所有受检房间逐时平均温度的最低值不应低于16℃（已实行按热量计费、室内散热设施装有恒温阀且住户出于经济的考虑，自觉调低室内温度者除外），同时检测持续时间内房间平均室温不得高于 23℃。

（二）小区平均室温的检测

1. 小区平均室温检测基础

（1）小区平均室温的检测是以随机抽取的同属于某居住小区的代表性建筑的建筑平均室温，通过楼内建筑面积加权从而得到的算术平均值为基础的。

（2）代表性建筑物应按距离热源的远近综合加以选取，即距离热源的远端、中间和近端均宜有代表性建筑物，且近端、中间和远端的代表性建筑物，应着重考虑其朝向、层数和采暖系统形式等因素。

（3）代表性建筑物平均室温的检测应按照上述检测方法进行。

（4）代表性居住建筑的面积应不小于小区内居住建筑总面积的 10%。

2. 小区平均室温计算方法

（1）检测持续时间内第 i 类建筑物的平均室温 $t_{i,qt}$ 可按式（12-34）计算：

$$t_{i,\text{qt}} = \frac{\sum\limits_{j=1}^{n}(t_{i,j} A_{i,j})}{\sum\limits_{j=1}^{n} A_{i,j}} \qquad (12\text{-}34)$$

（2）检测持续时间内小区平均室温 t_{qt} 可按式（12-35）计算：

$$t_{qt} = \frac{\sum_{i=1}^{m}(t_{i,qt}A_{0,i})}{\sum_{i=1}^{m}A_{0,i}}$$

(12-35)

式中　$t_{i,qt}$——检测持续时间内第 i 类建筑物的平均室温，℃；

　　　　$t_{i,j}$——检测持续时间内第 i 类建筑物中，第 j 栋代表性建筑物的平均室温，℃；

　　　　t_{qt}——检测持续时间内小区平均室温，℃；

　　　　$A_{i,j}$——第 i 类建筑物中，第 j 栋代表性建筑物的建筑面积，m^2；

　　　　$A_{0,i}$——第 i 类建筑物中的建筑面积，m^2；

　　　　n——第 i 类建筑物中，代表性建筑物的栋数；

　　　　m——小区中居住建筑的类别数。

（三）检测持续时间内室外空气温度

1. 室外空气温度检测仪器种类

室外空气温度的检测，应当采用温变巡检仪，逐时采集和记录。

2. 室外空气温度测点布置要求

室外空气温度传感器应设置在外表面为白色的百叶箱内。百叶箱应放置在距离建筑物 5～10m 的范围内。当无百叶箱时，室外空气温度传感器应设置防辐射罩，安装位置距外墙外表面应大于 200mm，且宜在建筑物的两个不同方向同时设置测点。

当建筑物超过 10 层时，宜在屋顶加设 1～2 个测点。温度传感器距离地面的高度宜在 1500～2000mm 的范围内，且应避免阳光直接照射和室外固有冷热源的影响。在正式开始采集数据前，温度传感器在现场应有不少于 30min 的环境适应时间。

3. 室外空气温度检测持续时间

室外空气温度的测试时间，应当和室内空气温度的测试时间同步。采样时间间隔宜短于温度传感器的最小时间常数。数据记录的时间间隔不应长于 20min。

4. 检测持续时间内室外空气平均温度计算

检测持续时间内室外空气平均温度 t_{ea} 应按式（12-36）计算：

$$t_{ea} = \frac{\sum_{i=1}^{m}\left(\sum_{j=1}^{n}t_{ei,j}\right)}{mn}$$

(12-36)

式中　t_{ea}——检测持续时间内室外空气平均温度，℃；

　　　　$t_{ei,j}$——第 i 个温度测点的第 j 个逐时测量值，℃；

　　　　m——室外温度测点的数量；

　　　　n——单个温度的测点逐时测量值的总个数；

　　　　i——室外温度测点的编号；

　　　　j——室外温度第 i 个测点测量值的顺序号。

（四）建筑物外围护结构热工缺陷检测

1. 检测前及检测期间的环境条件

（1）在建筑物外围护结构热工缺陷检测前至少 24h 内，室外空气温度的逐时值与开始检测时的室外室气温度相比，其变化不应超过 ±10℃。

（2）在建筑物外围护结构热工缺陷检测前至少 24h 内和检测期间，建筑物外围护结构两侧的逐时空气温差不宜低于 10℃。

（3）在建筑物外围护结构热工缺陷检测期间，与开始检测时的空气温度相比，室外空气温度逐时变化不应超过 ±5℃，室内空气温度逐时变化不应超过 ±2℃。

（4）当 1h 内室外风速（采样时间间隔为 30min）变化超过 2 级（含 2 级）时，不应再进行检测。

（5）检测开始前至少 12h 内，受检的外围护结构表面不应受到阳光直接照射。当对受检的外围护结构内表面实施热工缺陷检测时，其内表面要避免灯光的直接照射。

（6）室外空气湿度大于 75% 或空气中的粉尘含量出现异常时，不得再进行外表面的热工缺陷检测。

2. 建筑物外围护结构热工缺陷检测数量

（1）建筑物外围护结构热工缺陷检测的对象，应以一个检验批中住户或房间为单位随机抽取确定。

（2）对于住宅，一个检验批中受检住户不宜超过总套数的 0.5%；对于住宅以外的其他居住建筑，不宜超过总间数的 0.1%，但不得少于 3 套（间）。当检验批中住户套数或间数不足 3 套（间）时，应全数检测。同时顶层不得少于 1 套（间）。

（3）外墙或屋面的面数应以建筑内部的分格为依据。受检测外表面应从受检住户或房间的外墙或屋面中综合选取，每一受检住户或房间的外围护结构受检面数不得少于 1 面，但不宜超过 5 面。

3. 建筑物外围护结构热工缺陷检测标准

2010 年 4 月，我国住房和城乡建设部颁布了《建筑红外热像检测要求》（JG 269—2010），这是我国第一个针对用红外热像仪对建筑物外墙饰面质量缺陷、渗漏、外围护结构热工缺陷等方面进行检测的标准。

由于建筑红外热像检测工作在我国刚刚开始，还需要经过较长时间的实践和验证，在此期间可以参考国际标准《建筑物的热性能.建筑物外墙热平衡的定量测定.红外线法》（BS EN 13187—1999）和《绝热建筑围护结构热缺陷的定性探测红外线法》（ISO 6781—1983）中给出的对气候条件、环境状况和热工缺陷的 3 种类型的典型特征及参考热像图的举例说明。

4. 外围护结构热工缺陷检测要求与判定

（1）红外热像仪及其温度测量范围应符合现场测量的要求。红外热像仪的相应波长应处在 8.0～14.0μm，传感器温度分辨率（NETD）不低于 0.1℃，温差测量不确定度应小于 0.5℃。

（2）在正式检测前，应用表面式温度计在所检测的外围护结构表面上测出参照温度，调整红外热像仪的发射率，使红外热像仪的测定结果等于该参照温度；应在与目标距离相等的不同方位扫描同一部位，检查邻近物体是否对受检的外围护结构表面造成影响，必要时可采取遮挡措施或关闭室内辐射源。

（3）受检外围护结构表面同一个部位的红外热谱图，不应少于 4 张。如果所拍摄的红外热谱图中，主体区域过小，应单独拍摄 2 张以上主体部位的热谱图。受检部位的热谱图，应用草图说明其所在位置，并应附上可见光照片。红外热谱图上应标明参照温度的位置，并随热谱图一起提供参照温度的数据。

5. 外围护结构热工缺陷的评价标准

建筑物围护结构外表面和内表面的热工缺陷等级，应当分别符合表 12-10 和表 12-11 中的规定。

表 12-10　建筑物围护结构外表面的热工缺陷等级

等级	Ⅰ级	Ⅱ级	Ⅲ级
缺陷名称	严重缺陷	缺陷	合格
$\psi/\%$	$\psi \leqslant 40$	$20 \leqslant \psi < 40$	$\psi \leqslant 20$ 且单块缺陷面积小于 $0.5 m^2$

表 12-11　建筑物围护结构内表面的热工缺陷等级

等级	Ⅰ级	Ⅱ级	Ⅲ级
缺陷名称	严重缺陷	缺陷	合格
$\beta/\%$	$\beta \leqslant 10$	$5 \leqslant \beta < 10$	$\beta \leqslant 5$ 且单块缺陷面积小于 $0.5 m^2$

（五）建筑物外围护结构热桥部位内表面温度检测

1. 建筑物外围护结构热桥的基本含义

热桥是指处在外墙和屋面等围护结构中的钢筋混凝土或金属梁、柱、肋等部位。因这些部位传热能力强，热流较密集，内表面温度较低，故称为热桥。常见的热桥有处在外墙周边的钢筋混凝土抗震柱、圈梁、门窗过梁、钢筋混凝土或钢框架梁、柱，钢筋混凝土或金属屋面板中的边肋或小肋，以及金属玻璃窗幕墙中和金属窗中的金属框和框料等。

在室内采暖的条件下，该部位表面的温度较其他主体部位低，而在室内空调降温的条件下，该部位的内表面温度又较其他主体部位高。热桥对建筑物的影响，最直接的表现就是会使建筑物冬季保温和夏季隔热的效果受到影响。热桥往往是由于该部位的传热系数比相邻部位大得多、保温性能差得多所致，在围护结构中这是一种十分常见的现象。

2. 建筑物外围护结构热桥的检测数量

（1）检测数量应以一个检验批中住户套数或间数为单位进行随机抽取确定。

（2）对于住宅，一个检验批中受检住户不宜超过总套数的 0.5％；对于住宅以外的其他居住建筑，不宜超过总间数的 0.1％，但不得少于 3 套（间）。当检验批中住户套数或间数不足 3 套（间）时，应全数检测。同时顶层不得少于 1 套（间）。

（3）检测部位应在受检住户或房间内综合选取，每一受检住户或房间的检测部位不得少于 1 处。

3. 外围护结构热桥的检测要点与判定

（1）热桥部位内表面温度宜采用热电偶等温度传感器贴于受检表面进行检测。内表面温度传感器连同 0.1m 的长引线与受检表面紧密接触，传感器表面的辐射系数应与受检表面的基本相同。

温度传感器用于温度测量时，不确定度应小于 0.5℃，用一对温度传感器直接测量温差时，不确定度应小于 2％；用 2 个温度值相减求取温差时，不确定度应小于 0.2℃。

（2）检测热桥部位的内表面温度时，内表面温度测点应选在热桥部位温度最低处，具体位置可采用红外热像仪协助确定。利用红外热像仪协助确定热桥部位温度最低处是十分恰当的，因为测量表面相对温度的分布状况，恰恰是红外热像仪得以广泛应用的优势所在。

（3）室内空气温度测点应设于室内活动区域内，且距离楼面 700～1800mm 范围内的恰当位置，但不应受太阳辐射或室内热源的直接影响。室外空气温度传感器应设置在外表面为白色的百叶箱内。百叶箱应放置在距离建筑物 5～10m 的范围内。当无百叶箱时，室外空气温度传感器应设置防辐射罩，安装位置距离外墙外表面应大于 200mm，且宜在建筑物的两个不同方向同时设置测点。

对于高度超过 10 层的建筑，宜在屋顶加设 1～2 个测点。温度传感器距离地面的高度宜在 1500～1800mm 的范围内，且应避免阳光直接照射和室外固有冷热源的影响。

（4）热桥部位内表面温度检测应在采暖系统正常运行的工况下进行，检测时间宜选在最冷的月份，并应避开气温剧烈变化的天气。检测持续时间不应少于 72h，数据应每小时记录一次。

4. 外围护结构热桥部位内表面温度计算

在室内外计算温度的条件下热桥部位的内表面温度，可按式（12-37）进行计算：

$$\theta_{\mathrm{I}} = t_{\mathrm{di}} - \frac{t_{\mathrm{rm}} - \theta_{\mathrm{Im}}}{t_{\mathrm{rm}} - t_{\mathrm{em}}}(t_{\mathrm{di}} - t_{\mathrm{de}}) \tag{12-37}$$

式中　θ_{I}——室内外计算温度下热桥部位的内表面温度，℃；

　　　θ_{Im}——检测持续时间内热桥部位内表面温度逐次测量值的算术平均值，℃；

　　　t_{em}——检测持续时间内室外空气温度逐次测量值的算术平均值，℃；

　　　t_{di}——室内计算温度，℃，应根据具体设计图纸确定或按国家标准《民用建筑热工设计规范》（GB 50176—2016）第 4.1.1 条的规定采用；

　　　t_{de}——室外计算温度，℃，应根据具体设计图纸确定或按国家标准《民用建筑热工设计规范》（GB 50176—2016）第 2.0.1 条的规定采用；

　　　t_{rm}——检测持续时间内室内空气温度逐次测量值的算术平均值，℃。

5. 建筑物外围护结构热桥的合格指标

在室内外计算温度的条件下，围护结构热桥部位的内表面温度不应低于室内空气露点温度，且在确定室内空气露点温度时室内空气的湿度应按 60%计算。

（六）建筑物围护结构主体部位传热系数检测

1. 筑物围护结构主体部位传热系数的检测数量

（1）检测数量应以一个检验批中住户套数或间数为单位进行随机抽取确定。

（2）对于住宅，一个检验批中受检住户不宜超过总套数的 0.5%；对于住宅以外的其他居住建筑，不宜超过总间数的 0.1%，但不得少于 3 套（间）。当检验批中住户套数或间数不足 3 套（间）时，应全数检测。同时顶层不得少于 1 套（间）。

（3）检测部位应在受检住户或房间内综合选取，每一受检住户或房间的检测部位不得少于 1 处。

2. 筑物围护结构主体部位传热系数的测点位置

测点位置应根据检测目的并宜采用红外热像仪协助确定，不应靠近热桥、裂缝和有空气渗漏的部位，不应受加热、制冷装置和风扇的直接影响，且应避免阳光的直射。

3. 围护结构主体部位传热系数检测仪器的安装

建筑物围护结构主体部位传热系数的检测仪器，一般宜选用热流计和温度传感器，其安装应符合下列规定。

（1）热流计应直接安装在受检测围护结构的内表面上，且应与表面完全接触。

（2）温度传感器应在受检围护结构两侧的表面安装。内表面温度传感器应靠近热流计安装，外表面温度传感器宜在与热流计相对应的位置安装。温度传感器连同 0.1m 长的引线与受检表面紧密接触，传感器表面的辐射系数应与受检表面的基本相同。

4. 围护结构主体部位传热系数的检测要求与判定

（1）热流计及其标定必须符合现行行业标准《建筑用热流计》（JG/T 3016—1994）中的规定。

（2）温度传感器用于温度测量时，不确定度应小于 0.5℃，用一对温度传感器直接测量温差时，不确定度应小于 2%；用 2 个温度值相减求取温差时，不确定度应小于 0.2℃。

（3）热流和温度测量应采用巡检仪，数据存储方式应适用于计算机分析。测量仪表的附加误差应小于 4μV 或 0.1℃。

（4）室内外逐时温差应大于 10℃，且检测过程中的任何时刻，受检围护结构两侧表面温度的高低关系应保持一致。

（5）在进行检测期间，室内空气温度逐时值的波动不应超过 2℃，热流计不得受阳光直射，围护结构受检区域的外表面宜避免雨雪侵袭和阳光直射。

（6）在进行检测期间，应逐时记录热流密度和内、外表面温度。可记录多次采样数据的平均值，采样间隔宜短于传感器最小时间常数的 1/2。

（7）检测的时间有如下要求。

① 围护结构传热系数的检测，应在受检墙体或屋面施工完成后（至少 12 个月后）进行。

② 检测时间宜选在最冷月份，且应避开气温剧烈变化的天气。

③ 在设置集中采暖或分散采暖系统的地区，冬季检测应在采暖系统正常运行后进行；在无采暖系统的地区，应适当地人为提高室内温度后进行检测。在室内外温差较小的季节和地区，可采取人工加热或制冷的方式建立室内外温差。

④ 围护结构传热系数的检测持续时间不应少于96h。

⑤ 连续观测时间，对于轻型围护结构［单位面积比热容小于20kJ/(m²·K)］，宜使用夜间采集的数据（日落后1h至日出）计算围护结构的热阻。当经过连续4个夜间测量之后，相邻两次测量的计算结果相差不大于5%时即可结束测量。

⑥ 连续观测时间，对于重型围护结构［单位面积比热容大于等于20kJ/(m²·K)］，应使用全天数据（24h的整倍数）计算围护结构的热阻，且只有在下列条件得到满足时方可结束测量：a.末次测得的热阻R计算值与24h之前的热阻R计算值相差不大于5%。b.检测期间内第一个INT（2×DT/3）天内与最后一个同样长的天数内的R计算值相差不大于5%（其中DT为检测持续天数，INT表示取整数部分）。

（8）数据分析如下列所述。

① 数据分析可以采用算术平均法或动态分析法。

② 采用算术平均法进行数据分析时，应按式(12-38)计算围护结构的热阻：

$$R = \frac{\sum_{j=1}^{n}(\theta_{Ij} - \theta_{Ej})}{\sum_{j=1}^{n} q_j} \qquad (12-38)$$

式中　R——围护结构的热阻，(m²·K)/W；

θ_{Ij}——围护结构内表面温度的第j次测量值，℃；

θ_{Ej}——围护结构外表面温度的第j次测量值，℃；

q_j——热流密度的第j次测量值，W/m²。

③ 在温度和热流变化较大的情况下，应采用动态分析法对测量数据进行分析，求得建筑构件的稳态热性能，测量数据可通过计算机程序来处理。

④ 围护结构的传热系数应按式(12-1)进行计算。

（9）合格指标。受检建筑物围护结构主体部位的传热系数，应优先小于或等于相应的设计值，当设计图纸中未具体规定时，应符合现行相应标准的规程。

（七）建筑物外围护结构隔热性能检测

1. 建筑物外围护结构隔热性能的检测数量

（1）检测数量应以一个检验批中住户套数或间数为单位进行随机抽取确定。

（2）对于住宅，一个检验批中受检住户不宜超过总套数的0.5%；对于住宅以外的其他居住建筑，不宜超过总间数的0.1%，但不得少于3套（间）。当检验批中住户套数或间数不足3套（间）时，应全数检测。同时顶层不得少于1套（间）。

（3）检测部位应在受检住户或房间内综合选取，每一受检住户或房间的检测部位不得少于1处。

（4）同一朝向的围护结构受检面的数量不得少于3面，且至少有3面分布在不同的受检住户或房间内。

2. 外围护结构隔热性能检测的气候条件

（1）建筑物外围护结构隔热性能在检测期间的室外气候条件，开始前两天应为晴天或少云天气。

（2）建筑物外围护结构隔热性能的检测日应为晴天或少云天气，水平面的太阳辐射照度最高值不宜低于国家标准《民用建筑热工设计规范》（GB 50176—2016）附录三附表 3.3 给出的当地夏季太阳辐射照度最高值的 90%。

（3）建筑物外围护结构隔热性能的检测日，室外最高逐时空气温度不宜比国家标准《民用建筑热工设计规范》（GB 50176—2016）附录三附表 3.2 给出的当地夏季室外计算温度的最高值低 2.0℃。

（4）建筑物外围护结构隔热性能的检测日，室外风速不应超过 5.4m/s。

3. 外围护结构隔热性能检测点的布置

建筑物外围护结构隔热性能内、外表面温度的测点，应对称布置在受检外围护结构主体部位的两侧，且应避开热桥。每侧应至少布置 3 点，其中一点布置在接近检测面中央的位置。宜采用红外热像仪协助确定测点的位置。

4. 外围护结构隔热性能检测的要求

（1）建筑物外围护结构隔热性能的现场检测，仅限于居住建筑物的屋面和东（西）外墙。

（2）受检外围护结构内表面所在房间应有良好的自然通风环境，围护结构外表面的直射阳光在白天不应被其他物体遮挡，检测时房间的窗应全部开启且室内有自然风形成。

（3）检测时应同时检测室内外空气温度、受检外围护结构内外表面温度、室外风速、室外太阳辐射强度。

（4）内表面逐时温度应取所有相应测点在检测持续时间内逐时检测结果的平均值。

5. 外围护结构隔热性能检测的时间

（1）建筑物外围护结构隔热性能的现场检测，应在土建工程完工 12 个月后进行。

（2）检测持续时间不得少于 24h，数据记录时间间隔不应大于 60min。

6. 外围护结构隔热性能检测的合格指标

夏季建筑物的屋面和东（西）外墙的内表面逐时最高温度应不大于室外逐时空气温度的最高值。

（八）建筑物外窗窗口整体气密性能检测

1. 建筑物外窗窗口整体气密性能的检测数量

（1）检测数量应以一个检验批中住户套数或间数为单位进行随机抽取确定。

（2）对于住宅，一个检验批中受检住户不宜超过总套数的 0.5%；对于住宅以外的其他居住建筑，不宜超过总间数的 0.1％，但不得少于 3 套（间）。当检验批中住户套数或间数不足 3 套（间）时，应全数检测。

（3）每栋建筑物内受检住户或房间不得少于 1 套（间），当多于 1 套（间）时，则应位于不同的楼层内，当同一楼层内受检住户或房间多于 1 套（间）时，应依现场条件根据朝向的不同确定受检住户或房间。每个检验批中位于首层的受检住户或房间不得少于 1 套（间）。

（4）应从各受检住户或房间内的所有外窗中选取一樘作为受检窗，当受检住户或房间内外窗的种类、规格较多时，应确定一种有代表性的外窗作为检验对象。

（5）所有受检窗应为同系列、同规格、同材料、同分格、同生产厂家的产品。

（6）不同施工队伍的技术水平不同，其安装的外窗应分批进行检验。

2. 外窗窗口整体气密性能检测装置的位置

检测装置的安装位置应符合图 12-7 中的规定。当受检外窗洞口尺寸过大或形状特殊，按照图 12-7 中的规定执行有困难时，宜以受检外窗所在房间为测试单元进行检测，检测装置的安装应符合图 12-8 中的规定。

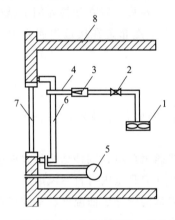 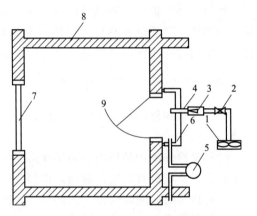

图 12-7　外窗气密性能检测系统一般构成（一）

1—送风机或排风机；2—风量调节阀；3—流量计；
4—送风管或排风管；5—压差表；6—密封板或塑料膜；
7—被测试外窗；8—墙体围护结构

图 12-8　外窗气密性能检测系统一般构成（二）

1—送风机或排风机；2—风量调节阀；3—流量计；
4—送风管或排风管；5—压差表；6—密封板或塑料膜；
7—被测试外窗；8—墙体围护结构；9—住户内门

3. 建筑物外窗窗口整体气密性能检测要求

（1）建筑物外窗窗口整体气密性能的检测，应在室外风速不超过 3.3m/s 的条件下进行。

（2）环境参数（如室内外温度、室外风速和大气压力等）应进行同步检测。

（3）在正式开始检测前，应在首层受检外窗中选择一樘进行检测系统附加渗透量的现场标定。附加渗透量不得超过总空气渗透量的 15％。

（4）在检测装置、现场检测人员和操作程序完全相同的情况下，当检测其他受检外窗时，检测系统本身的附加渗透量可直接采用首层受检外窗的标定数据，不必再另行标定。每个检验批检测开始时，应对检测系统本身的附加渗透量进行一次现场标定。

（5）空气流量测量装置的不确定度应满足以下要求。

① 当空气流量不大于 3.5m³/h 时，不确定度不应大于测量值的 10%。

② 当空气流量大于 3.5m³/h 时，不确定度不应大于测量值的 5%。

4. 建筑物外窗窗口空气渗漏量的计算方法

（1）每樘受检外窗的检测结果应取连续三次检测值的平均值。

（2）根据检测结果回归受检外窗的空气渗透量方程，回归方程应当采用式（12-39）的形式：

$$L = \alpha(\Delta P)^e \tag{12-39}$$

式中　L——现场检测条件下检测系统本身的附加渗透量或总空气渗透量，m³/h；

ΔP——受检外窗的内外压差，Pa；

α，e——回归系数。

（3）建筑物外窗窗口的单位空气渗透量，可按式（12-40）进行计算：

$$q_a = Q_{st}/A_w \tag{12-40}$$

$$Q_{st} = Q_z - Q_f \tag{12-41}$$

$$Q_z = \frac{293}{101.3} \times \frac{B}{t+273} \times Q_{za} \tag{12-42}$$

$$Q_z = \frac{293}{101.3} \times \frac{B}{t+273} \times Q_{fa} \tag{12-43}$$

式中　q_a——标准空气状态下，受检外窗内外压表差为 10Pa 时，建筑物外窗窗口的单位空气渗透量，m³/(m²·h)；

Q_{fa}、Q_f——现场检测条件和标准空气状态下，受检外窗内外压表差为 10Pa 时，检测系统的附加渗透量，m³/h；

Q_{za}、Q_z——现场检测条件和标准空气状态下，内外压表差为 10Pa 时，受检外窗窗口（包括检测系统在内）的总空气渗透量，m³/h；

Q_{st}——标准空气状态下，内外压表差为 10Pa 时，受检外窗窗口本身的空气渗透量，m³/h；

B——检测现场的大气压力，kPa；

t——检测装置附近的室内空气温度，℃；

A_w——受检外窗窗口的面积，m²，当外窗形状不规则时应计算其展开面积。

5. 外窗窗口整体气密性能检测的合格指标

建筑物窗洞墙与外窗本体的结合部位不应漏风，外窗窗口的整体气密性能级别应当和外窗本体相同。

（九）建筑物年采暖耗热量检测

1. 建筑物年采暖耗热量的检测数量

受检建筑物年采暖耗热量的检验应以栋为基本单位，其检验数量应符合以下规定。

（1）当单栋建筑为一个检验批时，则以该栋建筑为检验对象。

（2）当居住小区或建筑群为一个检验批时，受检建筑物应在同一类居住建筑物中综合选取，每一类居住建筑物取一栋。

2. 年采暖耗热量检测时参照物的选取原则

对于年采暖耗热量受检参照建筑物的选取应遵照以下原则。

（1）参照建筑物的形状、大小、朝向等，均应与受检建筑物完全相同。

（2）参照建筑物各朝向和屋顶的开窗面积应与受检建筑物相同，但当受检建筑物某个朝向的窗（包括屋面的天窗）面积超过我国现行节能设计标准的规定时，参照建筑物该朝向（或屋面）的窗面积应减少到符合有关节能设计标准的规定。

（3）参照建筑物外墙、屋面、地面、外窗、外门的各项性能指标，均应符合我国现行节能设计标准的规定，如《公共建筑节能设计标准》（GB 50189—2015）、《严寒和寒冷地区居住建筑节能设计标准》（JGJ 26—2010）等。对于我国现行节能设计标准中未作规定的部分，一律按受检建筑物的性能指标考虑。

3. 建筑物年采暖耗热量的检测方法

建筑物的年采暖耗热量应优先采用权威软件进行动态计算，在条件不具备时可采用稳态法等其他简易的计算方法。

4. 建筑物年采暖耗热量的检测要求

（1）受检建筑物外围护结构的尺寸应以建筑竣工图纸为准，并参照现场的实际情况。建筑面积及体积的计算方法应符合我国现行节能设计标准中的有关规定。

（2）受检建筑物外墙和屋面主体部位的传热系数应优先采用现场的检测数据，当现场检测结果数据量不充足时，可根据现场实际做法经计算确定。外窗、外门的传热系数应以复检结果为依据。其他参数均应以现场实际做法为依据经计算确定。

（3）当受检建筑物带有地下室时，应按不带地下室的情况处理。受检建筑物首层设置的店铺应按居住建筑处理。

（4）室内计算条件应符合下列规定：①室内计算温度为 16℃；②换气次数为 0.5 次/h；③室内不考虑照明得热或其他内部得热。

（5）室外计算的气象资料应优先采用当地典型气象年的逐时数据，对于暂无逐时气象数据的地方，可以采用其他适宜的气象数据进行计算。

5. 建筑物年采暖耗热量的合格指标

受检建筑物年采暖耗热量应小于或等于参照建筑物的相应值。

（十）建筑物年空调耗冷量的检测

1. 建筑物年空调耗冷量的检测数量

（1）当单栋建筑为一个检验批时，则以该栋建筑为检验对象。

（2）当居住小区或建筑群为一个检验批时，受检建筑物应在同一类居住建筑物中综合选取，每一类居住建筑物取一栋。

2. 年空调耗冷量检测时参照物的选取原则

对于年空调耗冷量受检参照建筑物的选取应遵照以下原则：

（1）参照建筑物的形状、大小、朝向等，均应与受检建筑物完全相同。

（2）参照建筑物各朝向和屋顶的开窗面积应与受检建筑物相同，但当受检建筑物某个朝向的窗（包括屋面的天窗）面积超过我国现行节能设计标准的规定时，参照建筑物该朝向（或屋面）的窗面积应减少到符合有关节能设计标准的规定。

（3）参照建筑物外墙、屋面、地面、外窗、外门的各项性能指标，均应符合我国现行节能设计标准的规定，如《公共建筑节能设计标准》（GB 50189—2015）、《严寒和寒冷地区居住建筑节能设计标准》（JGJ 26—2010）等。对于我国现行节能设计标准中未做规定的部分，一律按受检建筑物的性能指标考虑。

3. 建筑物年空调耗冷量的检测方法

年空调耗冷量应优先采用权威软件进行动态计算，在条件不具备时，可采用稳态法等其他简易的计算方法。

4. 建筑物年空调耗冷量的检测要求

（1）受检建筑物外围护结构的尺寸应以建筑竣工图纸为准，并参照现场的实际情况。建筑面积及体积的计算方法，应符合我国现行节能设计标准中的有关规定。

（2）受检建筑物外墙和屋面主体部位的传热系数应优先采用现场的检测数据，当现场检测结果数据量不充足时，可根据现场实际做法经计算确定。外窗、外门的传热系数应以复检结果为依据。其他参数均应以现场实际做法为依据经计算确定。

（3）当受检建筑物带有地下室时，应按不带地下室的情况处理。受检建筑物首层设置的店铺应按居住建筑处理。

（4）室内计算条件应符合下列规定：①室内计算温度为 26℃；②换气次数为 1.0 次/h；③室内不考虑照明得热或其他内部得热。

（5）室外计算的气象资料应优先采用当地典型气象年的逐时数据，对于暂无逐时气象数据的地方，可以采用其他适宜的气象数据进行计算。

5. 建筑物年空调耗冷量的合格指标

受检建筑物年空调耗冷量应小于或等于参照建筑物的相应值。

第十三章

建筑节能工程质量验收和评估

为了加强建筑节能工程的施工质量管理，统一建筑节能工程施工质量验收，提高建筑工程节能的效果，依据现行国家有关工程质量和建筑节能的法律、法规、管理要求和相关技术标准，必须对新建、改建和扩建的民用建筑工程中的墙体、幕墙、门窗、屋面、地面、采暖、通风与空调、采暖与空调系统的冷热源和附属设备及其管网、配电与照明、监测与控制进行施工质量的验收和评估。

第一节 建筑节能工程质量验收的划分

建筑节能工程质量验收属于专业验收的范畴，其许多验收内容与原有建筑工程的分部分项验收有交叉和重复，在《建筑节能工程施工质量验收规范》（GB 50411—2007）中，为保持与《建筑工程施工质量验收统一标准》（GB 50300—2013）和各专业的验收规范一致，将建筑节能工程作为单位建筑工程的一个分部工程来进行划分和验收。

一、建筑节能分项工程的划分

按《建筑节能工程施工质量验收规范》（GB 50411—2007）中的规定，建筑节能工程为单位建筑工程的一个分部工程，其子分部、分项工程见表2-1，子分部、分项工程和检验批应按照下列规定划分和验收。

（1）建筑节能分部工程的子分部、分项工程和检验批划分，应与《建筑工程施工质量验收统一标准》（GB 50300—2013）和各专业工程施工质量验收规范的规定一致。当上述规范未明确时，可根据实际情况按现行国家标准《建筑节能工程施工质量验收规范》（GB 50411— 2007）中的相关章节确定。

（2）当建筑节能验收内容包含在相关分部工程中时，应按已划分的子分部、分项工程和检验批进行验收，验收时应按现行国家标准《建筑节能工程施工质量验收规范》（GB

50411—2007）对有关节能的项目独立验收，做出节能项目验收记录并单独组卷。

（3）当建筑节能工程验收无法按照以上要求划分为分项工程时，如局部节能改造等，可以由建设单位、监理和施工等各方协商进行划分。

二、建筑节能工程检验批划分

（1）检验批是施工质量验收的最小单位，也是工程质量验收的基本单元，是分项工程和分部工程质量验收的基础。

（2）多层及高层建筑工程中的分项工程，可以按楼层或施工段来划分检验批；单层建筑工程中的分项工程，可以按变形缝等划分检验批；对于工程量较少的分项工程可以统一划为一个检验批。

（3）在进行建筑节能工程检验批划分时，工程量的大小不宜过于悬殊，数量不宜过多，各检验批和质量验收结果均应单独参加分项工程的工程验收。

第二节　建筑节能质量验收的基本要求

现行国家标准《建筑节能工程施工质量验收规范》，是由国家建设部和质量监督检验检疫总局联合发布。其中主要包括：墙体节能工程、幕墙节能工程、门窗节能工程、屋面节能工程、地面节能工程、采暖节能工程、通风与空调节能工程、空调与采暖系统冷热源及管网节能工程、配电与照明节能工程、监测与控制节能工程、建筑节能工程现场检验、建筑节能分部工程质量验收。

在进行建筑节能工程施工的监理过程中，监理工程师应严格按照《建筑节能工程施工质量验收规范》（GB 50411—2007）中的规定，做好节能工程施工质量验收的重点工作，并使节能工程施工质量验收达到设计及规范的基本要求。

一、节能工程施工质量验收的重点工作

监理人员在节能工程施工过程中，所开展的工程质量验收活动，应当以如下工作为重点，按照相关程序有效地开展验收工作。

（1）建筑工程采用的主要材料，半成品、成品、建筑构配件、器具和设备应进行现场验收。凡涉及安全、功能的有关产品，应按各专业工程质量验收规范进行复验，并应经专业监理工程师检查确认，监理人员应按要求建立相应的原材料台账。

（2）对各工序的施工质量应按施工技术标准进行质量控制和验收，每道工序完成后，应进行严格的质量检查，并记录在检查工作中获得的实际质量数据。检查所依据的施工技术标准，应按国家和地方颁布的质量验收标准、设计图纸和施工企业标准进行控制，并在验收记录上给予明确标识。

（3）如涉及隐蔽工程的，在隐蔽前应在施工单位自查并通知监理单位进行验收的基础上，由专业监理工程师组织验收，形成书面验收文件，明确验收结论。

（4）相关各专业工种之间应进行交接检验，并形成交验记录。未经专业监理工程师检查认可，不得进行下道工序的施工。在施工单位每道工序完成后开展自检、专职质量检查员检查的基础上，监理工程师应对上道工序是否满足下道工序的施工条件和要求、相关专业工序之间是否满足施工条件和要求进行交接检验，以确保各工序之间和各相关专业之间形成一个

有机的整体。

（5）监理工程师在验收的过程中，在做好隐蔽工程、检验批和分项工程质量验收的同时，还应根据现行规范和设计要求做好现场实体检验的检查，此项内容的检查结论是工程质量验收的重要依据。

二、节能工程施工质量验收的基本要求

节能工程施工质量验收必须符合下列基本要求：

（1）建筑节能工程施工质量应当符合现行国家标准《建筑节能工程施工质量验收规范》（GB 50411—2007）中的规定。

（2）建筑节能工程施工质量应当符合设计文件的要求。

（3）参加建筑节能工程施工质量验收的各方人员应具备规定的资格。

（4）建筑节能工程施工质量验收，均应在施工单位自行检查评定的基础上进行。

（5）隐蔽工程在隐蔽前应由施工单位通知各有关单位进行验收，并应形成验收文件。

（6）根据现行国家标准《建筑节能工程施工质量验收规范》（GB 50411—2007）中的规定，检验批的质量应按主控项目和一般项目验收。

（7）监理工程师应对建筑节能工程的实体质量进行现场检验。

（8）承担见证取样及有关实体质量检验的单位应具有相应资质。

第三节　节能工程施工质量验收的方法

抽样检验又称抽样检查，是从一批产品中随机抽取少量产品（样本）进行检验，据此来判断该批产品是否合格的统计方法和理论。抽样检验是质量验收的重要方法，专业监理工程师应根据质量验收内容的重要性和大小，事先明确抽样检验的方案，然后根据质量验收标准开展验收工作，制订正确的抽样检验方案，保证质量验收风险控制在合理范围内。

一、建筑节能工程材料等质量检验抽样方法

（1）如果该建筑节能工程的材料、构配件或设备按照质量验收规定需进行现场见证取样复试，应按相关规定抽样送检。

（2）如果该建筑节能工程的材料、构配件或设备无现场见证取样复试要求，则由专业监理工程师按质量验收规范的规定和工程建设承包合同的约定确定检验内容和数量，重要和关键的设备应由总监理工程师会同建设单位和设计单位共同协商确定质量检验的抽样方案。

二、建筑节能工程检验批质量检验的抽样方法

（1）建筑节能工程检验批的质量检验，应根据检验项目的特点在下列抽样方案中进行选择：①计量、计数或计量-计数等抽样方案；②一次、二次或多次抽样方案；③根据生产连续性和生产控制稳定性情况，尚可采用调整型抽样方案；④对于重要的检验项目，当可采用简易快速的检验方法时，可选用全数检验方案；⑤经实践检验有效的抽样方案。

（2）对于检验项目的计量、计数检验，可分为全数检验和抽样检验两大类。对于重要的检验项目，且可采用简易快速的检验方法时，应全数检验；对于构件截面尺寸或外观质量等检验项目，宜选用一次或二次抽样方案，也可选用经实践检验有效的抽样方案。

（3）所涉及的检查点和检查数量应符合相关专业工程质量验收规范的规定；监理工程师在需要的情况下，应进行独立的平行检验工作，其数量不得低于规范所规定的 50%。

三、建筑节能工程现场实体检验的标准要求

在监理工程师或建设单位代表的见证下，对已经完成施工作业的分项工程或分部工程，按照有关规定在工程实体上抽取试样，在现场进行检验或送至有见证检测资质的检测机构进行检验的活动，简称实体检验或现场检验。

建筑节能工程现场实体检验应当符合下列标准要求：建筑节能外墙工程的节能构造现场实体检验结果应符合设计要求；严寒、寒冷和夏热冬冷地区的外窗气密性现场实体检测结果应合格；建筑设备工程系统的节能性能检测结果应合格。

第四节　建筑节能工程质量验收的程序

建筑节能工程质量验收的程序是建筑节能工程质量控制中最重要的一个环节，其中包括检验批验收、分项工程验收和分部工程验收。

一、建筑节能工程检验批验收

1. 检验批验收的主要程序

节能检验批工程验收的主要流程如图 13-1 所示。

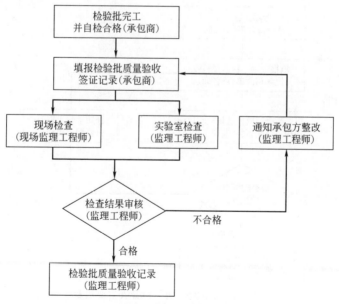

图 13-1　节能检验批工程验收的主要流程

2. 检验批验收的实施要点

（1）节能工程检验批验收由监理工程师主持，施工单位相关专业的质量检查员和施工员参加。首先应由施工单位组织自检评定，自检评定合格后再由监理工程师组织进行。

（2）节能工程检验批质量验收合格后应符合下列规定：主控项目和一般项目的质量经抽样检验合格，具有完整的施工操作依据、质量检查记录。

（3）节能检验批工程验收时应进行资料检查和实物检验两项工作。资料检查，应对检验批工程从原材料到最终验收的各施工工序的操作依据、施工单位质量检查情况以及保证质量所必需的管理制度落实情况等进行检查验收，确认符合相应的验收标准；实物检验，应检验主控项目和一般项目，通过检查验收，确认符合相应的验收标准。

（4）专业工程师应根据对主控项目和一般项目的检验结果，确认检验批工程的质量。其确认原则如下。

① 主控项目必须全部符合有关专业工程验收规范的规定。如果发现主控项目有不合格的点、处、构件，必须限时要求修补、整改、返工或更换，最终使其满足相关验收标准合格的要求。

② 一般项目应按规范规定的指标逐项检查验收，并应满足规范允许偏差的要求和合格率的要求；当计数检查时，至少有 90% 以上的检查点合格，且其余检查点不得有严重缺陷。当不合格偏差超过极限偏差时，应要求施工单位返工、整改。

（5）以上检查验收工作完成后，由监理工程师填写检验批验收记录表。

二、建筑节能分项工程验收

1. 建筑节能分项工程的验收程序

建筑节能分项工程的验收程序如图 13-2 所示。

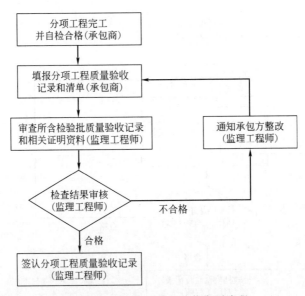

图 13-2　节能分项工程验收主要流程

2. 建筑节能分项工程验收的实施要点

（1）建筑节能分项工程的验收由监理工程师主持，施工单位项目技术负责人和相关专业的质量检查员、施工员参加；必要时也可邀请设计单位、质检单位和建设单位相关专业的人员参加。

（2）建筑节能分项工程验收合格应符合下列规定：节能分项工程中所含的检验批均应符合合格质量的规定；节能分项工程所含的检验批的质量验收记录应完整。

（3）建筑节能分项工程由相关的检验批汇集构成。节能分项工程的质量验收在检验批验收的基础上进行，只要构成分项工程的各检验批的验收资料文件完整，并且已验收合格，则分项工程验收合格。

三、建筑节能分部工程验收

1. 建筑节能分部工程的验收程序

建筑节能分部工程的验收程序如图 13-3 所示。

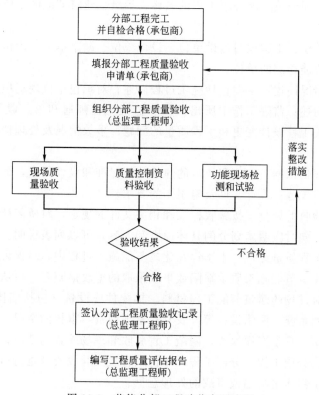

图 13-3　节能分部工程验收主要流程

2. 建筑节能分部工程验收的实施要点

（1）节能分部工程验收由总监理工程师（或建设单位项目负责人）主持，施工单位的项目经理、项目技术负责人和相关专业的质量检查员、施工员参加；施工单位的质量或技术负责人参加；同时设计单位节能设计人员也应参加。

（2）节能分部工程验收合格应符合下列规定：所含分项工程的施工质量均应验收合格；质量控制的资料应完整。

（3）外墙节能构造的现场实体检验结果应符合设计要求。

（4）严寒、寒冷和夏热冬冷地区的外窗气密性的现场实体检验结果应合格。

（5）建筑设备工程系统的节能性能检测结果应合格。

（6）分部工程验收的监理质量评估报告，应表明监理工程师对工程质量评定的意见。

第五节　建筑节能工程质量监理的评估

建筑节能工程施工完成后，监理工程师对承包单位节能工程的竣工资料进行审查，并对节能工程质量进行竣工预验收，对存在的质量问题要求承包单位整改，整改销项完毕后由总监理工程师组织专业监理工程师编制建筑节能分部工程质量评估报告。建筑节能分部工程质量评估报告编制完成后报监理公司审批。

一、节能工程监理质量评估报告编制要点

（1）工程概况：即建筑节能分项工程的名称、等级、建筑节能的主要设计参数、工程开工和竣工时间等。

（2）主要参建单位：工程项目建设单位、设计单位、勘察单位、承包单位、承担见证取样检测及有关建筑节能检测的单位。

（3）工程施工情况简述：主要包括施工过程简述；对承包单位现场项目管理机构的质量保障体系审核情况简述；监理工作中所出具的"监理工程师通知单"以及回复审查工作简述；施工过程中有关工程设计变更和工程质量的问题、事故情况及处理情况，以及其他有关必要说明的情况。

（4）工程质量评估依据。本工程执行的建筑节能标准和设计要求，即国家及本地区建筑节能设计、施工验收规范；设计文件及施工图的要求。

（5）工程质量验收的划分：按验收标准和相关文件的规定，对所需评定质量的工程划分分项工程和检验批，同时应明确划分的具体原则和内容，可以列表说明。

（6）建筑节能工程质量评价。本工程在建筑节能施工过程中，对保证工程质量采取的措施；以及对出现的建筑节能施工质量缺陷或事故采取的整改措施等。可从以下几方面对工程质量进行评价：①对进场的建筑节能工程材料、构配件或设备（包括墙体材料、保温材料、门窗部品、采暖空调系统、照明设备等）及其质量证明资料审核的情况；②对建筑节能施工过程中关键节点旁站、日常巡视检查，隐蔽工程验收和现场检查的情况；③对承包单位报送的建筑节能检验批、分项工程、分部工程和单位工程质量验收资料进行审核和现场检查的情况；④对建筑节能工程质量缺陷或事故的处理意见。

（7）施工单位检查评定结果：施工单位自身对节能分项工程、分部工程质量的评定结果和有关数据。

（8）建筑节能工程质量验收程序和组织情况。

（9）节能工程质量验收情况：①所含分项工程的质量情况；②质量控制资料的核查情况；③外墙节能构造现场实体检验的结果应符合设计要求；④严寒、寒冷和夏热冬冷地区的外窗气密性现场实体检测的结果应合格；⑤建筑设备工程的系统节能性能检测结果应合格。

（10）节能工程竣工资料审查情况。

（11）工程质量的评估结论：根据质量验收情况，依据现行国家标准《建筑工程施工质量验收统一标准》（GB 50300—2013）和《建筑节能工程施工质量验收规范》（GB 50411—2007）的相关规定，评定节能工程质量合格与否的核定验收意见。

二、建筑节能评估的方法

1. 建筑节能评估方法

建筑节能是指在建筑工程中合理使用和有效利用能源，不断提高能源利用率、减少能源的消耗。建筑节能是以建筑技术为基础，定量化分析与测试是其重要环节。空气温湿度、热辐射和气流速度这些相互作用、相互关联的气候要素以复杂的热过程方式影响着建筑的室内外热环境。

对于建筑节能评估，一般的设想是建立样板示范房，再进行实测分析研究，并以此为基础，进一步修改、完善节能设计。这种方法投资费用大、建造周期和试验时间都很长，受自然条件、土地、工作效率等诸多因素影响，实际上并不可行。由于影响建筑能耗的因素十分多，实测数据也很难做到比较全面，因此一般采用计算模拟的方式来进行建筑节能评估。

来自计算模拟的信息反馈具有多方面的优点：节省土建工程的投资，缩短工程的建设周期，摆脱了地点限制；可随时模拟任意气候区、任意季节的情况；也给人们提供了各种各样的假设方案，从而开阔了人们的思想。通过模拟，在设计阶段就可以对建造完成后可能出现的问题进行预测调整。

正因为计算机模拟有以上如此多的好处，所以各国都竞相开发用于建筑模拟技术的软件。经过多年的工程实践，我国在这方面也取得了一些研究成果，清华大学建筑技术科学系开发的建筑环境设计模拟分析软件 DeST 就是这方面的典型代表。DeST 可用于建筑能耗模拟和环境控制系统的设计校核，起到提高设计质量、保证设计可靠性和降低系统能源消耗的作用。

2. 建筑模拟技术的发展

建筑环境是由室外气候条件、室内各种热源的发热状况，以及室内外通风状况所决定的。建筑环境控制系统的运行状况，也必须随着建筑环境状况的变化而不断进行相应的调节，以营造满足舒适性及其他要求的建筑环境。

由于建筑环境变化是由众多因素所决定的一个复杂过程，因此只有通过计算机模拟计算的方法，才能有效地预测建筑环境在没有环境控制系统时和存在环境控制系统时可能出现的状况，例如室内温湿度随时间的变化、供暖空调系统的逐时能耗以及建筑物全年环境控制所需要的能耗。

经过近些年的不断探索，建筑模拟技术主要在以下 2 个方面得到广泛的应用。

（1）建筑物能耗预测与优化　工程实践充分证明，改善外墙保温、改进外窗性能和窗墙比、选取不同热惯性的围护结构等措施，都将改变建筑物室内热环境和能源的消耗。然而对这些措施与建筑环境及建筑物全年能耗之间的关系很难进行直接准确的分析，只有通过逐时的动态模拟才能得到。因此在分析评价一个建筑设计方案将造成的环境状况和能耗时，一般都采用模拟计算的方法。加大外窗面积会在冬天增加太阳得热，减少冬天供暖的能耗；但在冬季的夜间又会增加向室外的散热，增加供暖的能耗，夏季还会导致通过外窗的得热增加，加大空调的能耗。

同样，如果增加外墙的保温厚度，可以减少冬夏季的热损失，但随着厚度的不断增加，收益的增加逐渐变缓而投资却继续线性增长，因此也存在最优的保温厚度。由于这些相互制约的关系都随气候及室内状况而变化，因此相关优化也只有通过对建筑进行动态热模拟才能实现。

（2）对空调系统性能的预测　实际的空调系统是运行在各种可能出现的气候和室内使用方式下，其大部分时间都不是运行在极端冷或极端热的设计工况，而是介于二者之间的部分负荷工况下。这些可能出现的部分负荷工况情况多样，特点各不相同，往往在实际运行中出现问题，或难以满足环境控制要求，或出现不合理的冷热抵消现象，导致能耗的增加。

通过全年的逐时动态模拟，可以了解实际运行中可能出现的各种工况和各种问题，从而在系统、结构及控制方案中采取有效措施。通过这样的动态模拟，还可以预测不同系统设计导致的全年空调能耗，从而对系统方案和设备配置进行优化。

初期的研究内容主要是传热的基础理论和负荷的计算方法，例如一些简化的动态传热算法，如度日法、BIN 法等。在这一阶段，建筑模拟技术的主要目的是改进围护结构的传热特性。

在经历了 20 世纪 70 年代的全球石油危机之后，建筑模拟受到了越来越多的重视，同时随着计算机技术的飞速发展和快速普及，大量复杂的计算变得可行。于是，在 20 世纪 70 年代中期，逐渐在美国形成了 2 个著名的建筑模拟程序，即 BLAST 和 DOE-2。欧洲也于 20 世纪 70 年代初期开始研究模拟分析的方法，产生的具有代表性的软件是 ESP-r。

在 20 世纪 70 年代末期，随着模块化集成思想的出现，空调和其他能量转换系统及其控制的模拟软件也逐渐大批出现。在美国，先后开发出 TRNSYS 和 HVACSIM＋。与此同时，亚洲一些国家也开始认识到建筑模拟技术的重要性，先后投入大量精力进行研究开发，主要有日本的 HASP 和中国清华大学的 BTP。

进入 20 世纪 90 年代，模拟技术的研究重点逐渐从模拟建模（simulation modeling）向应用模拟方法（simulation method）转移，即研究如何充分利用现有的各种模型和模拟软件，使模拟技术能够更广泛、更有效地应用于实际建筑工程的方法和步骤，而使其不仅仅是停留在高等院校及研究机构中。

时至今日，建筑模拟技术通过 40 余年的不断发展，已经在建筑环境等相关领域得到广泛的应用，贯穿于建筑设计的整个寿命周期里，包括设计、施工、运行、维护和管理等各个阶段。建筑模拟技术主要表现在以下几个方面。

① 建筑冷、热负荷计算，用于对空调设备的选择。

② 在设计或者改造建筑时，对建筑进行能耗分析。

③ 建筑能耗的管理和控制模式的制订，帮助制订建筑管理控制模式，以挖掘建筑的最大节能潜力。

④ 与各种标准规范有机结合，帮助设计人员设计出符合当地节能标准的建筑。

⑤ 对建筑进行经济性分析，使设计者对所设计方案在经济上的费用有清楚的了解，有助于设计者从费用和能耗两方面对设计方案进行评估。

3. 建筑模拟工具的介绍

在建筑能耗及空调系统模拟领域，建筑模拟分析软件大致可分为空调系统仿真软件和建筑能耗模拟软件两大类。

（1）空调系统仿真软件　空调系统仿真软件主要用于空调系统部件的控制过程的仿真，以 TRNSYS、SPARK 和 HVACSIM＋等为代表，这类软件的主要模拟目标是由各种模块搭成的系统的动态特性及其在各种控制方式下的响应。它们采用的是简单的房间模型和复杂的系统模型，可以根据需要由使用者灵活地组合系统形式和控制方法，适用于系统的高频（如以几秒为时间步长）动态特性及过程的仿真分析。

这类软件的组合比较灵活，可以模拟任意形式的系统。由于采用开放式结构，可以由其使用者各自开发各种模块，实现资源共享，这是其在近 30 年的发展过程中长盛不衰、不断发展的主要原因。但是，这类软件的核心是在某种控制器控制下的小时间步长的高频动态过程。当研究全年的能耗状态和动态过程时，采用几秒或 1min 作为时间步长会使计算量过大，结果也非常繁杂；而采用 1h 作为时间步长时，又会使控制器的模拟出现严重失真现象，从而导致模拟出的整个系统的现象严重背离实际情况。由此可见，灵活的模块方式可以组成不同的系统形式，但却很难处理实际的建筑物形式。

建筑物作为一个整体，很难切割成多个标准的模块。空调系统是嵌在建筑物内的，很难把它们二者的关系处理成通过模块形式的连接。一种方式是把建筑物近似成许多彼此独立的房间，每个房间作为一个模块，各自与空调系统相连。这样实现了模块形式的连接，但牺牲了建筑物内各房间通过内墙的传热等热环境的相互影响。由于这种影响会导致建筑环境变化，出现不同的现象，因此这类软件很难处理好对建筑物本身的模拟分析。为此，国外许多研究者试图加以改造，也开发出一些精确模拟建筑热过程的模块（如 TRNSYS 中的Type56），但这样却牺牲了其对系统结构的灵活性。

（2）建筑能耗模拟软件　建筑能耗模拟软件主要用于建筑和系统的动态模拟分析，以DOE-2、EnergyPlus 和 ESP-r 等软件为代表。这类软件的主要模拟目标是建筑和系统的长周期的动态热特性（往往以小时为时间步长），采用的是完备的房间模型和比较简单的系统模型，以及简化的或理想的控制模型，适用于模拟分析建筑物围护结构的动态热特性，模拟建筑物的全年运行能耗。

与第一类软件相比，第二类软件（即建筑能耗模拟软件）不是立足于系统，而是立足于建筑。这类软件首先从建筑物出发，可以灵活地处理各种形式的建筑物，很好地预测建筑的热性能和不同围护结构形式对能耗的影响。然而由于其是基于建筑物而不是基于空调系统，就很难像第一类软件那样灵活地构成各种系统。

如 DOE-2 只能对预先定义好的有限种系统形式进行模拟，EnergyPlus 希望能够处理各种形式的系统，然而目前还未实现。这类软件主要服务于长周期建筑能耗模拟，因此主要采用 1h 为时间步长，在控制器的模拟上就必须采用简化的方法以避免失真。这时，往往简化设备性能模型，认为设备处理能力可在最大容量范围内连续变化。这样虽解决了大时间步长的控制过程模拟计算方法，但却不能真实地反映大部分空调制冷设备本身负荷下的调节特性，因此就不能很好地预测分析空调系统的实际运行状况和能源消耗。

由于建筑和空调系统这两个模拟对象的不同特点，导致模拟软件在系统描述、结构灵活性以及时间步长及控制器的处理等方面存在很大矛盾。模拟软件必须考虑实际设计与分析过程的特点，妥善有效地处理建筑模拟和系统模拟的耦合关系，而考虑这些因素和解决这些问题与软件的基本模拟思路、采用的算法和软件的结构有直接关系。只有采用符合实际设计过程的模拟思路，采用合适的算法和软件结构，才能比较圆满地解决建筑及其控制系统的设计耦合问题，实现二者的联合动态模拟。

（3）常用的建筑模拟分析软件　目前在建筑工程上常用的建筑模拟分析软件，主要有DOE-2、VisualDOE、eQUEST、PowerDOE、EnergyPlus、CHEC 和 DeST 等。

① DOE-2。DOE-2 是一个功能非常强大的建筑能耗模拟软件。它是在美国能源部的财政支持下，由劳伦斯伯克力国立实验室模拟研究小组开发的。DOE-2 软件有 4 个输入模块（气象数据文件、用户数据文件、建筑材料数据库、围护结构构造数据库），5 个处理模块（建筑描述语言预处理程序、负荷模拟、系统模拟、机组模拟、经济分析），4 个输出模块（负荷报告、系统报告、机组报告、经济分析报告）。

DOE-2 软件可以提供整幢建筑物每小时的能量消耗分析，用于计算系统运行过程中的能效和总费用，也可以用来分析围护结构（包括屋顶、外墙、外窗、地面、楼板、内墙等）、空调系统、电器设备和照明对能耗的影响。DOE-2 软件的功能非常全面而且强大，经过众多工程的实践检验，是国际上都公认的比较准确的能耗分析软件，并且因为该软件是免费的，所以使用人数和范围非常广泛。

DOE-2 软件的输入方法为手写编程的形式，要求用户手写输入文件，输入文件必须满足其规定的格式，并且有关键字的要求。DOE-2 软件的输入、输出文件格式均为英文，格式要求也比较严格，对于中国用户来说应用有一定难度。但 DOE-2 有大量的资料库和研究文献，用户可以通过学习比较详细地了解运用。

由于国情不同，DOE-2 程序中的建筑材料数据库和围护结构构造数据库不能直接选用，可将当地常用建筑材料和构造的有关数据输入其数据文件库中，计算时任意调用，或将被算建筑实际采用的材料和构造数据在计算时随时输入。要求输入厚度、热导率、密度、蓄热系数和比热容 5 项数据。

② VisualDOE。VisualDOE 是一款基于 DOE-2 开发的标准的建筑能耗模拟软件。这款软件可以帮助建筑师或者设备工程师进行建筑的能耗模拟，设计方案的选择还可以进行美国绿色建筑标准中能耗分析部分的评价。

VisualDOE 可以模拟包括照明、太阳辐射、暖通系统、热水供暖等建筑所有主要的能耗。并可以从 DOE-2 输出文件中自动提取计算结果。相对于 DOE-2 来说，用户可以比较容易地上手使用。但是软件的输入格式采用 DOE-2 的输入语言，因此用户需要了解一些 DOE-2 输入文件的格式规则，对于需要模拟复杂建筑物能耗的高级用户，用户需要手动修改输入文件。目前软件为全英文版，尚未出现比较成熟的汉化版本。

③ eQUEST。eQUEST 同样是一款基于 DOE-2 开发的建筑能耗分析软件，它允许设计者进行多种类型的建筑能耗模拟，并且也向设计者提供了建筑物能耗经济分析、日照和照明系统的控制以及通过从列表中选择合适的测定方法自动完成能源利用效率的计算。

这款软件的主要特点是为 DOE-2 输入文件的写入提供了向导。用户可以根据向导的指引写入建筑描述的输入文件。同时，软件还提供了图形结果显示的功能，用户可以非常直观地看到输入文件生成的二维或三维的建筑模型，并且可以查看图形的输出结果。目前该软件为全英文版，没有比较成熟的汉化版本。

④ PowerDOE。PowerDOE 是基于 DOE-2 开发的一款比较先进和成熟的建筑能耗分析软件，其基本功能和上述软件基本相同，主要特点是采用了交互式的 Windows 界面进行输入和输出，比较容易上手操作。

⑤ EnergyPlus。EnergyPlus 是美国劳伦斯克力国家实验室开发出的最新的建筑能耗模拟分析程序，1996 年开始研制开发，2001 年投入使用。这款软件的主要特点有：采用集成同步的负荷、系统或设备的模拟方法；在计算负荷时，用户可以定义小于 1h 的时间步长，在系统模拟中，时间步长自动调整；采用热平衡法模拟负荷；采用 CTF 模块模拟墙体、屋

顶、地板等的瞬态传热；采用三维有限差分土壤模型和简化的解析方法对土壤传热进行模拟；采用联立的传热和传质模型对墙体的传热和传湿进行模拟；采用基于人体活动量、室内温湿度等参数的热舒适模型模拟热舒适度；采用各向异性的天空模型以改进倾斜表面的天空散射强度；先进的窗户传热的计算，可以模拟包括可控的遮阳装置、可调光的电铬玻璃等；日光照明的模拟，包括室内照度的计算、眩光的模拟与环路的可调整结构的空调系统模拟，用户可以模拟典型的系统，而无需修改源程序；源代码开放，用户可以根据自己的需要加入新的模块或功能。

因为软件相对比较新，且功能非常复杂，比较适合研究和二次开发。

⑥ CHEC。CHEC 是中国建筑科学研究院建筑工程软件研究所节能中心于 2002 年开始研发，2003 年投入使用的节能设计分析软件。这款软件采用 DOE-2 软件作为计算内核，完全按照《夏热冬冷地区居住建筑节能设计标准》进行编制。

CHEC 软件最大的特点是便捷的输入方式，设计师可以采用自己绘制的 CAD 图纸直接进行模型数据的转换，无需用户手写输入。同时，CHEC 软件和国内的多种建筑软件都有接口，可以直接提取模型数据。CHEC 软件可以对建筑的体形、朝向、围护结构的构造进行量化分析，生成有详尽建筑概况、窗墙比、围护结构热工参数的计算报告，对用户的节能设计进行指导和改进。同时，CHEC 软件为用户提供了强大的数据库支持，可供用户随时进行材料的选择和调整。CHEC 通过调用 DOE-2 内核，模拟全年的气象数据，进行全年的动态能耗模拟分析，生成详尽的空调采暖全年能耗报告。

CHEC 软件比较注重和各地的节能规范相结合，注重各地的材料使用和气候差异，可以生成完全符合各地审查规范要求的计算报告书。目前 CHEC 软件在全国的使用非常广泛。

⑦ DeST。DeST 软件是由清华大学空调实验室研制开发的、面向暖通空调设计者的、集成于 AutoCAD 上的辅助设计计算软件。DeST 的建筑描述界面是可视化的所见即所得的建筑楼层和房间划分图形界面，并且直接嵌入在 AutoCAD R14 中，DeST 软件的计算模块也全部集成于 Auto-CAD R14。DeST 作为面向设计的模拟分析工具，充分考虑设计过程的阶段性，提出"分阶段设计，分阶段模拟"的思路，在设计的各个阶段，通过建筑模拟、方案模拟、系统模拟、水力模拟的数据结果对其进行验证，从而保证设计的可靠性。DeST 软件通过采用逆向的求解过程；基于全工况的设计，DeST 软件在每一个设计阶段都计算出逐时的各项要求（风量、送风状态、水量等等），使得设计可以从传统的单点设计拓展到全工况设计；DeST 软件采用了各种集成技术并提供了良好的界面，因此可以比较容易、方便地应用到建筑工程实际中。

三、国外建筑节能评估体系简介

研究建筑环境评估体系是希望建立一套衡量建筑物可持续建设水平的参照系，这套参照系在科学的处理系统和详细的数据资料的支撑下，用客观的指标表达出对象可持续发展的实际状况和水平。目前，已经有很多国家初步发展出一套适合自身特点的建筑环境评估体系，如英国的 BREEAM 评估体系、美国的 LEED 评估体系、日本的 CASBEE 评估体系、澳大利亚的 NABERS 评估体系及由加拿大发起、多国合作的 GBC 评估体系等。

1. 英国建筑研究组织环境评价法（BREEAM）

英国建筑研究组织环境评价法，是由英国建筑研究组织（BRE）和一些私人部门的研究者在 1990 年共同制定的。目的是为绿色建筑实践提供权威性的技术指导，以期减少建筑对全球和地区环境的负面影响。从 1990 年至今，BREEAM 已发行了《2/91 版新建超市及超级商场》《5/93 版新建工业建筑和非食品零售店》《环境标准 3/95 版新建住宅》以及《BREEAM'98 新建和现有办公建筑》等多个版本，并已对英国的新建办公建筑市场中 25％～30％的建筑进行了评估，成为各国类似评估手册中的成功范例。

BREEAM'98 是为建筑所有者、设计者和使用者设计的评价指标体系，以评判建筑在其整个寿命周期中，包含从建筑设计阶段的选址、设计、施工、使用直至最终报废拆除所有阶段的环境性能，通过对一系列的环境问题，包括建筑对全球、区域、场地和室内环境的影响进行评价，BREEAM 最终给予建筑环境标志认证。其评价的具体方法如下。

首先，BREEAM 认为根据建筑项目所处的阶段不同，评价的内容相应也不同。评估的内容主要包括 3 个方面：建筑性能、设计建造和运行管理。其中，处于设计阶段、新建成阶段和整修建成阶段的建筑，从建筑性能、设计与建造两方面进行评价，计算 BREEAM 等级和环境性能指数；属于被使用的现行建筑，或是属于正在被评估的环境管理项目的一部分，从建筑性能、管理与运行两方面进行评价，计算 BREEAM 等级和环境性能指数；属于闲置的现有建筑，或只需对结构和相关服务设施进行检查的建筑，对建筑性能进行评价并计算环境性能指数，不需要计算 BREEAM 等级。

其次，评价条目包括 9 个方面：①管理，总体的政策和规程；②健康和舒适，室内和室外环境；③能源，能耗和 CO_2 排放；④运输，有关场地规划和运输时 CO_2 的排放；⑤水，消耗和渗漏问题；⑥原材料，原料选择及对环境的作用；⑦土地使用，绿地和褐地使用；⑧地区生态，场地的生态价值；⑨污染（除 CO_2 以外的）空气和水污染。每一条目下又分若干子条目，各对应不同的得分点，分别从建筑性能，或是设计与建造，或是管理与运行这 3 个方面对建筑进行评价，满足要求即可得到相应的分数。

最后，合计建筑性能方面的得分点，则得出建筑性能分（BPS），合计设计与建造、管理与运行两大项各自的总分，根据建筑项目所处时间段的不同，计算建筑性能分（BPS）+设计与建造分，或者建筑性能分（BPS）+管理与运行分，则得出 BREEAM 等级的总分；另外由建筑性能分（BPS）值，根据换算表换算出建筑的环境性能指数（EPI），最终，建筑的环境性能以直观的量化分数给出，根据环境性能指数（EPI）规定了有关 BREEAM 评价结果的 4 个等级，即合格、良好、优良、优异；同时规定了每个等级下设计与建造、管理与运行的最低分值。

自 1990 年首次在英国实施以来，BREEAM 系统得到不断地完善和发展，其可操作性大大提高，基本可适应市场化的要求，至 2000 年已经评估了 500 多个建筑项目。BREEAM 评估体系或为各国类似研究领域的成果典范，受其影响和启发，加拿大和澳大利亚出版了各自的 BREEAM 评估系统，中国香港地区也颁布了类似的 HK-BEAM 评价系统。

2. 美国能源及环境设计先导计划（LEED）

美国绿色建筑委员会（USGBC）在 1995 年提出了一套能源及环境设计先导计划，在 2000 年 3 月更新发布了它的 2.0 版本。这是美国绿色建筑委员会（USGBC）为满足美国建筑市场对绿色建筑评定的要求、提高建筑环境和经济特性而制定的一套评定标准。美国绿色建筑委员会（USGBC）于 2010 年又宣布其"十佳绿色建筑法案"，这些方案被认为是推动绿色建筑发展最佳的解决方案。

美国的能源及环境设计先导计划评定系统 2.0（简称 LEED2.0），通过 6 个方面对建筑项目进行绿色评估。包括可持续的场地设计、有效利用水资源、能源与环境、材料与资源、室内环境质量和革新设计。在每一个大的方面，美国绿色建筑委员会（USGBC）都提出了前提要求、目的和相关的技术指导。如对可持续场地设计，基本要求是必须对建筑腐蚀物和沉淀物进行控制，目的是控制建筑腐蚀物对水和空气质量的负面影响。在每一方面内，具体包括了若干个得分点，项目按各具体方面达到的要求，评出相应的积分，各得分点都包含目的、要求和相关技术指导 3 项内容。如有效利用水资源这一方面，有节水规划、废水回收技术和节约用水 3 个得分点，如果建筑项目满足节水规划下的两点要求可得 2 分。

各积分累加可以得出总评分，由此建筑绿色特性便可以用量化的方式表达出来，其中，合理的建筑选址约占总评分的 22%，有效利用水资源占 8%，能源与环境占 27%，材料和资源占 27%，室内环境质量占 23%。根据最后得分的高低，建筑项目可分为 LEED2.0 认证通过、银奖认证、金奖认证和白金认证由低到高 4 个等级。截至 2001 年，美国已经有 13 个建筑项目通过了 LEED2.0 认证，已有超过 200 个项目登记申请认证。

LEED2.0 评定系统总体来看，是一套比较完善的建筑评价体系，与英国的评价体系相比结构简单，考虑的问题比较少，虽然操作程序较为简易，但存在缺乏权衡系统机制约束的缺陷。

3. 澳大利亚建筑环境评价系统（NABERS）

澳大利亚建筑环境评价系统（简称 NABERS），是一个适应澳大利亚国情的绿色建筑环境评价系统，其长远目标是减少建筑运营对自然环境的负面影响，鼓励建筑环境性能的提高。澳大利亚建筑环境评价系统（NABERS）的设计与开发始于 2001 年 4 月，由澳大利亚环境与资源部支持，Uniservice Limited、Tasrnaia 大学及 Exergy Australia Pty Ltd 共同开发。

在充分研究和总结澳大利亚本国原有的绿色建筑评价体系（ABGRS），以及国际现行各主要绿色生态建筑评价体系特点和问题的基础上，适应了当今澳大利亚的国情和国际绿色生态建筑评价的发展趋势，形成了自己的一些特点。

（1）评估的对象　澳大利亚建筑环境评价系统（NABERS）的评估对象，为已经使用的办公建筑和住宅，是一个对建筑实际运行性能进行评价的系统，它主要提供以下 4 套独立的评估分册。

① 办公建筑综合评估。主要包括了基础性能评估和用户反应评估，用于业主及用户没有明确界限的情况；一般用于评估单用户办公建筑的运行环境性能，但不考虑用户的责任与行为。

② 办公建筑基础性能评估。主要用于办公建筑的运行环境性能，不考虑用户的责任与行为。

③ 办公建筑用户反应评估。在不考虑建筑运行性能的情况下，单纯对用户的环境意识与行为进行评估。

④ 住宅评估。对单户住宅的设备、占地等情况进行综合评估，目前版本未包括对集合住宅的评估。

（2）评估的内容　澳大利亚建筑环境评价系统（NABERS）力求衡量建筑运营阶段的全面环境影响，包括温室效应影响、场址管理、水资源消耗与管理、住户影响 4 大环境类别，具体涉及能源、制冷剂（对温室效应与破坏臭氧层的潜在威胁）、水资源、死水排放与污染、污水排放、景观多样性、交通、室内空气质量、住户满意度、垃圾处理与材料选择等条款，分属于温室效应、水资源、场地管理、用户影响4大类别。

（3）评估的机制　澳大利亚建筑环境评价系统（NABERS）既没有采用权重体系，也不推荐使用模拟数据。其评价采用实测、用户调查等手段，以事实说话，力图反映建筑实际的环境性能，避免主观判断引起的偏差。

澳大利亚建筑环境评价系统（NABERS）采取了反馈调查报告的形式，以一系列由业主和使用者可以回答的问题作为评价条款，因此不需要培训和配备专门的评价人员。这些问题包括两部分：一部分是关于建筑本身的，称为"建筑等级"；另一部分是关于建筑使用的，称为"使用等级"。

在NABERS 2001版中，NABERS借鉴AVGRS，采用了"星级"这个人们已经非常熟悉的评价概念，其评价结构由分类条款嵌套一系列子条款构成。每个子条款可以评为0～5星级，最后的星级由条款平均后获得。但在NABERS 2003版中，改为量化的评分方式，并将各条款单独评分合并为单一的最后结果，用10分制表示，5分代表平均水平，10分代表难以达到的最高水平。

（4）开放的系统　首先，如加拿大的GBTool评价系统一样，澳大利亚建筑环境评价系统（NABERS）在不影响基本框架结构的情况下，允许在项目中增加和调整子项目以反映技术的进步或填补认识的缺乏。因此，在保证其清晰、易操作特征的同时，该评价工具可以随着实际进步，不断改进和完善；其次，澳大利亚建筑环境评价系统（NABERS）允许地区专家根据当地实际情况，调整评价子项目的优先级。例如，某地的"生态多样性"被认为在当地有特殊重要的意义，则该地权威机构可以规定"生态多样性"方面必须达到某个等级或分数，才能给予规划上的批准。这样就保证了该评价方式对地区实际需要的充分尊重和适应。从2001年开始设计至今，澳大利亚建筑环境评价系统（NABERS）不断改进，目前已更新到2003版。

4. 加拿大绿色建筑挑战2000（GBC 2000）

绿色建筑挑战（简称GBC）是由加拿大自然资源部发起并领导，至2000年10月有19个国家参与制定的一种建筑评价方法，用以评价建筑的环境性能。

绿色建筑挑战（GBC）的发展经历了2个阶段，最初的两年有14个国家参与，于1998年10月在加拿大温哥华召开"绿色建筑挑战98"国际会议，之后的两年中有更多的国家加入，其成果"GBC 2000"在2000年10月荷兰马斯特里赫特召开的国际可持续建筑会议上（International SB 2000）得到介绍。

绿色建筑挑战（GBC）的目的是发展一套统一的性能参数指标，建立全球化的绿色建筑性能评价标准和认证系统，使有用的建筑性能信息可以在国家之间交换，最终使不同地区和国家之间的绿色建筑实例具有可比性。在经济全球化日益显著的今天具有深远的意义。

GBC 2000的评估范围包括新建和改建翻新建筑，评估手册共有4卷，包括总论、办公建筑、学校建筑和集合住宅。评估目的是对建筑在设计及完工后的环境性能予以评价，评价的标准共分8个部分：第一部分，环境的可持续发展指标，这是基准的性能量度标准，主要用于GBC 2000不同国家的被研究建筑间的比较；第二部分，资源消耗，建筑的自然资源的消耗问题；第三部分，环境负荷，建筑在建造、运行和拆除时的排放物，对自然环境造成的压力以及对周围环境的潜在影响；第四部分，室内空气质量，影响建筑使用者健康和舒适度的问题；第五部分，可维护性，研究提高建筑的适应性、机动性、可操作性和可维护性；第六部分，经济性，所研究建筑在全寿命周期间的成本额；第七部分，运行管理，建筑项目管理与运行的实践，以期确保建筑运行时可以发挥其最大性能；第八部分，术语表，各部分下面有自己的分项和更为具体的标准。

"GBC 2000"采用定性和定量的评价依据结合的方法，其评价操作系统称为 GBTool，这个系统也是采用评分制，这是一套可以任意调整适合不同国家、地区和建筑类型特征的软件系统。评价体系的结构适用于不同层次的评估，所对应的标准是根据每个参与国家或地区各自不同的条例规范制定的同时，也可被扩展运用为设计指导。

四、我国建筑节能评价体系简介

《绿色建筑评价标准》（GB/T 50378—2014）是我国对建筑节能评价的权威性国家标准，是为了贯彻落实完善资源节约标准的要求，总结近年来我国绿色建筑的实践经验和研究成果，借鉴国际先进经验而制定的第一部多目标、多层次的绿色建筑综合评价标准，这也是监理人员在进行建筑节能评价时必须遵循的标准。

《绿色建筑评价标准》中的绿色建筑评价指标体系，主要由节地与室外环境、节能与能源利用、节水与水资源利用、室内环境质量和运营管理等 6 类指标组成。每类指标包括控制项、一般项与优选项。在《绿色建筑评价标准》中具体规定了绿色建筑评价 6 类指标的控制项、一般项与优选项要求，并给出了绿色建筑的综合评价与等级划分方法。

1.《绿色建筑评价标准》编制的背景

在《绿色建筑评价标准》中指出：绿色建筑是指在建筑的全寿命周期内，最大限度地节约资源（节能、节地、节水、节材），保护环境和减少污染，为人们提供健康、适用和高效的使用空间，与自然和谐共生的建筑。

绿色建筑是将可持续发展理念引入建筑领域的结果，将成为未来建筑的主导趋势。目前，世界各国普遍重视绿色建筑的研究和实践，许多国家和组织都在绿色建筑方面制定了相关政策和评价体系。由于世界各国的经济发展水平、地理、气候和人均资源等条件不同，各国、各地区绿色建筑面临的问题、研究的方向和关注的重点也存在差异。

我国政府从基本国情出发，从人与自然和谐发展、充分节约能源、有效利用资源和保护环境的角度，提出发展"节能省地型住宅和公共建筑"，其主要内容是节能、节地、节水、节材与环境保护，注重以人为本，强调可持续发展。从这个意义上讲，节能省地型住宅和公共建筑与绿色建筑、可持续建筑，虽然上名称和提法上不同，但它们的内涵相通，具有某种一致性，是具有中国特色的绿色建筑和可持续发展建筑理念。

近年来，我国城市发展的历程有力表明，城市形态和建筑形态的研究是建筑学中的重要课题，研究城市化与城市形态、城市形态与城市设计、城市设计和建筑设计，整合政治、经济、文化和科技，是一种整体式的建筑学；研究绿色城市、绿色建筑及生态建筑等，与研究整体建筑学都是相互贯通的。

在我国发展绿色建筑，是一项意义重大而十分迫切的任务。借鉴国际先进经验，建立一套适合我国国情的绿色建筑评价体系，反映建筑领域可持续发展的理念，对积极引导和大力发展绿色建筑、促进节能省地型住宅和公共建筑的发展，具有十分重要的意义。

2. 《绿色建筑评价标准》编制的原则

（1）借鉴国际先进经验，结合我国基本国情　这是《绿色建筑评价标准》编制的基本原则，也是能否适用于我国的关键。综合分析以英国 BREEAM、美国 LEED、GBTool 等为代表的绿色建筑评价体系，借鉴国际上的先进经验，充分考虑我国各地区在气候、地理环境、自然资源、经济社会发层水平等方面的差异，使《绿色建筑评价标准》既具有先进性又具有明显的中国特色。

（2）重点突出"四节"，强调环境保护　在《绿色建筑评价标准》中，以节能、节地、节水、节材与环境保护为主要目标，贯彻执行国家技术经济政策，反映建筑领域可持续发展的理念。围绕上述主要目标，提出了多层次、多方面的具体要求。

（3）贯穿全寿命周期，体现建筑过程控制　这是《绿色建筑评价标准》最显著的特点，将绿色建筑的实施贯穿于建筑的全寿命周期，作为一项包括材料生产、规划、设计、施工、运营及管理等的系统工程。对绿色建筑的评价不仅依据最终结果，还对规划、设计及施工等阶段提出控制要求。

（4）定量与定性相结合，评价具有说服力　这是《绿色建筑评价标准》的生命力所在，对建筑的评价具有较强的说服力。对于较为成熟的评价指标，列出具体的数值；对于经综合分析认为或预期达到的评价指标，提出具体的数值；对于缺乏相关基础数据（如建材生产的能源消耗等）的评价指标，提出定性的要求。

（5）系统性与灵活性有机结合　在《绿色建筑评价标准》中，保持评价主体框架稳定，可根据不同区域、不同条件灵活调整，为标准修订提供方便，为制定地方实施细则创造条件。

3. 《绿色建筑评价标准》的内容简介

《绿色建筑评价标准》包括总则、术语、基本规定、住宅建筑、公共建筑等内容，用于评价住宅建筑、公共建筑中的办公建筑、商场建筑和旅馆建筑。其评价指标体系包括以下 6 大指标：①节地与室外环境；②节能与能源利用；③节水与水资源利用；④节材与材料资源利用；⑤室内环境质量；⑥运营管理。

在以上 6 大指标中的具体指标，又分为控制项、一般项和优选项 3 类。其中，控制项为绿色建筑的必备条款；优选项主要指实现难度较大、指标要求较高的项目。对同一对象，根据需要和可能分别提出对应于控制项、一般项和优选项的指标要求。

绿色建筑的必备条件为全部满足《绿色建筑评价标准》（GB/T 50378—2014）第 4 章住宅建筑或第 5 章公共建筑中控制项的要求。按满足一般项和优选项的程度，绿色建筑划分为一星级、二星级和三星级等 3 个等级。

绿色建筑的评价以建筑群或建筑单体为对象。评价单栋建筑时，凡涉及室外环境的指标，以该栋建筑所处环境的评价结果为准。根据绿色建筑评价的实践经验，对于住宅建筑，原则上以居住区为对象，也可以单栋住宅为对象进行评价。对于公共建筑，以单体建筑为对象进行评价。对于住宅建筑或公共建筑的评价，在其投入使用一年后进行。

4. 《绿色建筑评价标准》的应用原则

（1）统筹考虑的原则　在评价绿色建筑时应统筹考虑建筑全寿命周期内，其节能、节地、节水、节材、保护环境、满足建筑功能之间的辩证关系。

建筑从最初的规划设计到随后的施工、运营，直至最终的拆除，形成一个建筑的全寿命周期。绿色建筑的评价应当关注建筑的全寿命周期，这意味着不仅在规划设计阶段就应充分加以考虑，并有效结合建筑所在地域的气候、资源、自然环境、经济、文化等条件，而且在施工过程中要减少污染，降低对环境的不良影响；在运营阶段应能为人们提供健康、舒适、低耗、无害的使用空间，与自然和谐共生；在建筑需要拆除时要保护环境，并提高材料资源的再利用率。

绿色建筑要求在建筑全寿命周期内，最大限度地节能、节地、节水、节材与保护环境，同时满足建筑功能方面的要求。这几项有时是彼此矛盾的，如片面追求小区的景观就需要过多地用水，为达到节能单项指标就会过多地消耗材料，这些都是不符合绿色建筑要求的；而降低建筑的功能要求，或者降低建筑的适用性，虽然消耗资源会减少，也不是绿色建筑所提倡的。

（2）因地制宜的原则　在评价绿色建筑时，应依据因地制宜的原则，结合建筑所在区域的气候、资源、自然环境、经济、文化等特点进行评价。

我国不同地区在气候、地理环境、自然资源、经济社会发展水平与民俗文化等方面都存在很大的差异。根据中国的国情，发展绿色建筑的基本原则必须是因地制宜。建筑所在地域的气候条件、地理位置、自然环境、资源状况、经济水平、文化等特点是评价绿色建筑的重要依据。

在气候条件方面，应考虑建筑的地理位置、建筑气候类别、温度、湿度、降雨量的时空分布、蒸发量、主导风向、风力大小等因素。在资源方面，应考虑当地能源结构、地方资源、水资源、土地资源、建材生产、既有建筑状况等因素。在自然环境方面，应考虑地形、地貌、自然灾害、地质环境、水环境、生态环境、大气环境、交通环境等因素。在经济方面，应考虑人均 GDP、水价、电价、气价、房价、土地成本价、装修成本价、精装修的认知度、建筑节能的认知度、可再生能源利用的认知度等因素。在文化方面，应考虑地区差别、城市性质、建筑特色、文脉、古迹等因素。

参 考 文 献

[1] 何锡兴，周红波．建筑节能监理质量控制手册．北京：中国建筑工业出版社，2008.

[2] 卜一德．建筑节能工程施工质量控制与验收手册．北京：中国建筑工业出版社，2010.

[3] 《建筑工程节能施工手册》编委会．建筑工程节能施工手册．北京：中国计划出版社，2007.

[4] 重庆市城乡建设委员会，中煤科工集团重庆设计研究院．建筑节能施工与监理．重庆：重庆大学出版社，2012.

[5] 王培祥．建筑节能工程监理．北京：中国建筑工业出版社，2013.

[6] 《建筑节能工程施工质量验收规范详解及应用指南》编委会．建筑节能工程施工质量验收规范详解及应用指南．哈尔滨：哈尔滨工程大学出版社，2009.

[7] 李念国．工程建设监理概论．郑州：黄河水利出版社，2010.

[8] 中华人民共和国国家建筑标准设计图集．屋面节能建筑构造，（06J204）．北京：中国建筑标准设计研究院，2006.

[9] 中华人民共和国国家建筑标准设计图集．墙体节能建筑构造，（06J123）．北京：中国建筑标准设计研究院，2006.

[10] 本书编委会．建筑节能工程施工与质量验收——《建筑节能工程施工质量验收》实施指南．北京：中国建材工业出版社，2007.

[11] 曹启坤．建筑节能工程材料与施工．北京：化学工业出版社，2009.

[12] 张雄，张永娟．建筑节能技术与节能材料．北京：化学工业出版社，2009.

[13] 罗忆，刘忠伟．建筑节能技术与应用．北京：化学工业出版社，2007.

[14] 本书编委会．建筑工程监理员一本通．武汉：华中科技大学出版社，2008.

[15] 徐春霞．建筑节能和环保应用技术．北京：中国电力出版社，2006.

[16] 徐占发．建筑节能技术实用手册．北京：机械工业出版社，2004.

[17] 北京市建筑材料管理办公室，北京土木建筑学会，北京市建设物资协会．建筑节能工程施工技术．北京：中国建筑工业出版社，2007.